Hufpflege und Hufbeschlag

W. A. Hermans

Hufpflege und Hufbeschlag

342 Schwarzweißfotos
und Zeichnungen

E.U.
VERLAG
EUGEN
ULMER

Aus dem Niederländischen von Brigitte Gassner, Murg

Originalausgabe mit Beiträgen von G. Hartman und A. W. Kersjes
Fotos von F. A. Blok, Zeichnungen von A. J. M. Lurvink

Deutsche Ausgabe mit Beiträgen von Prof. Dr. Bodo Hertsch, Hannover, Prof. Dr. Helmut Meyer, Hannover, sowie von Hufbeschlagschmiedemeister Manfred Gann, Umkirch (Kapitel 15 und 16 in Anlehnung an H. Ruthe, Der Huf, Gustav Fischer, Stuttgart 1988, mit freundlicher Genehmigung des Verlages)

Die Deutsche Bibliothek – CIP-Einheitsaufnahme

Hufpflege und Hufbeschlag / W. A. Hermans. [Aus dem Niederländ. von Brigitte Gassner]. Dt. Ausg. / mit Beitr. von Bodo Hertsch ... – Stuttgart: Ulmer, 1992
ISBN 3-8001-7237-2
NE: Hermans, W. A.

Titel der Originalausgabe: Hoefverzorging en Hoefbeslag

Wollgrasweg 41, 7000 Stuttgart 70 (Hohenheim)
Printed in Germany
Lektorat: Dr. Steffen Volk
Herstellung: Karl-Heinz Eitle/Ursula Stammel
Einbandgestaltung: Alfred Krugmann, Freiberg a. N.
Mit einem Foto von Brigitte Gassner
Satz: Laupp & Göbel, Nehren bei Tübingen
Druck und Bindung: Friedr. Pustet, Regensburg

Vorwort

Viele Jahrhunderte hindurch spielte das Pferd im Heeres- und Transportwesen sowie im Landbau eine vorherrschende Rolle. Der Höhepunkt seiner Bedeutung fiel in das 19. Jahrhundert. Nach dem Ersten Weltkrieg war diese Rolle in allen drei genannten Bereichen freilich ausgespielt.

Solange das Pferd eine Schlüsselposition in der Gesellschaft einnahm, wurde der Hufpflege und auch dem Hufbeschlag sehr starke Aufmerksamkeit gewidmet. In der zweiten Hälfte des 19. und Anfang des 20. Jahrhunderts wurden auch mehrere gute Bücher zu diesem Thema geschrieben.

Nach 1950 hatte das Pferd fast gänzlich seine Bedeutung verloren. So nahm auch die Bedeutung all dessen, was in irgendeiner Weise mit der Pferdehaltung zu tun hat, ebenfalls ab. Das galt sicher auch für den Beruf des Hufschmiedes. Neuere Bücher über den Hufbeschlag erschienen nur sporadisch. Man gab sich mit den älteren Werken zufrieden, die zuweilen überarbeitet wurden.

Nach 1960 begann eine Entwicklung, allerdings mit ganz anderem Akzent. Bislang war das Pferd immer nur Gebrauchstier gewesen, auf das man unbedingt angewiesen war, hauptsächlich seiner Schnelligkeit und Kraft wegen. Durch die Entwicklung der modernen Technik hatte das Pferd diese Funktion verloren. Stattdessen nimmt es nun einen wichtigen Platz in Sport und Freizeit ein. Und diese Entwicklung hat die Pferdehaltung maßgeblich beeinflußt. Hufpflege und Hufbeschlag werden so lange ihre Bedeutung bewahren, so lange Pferde gehalten werden. Gleichwohl sind die älteren Lehrbücher nicht mehr in allen Aussagen aktuell, da sich viele Umstände verändert haben.

In den Niederlanden und vielen anderen Ländern sind neue Bücher herausgebracht worden, die sich ganz auf die veränderte Situation eingestellt haben. Die zahlreichen Fachausdrücke machen es aber dem Leser schwer, ein in einer Fremdsprache geschriebenes Buch vollständig zu verstehen.

Das vorliegende Buch richtet sich an einen großen Leserkreis, in erster Linie allerdings an diejenigen, die berufsmäßig mit Pferden und insbesondere mit dem Hufbeschlag zu tun haben, also an die Hufschmiede, Tierärzte und Tiermedizinstudenten, aber natürlich auch an alle an Pferdehaltung und -sport Interessierten.

Das Entstehen dieses Buches ist mit der finanziellen Unterstützung der beiden Stiftungen „Nederlandse Veefokkerij“ und „Landbouw Export Bureau 1916/1918“ zustandegekommen.

Es ist nicht möglich, die Namen all derer zu nennen, die zu diesem Buch beigetragen haben. Außer den auf Seite 4 oben genannten Namen darf aber PROF. DR. S. R. NUMANS nicht unerwähnt bleiben, der der eigentliche Initiator dieses Unterfangens gewesen ist und den Autor maßgeblich ermuntert und bestärkt hat in der Absicht, dieses Buch zu schreiben.

W. A. Hermans

Inhaltsverzeichnis

Einleitung

Beim freilebenden Pferd geht man von einem selbstregulierten Gleichgewicht zwischen Wachstum und Abnutzung des Hufhorns aus. Die in den Savannen Afrikas grasenden Zebras haben Probleme in dieser Hinsicht bislang nicht erkennen lassen. Pferde und Zebras sind nah miteinander verwandt, gehören sie doch zu der gleichen Tiergattung *Equus*.

Erst nach der Domestikation des Pferdes und den damit verbundenen veränderten Lebensbedingungen ging dieses Gleichgewicht verloren. Das gleiche gilt auch für den Esel und die anderen domestizierten Huftiere (Rind, Schwein, Schaf und Ziege).

Auf weichem Boden, bei wenig Arbeit oder Bewegung nutzt sich das Hufhorn zu wenig ab und wird zu lang, auf hartem Untergrund und bei sehr intensivem Einsatz ist das Gegenteil der Fall, der Huf wird zu kurz. Es kann sogar vorkommen, daß sich der Huf zu weit abnutzt und empfindliche Strukturen an die Oberfläche zu liegen kommen, so daß das Stehen und Fortbewegen für das Pferd schmerzhaft werden.

Sobald das Gleichgewicht zwischen Wachstum und Abnutzung nicht mehr stimmt, muß etwas unternommen werden. Ist der Huf zu lang, muß man ihn kürzen, ist er zu kurz, muß er gegen zu rasches Abnutzen geschützt werden.

Damit ist die Notwendigkeit der Hufversorgung angedeutet. Sorgfalt im Umgang mit den domestizierten Tieren ist eine Pflicht, die der Mensch auf sich nehmen muß. Denn die Domestikation hat die Tiere von dieser Sorgfalt abhängig gemacht. Der Hufversorgung kommt beim Pferd die größte Bedeutung zu, nicht nur beim regelmäßigen Huf, sondern in verstärktem Maße bei abweichenden Hufformen, Gliedmaßenstellungen und Huferkrankungen.

1 Geschichte des Hufbeschlags

Über die Domestikation (Haustierwerdung) der verschiedenen Tierarten ist wenig bekannt. Sie hat vor 12000 bis 6000 Jahren stattgefunden, als der Mensch noch keinerlei Schriftzeichen beherrschte.

Um Einzelheiten über die Domestikation zu erfahren, sind wir daher auf Funde angewiesen wie sie bei Ausgrabungen zum Vorschein kommen – primitive Kunstwerke, so z. B. Höhlenzeichnungen.

Diese bringen zwar einige Einzelheiten ans Licht, lassen aber auch wiederum viele Fragen offen. Der Hund ist wahrscheinlich das erste Haustier überhaupt. Man nimmt an, daß er bereits vor 12000 Jahren domestiziert wurde. Das Pferd gelangte dagegen wesentlich später – vor etwa 5000 bis 6000 Jahren – in die Obhut des Menschen. Nach dem Domestikationsprozeß blieben die Tiere zunächst in ihrer angestammten Heimat, wo sie auch in ihrer Wildform gelebt hatten. Später begann der Mensch, höhere Ansprüche an die Tiere zu stellen. Er nahm sie mit in Gebiete, in denen sie ursprünglich nicht zu Hause gewesen waren. Von da an spielte das Anpassungsvermögen der Tiere eine ausschlaggebende Rolle. Denn das war der entscheidende Faktor, um sich in einer neuen Umwelt behaupten zu können, um gesund zu bleiben. Das gilt für alle Haustiere, auch für das Pferd, und es gilt auch für die Hufe des Pferdes.

Dennoch hat es eine geraume Zeit gedauert, bis der Mensch begann, sich ernsthaft Gedanken über eine „Hufversorgung“ zu machen. Offenbar machte die Anpassungsfähigkeit der Hufe eine spezielle Hufpflege zunächst überflüssig.

Von den alten Kulturen waren es vornehmlich die Griechen, die sich mit zahlreichen Problemen verschiedenster Gebiete beschäftigten. Sie kamen zwar nicht auf die Idee, die Hufe gegen zu starke Beanspruchung zu schützen, wählten statt dessen aber für die Zucht nur noch Pferde mit sehr gut ausgebildeten, starken Hufen aus.

Die älteste Form eines Hufschutzes bestand im Anbringen von Sohlen aus allerlei Materialien (meist geflochtene Pflanzenfasern). In der römischen Kultur wurden sogenannte „Pferdesandalen“ entwickelt. Es handelte sich hierbei um eine Metallplatte, deren Ränder hochgezogen und mit Ringen oder Ösen versehen waren. Diese Ringe waren nötig, um die Sandale mit Hilfe von Leder- oder Pflanzenfaserbändern am Pferdefuß zu befestigen. In Ausgrabungen römischer Siedlungen werden daher etwa seit Christi Geburt immer wieder Pferdesandalen gefunden (Abb. 1).

Sehr wahrscheinlich konnten die Pferde damit nur im Schritt gehen, so daß diese Sandalen vornehmlich für lange Märsche, z. B. zu den Schlachtfeldern, gebraucht wurden. Vor dem Kampf wurden sie dann abgenommen.

Es gilt als nahezu sicher, daß es die Kelten waren, die Hufbeschlag im engeren Sinne kannten und anwendeten. Sie kamen aus Südwest-Asien und breiteten sich ab etwa 500 v. Chr. über ganz Europa aus. Sie wußten mit Eisen umzugehen. Und sie gebrauchten ihre Pferde sehr intensiv sowohl als Reit- wie auch als Zugpferde. Ausgrabungen zufolge haben sie die Hufe in der noch heute üblichen Art beschlagen, und zwar mit einem

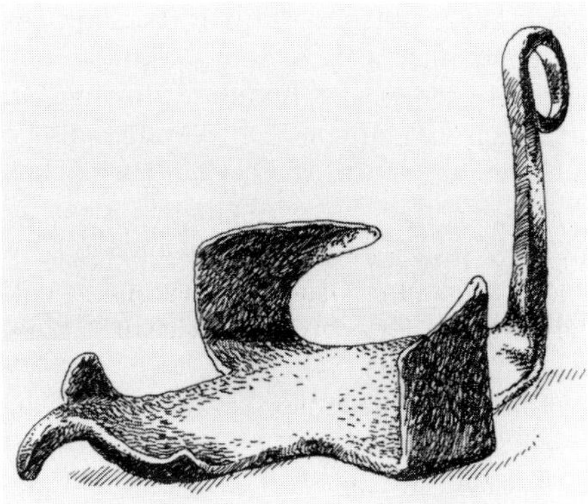

Abb. 1. Hipposandale – Pferdesandale aus Eisen.

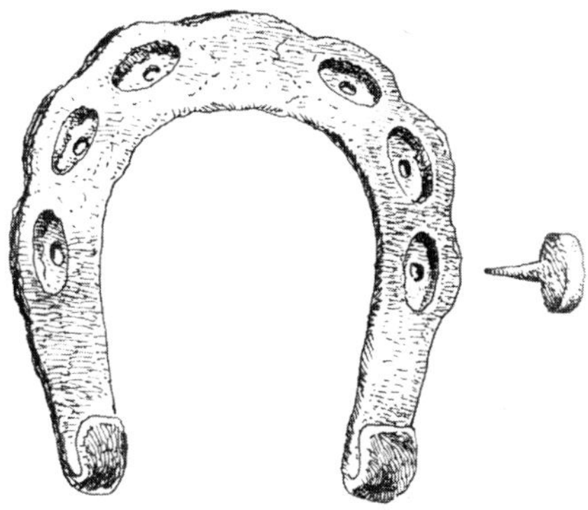

Abb. 2. Keltisches Hufeisen mit Nagel.

Eisen, das mit Hilfe von Nägeln am Huf befestigt war und dazu diente, den Tragerand gegen zu starke Abnutzung zu schützen. Diese Eisen waren sehr einfach in der Ausführung. Durch das Anbringen der Nagellöcher hatten sie einen wellenförmigen Rand. Die Nagellöcher waren oval, so daß die geigenschlüsselförmigen Köpfe der ziemlich kurzen Nägel paßten. An der Bodenfläche waren die Eisen gewölbt, die Schenkelenden entweder gerade oder mit kurzen, angebogenen Stollen versehen, d.h. die Enden waren umgebogen. Die Römer haben diese Art des Hufbeschlags von den Kelten übernommen. Wahrscheinlich von den Galliern, einem Unterstamm der Kelten und Bewohner Galliens, dem heutigen Frankreich.

In dieser gallisch-römischen Periode erfährt das Hufeisen eine weite Verbreitung. Von jetzt ab findet man auch flache Eisen mit viereckigen Nagellöchern und entsprechenden Nägeln. Als das römische Kaiserreich Ende des 4. Jahrhunderts n. Chr. unterging und das Mittelalter (5. bis 15. Jahrhundert) begann, war das Beschlagen der Hufe im europäischen Raum weitgehend bekannt.

Es ist schon bemerkenswert, daß die Kelten bereits vor 2000 Jahren (womöglich noch früher) auf die Idee gekommen waren, die Hufe ihrer Pferde zu schützen, indem sie ein Eisen mit Nägeln am Huf befestigten, und daß das Prinzip des Hufbeschlags im Grunde bis zum heutigen Tag auf dieser Grundlage beruht.

Im frühen Mittelalter wurden die Hufe nicht üblicherweise beschlagen, der Hufbeschlag war eher die Ausnahme als die Regel. Obgleich das Schmiedehandwerk älteren Datums ist (viele Jahrhunderte vor Christus), war das Anfertigen der Hufeisen in der ersten Hälfte des Mittelalters (500 bis 1000 n. Chr.) noch eine mühsame und zeitraubende Angelegenheit. Erst als die dafür erforderlichen Werkzeuge zweckdienlicher wurden, waren beschlagene Hufe keine Seltenheit mehr.

Von etwa 800 bis 1500 n. Chr., dem Hochmittelalter an, finden wir überall in Europa beschlagene Hufe. Die Tragefläche war hohl, die Bodenfläche dieser Eisen dagegen gewölbt, die sich verjüngenden Schenkelenden mit Stollen versehen (Abb. 3). In der Renaissance hat man sich sehr intensiv mit den Wissenschaften des Altertums auseinan-

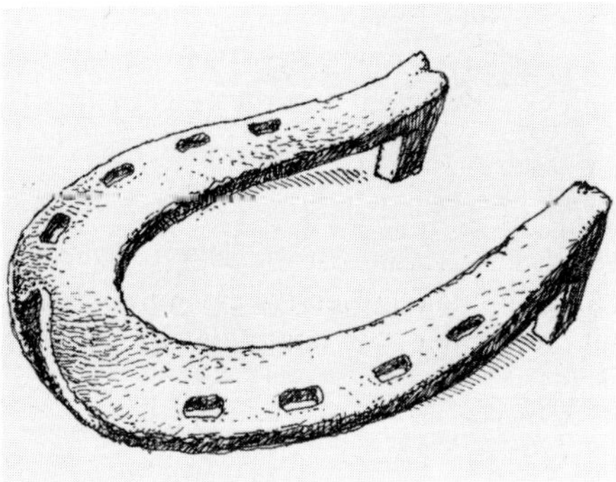

Abb. 3. Mittelalterliches Hufeisen.

dergesetzt, denn vieles war im Mittelalter verlorengegangen. Renaissance bedeutet ja „Wiedergeburt“. Die Epoche dauerte vom 15. bis 16. Jahrhundert. Die Wiege der Renaissance stand in Italien (um 1450). Das Wiederaufleben alten Gedankengutes beschränkte sich aber nicht nur auf die Geisteswissenschaften, sondern auch auf praktische Gebiete. In dieser Zeit wurden, ebenfalls zuerst in Italien, Reitschulen gegründet. Hier wurden hippologische Kenntnisse im weitesten Sinne vermittelt. Diese Schulen breiteten sich schnell über ganz Europa aus, wobei vor allem die französischen Reitschulen berühmt waren.

Im Rahmen dieser Entwicklung beschäftigte man sich auch intensiv mit dem Hufbeschlag. Die Hufeisen dieser Zeit waren denen des Mittelalters noch sehr ähnlich. Dabei wurden aber auch einige Theorien entwickelt, die den Hufen eher schadeten. So wurde beispielsweise gelehrt, daß die hintere Hufhälfte größtenteils entfernt werden und dann ein Eisen mit sehr hohen Stollen angebracht werden müßte, um den Stand zu korrigieren. Auch wurde das Ausdünnen der Sohle empfohlen, und zwar so stark, daß man mit dem Daumen hineindrücken konnte.

Aus den französischen Reitschulen entwickelten sich die ersten Tierarzneischulen (Lyon 1762, Maisons-Alfort 1765). Dort widersetzte man sich diesen Praktiken und vertrat wesentlich korrektere Auffassungen. Trotzdem behauptete sich die alte falsche Lehrmeinung noch lange Zeit hartnäckig. Nur langsam gewannen die neuen Ideen an Raum, nicht nur in Frankreich, auch in England und dem übrigen Europa und beeinflußten die Vorstellungen darüber, wie Hufe richtig gepflegt und beschlagen werden müßten. Dies führte im 19. Jahrhundert zu dieser Art des Hufbeschlags, wie wir ihn auch heute noch kennen. Natürlich gibt es, abhängig von örtlichen Gegebenheiten, Unterschiede, aber im großen und ganzen werden die Hufe auf der ganzen Welt nach dem gleichen Prinzip beschlagen (eine Ausnahme hiervon bildet der arabische Hufbeschlag).

Im 19. Jahrhundert und den ersten 20 Jahren dieses Jahrhunderts stand das Pferd auf der Spitze seiner Bedeutung für den Menschen. Der ausgesprochen starke Einsatz beim Militär und als Zug- und Arbeitspferd in der Landwirtschaft hatte zur Folge, daß man sich vermehrt Gedanken über das richtige Beschlagen der Pferdehufe machte. Vor allem bei der Armee wurden zahllose Varianten des Hufbeschlags entwickelt, die sich, je nach Erfolg, mehr oder weniger lange Zeit behaupten konnten.

Als sich nach dem Ersten Weltkrieg sowohl beim Militär als auch beim Transportwesen der Motor durchsetzte, ging die Anzahl der Pferde zurück, die sich allerdings noch bis zum Zweiten Weltkrieg in der Landwirtschaft behaupten konnten. Doch nach dem Zweiten Weltkrieg führte die Technisierung der Landwirtschaft zu einer sehr schnellen Abnahme des gesamten Pferdebestandes. Erst nach 1960 nahm die Bedeutung des Pferdes wieder zu: diesmal in Sport und Freizeit im Zuge zunehmenden Wohlstandes der Industrienationen, so daß der Pferdebestand sich wieder erhöhte. Dessen rapides Sinken von 1945 an hatte sich auch negativ auf das Interesse am Beruf des Hufschmiedes ausgewirkt. Der schnelle Wiederanstieg ab 1960 brachte gleichzeitig einen Mangel an Hufschmieden mit sich. Erst ab 1970 nahm das Interesse an einer Ausbildung zum Hufschmied wieder zu, und in den letzten Jahren gab es sogar mehr Bewerbungen als Ausbildungsplätze.

Man spricht heute viel vom „Triumph der Technik“. Das hat bei zahlreichen Menschen das Bedürfnis „Zurück zur Natur“ geweckt und mit dazu beigetragen, daß das Pferd derart an Bedeutung gewonnen hat. Alles deutet darauf hin, daß der Wunsch nach Kompensierung dieser hastigen, technisierten Welt durch den Kontakt mit der lebenden Natur und den Umgang mit Tieren bestehen bleibt, so daß man ein Verschwinden des Pferdes nicht befürchten muß.

Die Schmiedekunst ist ein Handwerk, das neben einer soliden praktischen Ausbildung auch gute theoretische Kenntnisse in Anatomie und Physiologie des Pferdes im allgemeinen und des Hufes im besonderen verlangt. Es ist ausgeschlossen, dieses Gebiet dem Laien zu überlassen. Denn das hätte geradezu fatale Folgen für die Hufe und damit verbunden für das Wohlergehen der Pferde.

Die Ausbildung zum Hufschmied ist staatlich geregelt. Darüber werden die Leser in einem gesonderten Kapitel informiert. Die Zukunft des Pferdes scheint gesichert. Es ist deshalb von großer Bedeutung, daß die Hufschmiedekunst die Anerkennung erhält, die sie verdient, damit Hufversorgung und -beschlag in Zukunft gewährleistet sind. Denn beides ist unabdingbar für das Wohlergehen des Pferdes.

2 Anatomie

2.1 Allgemeine Anatomie und Exterieur

Das Skelett

Das Skelett ist die (eigentliche) formgebende Struktur des Körpers. Es ist aus Knochen aufgebaut, die mehr oder weniger beweglich miteinander verbunden sind, und zwar durch die Gelenke. Diese sind in verschiedene Gruppen unterteilt, wobei uns hier aber nur die beweglichen interessieren. Denn es sind diese beweglichen Gelenke, die die Bewegung des Skeletts ermöglichen. Für die Ausführung dieser Bewegungen aber ist eine andere Gewebeform nötig: das Muskelsystem.

Das Muskelsystem

Die Gesamtheit aller Muskeln nennt man Muskelsystem. Die Haupteigenschaft der Muskeln ist die Fähigkeit, sich an- und entspannen zu können. Die am Knochengerüst angreifenden Muskeln sind die Skelettmuskeln. Durch das abwechselnde Straffen und Erschlaffen dieser Muskeln kommen die Bewegungen zustande. Die Muskeln sind mit dem Skelett durch mehr oder weniger lange Sehnen verbunden. Unterhalb des Vorderfußwurzel- bzw. des Sprunggelenks hat das Pferd keine Muskeln mehr. Die für die Bewegung der Vorder- bzw. Hintergliedmaßen verantwortlichen Muskeln enden oberhalb der beiden genannten Gelenke und setzen sich von da als sehr lange Sehnen fort. Die Muskeln, von denen aus die Sehnen in den vorderen und hinteren Mittelfuß verlaufen, werden in *Beuger* und *Strecker* unterteilt. Die Strecker verlaufen an der Vorderseite des Unterarms sowie des Unterschenkels, die Beuger an der Hinterseite von Unterarm und Unterschenkel (Abb. 6).

Sowohl am Vorder- als auch am Hinterbein handelt es sich dabei um zwei Muskeln, einem kräftigen Muskel an der Vorderseite und einem weniger stark ausgeprägten an der Außenseite. Dieser kräftige Muskel wird an der Vorhand *gemeinsamer Zehenstrekker* (10) genannt. An der Hinterhand heißt er dagegen *langer Zehenstrecker* (24). Der anschließende kleinere Muskel wird sowohl an Vorder- als auch am Hinterbein *seitlicher Zehenstrecker* genannt. In Abb. 6 ist der seitliche Strecker der Zehen nur bei der Hinterhand angedeutet (25), weil er an der Vorhand fast vollständig durch andere Muskeln verdeckt ist.

Der Verlauf der Sehnen von diesen Muskeln aus unterscheidet sich an Vorder- und Hintergliedmaßen. Die Sehne vom gemeinsamen Zehenstrecker greift bei der Vorhand am Strecksehnenfortsatz (Hufbeinkappe) des Hufbeins an, die Sehne vom seitlichen Zehenstrecker am oberen Ende des Kronbeins. Die Sehne des langen Zehenstreckers greift bei der Hinterhand ebenfalls am Hufbein an. Unterhalb des Sprunggelenks vereinigen sich die Sehnen des seitlichen und des langen Zehenstreckers, so daß von hier ab nur noch eine Strecksehne nach unten weiter verläuft. Die beiden Beuger sind bei den vorderen Gliedmaßen an der Rückseite des Unterarms angesiedelt, bei den hinteren Gliedmaßen an der Rückseite des Unterschenkels. Die Sehnen verlaufen an der Rückseite des Röhrbeins, und zwar sind dies die *oberflächliche* und die *tiefe Beugesehne*.

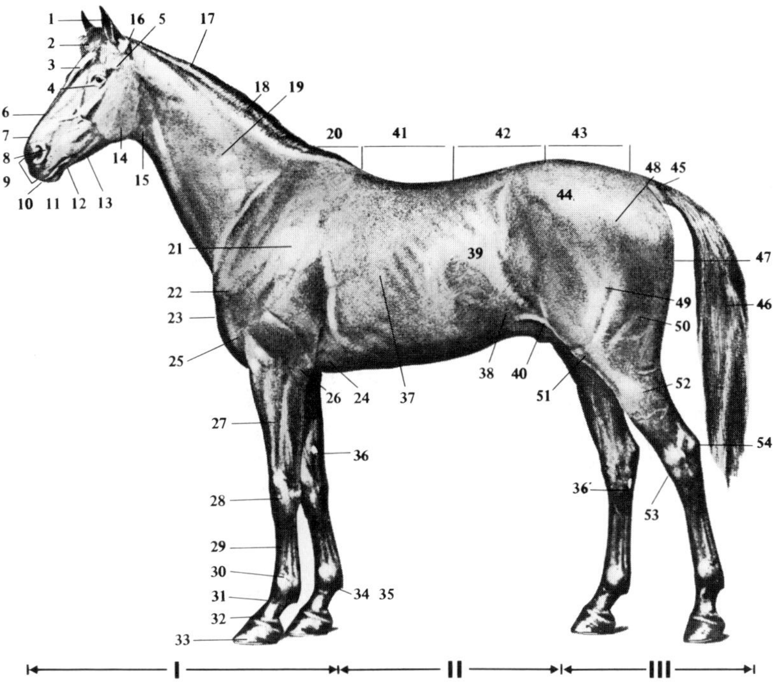

Abb. 4. Das Exterieur des Pferdes.

I. Vorhand:
Kopf, Hals, Vorderbeine

1 = Ohren
2 = Schopf (Stirnhaare)
3 = Stirn
4 = Augen
5 = Schläfe
6 = Nasenrücken
7 = Nase
8 = Nüstern
9 = Maul
10 = Maulspalte mit Ober- und Unterlippe
11 = Kinn
12 = Kinngrube
13 = Backengegend
14 = Backe
15 = Kehlrand
16 = Genick
17 = Mähnenkamm
18 = Mähne
19 = Hals

II. Mittelhand:
Rücken, Brustkorb, Bauch

20 = Widerrist
21 = Schulter
22 = Bugspitze
23 = Vorderbrust
24 = Unterbrust
25 = Oberarm
26 = Ellbogenhöcker
27 = Unterarm
28 = Vorderfußwurzelgelenk
29 = Vordermittelfuß (Röhrbein)
30 = Fesselkopf
31 = Fesselbeuge
32 = Krone
33 = Huf
34 = Kötenzopf
35 = Sporn
36 = Kastanie
36'= Kastanie
37 = Brustwand (Rippen)

III. Hinterhand:
Becken, Hinterbeine

38 = Bauch
39 = Flanke
40 = Schlauch
41 = Rücken
42 = Lende
43 = Kruppe
44 = Hüfthöcker
45 = Schweifansatz
46 = Schweif
47 = Sitzbeinhöcker
48 = Hüftgelenk
49 = Oberschenkel
50 = Hinterbacke
51 = Knie (mit Kniescheibe)
52 = Unterschenkel
53 = Sprunggelenk
54 = Fersenhöcker

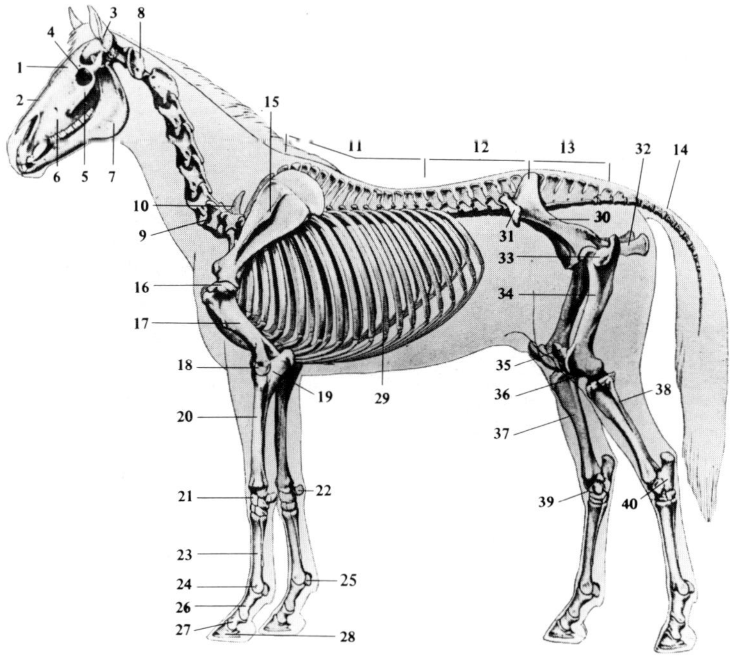

Abb. 5. Das Knochengerüst des Pferdes.

1 = Stirnbein
2 = Nasenbein
3 = Hinterhauptsbein
4 = Augenhöhle
5 = Jochbein
6 = Oberkiefer
7 = Unterkiefer
8 = Erster Halswirbel (Atlas)
9 = Siebter Halswirbel
10 = 1. Brustwirbel
11 = Brustwirbel
12 = Lendenwirbel
13 = Kreuzbein
14 = Schweifwirbel
15 = Schulterblatt
16 = Bug- oder Schultergelenk
17 = Oberarmbein
18 = Ellbogengelenk
19 = Elle mit Ellbogenhöcker
20 = Speiche
21 = Vorderfußwurzelgelenk
22 = Erbsenbein
23 = Vordermittelfuß (Röhrbein) mit Griffelbeinen
24 = Fesselgelenk
25 = Gleichbein
26 = Fesselbein
27 = Kronbein
28 = Hufbein
29 = Rippen
30 = Hüftbein (Beckenbein)
31 = Hüfthöcker
32 = Sitzbeinhöcker
33 = Hüftgelenk
34 = Oberschenkel
35 = Kniescheibe
36 = Kniegelenk
37 = Schienbein
38 = Wadenbein
39 = Sprunggelenk
40 = Fersenbein

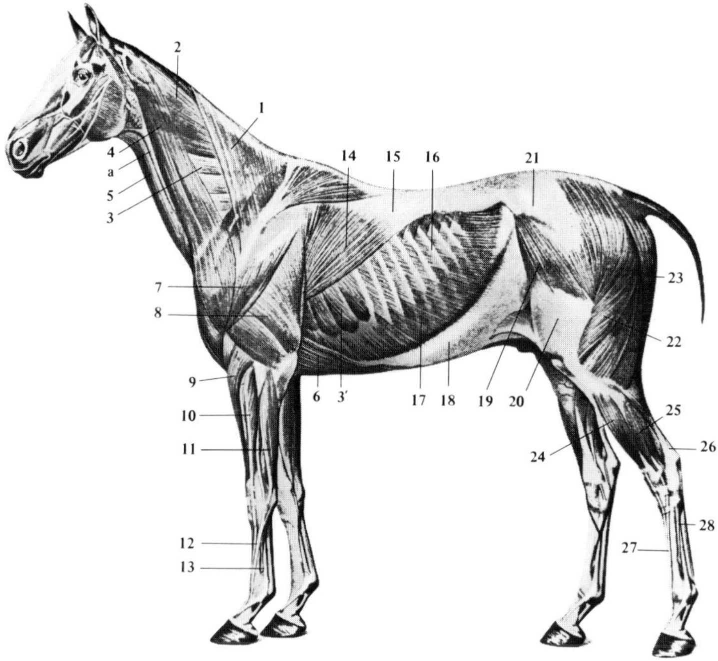

Abb. 6. Die wichtigsten großen Skelettmuskeln des Pferdes.

1 = Kappenmuskel
2 = Gerader Halsmuskel
3 = Unterer gezahnter Muskel – Halsteil
3' = Brustteil
4 = Armkopfmuskel
5 = Brustbein-Schildmuskel
a = Drosselrinne
6 = Tiefer Brustmuskel
7 = Deltamuskel
8 = Dreiköpfiger Oberarmmuskel
9 = Speichenfußstrecker
10 = Gemeinsamer Zehenstrecker
11 = Seitlicher Zehenstrecker
12 = Strecksehnen
13 = Beugesehnen
14 = Breiter Rückenmuskel
15 = Brust- und Lendenmuskeln mit Rumpfstreckern
16 = Äußere Zwischenrippenmuskeln
17 = Äußerer schiefer Bauchmuskel
18 = Dessen Bauchsehne
19 = Spanner der Schenkelbinde (Spanner der breiten Faszie)
20 = Breite Faszie mit vierköpfigem Kniestrecker
21 = Kruppenmuskel
22/23 = Sitzbeinmuskel
22 = Zweiköpfiger Sitzbeinmuskel
23 = Halbsehniger Sitzbeinmuskel
24 = Langer Zehenstrecker
25 = Seitlicher Zehenstrecker
26 = Achillessehne
27 = Strecksehnen
28 = Beugesehnen

Unter der tiefen Beugesehne verläuft an der Hinterfläche des Röhrbeins der *Zwischenbeinmuskel*. Beim Pferd ist dieser allerdings zu einem Sehnenstrang geworden, dem *Fesselträger* (siehe auch Kap. 2.2 und 2.3).

Blutgefäße und Nerven

Das Blutgefäßsystem besteht aus dem Herz und den Blutgefäßen. Das Herz ist ein hohler Muskel, der der Länge nach in zwei Teile geteilt ist. Jede Hälfte wird wiederum durch Klappen in eine Vorkammer und eine Kammer unterteilt. Die regelmäßige Kontraktion des Herzens sorgt dafür, daß das Blut durch den ganzen Körper zirkuliert. Von der linken Herzkammer aus wird das Blut über die Aorta in alle Gewebe verteilt. Die Aorta verzweigt sich in viele Arterien. Das darin fließende Blut ist reich an Nährstoffen und vor allem an Sauerstoff. Die Arterien oder Schlagadern zweigen sich im Gewebe in ein feines Haargewebssystem auf, wo Sauerstoff und Nährstoffe abgegeben und Kohlensäure sowie Abbauprodukte in das Blut aufgenommen werden. Die Haargefäße laufen wiederum zu Venen zusammen, in denen das stark kohlensäurehaltige Blut über die vordere und hintere Hohlvene in die rechte Herzhälfte gepumpt wird. Von hieraus gelangt das Blut in die Lunge, wo der Austausch von Kohlensäure und Sauerstoff stattfindet.

Das Nervensystem wird in das zentrale und das periphere Nervensystem unterteilt. Rückenmark und Gehirn sind Bestandteile des zentralen Nervensystems. Die hiervon ausgehenden, peripheren Nerven werden unterteilt in *motorische Nerven*; sie leiten Reize vom Gehirn oder Rückenmark zu den Muskeln, die sich dann zusammenziehen, und *sensorische Nerven*. Sie übermitteln äußere Reize zu Rückenmark und Gehirn, wo diese zu einer Wahrnehmung umgesetzt werden.

Das umhüllende Gewebe

Das den Körper umhüllende Gewebe ist die Haut mit dem darunter befindlichen Unterhautbindegewebe. Die Haut wird unterteilt in die *Oberhaut* und die *Lederhaut*.

Die Oberhaut (Epidermis) besteht aus Epithelzellen. Die unterste Lage wird Keimschicht genannt. Die Zellen dieser Keimschicht vermehren sich durch Teilung. Dadurch verschieben sich die bereits gebildeten Zellen an die Oberfläche. Sie verändern nach und nach ihre Struktur, bis sie an der Hautoberfläche vertrocknen und abnutzen. Die Oberhaut bildet gleichzeitig die Haare sowie hornige Strukturen.

Die Lederhaut (Corium) besteht aus Bindegewebszellen. Das Bindegewebe ist an vielen Stellen des Körpers zu finden und durch eine faserige Struktur gekennzeichnet. Es kommt in den verschiedensten Formen vor. Ganz grob kann man sagen, daß es allen Geweben, Organen und Organsystemen die notwendige Festigkeit verleiht und daß es die verschiedenen Körperteile miteinander verbindet. Die Lederhaut kann man auch als „Hautunterlage“ bezeichnen, denn auch hier sorgt sie für die nötige Festigkeit der Haut und außerdem dafür, daß die Haut als ein zusammenhängendes Gebilde den Körper umschließt. In der Lederhaut verlaufen die Blutgefäße und die Nerven. Bei der Besprechung der Feinstruktur des Hufhorns (siehe dort) wird auch auf den mikroskopischen Bau der Haut eingegangen.

2.2 Anatomie des Pferdefußes

Darunter soll im folgenden der Teil der Vorbzw. Rückhand von der Hälfte des Röhrbeins abwärts bis einschließlich dem Huf verstanden werden. Nacheinander werden besprochen:

- die Knochen
- die Gelenke

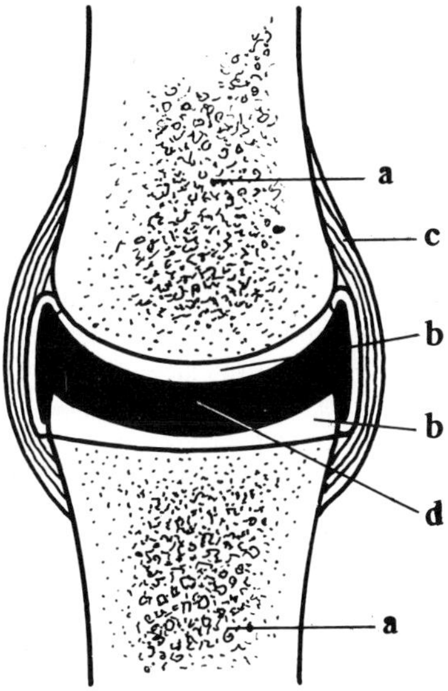

Abb. 7. Schematische Darstellung eines beweglichen Gelenkes.
a = Knochenenden; diese sind im Gelenk mit Knorpel, dem Gelenkknorpel, überzogen (b);
c = das Gelenk ist von einer Hülle aus Bindegewebe umgeben, der Gelenkkapsel;
d = der Raum zwischen zwei Knochenenden wird Gelenkhöhle genannt; hierin befindet sich die Gelenkschmiere (Synovia).

- die Sehnen und Bänder
- die Sehnenscheiden und Schleimbeutel
- die Blutgefäße und Nerven
- das umhüllende Gewebe.

Die Knochen

Dazu gehören
- das Röhrbein mit den unteren Enden der Griffelbeine
- das Fesselbein
- das Kronbein
- das Hufbein
- die Gleichbeine; darunter versteht man zwei kleine, halbpyramidenförmige Kno-

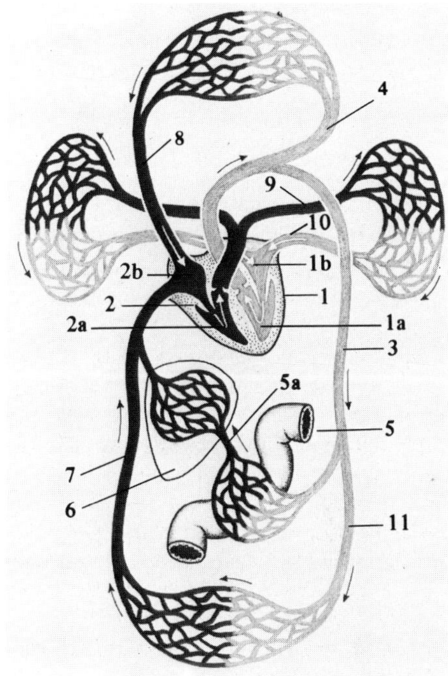

Abb. 8. Schematisierter Blutkreislauf der Säugetiere.

1 = linke Herzhälfte
1a = linke Herzkammer
1b = linke Vorkammer
2 = rechte Herzhälfte
2a = rechte Herzkammer
2b = rechte Vorkammer
3 = Hauptschlagader (Aorta)
4 = Abzweigung der Gefäße für die Blutversorgung der vorderen Körperhälfte
5 = Darm
5a = Pfortader
6 = Leber
7 = Hintere Hohlvene
8 = Vordere Hohlvene
9 = Lungenarterie
10 = Lungenvene
11 = Große Gefäße für die Blutversorgung der hinteren Körperhälfte bzw. der Hinterbeine

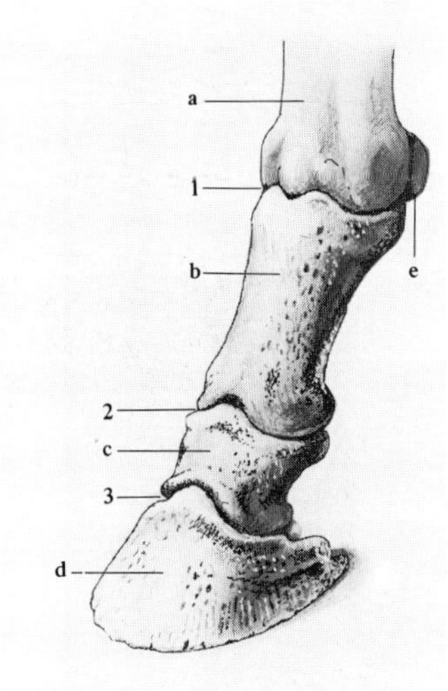

Abb. 9. Die Knochen des Pferdefußes, schräg von vorne betrachtet. Die Buchstaben und Ziffern sind im Text erläutert.

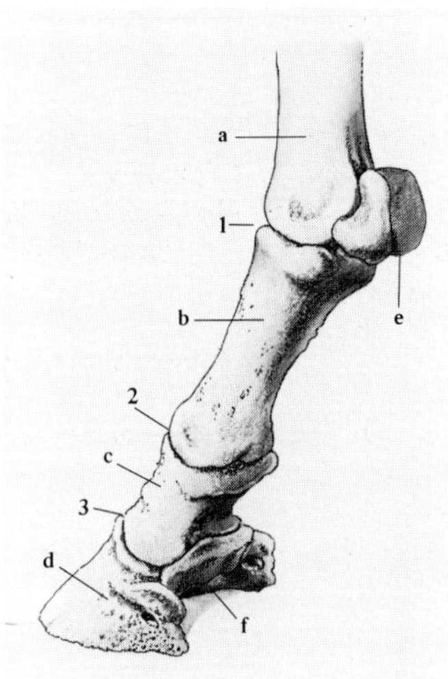

Abb. 10. Die Knochen des Pferdefußes, schräg von hinten betrachtet. Die Buchstaben und Ziffern sind im Text erläutert.

chen, die an der Beugeseite auf dem Übergang vom Röhr- zum Fesselbein liegen

- das Strahlbein; hierbei handelt es sich um einen kleinen, länglichen, flachen Knochen, der sich rückwärtig am Übergang zwischen Kron- und Hufbein befindet.

Die Gelenke

Dazu gehören

- das Fesselgelenk zwischen Röhr- und Fesselbein
- das Krongelenk zwischen Fessel- und Kronbein
- das Hufgelenk zwischen Kron- und Hufbein.

Die beiden Gleichbeine sind Bestandteil des Fesselgelenks, das Strahlbein ist Bestandteil des Hufgelenks.

Sehnen und Bänder

Bei der Besprechung des Muskelsystems wurde bereits darauf hingewiesen, daß sich die Muskeln der Vor- und Hinterhand, die den *Unterfuß* strecken bzw. beugen, unterhalb des Vorderfußwurzel- bzw. des Sprunggelenks in Sehnen übergehen. Die Sehnen der beiden Streckmuskeln verlaufen an der Vorderseite und vereinigen sich schließlich zu einer Strecksehne, die an der Hufbeinkappe des Hufbeins angreift (siehe Kap. 2.1). Die Sehnen der Beuger, nämlich die oberflächliche und die tiefe Beugesehne mit dem darunter liegenden Fesselträger, sind an der Rückseite des Röhrbeins angesiedelt.

Anhand der Abb. 11 und 12 soll der weitere Verlauf dieser Sehnen besprochen werden. Der Fesselträger spaltet sich in der Mitte des Röhrbeins in zwei Äste auf, die an beiden Sesambeimen angreifen. Von da ab verläuft jeweils an der Innen- und Außenseite eine Verbindungssehne schräg nach unten, wo sie sich mit der Strecksehne verei-

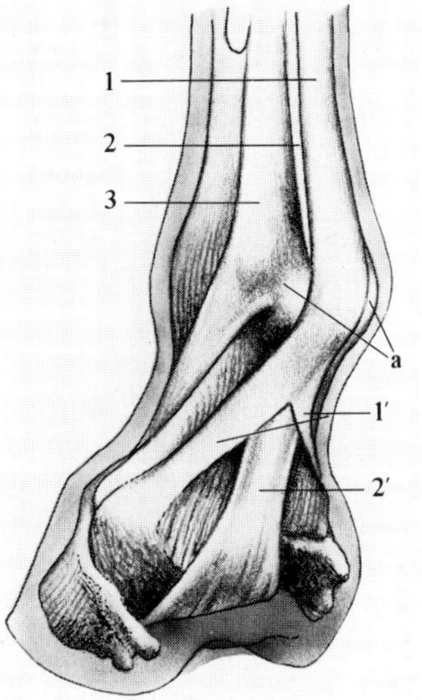

Abb. 11. Fuß des Pferdes, schräg von hinten gesehen, mit den Sehnen.
1 = oberflächliche Beugesehne
2 = tiefe Beugesehne
3 = Fesselträger
1′= Die oberflächliche Beugesehne spaltet sich unterhalb des Fesselgelenks in zwei Äste auf, die am Kronbein angreifen
2′= Die tiefe Beugesehne läuft weiter nach unten durch und greift am Hufbein an.
a = Gleichbein (Sesambeine)

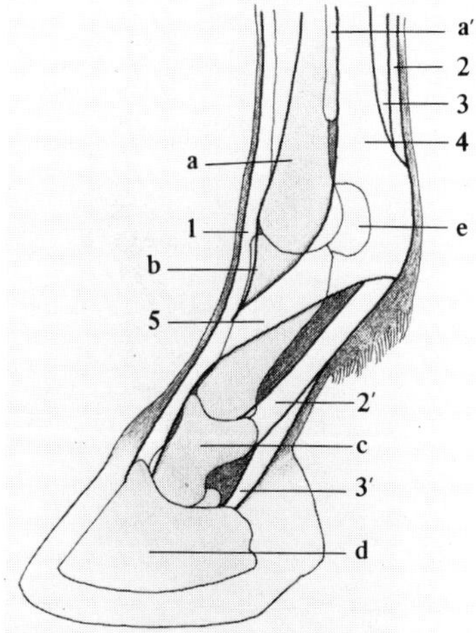

Abb. 12. Die Sehnen des Fußes, seitlich gesehen.
a = Röhrbein
a'= Unteres Ende des Griffelbeins
b = Fesselbein
c = Kronbein
d = Hufbein
e = Gleichbein
1 = Strecksehne
2 = Oberflächliche Beugesehne
2'= Fortsetzung der oberflächlichen Beugesehne mit ihrem Angriffspunkt am Kronbein
3 = Tiefe Beugesehne
3'= Fortsetzung der tiefen Beugesehne und Angriffspunkt am Hufbein
4 = Fesselträger, der an den Sesambeinen angreift
5 = Fortsetzung des Fesselträgers, der sich weiter unten mit der Strecksehne vereinigt

nigt (Abb. 12, 5). Der Fesselträger bildet mit seiner Verbindung zu den Sesambeinen und nach der Vereinigung mit der Strecksehne einen Teil des Stützapparates des Fesselgelenks. Die oberflächliche Beugesehne (Abb. 11) spaltet sich unterhalb des Fesselgelenkes in zwei Äste auf (Abb. 11, 1′), die an der Kronbeinlehne, dem hinteren oberen und wulstförmig verdickten Rand des Kronbeins, ansetzen. Die tiefe Beugesehne (Abb. 11, 2) läuft zwischen den beiden Ästen der oberflächlichen Beugesehne hindurch zum halbmondförmigen Hufbein, an dessen hinterem Rand sie angreift (Abb. 11, 2′).

Fesselträger (4), Gleichbein (e) und die Fortsetzung (5) zur Strecksehne (1) bilden die Hauptelemente des Stützapparates des Fesselgelenks.

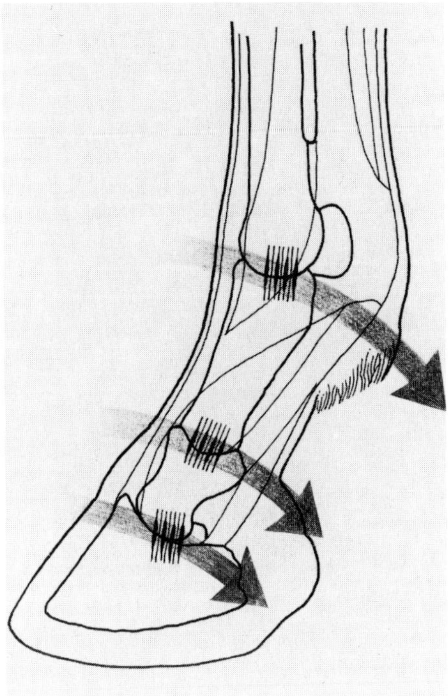

Abb. 13. Darstellung der Richtung, in der die Kräfte während der Belastung auf den Fuß wirken (Pfeile).

Die oberflächliche Beugesehne heftet, wie bereits beschrieben, am Kronbein an und wird deshalb auch *Kronbeinbeuger* genannt. Ähnlich ist es mit der tiefen Beugesehne, die am Hufbein ansetzt und deshalb auch den Namen Hufbeinbeuger trägt. Die Hufbeinbeugesehne gleitet, ähnlich einem Seil über eine Rolle, über das Strahlbein, daher der Name *Hufrolle* (Abb. 11, 2′). Zum Fesselgelenk hin laufen die oberflächliche und die tiefe Beugesehne über die beiden Gleichbeine (Abb. 11, a), sie gleiten in der Bewegung darüber hinweg.

Bänder (Ligamente) dienen der Verstärkung sehr steifen Bindegewebes. Sie sind biegsam, aber nicht elastisch, sondern im Gegenteil sehr starr. Sie sind bei allen Gelenken anzutreffen, denn sie dienen dazu, eine Verschiebung der Gelenkenden zu verhüten, sie aneinander zu binden. Die Bezeichnung *Gelenkband* gibt die Funktion dieser Verstärkungsstrukturen sehr gut wider. Am Fessel-, Kron- und Hufgelenk läuft beiderseits ein Band entlang. Allerdings reichen diese Gelenkbänder allein nicht aus, den großen Kräften entgegenzuwirken, die durch die ständige Belastung auf diese Gelenke ausgeübt werden. Die drei oben genannten Gelenke sind daher auch noch mit einem großen Anteil zusätzlicher Bandstrukturen versehen, die diese Kräfte nach Bedarf auffangen.

Da diese Kräfte meist die Rückseite der Gelenke belasten, ist es begreiflich, daß sich der größte Teil dieser zusätzlichen Verstärkungsbänder an der hinteren Seite der Gelenke befindet (Abb. 13).

Die Sesambeine spielen bei dieser Verstärkung eine wichtige Rolle. Der Fesselträger, der, wie bereits besprochen, an den Sesambeinen angreift und sich von da als Verbindungssehne mit der Strecksehne verbindet, ist im Grunde genommen als Versteifungsband (Ligament) anzusehen.

Die Sesambeine sind außerdem durch viele Versteifungsbänder mit dem Fessel- und Kronbein verbunden. Außerdem gibt es noch das Ringband des Fesselgelenks, ein Versteifungsband, das sich an der Rückseite dieses Gelenkes befindet. Zwei weitere funktionsgleiche Ringbänder sind in der Fesselbeuge anzutreffen (Abb. 14 a, b und c).

Schleimbeutel und Sehnenscheiden

Darunter versteht man mit Flüssigkeit gefüllte Säckchen oder Hüllen, die viel Ähnlichkeit mit einer Gelenkkapsel haben und auch eine damit vergleichbare Funktion erfüllen. Hier wie dort handelt es sich um die gleiche Flüssigkeit, nämlich die Gelenkschmiere oder Synovia. Verläuft eine Sehne

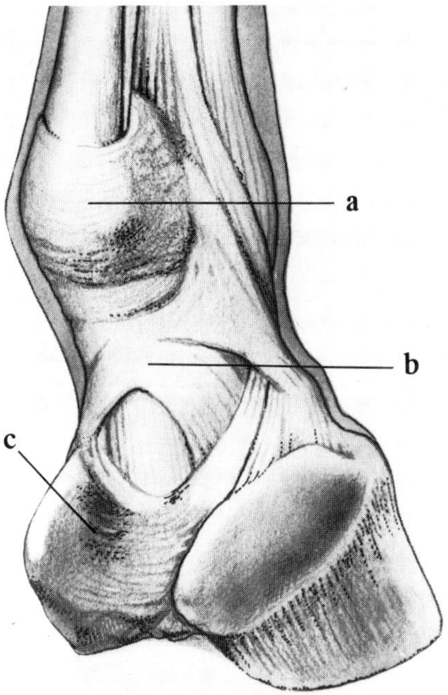

Abb. 14. Sehnen und Ringbänder des Fußes, schräg von hinten betrachtet.
a = Ringband des Fesselgelenks,
b und c = Ringbänder in der Fesselbeuge

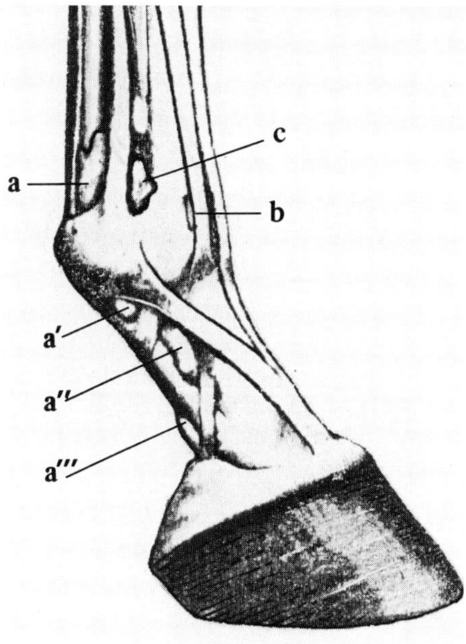

Abb. 15. Sesamscheide, Fesselgelenk und Schleimbeutel am Fuß.
a = Sesamscheide, a', a'', a''' sind die Fortsetzung der Sesamscheide in der Fesselbeuge
b = Schleimbeutel unter der Strecksehne
c = Fesselgelenkskapsel

über einen Knochenvorsprung, befindet sich dazwischen ein solcher Schleimbeutel. Ist dieses Gebilde länglich und umhüllt es die Sehne, spricht man von einer Sehnenscheide. Schleimbeutel und Sehnenscheide haben den gleichen Zweck, nämlich ein reibungsarmes Gleiten der Sehnen über Knochenvorsprünge oder erhabene Gelenkteile zu ermöglichen. In Höhe des Fesselgelenks ist die Hufbeinbeugesehne von einer Sehnenscheide, der Sesamscheide, umgeben. An der Vorderseite des Fesselgelenks befindet sich unterhalb der Strecksehne ein Schleimbeutel.

Innerhalb des Hufes verläuft die Hufbeinbeugesehne über das Strahlbein zum halb-

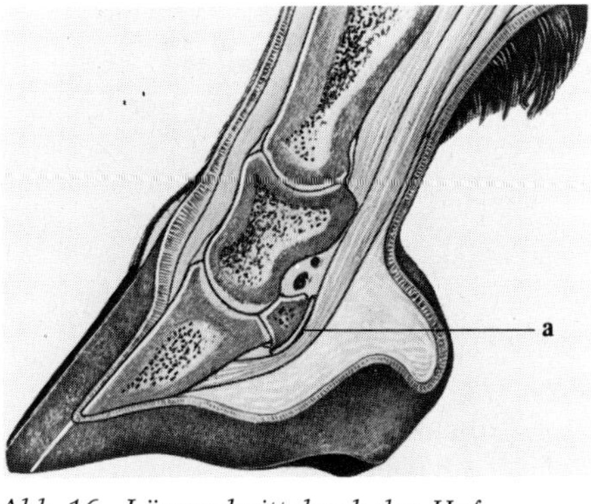

Abb. 16. Längsschnitt durch den Huf.
a = Schleimbeutel der Hufrolle

mondförmigen Hufbein. Zwischen dieser Sehne und dem Strahlbein liegt ein Schleimbeutel, der Hufrollenschleimbeutel (Abb. 16).

Blutgefäße und Nerven
Seitlich der Beugesehne verlaufen vom Röhrbein an abwärts jeweils eine Arterie, eine Vene und ein Nerv. In Höhe des Fesselgelenks zweigt von der Arterie, Vene und Nerv jeweils ein Ast in Richtung Vorderseite des Hufes ab. Der Hauptast verläuft abwärts an der Rückseite des Hufes. Sowohl der vordere als auch der hintere Teil der Blutgefäße und des Nerves verästeln sich im Huf in ein feines Netz.

Das umhüllende Gewebe
Wie bereits im Kapitel Allgemeine Anatomie besprochen, ist das den Körper umhüllende Gewebe die Haut. Sie umgibt den gesamten Körper und somit auch die Gliedmaßen. Desgleichen wurde bereits erwähnt, daß die Oberhaut die Haare und die hornigen Strukturen bildet, unter anderem die Hornkapsel (Hornschuh), den äußeren Teil des Hufes. Die Anatomie des Hufes soll im folgenden Abschnitt näher behandelt werden.

2.3 Anatomie des Hufes

Bevor auf die Anatomie des Hufes näher eingegangen wird, soll dieser untergliedert werden in den inneren Teil und den äußeren Teil.

Zum inneren Teil des Hufes gehören

- das Hufbein
- die Hufknorpel
- das Strahlbein
- das Hufgelenk
- die Hufbeinbeugesehne
- der Schleimbeutel der Hufrolle
- die Blutgefäße
- die Nerven.

Das Hufbein
Das Hufbein (Abb. 17 I, II und III) hat drei Oberflächen (a, d, f), drei Ränder (1, 2, 3) und zwei „Hufbeinäste“ (c, c′). Die Wandfläche (a) ist ebenso gewölbt wie die Seitenwand des äußeren Hufes, die das Hufbein direkt umschließt. An der Vorderseite ist die Wandfläche am höchsten, nach hinten zu verjüngt sie sich. An der vorderen Oberkante befindet sich die Hufbeinkappe (Strecksehnenfortsatz), die Ansatzstelle der Strecksehne (b). Die Oberkante (1) läuft von der Hufbeinkappe aus als gebogene Linie seitlich schräg nach unten in den Hufbeinästen aus (c). Die Unterkante (2) hat die Form eines Halbkreises. Der Winkel, den vordere Wand und Boden miteinander bilden, beträgt 45 bis 50°, er wird, vor allem an der inneren Seite, nach oben hin steiler. Die Oberfläche der Hufbeinwand ist rauh und porös. Das Ganze hat Ähnlichkeit mit einem Bimsstein. Die Gelenkfläche (d) ist glatt und nach innen gewölbt, so daß das kugelrunde untere Ende des Kronbeins hier hineinpaßt.

Am rückwärtigen Rand (3) der Gelenkfläche liegt ein besonderer flacher Streifen (e), die Gelenkfläche des Strahlbeins. Die Bodenfläche (f) ist nach oben gewölbt. An der Außenseite wird sie durch die halbkreisförmige Unterkante der Wandfläche (2) begrenzt. Die Bodenfläche wird durch den halbmondförmigen Kamm in zwei ungleiche Teile aufgegliedert. Der vordere Teil erhält durch die beiden halbrunden Begrenzungen die Form eines zunehmenden Mondes und wird Sohlenfläche genannt. Sie wird durch die Hornsohle bedeckt. Der kleinere, hintere Teil, an dem die Hufbeinbeugesehne angreift, heißt Beugeseite. Innerhalb des Hufbeins verläuft ein halbrunder Kanal. Er beginnt beiderseits mit einer Öffnung an der

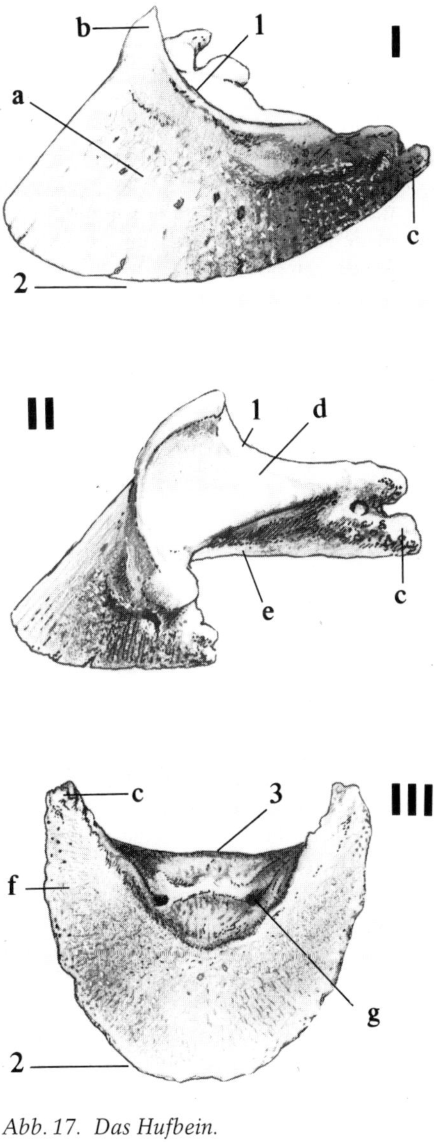

Abb. 17. *Das Hufbein.*
I. von vorne gesehen
II. von hinten gesehen
III. von unten gesehen
(Buchstaben und Ziffern sind im Text erklärt).

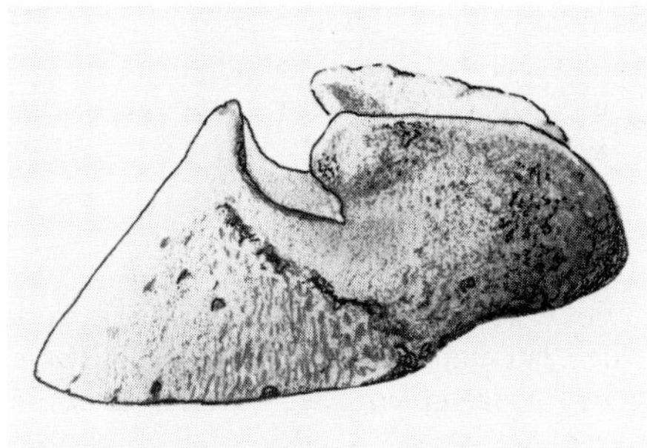

Abb. 18. Seitenansicht des Hufbeins mit den Hufknorpeln.

Innenseite der Hufbeinäste (g). Hier gehen die Endverzweigungen der Zehenarterie hindurch nach innen. An der Vorderseite des Kanals vereinigen sie sich und bilden auf diese Weise eine Schlaufe. Von hieraus zweigen viele kleine Gefäßverästelungen durch die zahlreichen kleinen Öffnungen in der Wandfläche seitlich ab. Nach hinten läuft das Hufbein in die Hufbeinäste (c, c′) aus, wobei der innere meist kürzer als der äußere ist. An ihrer oberen Kante sind sie mit den beiden Hufknorpeln verbunden.

Die Hufknorpel
Hierbei handelt es sich um zwei mehr oder weniger rautenförmige, leicht gebogene Knorpelscheiben, die sich beiderseits der Hufbeinäste nach hinten oben erstrecken (Abb. 18). Sie sind relativ groß. Der obere Rand ist ziemlich dünn, der untere dick. Außer mit den Hufbeinästen sind die Hufknorpel auch mit dem Kronbein durch Bänder (Ligamente) verbunden. Knorpel sind biegsam, denn im Gegensatz zu den Knochen enthalten sie keinen Kalk. Die Verbindung mit den Hufbeinästen und dem Kronbein ist beweglich. Die Biegsamkeit der Knorpel sowie die bewegliche Verbindung mit Kronbein und Hufbeinästen machen eine seitliche Bewegung nach innen und außen möglich. Diese Beweglichkeit spielt eine wich-

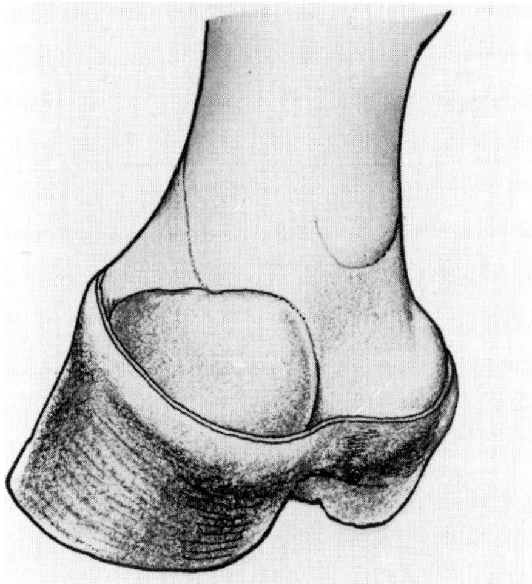

Abb. 19. Huf mit Hufknorpel.

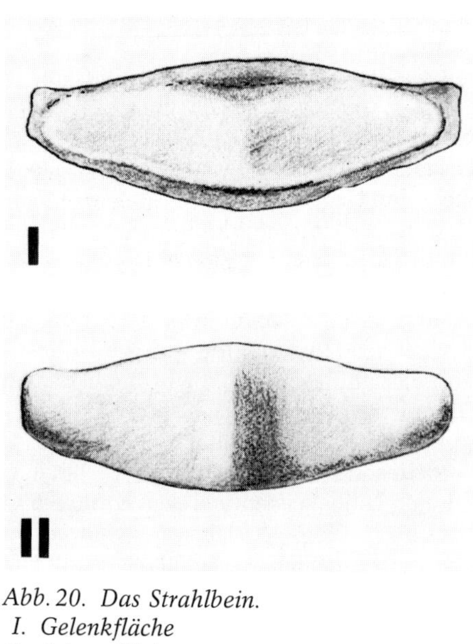

Abb. 20. Das Strahlbein.
I. Gelenkfläche
II. Sehnenfläche

tige Rolle im Hufmechanismus (siehe Kap. 3.1.2). Die Hufknorpel ragen zum Teil über den Kronrand (Abb. 19).

Man kann diese Beweglichkeit mit der Hand kontrollieren. Es gibt Krankheitsprozesse, die zu einer Verkalkung führen können. Das gleiche gilt für die Verbindung mit den Hufbeinästen. Die Beweglichkeit kann auf diese Art vermindert, ja sogar gänzlich verloren werden. Das hat natürlich weitreichende Folgen für den Hufmechanismus und den Huf.

Das Strahlbein

Das Strahlbein ist ein kleiner, weberschiffchenähnlicher Knochen, der an der Rückseite des Hufgelenks liegt. Die Vorderseite, die Gelenkfläche, schließt größtenteils am unteren Ende des Kronbeins und mit einem schmalen Streifen an der Rückseite des Hufbeins an (Abb. 20.I). Daher wird das Hufgelenk aus den Gelenkflächen von Kron-, Huf- und an der Rückseite vom Strahlbein gebildet.

Die Rückseite des Strahlbeins, die Sehnenfläche, ist mit einer Knorpelschicht überzogen, so daß sie glatt und geschmeidig ist (Abb. 20.II). Darüber gleitet die tiefe Beugesehne (Hufbeinbeugesehne) in ihrer Auf- und Abwärtsbewegung. Zwischen Beugesehne und Strahlbein befindet sich ein Schleimbeutel. Es wurde bereits beschrieben, daß die Sehne gleich einem Seil in einer Führungsrolle über das Strahlbein läuft und von da die Bezeichnung Hufrolle herrührt. Demgemäß wird auch der Schleimbeutel *Hufrollenschleimbeutel* genannt (Abb. 16).

Das Strahlbein ist durch Bänder mit Huf- und Kronbein sowie den Hufknorpeln verbunden. Auf die großen Kräfte, die bei Belastung auf Fessel-, Kron- und Hufgelenk ausgeübt werden, wurde schon an früherer Stelle hingewiesen (Abb. 13). Die Verstärkungsbänder, durch die das Strahlbein an Kron- und Hufbein sowie Hufknorpel gebunden ist, fangen zusammen mit dem Strahlbein diese Kräfte auf und sorgen dafür, daß das Hufgelenk in der richtigen Position bleibt.

Die Blutgefäße

Die Zehenarterien verzweigen sich in mehrere Äste und versorgen so alle Teile der unteren Gliedmaße. Die Endverzweigungen treten sozusagen durch Kanalöffnungen in das Hufbein ein und bilden an der Vorderkante eine Schlaufe. Von hier laufen viele Äste durch das Hufbein hin an die Wandfläche und bilden rundum ein dichtes, feines Netz für die Blutversorgung des umhüllenden Gewebes. Die Haargefäße vereinigen sich zu immer größer werdenden abführenden Gefäßen, den Venen, die schließlich als die beiden Zehenvenen das Blut zum Herz zurückführen (Abb. 21).

Die Nerven

Die Zehennerven verästeln sich unterhalb des Fesselgelenks in mehrere Zweige. Im Huf spalten sich diese nochmals sehr zahlreich auf. Die Nerven enden in mikroskopisch kleinen Gebilden (Rezeptoren), die für Wahrnehmungen des Tast- und Schmerzsinnes verantwortlich sind. Der Huf ist demzufolge ein ausgesprochen empfindliches Tastorgan.

Der **äußere Teil des Hufes** ist ein Bestandteil der Haut. Die Haut bildet außer den Haaren auch die hornigen Strukturen. An den Enden der Gliedmaßen befinden sich die Nägel bzw. Modifikationen davon. Bei den Huftieren ist der Nagel zu einem Huf geworden, bei den Paarzehern ist jede Zehe mit einem Huf bzw. einer Klaue ausgestattet, bei den Unpaarzehern (Einhufern) ist der Huf am stärksten entwickelt.

Wie bereits bekannt, besteht die Haut aus der Oberhaut (Epidermis) und der Lederhaut (Corium).

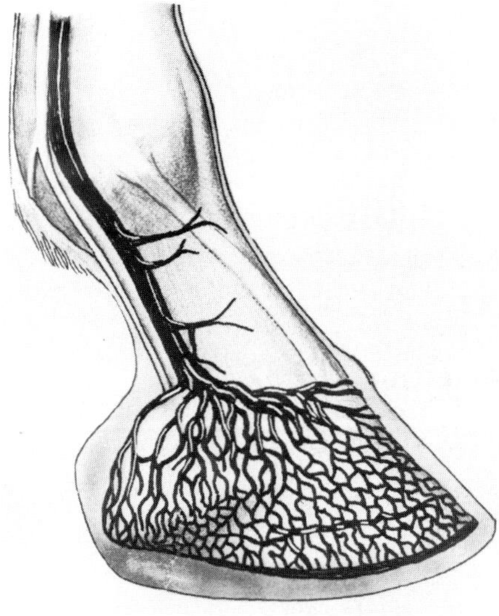

Abb. 21. Haargefäße und Venennetz des Hufes. Die Arterie des Hufes verläuft innerhalb des Hufbeins, verästelt sich in ein feines Haargefäßnetz. Diese feinen Gefäße vereinigen sich wiederum zu einem Venennetz, das das Blut abführt.

Diese Aufteilung setzt sich auch am Zehenende fort. Unterhalb des Kronrandes differenziert sich die Lederhaut. Der Kronrand bildet den Übergang von der Haarhaut zum Huf. Die Lederhaut wird nun *Huflederhaut* genannt und grob in einen Wand-, Sohlen- und Strahlbereich eingeteilt.

Im einzelnen besteht die Huflederhaut aus

- der Saumlederhaut
- der Kronlederhaut
- der Wandlederhaut
- der Sohlenlederhaut
- der Strahllederhaut
- den Wandlederhauteckstreben
- der Ballenlederhaut.

Die Huflederhaut ist durch einen hohen Anteil von Hornzöttchen ausgezeichnet, der

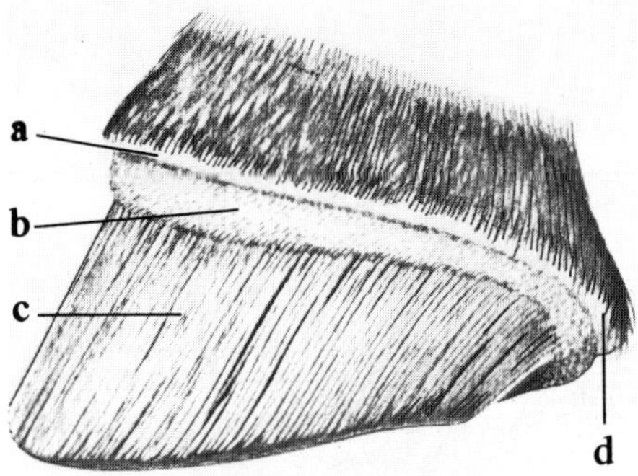

Abb. 22. Die Huflederhaut, von der Seite gesehen.
a = Saumlederhaut
b = Kronlederhaut
c = Wandlederhaut
d = Ballenlederhaut

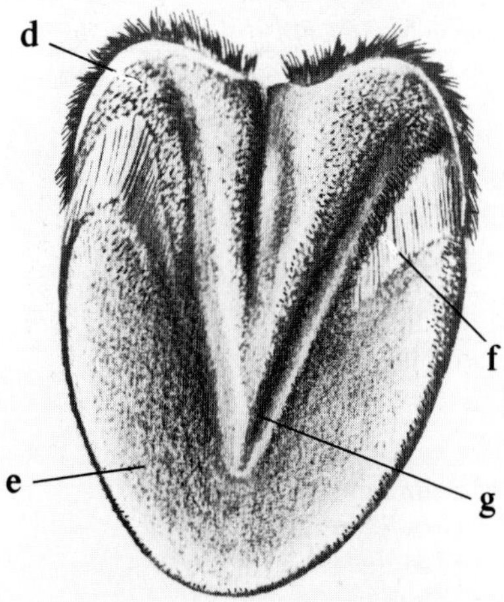

Abb. 23. Huflederhaut, Sohlenfläche.
d = Ballenlederhaut
e = Sohlenlederhaut
f = Wandlederhauteckstreben
g = Strahllederhaut

in den verschiedenen Bereichen Unterschiede in Dichte und Feinheit aufweist.

Die Wandlederhaut bildet hierbei eine Ausnahme, denn sie ist nicht mit Papillen, (Röhrchen), sondern mit Lamellen (Blättchen) versehen, die dicht beieinander und parallel, schräg nach vorn von oben nach unten verlaufen.

Die Saumlederhaut ist ein schmaler Streifen zwischen Haut und Huf. Nach hinten zu verbreitert sich die Saumlederhaut zur Ballenlederhaut. Unter der gewöhnlichen Haut befindet sich in der Regel das Unterhautbindegewebe (Subcutis). Das ist auch im Huf unter der Huflederhaut der Fall.

Die Subcutis bildet auch die an die Saumlederhaut anschließende Kronlederhaut, einen dicken Wulst, der nach hinten zu schmaler wird. Unter der Wandlederhaut und der Sohlenlederhaut existiert praktisch kein Unterhautbindegewebe. Die Lederhaut grenzt deshalb direkt an die Knochenhaut (Periost) des Hufbeins an. Unter der Ballenlederhaut befindet sich beiderseits ein gut entwickelter Bindegewebswulst, das Ballenpolster, und zwar in der hinteren Hufhälfte und in der Mitte durch die Ballengrube geteilt. Diese geht nach vorne in die mittlere Strahlfurche über. Unter der Strahllederhaut ist das Strahlpolster angesiedelt. Es besteht ebenfalls aus Unterhautbindegewebe, seine Struktur ist aber kräftiger, und es beinhaltet viel Fett- und Knorpelgewebe. Das Strahlpolster ist äußerst elastisch. Es hat die Form eines gleichschenkeligen Dreiecks, dessen Basis nach hinten zeigt. Eine tiefe Rinne teilt das Strahlpolster längs in zwei gleich große Hälften. Diese Tatsache spielt eine Rolle beim Hufmechanismus, dient sie doch sozusagen als Puffer, um das innere Gewebe des Hufes zu schützen. Die Keimschicht der Oberhaut ist im Bereich der Huflederhaut für die Bildung der Hornkapsel verantwortlich. Diese setzt sich zusammen aus

- dem Hornsaum
- der Hornwand
- der Hornsohle
- dem Hornstrahl
- den Eckstreben
- den Hornballen
- der weißen Linie.

Der Einfachheit halber wird oft gesagt: Die Saumlederhaut bildet den Hornsaum etc. Aber das stimmt nicht. Die Oberhaut auf der Saumlederhaut ist dafür verantwortlich. Die verschiedenen Bereiche der Hornkapsel werden von dem hornbildenden Epithel der entsprechenden Teile der Huflederhaut gebildet – mit Ausnahme der Hornwand. Für alle anderen Teile der Hornkapsel gilt diese Beziehung, also das Epithel der Saumlederhaut bildet den Hornsaum oder, einfach dargestellt:

Saumlederhaut → Hornsaum
Sohlenlederhaut → Hornsohle
Strahllederhaut → Hornstrahl
Wandlederhauteckstreben → Eckstreben
Ballenlederhaut → Hornballen

Die Hornwand

Die Hornwand wird vom Epithel der Kronlederhaut produziert. Die Kronlederhaut ist, wie bereits beschrieben, ein wulstförmiges Gebilde. Von diesem *Kronwulst* wird die Hornwand gebildet, und zwar von oben nach unten. Die Röhrchen der Kronlederhaut zeigen nach unten, das Hornwachstum der Wand verläuft demzufolge ebenfalls von oben nach unten (Abb. 26, Pfeilrichtung).

Die Kronlederhaut geht, wie ebenfalls bereits erwähnt, in die Wandlederhaut über, die mit Blättchen versehen ist. Beim Pferd werden die Wandlederhautplättchen von einer sehr dichten Reihe weiterer Blättchen ergänzt, die ebenfalls von oben nach unten verlaufen. Die Blättchen werden deshalb

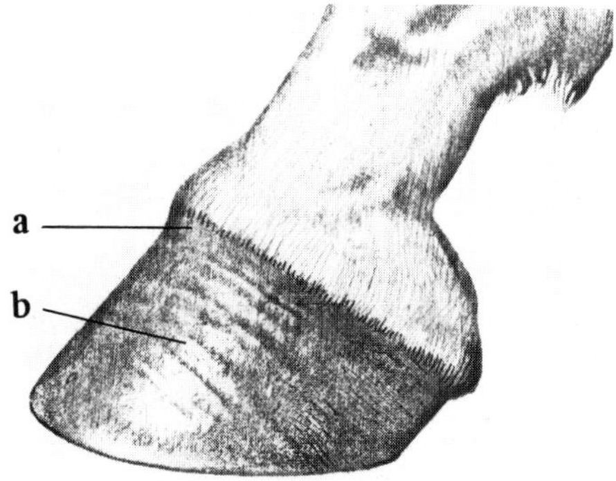

Abb. 24. Seitenansicht des Hufes.
a = Hornsaum
b = Hornwand

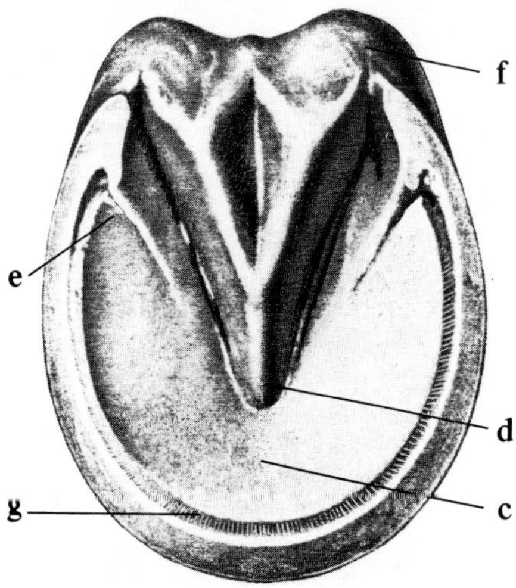

Abb. 25. Sohlenfläche des Hufes.
c = Hornsohle
d = Hornstrahl
e = Eckstreben
f = Hornballen
g = weiße Linie

Abb. 26. Schematisierte Darstellung des Hornwachstums (Pfeilrichtung).

unterteilt in Hauptblättchen und Nebenblättchen (Abb. 27).

Von diesen Hauptblättchen findet man etwa 600 auf jedem Huf, an Sekundärblättchen sind es das 100- bis 200fache. Die Hornwand schiebt vom Kronrand abwärts über die Wandlederhaut nach unten in Längsrichtung der Blättchen. Zwischen die primären Wandlederhautblättchen greifen die primären Hornblättchen ein. Im allgemeinen nimmt man an, daß diese ebenfalls durch die Keimschicht der Kronlederhaut gebildet werden und zwischen den Wandlederhautblättchen nach unten schieben. Die Keimschicht der sekundären Wandlederhautblättchen gibt eine weiche Substanz ab (abgestoßenes Epithel), die kaum verhornt. Diese Substanz befindet sich zwischen den sekundären Wandlederhautblättchen. Man spricht dann von *sekundären Hornblättchen*, obwohl in diesem Zusammenhang die Bezeichnung „Horn" kaum angebracht ist.

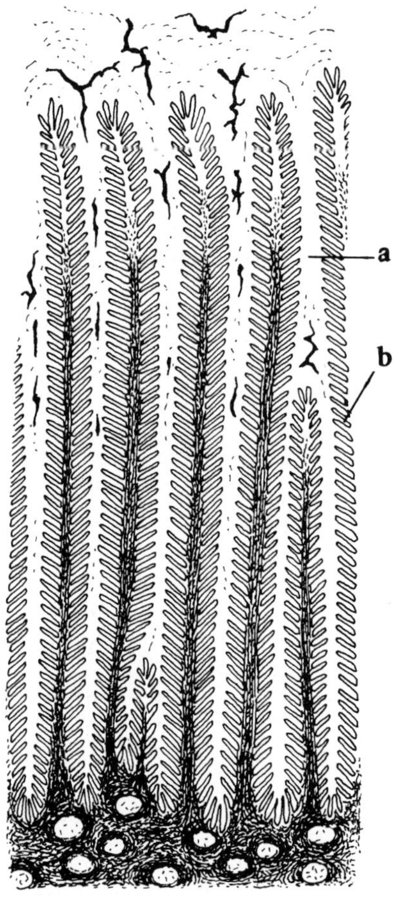

Abb. 27. Querschnitt durch die Wandlederhaut. Die Abbildung zeigt deutlich, in welchem Ausmaß die Hauptblättchen der Wandlederhaut deren Oberfläche vergrößern.
a = Hauptblättchen (Primärblättchen)
b = Nebenblättchen (Sekundärblättchen)

Die weiße Linie

Die *weiße Linie* stellt die Verbindung vom Tragerand der Hornwand und der Hornsohle dar. Die große Fläche der Wandlederhaut bildet ein ziemlich weiches Horn. Dieses weiche Horn füllt die Zwischenräume zwischen den abschiebenden primären Hornblättchen aus und bildet mit diesen zusammen die Verbindung zwischen Hornwand und Hornsohle, die weiße Linie. Sie liegt, von der Sohlenfläche aus gesehen, zwischen dem Tragerand der Hornwand und der Hornsohle (Abb. 25, g). Der Name rührt da-

Abb. 28. Hornsaum, Hornballen und Hornstrahl.

Abb. 29. Hornwand und Eckstreben.

her, daß dieses Horn nicht pigmentiert und so von Natur aus weiß ist. Allerdings nimmt es aufgrund seiner lockeren Struktur sehr leicht Feuchtigkeit und Schmutz auf, so daß man es nie als weiße, sondern eher als dunkel gefärbte Linie sieht. Der direkt daneben liegende innere Rand des Tragerands weist dagegen eine häufig hellere Färbung auf, darf aber nicht mit der weißen Linie verwechselt werden. Saum-, Ballen- und Strahllederhaut bilden, strukturell gesehen, ein Ganzes. Das gleiche gilt für Hornsaum, Hornballen und Hornstrahl (Abb. 28).

Die Kron- und Wandlederhaut biegen an der Rückseite nach unten um und laufen zurück nach vorn als Wandlederhauteckstreben. Demzufolge sind also auch Hornwand und Eckstreben strukturell eine Einheit (Abb. 29).

Die Hornsohle steht strukturell gesehen für sich mit der runden seitlichen Begrenzung durch die weiße Linie, die an die Hornwand anschießt, und der inneren V-förmigen Begrenzung durch den Strahl und die daran angreifenden Eckstreben.

Dies alles bildet zusammen die Hornkapsel, die das Zehenende des Pferdes sehr solide umschließt und schützt.

2.4 Der mikroskopische Aufbau des Horns

Die Haut besteht aus der Oberhaut (Epidermis) und der Lederhaut (Corium).

Alle Körpergewebe setzen sich aus Zellen zusammen. Die Oberhaut (Epidermis) wird von Epithelzellen gebildet. Die hornigen Strukturen, also Huf oder Kastanie, werden ebenfalls durch die Keimschicht des Epithels aufgebaut.

Die Oberhaut der normalen Haut bildet eine dünne Hornschicht, die an der Oberfläche abschuppt. Die Haut setzt sich im Huf als Ober- und Lederhaut fort. Letzteres wird nun *Huflederhaut* genannt (Pododerma). Die Oberhaut bildet jetzt eine wesentlich dickere Hornschicht als die normale Haut. Diese dickere Hornschicht ist hell und besitzt eine stabile Struktur – es ist die Hornkapsel. Die verschiedenen Bereiche der Huflederhaut und der Hornkapsel wurden bereits besprochen. An dieser Stelle soll jetzt noch näher auf die Feinstruktur des Horns eingegangen werden. Die Hornbildung kann man gut mit der des Haares vergleichen.

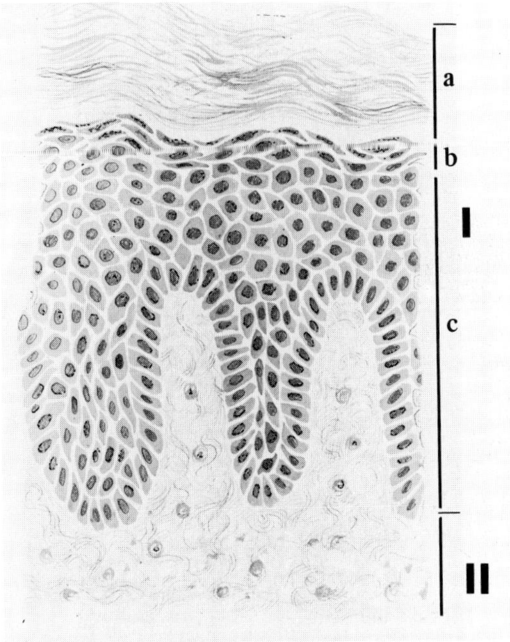

Abb. 30. Querschnitt durch die Haut.
I = Oberhaut
a = Hornschicht
b = (oberflächliche) Deckschicht
c = Keimschicht
II = Lederhaut

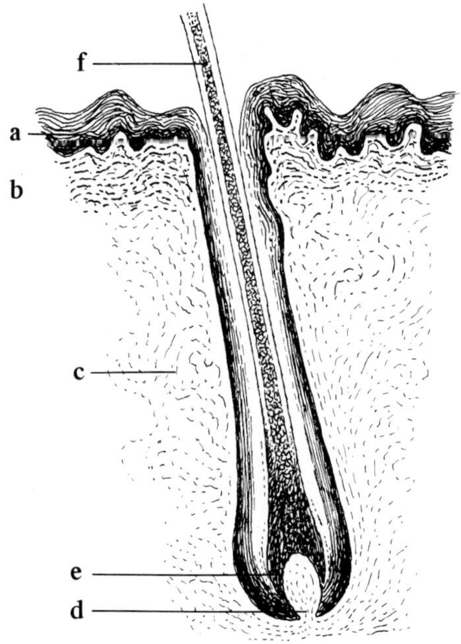

Abb. 31. Querschnitt durch ein Haarfollikel, vereinfachte Darstellung.
a = Oberhaut
b = Lederhaut
c = Unterhautbindegewebe
d = Papille
e = Keimschicht des Haarschafts
f = Haarschaft
Die Einstülpung ist gänzlich von der Oberhaut bedeckt und reicht bis in das Unterhautbindegewebe.

Das Haar wird von den Haarpapillen gebildet. Haarpapillen sind Vorwölbungen von Leder- und Oberhaut, die in den die Haarpapillen umgebenden Einstülpungen verborgen sind. Auf der Haarpapille bildet sich die Keimschicht, die den Haarschaft erzeugt. Dieser hat eine zylindrische Form und besteht aus mehreren Schichten. Das Innere weist eine weiche Substanz mit einer lockeren Struktur auf, in der sich Luft befindet. Der Haarschaft ist darum mehr oder weniger hohl.

Die Huflederhaut, darauf wurde bereits verwiesen, ist mit Papillen bedeckt, es sind aber keine Einstülpungen wie bei den Haarpapillen. Die Huflederhautpapillen sind dicht an der Oberfläche angesiedelt.

Die Erhebung einer jeden Huflederhautpapille bildet ein dem Haarschaft ähnliches Hornröhrchen. An der Basisfläche rund um die Papillen entsteht das Zwischenhorn, das die Hornröhrchen fest miteinander verbindet. Das Innere der Hornröhrchen enthält eine weiche Substanz, die später verschwindet. Dann ist das Hornröhrchen hohl.

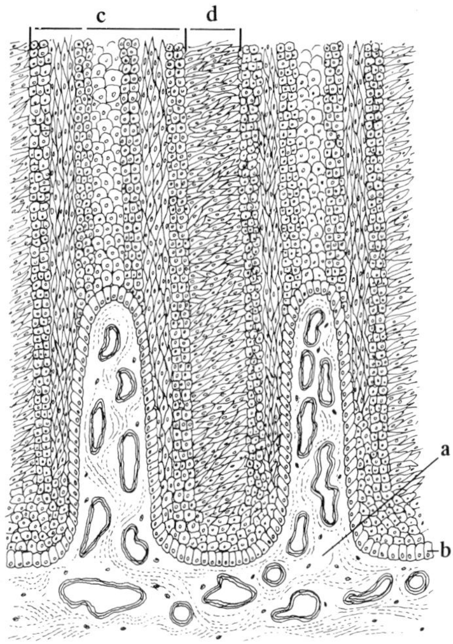

Abb. 32. Schematische Darstellung des mikroskopischen Hornaufbaus.
a = Papille
b = Keimschicht
c = Hornröhrchen in mehreren konzentrischen Schichten
d = Zwischenhorn

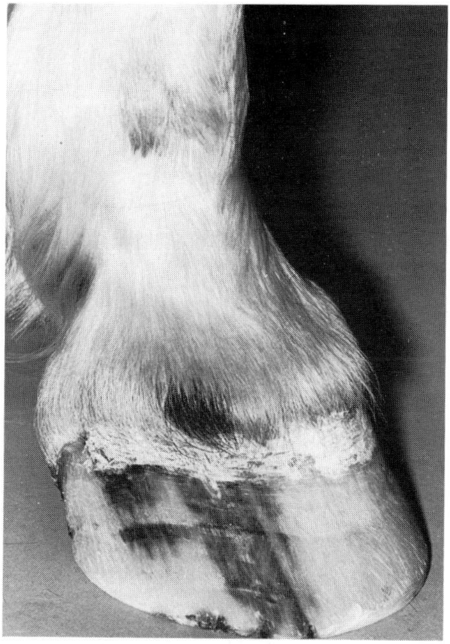

Abb. 33. Huf mit einer teilweise pigmentierten Hornwand.

Die zylindrische Form der Hornröhrchen kann auch abgeflacht sein. Die Hornröhrchenwand setzt sich aus mehreren Schichten zusammen, wobei die verhornten Epithelzellen in jeder Schicht eine Spiralstruktur aufweisen. Diese Spiralstruktur wird des weiteren dadurch verstärkt, daß in den Hornröhrchen Spannungsfasern verlaufen, (Tonofibrillen), die die gleiche Spiralstruktur wie das verhornte Epithel aufweisen. Auch im Zwischenhornbereich finden sich diese Tonofibrillen. Sie geben den Hornröhrchen selbst sowie über das Zwischenhorn zusätzliche Festigkeit.

Die Hornkapsel kann pigmentiert sein oder aber auch nicht. Pferde mit weißen Abzeichen an den Beinen (weißer Fuß, weiße Fessel usw.) haben häufig helle Hufe. Zuweilen ist die Hufwand teils pigmentiert, teils nicht. Die pigmentierten (dunklen) Streifen verlaufen in Richtung der Hornwandröhrchen (von oben nach unten).

Pferde ohne Abzeichen besitzen meist gänzlich pigmentierte Hufe. An späterer Stelle wird aufgezeigt, daß dieses Horn stabiler ist als nicht pigmentiertes. Chemische Analysen, die die Zusammensetzung pigmentierten und nichtpigmentierten Horns untersuchten, ergaben keine Unterschiede. Es wird daher angenommen, daß die Pigmentierung keine ausschlaggebende Bedeutung für die Festigkeit des Horns hat.

3 Der Huf

3.1 Hufformen

3.1.1 Der regelmäßige Huf

Der Vorderhuf

Bei der Beschreibung des regelmäßigen Hufes muß man sich vor Augen halten, daß es allgemeingültige Normen für Form und Struktur eigentlich nicht gibt, sondern daß diese vielmehr abhängig sind von der entsprechenden Pony- und Pferderasse.

Die folgende globale Beschreibung gilt für das Warmblut sowie einen Großteil der gängigen Ponyrassen. Die Hornwand ist an der Zehe am längsten, auf der Rückseite, an den Trachten, am kürzesten. Das Verhältnis ist ungefähr 2:1. Die Länge der Zehenwand kann man daher als doppelte Länge der Trachtenwand angeben. Die Hufwand wird in fünf gleiche Teile unterteilt: den vorderen Bereich nennt man *Zehenwand*, es folgen beiderseits die *Seitenwände* und anschließend die *Trachtenwände*. Der Winkel, den

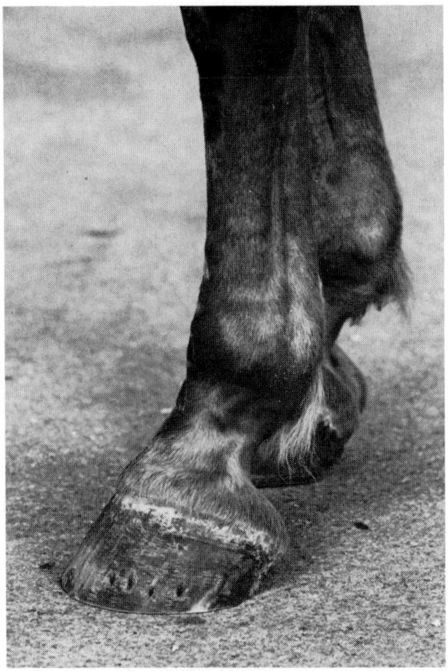

Abb. 34. Vorderhuf, von der Seite gesehen.

Abb. 35. Vorderhuf, von vorne.

die Hornwand an der Zehenseite bildet, beträgt ungefähr 45 bis 50°, nach den Trachten zu wird die Winkelung steiler, wobei die Innenwand etwas stärker gewinkelt ist als die Außenwand. Die Stärke der Hornwand nimmt von vorne nach hinten ab (Verhältnis 2:1). Kleine, periodisch auftretende Unterschiede bei der Hornproduktion sind für die häufig parallel zum Kronrand verlaufenden Rillen verantwortlich.

Das Horn der Zehenwand ist in der Nähe der Tragefläche gegenüber dem der Trachtenwände härter und fester. Das liegt daran, daß ja die Zehenwand länger, das Horn also auch älter und kompakter geworden ist. An der Rückseite bildet die Hornwand einen scharfen Winkel, verläuft dann als wesentlich horizontalere, stützende Fläche nach vorne, um schließlich (keine scharfe Abgrenzung) in die Hornsohle überzugehen. Zehen- und Trachtenwand bilden mit dem Erdboden einen etwa gleichen Winkel (etwa 50°). Im oberen Teil, direkt unter dem Kronrand, ist die Hornwand vom sehr dünnen Hornsaum bedeckt. Die Hornsohle muß deutlich gewölbt, der Strahl breit und kräftig entwickelt sein. Die mittlere und die beiden seitlichen Strahlfurchen sollten schön offen liegen und möglichst nicht zu tief sein. Die Sohlenfläche sollte ein rundes Oval sein, wobei die Längsachse länger als die Querachse sein sollte.

Der Hinterhuf

Für den Hinterhuf gelten in vielerlei Hinsicht die gleichen Normen wie für den Vor-

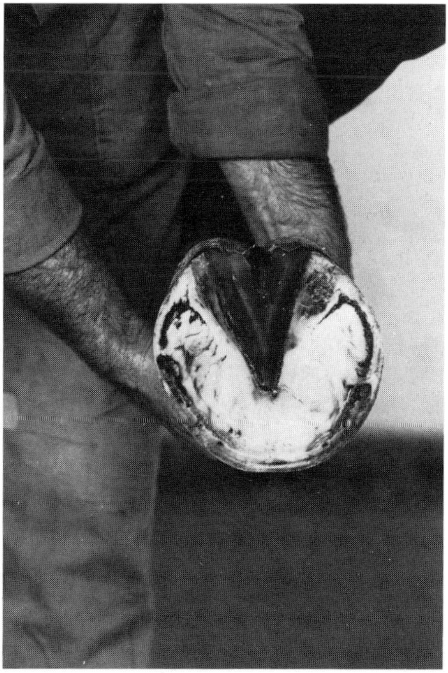

Abb. 36. Linker Vorderhuf, von unten gesehen.

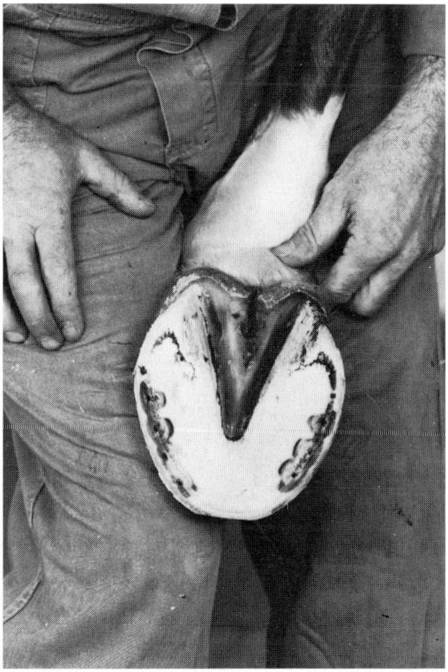

Abb. 37. Linker Hinterhuf, von unten gesehen.

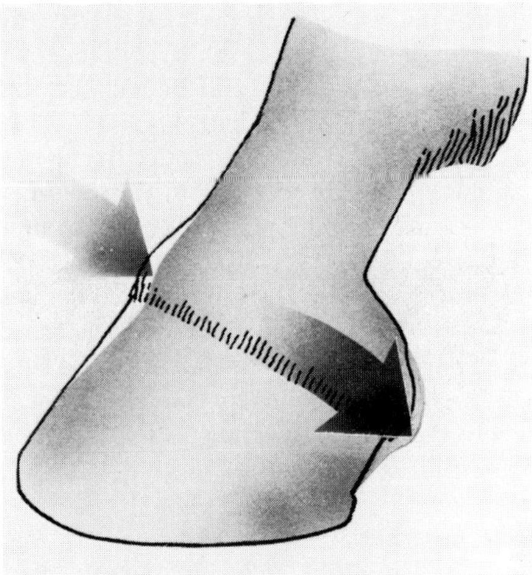

Abb. 38. Hufmechanismus, seitlich gesehen.

Abb. 39. Gebrauchtes Eisen, auf dem die durch den Hufmechanismus verursachten Scheuerstellen deutlich erkennbar sind.

derhuf. Die Wände des Hinterhufes stehen meist etwas steiler als die des Vorderhufes. Der Winkel beträgt im Zehenbereich etwa 50 bis 55°. Die Trachtenwand ist höher und verläuft steiler als die des Vorderhufes. Die Kontur der Tragefläche ist mehr länglich oval. Die Eckstreben sind weniger flach ausgebildet, der Strahl ist kräftiger, und die Hornsohle weist eine stärkere Wölbung auf als die des Vorderhufes. Die Hornwanddikke nimmt in Richtung der Trachten weniger stark ab (Verhältnis 3:2). Die gesamte Hornkapsel des Hinterhufes ist enger und kompakter als die des Vorderhufes.

Sowohl für Vor- als auch für Hinterhuf gilt, daß die äußere Hufhälfte weiter als die innere ist. Das wären die globalen Normen für den regelmäßigen Huf. Diese Normen unterscheiden sich aber, von spezifischen rassebedingten Unterschieden einmal abgesehen, in den verschiedenen Ländern zuweilen ziemlich stark, bedingt durch eine unterschiedliche Auffassung der Hufversorgung.

3.1.2 Hufmechanismus

Mit dem Begriff „Hufmechanismus" wird das Erweitern und Verengen der hinteren Hufhälfte während der Bewegung angedeutet. Beim Aufsetzen des Hufes und der Belastung durch das Körpergewicht erweitert sie sich. Die Elastizität des in der hinteren Hufhälfte befindlichen Bindegewebes verursacht das rasche Verengen, sobald die Belastung aufgehoben ist. Obwohl die Hornkapsel und vor allem die Hornwand eine sehr stabile Struktur besitzen, ist die Hornkapsel doch elastisch und somit ein gewisses Maß an Formveränderung möglich. Hufmechanismus bedeutet darum auch nicht nur das Erweitern und wieder Verengen der hinteren Hufhälfte. Beim Aufsetzen und Belasten des Beines wird die Zehenwand im Bereich des Kronrandes nach hinten gezogen (der Zehenwinkel wird kleiner). Dies hat zur Folge, daß sich der Tragerand im Bereich der Eckstreben ein wenig nach hinten verschiebt. Die hintere Hufhälfte wird also bei Belastung nicht nur weiter, sie verschiebt sich auch ein wenig nach hinten (Abb. 38) und bildet dabei auf der Tragefläche der Hufeisenschenkel Scheuerrinnen. Das kann man gut an einem gebrauchten Eisen sehen, wenn es abgenommen ist (Abb. 39).

Die Hornkapsel ist so aufgebaut, daß die hintere Hufhälfte diese deutliche Erweiterungsmöglichkeit besitzt. Die Hornwand ist im Zehenbereich am dicksten und wird nach hinten zu dünner (Abb. 40). Wenn man den Huf von der Unterseite her betrachtet, sind es verschiedene Bereiche, die durch Druck (von oben durch das Körpergewicht, von unten her durch den Gegendruck des Bodens) breiter und somit flacher werden, bei Entlastung durch die ihnen eigene Elastizität wieder eine engere und somit wieder mehr gewölbte Form annehmen. Es sind dies vor allem der Strahl mit den beiden Strahlschenkeln und die Eckstreben. Diese sind, wie bereits bekannt, die Verlängerung der Hornwand, die im Eckstrebenwinkel in einem scharfen Winkel nach vorne verlaufen und mit dem entsprechenden Teil des Tragerandes zusammen das Bild (und auch die Funktion) einer Sprungfeder vermitteln (Abb. 41). Hinzu kommt noch, daß die Hufballen (die verbreiterte Fortsetzung des Hornsaums) aus weichem, biegsamem Horn bestehen.

Im einzelnen laufen die Vorgänge folgendermaßen ab: beim Auftreten und damit der Belastung des Beines wird das Kronbein nach unten auf das Strahlpolster gedrückt. Durch den Gegendruck des hornigen Strahls wird dieses flacher und breiter und drückt gegen die Hufknorpel, die nun ihrerseits die seitliche Hufwand nach außen schieben. Dabei verbreitert sich die hintere Hufhälfte und flacht auch ab. Diese Vorgänge werden durch den bereits besprochenen Bau und die Struktur der Hornkapsel ermöglicht. Bei Entlastung sorgt die Elastizität der Hornkapsel dafür, daß wieder deren engere und gewölbte Form erreicht wird. Abb. 42 veranschaulicht diese Vorgänge.

Ein gut funktionierender Hufmechanismus ist auch für die Durchblutung wichtig. Die Blutzufuhr durch die Arterien verursacht meist keine Probleme, aber das Durchströmen der Haargefäße der Huflederhaut und der Abfluß durch die Venen sind passiv (also nicht aktiv). Im übrigen Körper sorgen die Muskeln durch Zusammenziehen und Entspannen dafür, daß das Blut in die Haargefäße und von da über die Venen wieder

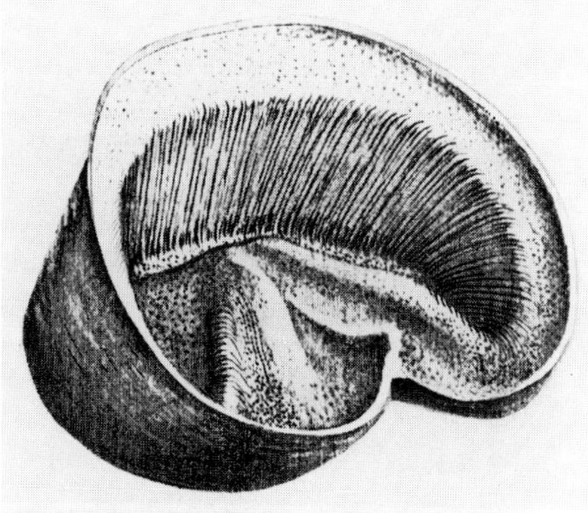

Abb. 40. Hornkapsel, Innenansicht der Blättchenschicht mit Hornsohle und Strahl.

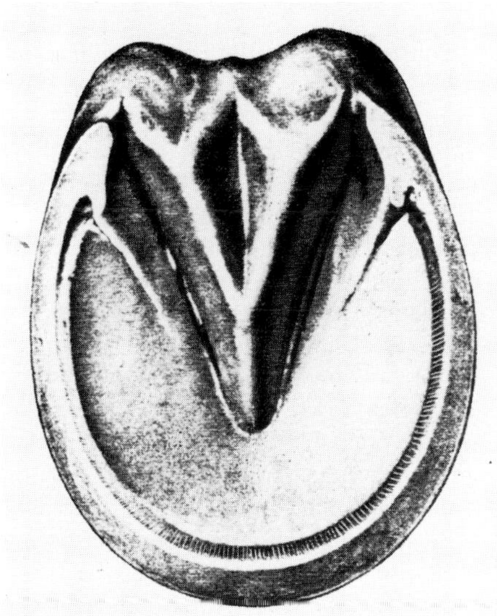

Abb. 41. Sohlenfläche des Hufes.

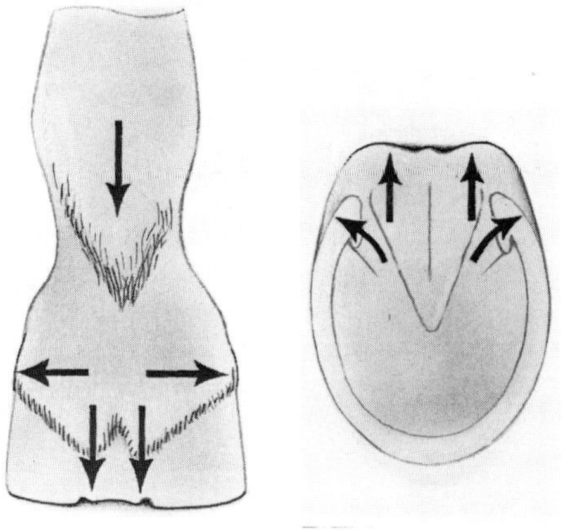

Abb. 42. Hufmechanismus, von hinten und von unten her gesehen.

abgeführt wird. Beim Pferdebein gibt es unterhalb des Vorderfußwurzel- bzw. des Sprunggelenkes keine Muskeln mehr.

In diesem Bereich sind es die ständigen Formveränderungen der Hornkapsel (Hufmechanismus), die für das Abfließen des Blutes aus Haargefäßen und Venen verantwortlich sind. Die in den Venen vorhandenen Klappen verhindern ein Zurückfließen des Blutes. Eine funktionierende Durchblutung ist notwendig für die Versorgung mit Nährstoffen sowie Sauerstoff und die Entfernung von Kohlensäure und Abfallstoffen. Dies wiederum ist unentbehrlich für die hornerzeugenden Teile der Huflederhaut. Die Ausbildung einer gesunden, elastischen Hornkapsel ist in hohem Maße von einem einwandfrei ablaufenden Hufmechanismus abhängig. Danach muß man wohl annehmen, daß durch die dauernden Formveränderungen das Blut in bestimmtem Maße durch sehr kurzes Schließen der abführenden Gefäße im Fuß sozusagen festgehalten werden kann, wodurch eine Art „feuchtes Kissen" entsteht, das man auch als Flüssigkeitsstoßdämpfer verstehen kann, denn es übt eine ähnliche Funktion aus.

3.1.3 Der Fohlenhuf

Beim neugeborenen Fohlen befinden sich an Sohlenfläche sowie am Strahl lange Zotten aus weichem Horn. Sobald das Fohlen steht und sich fortbewegt, verschwinden diese aber schnell, indem sie austrocknen und abgeschilfert werden. Sodann kann man die Sohlenfläche normal unterteilen in Sohle, Strahl und Eckstreben.

Der Huf des jungen Fohlens ist sehr eng und verengt sich vom Kron- zum Tragerand hin. Bereits in den ersten Lebensmonaten ändert sich diese Situation, die Hornwand ist über die gesamte Länge des Hufes gleich weit. Obwohl sich der Fohlenhuf in Bau, Verhalten und Struktur kaum von dem des erwachsenen Pferdes unterscheidet, ist er doch im Verhältnis zum Körper relativ klein. Doch das ändert sich im Verlauf der ersten Lebensjahre. Die Fesselung ist beim Fohlen oft steiler als beim erwachsenen Tier, der Huf ist dementsprechend auch steiler mit einem relativ kurzen Zehenteil und bisweilen sehr hohen Trachten. Beim jungen Fohlen ist das normal. Während der ersten

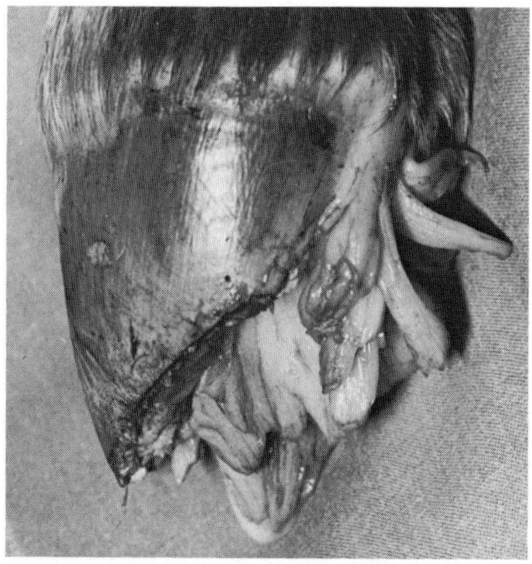

Abb. 43. Huf eines neugeborenen Fohlens.

Lebensmonate bis zum Ende des ersten Lebensjahres wird der Winkel im Fesselgelenk weiter, das Fohlen tritt tiefer durch. Parallel dazu verändert sich auch die Hufform.

3.2 Abweichende Hufformen

Neben dem einerseits völlig regelmäßigen Huf, dessen Hornkapsel gut ausgebildet, dessen Hornqualität einwandfrei und dessen Struktur elastisch ist und der meist einhergeht mit einer korrekten Beinstellung sowie gesunden Beinen (siehe Kap. 4.1.2) und andererseits deutlich abweichenden Hufformen gibt es eine Vielzahl Zwischenformen. Diese werden, und das gilt vor allem hinsichtlich der unterschiedlichen Hufformen bei den verschiedenen Pferderassen, manchmal als rassetypisch und somit als normal angesehen, bei anderen Rassen aber wiederum als abweichende Hufformen eingestuft. Zu diesen Zwischenformen gehören der weite und der enge Huf.

3.2.1 Der weite Huf

Hauptkennzeichen des weiten Hufes ist der große und vor allem breite Umfang am Tragerand. Der Winkel im Zehenbereich ist klein, 45° oder weniger. Die Neigung der Hufwand nach innen ist nicht so steil wie beim regelmäßigen Huf. Die Trachtenwände sind niedrig, oft kurz und vor allem flacher. Bisweilen sind sie deutlich untergeschoben (siehe Kap. 3.2.3). Der Tragerand ist rund bis queroval (Breite Länge), die Sohlenfläche ist weniger gewölbt, der Strahl ist breit und stark entwickelt mit flachen Furchen. Die Ballen sind breit und niedrig. Der breite Huf gilt bei Kaltblutpferden mehr oder weniger als Rasseeigenschaft. In der Regel trifft man ihn auch häufiger beim Vorder- als beim Hinterhuf an. Wenngleich auch häufig darauf bestanden wird, daß die

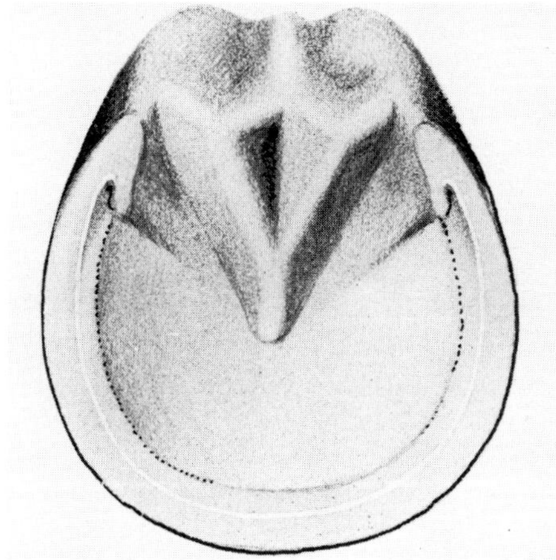

Abb. 44. Weiter Huf.

Hufform bei Vollblütern eher zum engen denn zum weiten Huf tendiert, trifft man gerade beim Englischen Vollblut sehr flache Hufe mit spitzem Zehenwinkel, niedrigen, kurzen Trachtenwänden und kreisrundem Tragerand an. Diese Eigenschaften gehen mit einer sehr weichen Hornstruktur einher.

3.2.2 Der enge Huf

Der enge Huf weist eine zylindrische Form auf. Der Zehenwinkel ist größer als normal, 55 bis 60°. Die Trachtenwände sind höher, länger und steiler, der Tragerand oval in der Form. Der Strahl ist weniger stark entwickelt, und die Eckstreben stehen steiler als bei normalen Hufen. Die Sohle ist stärker gewölbt. Meist ist diese Hufform mit einer wesentlich festeren Hornstruktur verbunden.

Es ist klar, daß viele der oben genannten Merkmale für den Hinterhuf als normal angesehen werden, beim Vorderhuf jedoch als abnormal gelten. Und auch hier ist es so, daß der enge Huf für bestimmte Pferderassen typisch ist (Andalusier).

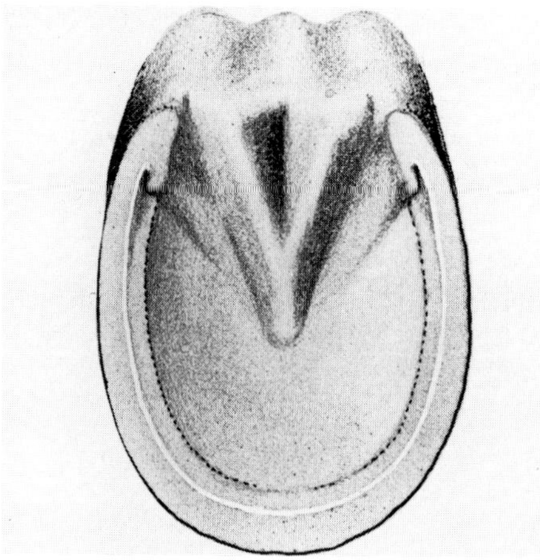

Abb. 45. Enger Huf.

Die Auffassungen über Hufpflege und Hufbeschlag unterscheiden sich vielerorts erheblich. So ist in den zentraleuropäischen Ländern der Beschlag mit (festen) Stollen und Griffen üblich. Außerdem wird häufig sehr viel weiter nach hinten genagelt. Das hat dazu geführt, daß der enge Huf (unabhängig von der Rasse) zum Alltagsbild gehört. Die Ursache für diese Art des Beschlages sind die vielen unbefestigten Wege in diesen Ländern, die vor allem bei Niederschlägen Probleme mit sich bringen. Hufbeschläge mit Griff und Stollen verbessern die Trittsicherheit, das Weiter-nach-hinten-Nageln hat zur Folge, daß die Eisen weniger verloren werden. Umgekehrt wird dadurch der Hufmechanismus behindert – die Folge ist der enge Huf. Während einerseits der weite Huf als Übergangsform zum Platthuf gilt, kann man den engen Huf nicht als Übergangsform zum Zwanghuf ansehen. Die den Zwanghuf ausmachenden Abweichungen finden sich in der hinteren Hufhälfte. Im Prinzip braucht dabei der ganze Huf als solcher nicht das Aussehen eines engen Hufes zu haben. Beim weiten wie auch beim engen Huf ist es fraglich, ob man sie zu den abweichenden Hufformen rechnen soll, weil sie für bestimmte Rassen eigentlich normal sind. Im Grunde genommen sind es Übergangsformen zwischen regelmäßigem und unregelmäßigem Huf.

Das gleiche kann man vom stumpfen und vom flachen Huf sagen. Der stumpfe Huf ist gekennzeichnet durch hohe Trachten sowie einen steilen Winkel der Zehenwand. Wenn dieses nicht mit einer stark gewölbten Sohle und einem ovalen Tragerand einhergeht, kann man nicht von einem engen Huf sprechen, aber der stumpfe Huf ist eine Form, die in die gleiche Richtung weist. Den stumpfen Huf kann man als Übergang zum Bockhuf ansehen (siehe dort).

Der Flachhuf ist ein Huf mit spitzem Zehenwinkel und niedrigen, meist kurzen Trachtenwänden. Diese Trachtenwände können auch untergeschoben sein. Da aber der Umfang des Tragerandes nicht weiter ist als der des normalen Hufes, die Sohle nicht flacher und der Strahl nicht breiter sind, kann man einen derartigen Huf auch nicht als weiten Huf bezeichnen. Der weite wie auch der flache Huf sind Übergangsformen, die in dieselbe Gruppe gehören.

Bei den bisher besprochenen Hufformen konnte man sich darüber streiten, ob man sie als vom regelmäßigen Huf abweichende Formen bezeichnen möchte. Die nun folgenden Formen sind aber eindeutig davon abweichende Hufformen.

3.2.3 Untergeschobene Trachtenwände

Diese Veränderung kommt meist bei flachen, kleinen Hufen vor, die in der hinteren Hufhälfte sehr eng sind und einen kleinen, schmalen, schlecht entwickelten Strahl aufweisen. Diese Hufform kommt der eines Trachtenzwanghufes sehr nahe. Im Normalfall stehen die Trachtenwände vertikal. Von der Zehen-, (Zehenwinkel am Vorderhuf 45 bis 50°) über die Seiten- bis hin zur Trach-

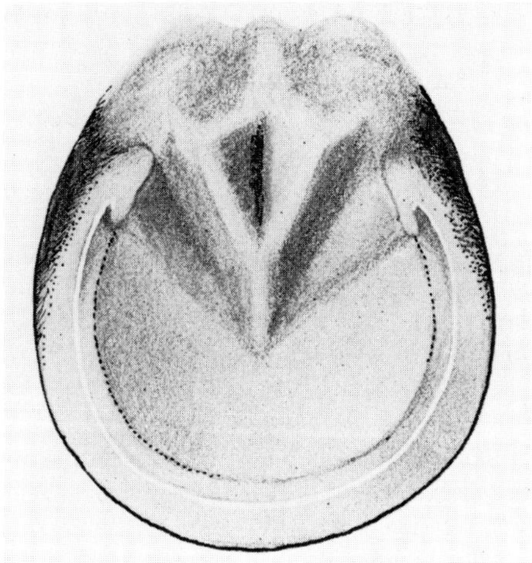

Abb. 46. Untergeschobene Trachtenwände.

tenwand wird die Wand zunehmend steiler, so daß der Neigungswinkel in Höhe der Trachtenwände beinahe 90° erreicht. Die innere Trachtenwand ist stets steiler als die äußere. Erst nach dem Umschlag in den Trachtenecken, wo die Hufwand in einem spitzen Winkel umbiegt und als Hornwandeckstrebe zurück nach vorne verläuft, wird sie fast horizontal. Haben sich die Trachtenwände über die Eckstreben gelegt, so daß der Huf nicht mehr mit der Tragefläche der Trachtenwand, sondern mit deren äußerer Wandfläche auf dem Boden bzw. auf dem Hufeisen stützt, spricht man von untergeschobenen Trachtenwänden. Diese kommen häufiger an den Vorder-, denn an den Hintergliedmaßen vor, meist gleichzeitig an beiden Vorderhufen und gewöhnlich auch sowohl an der inneren wie der äußeren Hufhälfte.

Obwohl gewöhnlich angenommen wird, daß orientalische Pferde und die davon abstammenden Rassen (z.B. Englisches Vollblut) rassetypisch eher zu einem engen, steilen Huf mit hohen Trachtenwänden und stark gewölbter Sohle neigen, werden doch bei diesen Pferderassen, wie schon gesagt, regelmäßig auch flache Hufe angetroffen mit flacher Sohle und einmal enger, einmal weiter hinterer Hufhälfte sowie untergeschobenen Trachtenwänden.

3.2.4 Hufringe

Hufringe zählen nicht eindeutig zu den abweichenden Hufformen. Man kann sie in zwei Gruppen einteilen:

Abb. 47. Regelmäßige einfache Ringbildung. Die Ringe verlaufen parallel.

Abb. 48. Unregelmäßige Ringbildung.

1. regelmäßige Ringe, die parallel am Kronrand und außerdem auch parallel zueinander verlaufen, die man oft auf der ganzen Hufwand sieht
2. unregelmäßig verlaufende Ringe, die den Trachten zu deutlich auseinander laufen.

Einige wenige, parallel zueinander verlaufende Hufringe sieht man häufig; deren Auftreten ist als normal anzusehen. Stärker ausgeprägte Hufringe weisen auf eine wechselhafte Kondition des Pferdes als Folge ungenügender oder wechselnder Ernährung, Futterwechsel oder Erkrankungen hin, wobei mehr oder weniger Horn gebildet wird und so diese Hufringe entstehen.

Die unter 2. genannten unregelmäßigen Ringe treten oft bei der chronischen Hufrehe auf und sind deshalb nicht normal (siehe Kap. 10.15).

3.2.5 Der bröckelige Huf

Auch der bröckelige Huf gehört eigentlich nicht zu den abnormalen Hufformen. Er ist vielmehr die Folge einer veränderten Hornstruktur. Ist diese brüchig, bröckelt der Tragerand ab.

Der Tragerand kann dann abbröckeln, wenn das Horn sehr stark eingetrocknet ist, aber auch bei zu nassem, aufgeweichtem Horn. Man sieht dies häufig bei Pferden, die unbeschlagen auf der Weide laufen und dann in sehr trockenen oder sehr nassen Sommermonaten. Bröckelige Hufe sind dann nicht die Folge einer schlechten Hornstruktur, sondern eines ausgetrockneten oder aufgeweichten Horns. Außerdem können auch verwahrloste Hufe abbröckeln, die lange nicht gekürzt wurden, denn die zu lange Hornwand wird am Tragerand dünn und bröckelt ab.

Bröckelige Hufe treten aber auch bei Pferden auf, wo weder von vernachlässigter

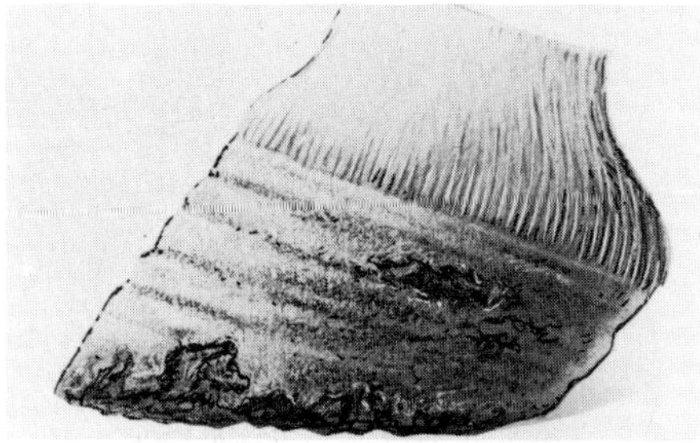

Abb. 49. Bröckeliger (spröder, mürber) Huf.

Hufversorgung noch von irgendwelchen anderen Einflüssen die Rede sein kann. Dann sind sie die Folge einer schwächlichen Struktur der Hornwand.

Um das Ausbrechen des Tragerandes zu verhindern, ist es notwendig, diese Pferde zu beschlagen. Das kann aber mit Schwierigkeiten verbunden sein. Außerdem bringen die Nagellöcher oftmals eine zusätzliche Schwächung der Hornwand mit sich. Auf schwererem Boden verlieren diese Pferde auch leicht die Eisen, was meist mit einer weiteren Schädigung des Tragerandes verbunden ist.

Der Eigentümer bzw. Reiter eines solchen Pferdes kann das Seine dazu beitragen, indem er bei der täglichen Hufpflege größte Sorgfalt walten läßt und zum anderen mit Verstand reitet (also nicht auf schwerem, nassem Boden).

Die Anwendung reizender Salben oder Lösungen, mit denen die Haut oberhalb des Kronrandes eingerieben und massiert wird, um damit eine bessere Durchblutung der Kronlederhaut zu erreichen und damit verbunden eine stärkere Hornwand, haben, wie die Erfahrung lehrt, wenig Aussicht auf Erfolg. Es besteht sogar noch die Gefahr, daß diese Reizstoffe, auf Dauer angewendet, eine Entzündung der Haut oberhalb des Kronrandes verursachen, und der gewünschte Effekt, eine kräftige Hornwand, ausbleibt.

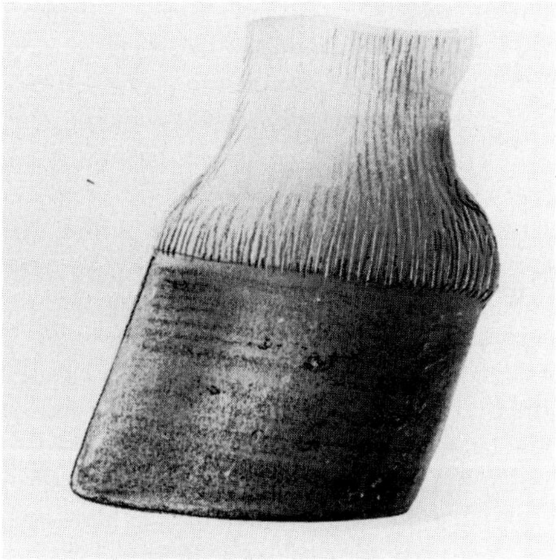

Abb. 50. Bockhuf.

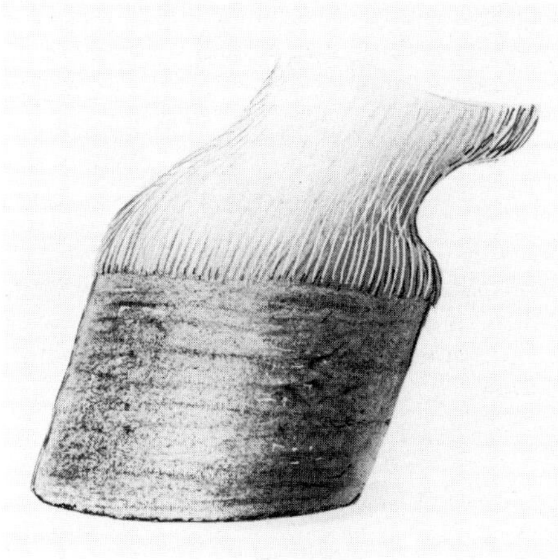

Abb. 51. Bockhuf. Bärentatzige Stellung.

3.2.6 Der Bockhuf

Der Bockhuf ist ein besonders steiler Huf mit einem Neigungswinkel der Zehenwand zwischen 60 und 90° und sehr hohen Trachten. Trachten- und Zehenwand sind bisweilen gleich hoch. Manchmal ist die hintere Hufhälfte dabei noch sehr eng und neigt zum Zwanghuf.

Bockhufe können bei sehr starker Abnutzung des Tragerandes im Zehenbereich entstehen oder auch bei unsachgemäßem Kürzen, wenn von der Zehenwand zu viel und von der Trachtenwand zu wenig abgenommen wurde. Auch ein unsachgemäßer Beschlag kann Ursache für den Bockhuf sein, wenn zuvor die Zehenwand zu stark gekürzt wurde und der Hufmechanismus durch die zu weit nach hinten gesetzten Nägel gehemmt wird. Schmerzhafte Prozesse in der hinteren Hufhälfte, wobei diese entlastet wird, können als weitere Ursache auch in Frage kommen. Eine steile Fesselung und die bärenfüßige Stellung können mit dem Bockhuf einhergehen (näheres siehe Kap. 4.1.3).

Bockhufe bei jungen Fohlen werden

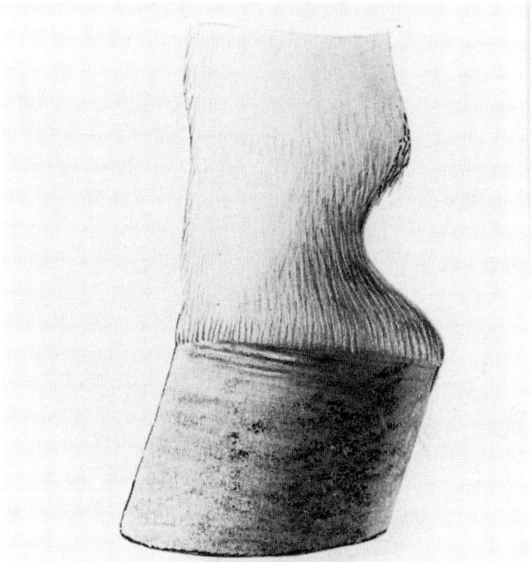

Abb. 52. Stelzfuß mit steiler Fesselung.

durch zu starke Beanspruchung im Zehenbereich verursacht. Häufiger sind sie Folge bei abweichender Gliedmaßstellung, wie dem Stelzfuß, der seine Ursache in einer Sehnenverkürzung (angeboren oder erworben) haben kann, sowie mißgebildeter Ge-

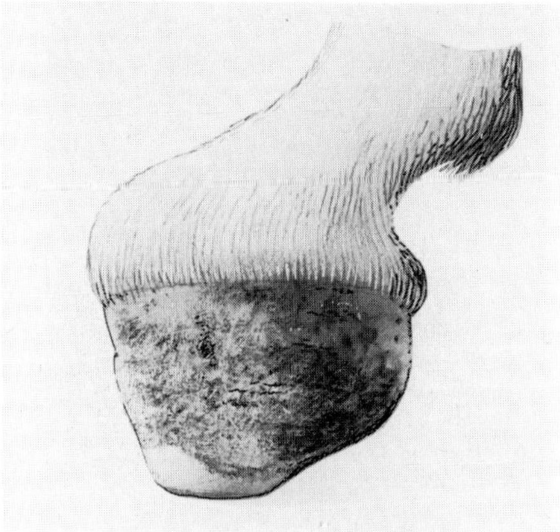

Abb. 53. Stelzfuß mit stark nach vorne gebrochener Fessellinie.

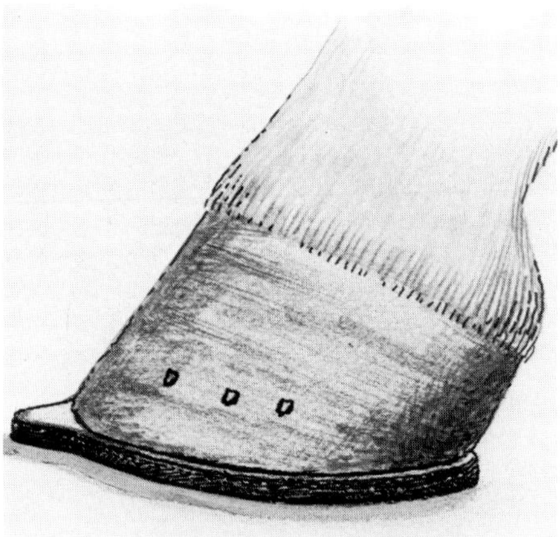

Abb. 54. Fohlenhuf mit Schnabelhufeisen.

lenke (meist angeboren). Der durch verkürzte Beugesehnen verursachte Stelzfuß ist die am häufigsten vorkommende Variante und tritt hauptsächlich an den Vorderbeinen auf. Vor allem die tiefe und die oberflächliche Beugesehne sind von der Verkürzung betroffen. Diese Sehnenverkürzung führt zu einer sehr steilen Stellung in den Fesselgelenken (Abb. 52) und einer starken Beugung des Fußes, so daß der Huf lediglich mit dem Zehenteil auf dem Boden steht (Abb. 53).

Bockhufe lassen läßt sich bisweilen beheben, wenn die Zehenwand geschont und die Trachtenwand gekürzt wird. Ist die Zehenwand zu stark abgenutzt, kann man diese mit einem Zehenteil schützen.

Bei Fohlen mit durch Sehnenverkürzung verursachten Bockhufen, kann es notwendig sein, chirurgische Maßnahmen zu ergreifen (die Sehnen werden durchtrennt, der Fuß in eine möglichst normale Stellung gebracht und mit einem Gipsverband mehrere Wochen lang fixiert). Manchmal genügt auch die Verwendung eines Schnabelhufeisens, wodurch das Durchtreten gefördert wird (Abb. 54).

Wenn dann noch regelmäßig nachgeschnitten wird, können auf diese Weise Hufform und Beinstellung verbessert werden.

3.2.7 Der schiefe Huf und der krumme Huf

Bei diesen beiden Hufveränderungen treten viele Gemeinsamkeiten auf. Der schiefe Huf weist ungleichmäßige Seitenwände auf, und zwar ist die eine steil und kurz, die andere lang und flach (Abb. 55). Bisweilen ist die kurze steile Seitenwand nach außen aufgeworfen (konvex), die lange, flache dagegen nach innen gebogen (konkav). In diesem Fall spricht man vom krummen Huf (Abb. 56).

Der diagonale Huf kommt bei abweichenden Beinstellungen vor, so z. B. bei der zehenweiten „französischen Stellung" und bei der zehenengen Stellung. Von unten her gesehen ist dabei der Tragerand unsymmetrisch. Dabei verläuft der Tragerand an der inneren Trachtenwand und an der äußeren Zehenwand mehr gestreckt und an der gegenüberliegenden äußeren Trachtenwand und inneren Zehenwand mehr gerundet (Abb. 57), also diagonal.

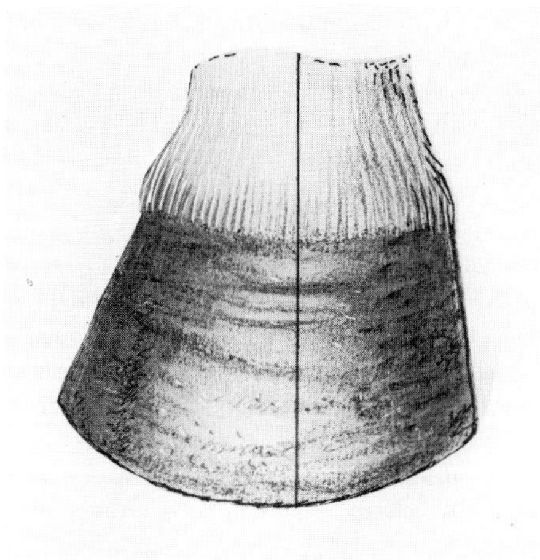

Abb. 55. Schiefer Huf.

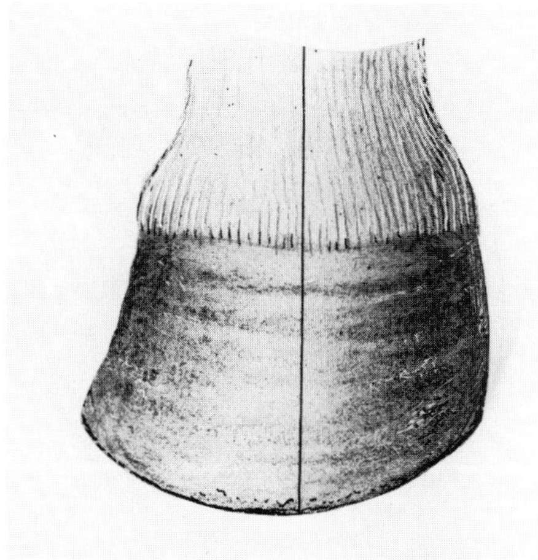

Abb. 56. Krummer Huf.

Bei jungen Pferden können durch Nachschneiden allmählich die Hufform und gleichzeitig die damit verbundene abweichende Beinstellung korrigiert werden. Bei älteren Tieren ist die Korrektur einer unregelmäßigen Beinstellung nur beschränkt und dann oft nur in geringem Maße möglich, da sich das Bein und vor allem die Gelenke dieser Situation angepaßt haben. So können Korrekturen schwerwiegende Folgen für die Gelenke (vor allem Fessel-, Kron- und Hufgelenk) haben. Es ist deshalb bei älteren Pferden ratsam, die Situation so zu belassen, wie sie ist und durch sorgfältiges Zubereiten und Beschlagen des Hufs dieser Abweichung zu begegnen.

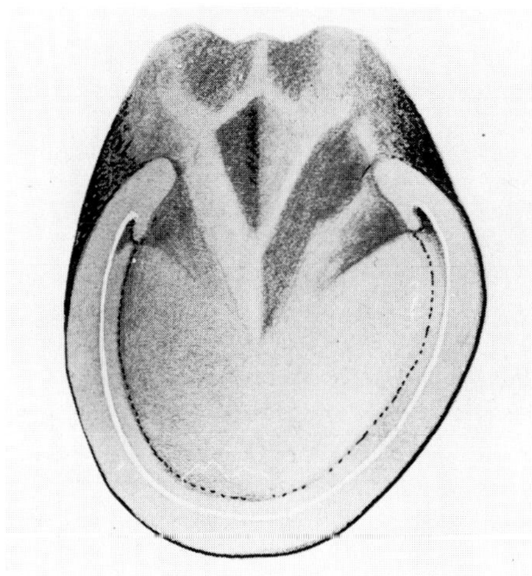

Abb. 57. Diagonaler Huf.

3.2.8 Der Flachhuf

Kennzeichen des Flachhufes ist die flache Sohle, die gänzlich auf dem Niveau des Tragerandes liegt. Die Wölbung der Sohlenfläche ist gänzlich verschwunden. Diese Hufform ist häufig mit dem weiten Huf verbunden. Es ist folglich meist ein Huf mit einem sehr kleinen Neigungswinkel der Zehenwand, einer breiten Begrenzung der Tragefläche, tiefen Trachten und einem breiten, flachen Strahl. Ein Großteil der Sohle liegt somit auf dem Boden auf, was zu Quetschungen der Sohlenlederhaut führen kann.

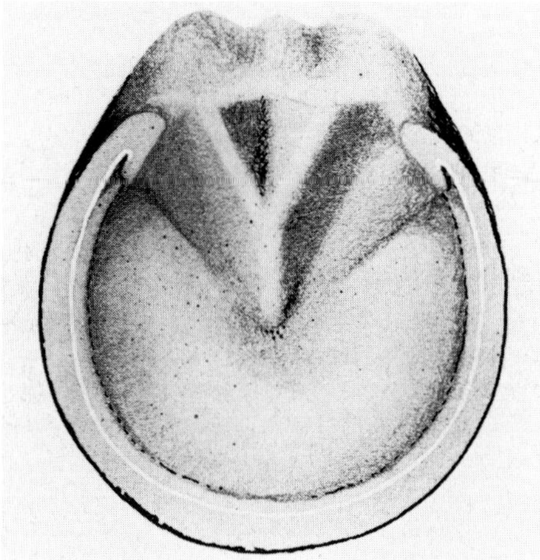

Abb. 58. Flachhuf.

Abb. 59. Vollhuf.

Abb. 60. Rehehuf (Knollhuf).

Folge davon wiederum sind Schmerzen und Lahmheit. Erkennbar ist dies an einem kurzen, unsicheren Gang, wobei die Beine weniger angehoben werden. Flachhufe kommen häufiger an den Vorder- als an den Hinterhufen vor. Die Korrektur erfolgt durch einen Beschlag mit erhöhtem Tragerand. Die einfachste Methode, um dies zu erreichen, ist die Verwendung eines Lederstreifens, der auf dem Eisen befestigt ist. Dieser Lederstreifen hat zudem einen stoßbrechenden Effekt. Das Eisen darf eine nicht zu breite Tragefläche haben, damit die Sohle nicht mehr vollständig trägt. Man kann den Tragerand auch mit Kunsthorn erhöhen, aber das ist in der technischen Ausführung wesentlich mühsamer.

3.2.9 Der Vollhuf

Dabei ist die Sohle soweit bodenwärts hervorgewölbt (konvex), daß sie unter dem Tragerand der Hornwand hervorsieht. Die Sohle muß nun allein tragen, der Tragerand kann es nicht mehr. Es handelt sich dabei um die schlimmere Form des Flachhufes, die häufig bei chronischer Hufrehe auftritt (siehe Kap. 11.1.15).

In der Bewegung wird die Sohlenlederhaut ständig gequetscht, und es kommt zu einem klammen Gang. Das Pferd muß zur Bewegung oft gezwungen werden. Abhilfe kann ein Beschlag schaffen, wobei aber darauf geachtet werden muß, daß die Sohle ausgespart ist. Dafür geeignet sind Eisen, deren Tragefläche schräg nach innen abfällt, eventuell Eisen von Stark-Guther (Kap. 13.4 und 5). Die einfachere und zur Zeit wohl am meisten verwendete Methode ist es, den Tragerand durch einen Kunststoffkeil oder einen Lederstreifen zu erhöhen.

3.2.10 Der Rehehuf (Knollhuf)

Bei der chronischen Hufrehe (Kap. 11.1.15) kann es zu starken Mißbildungen der Horn-

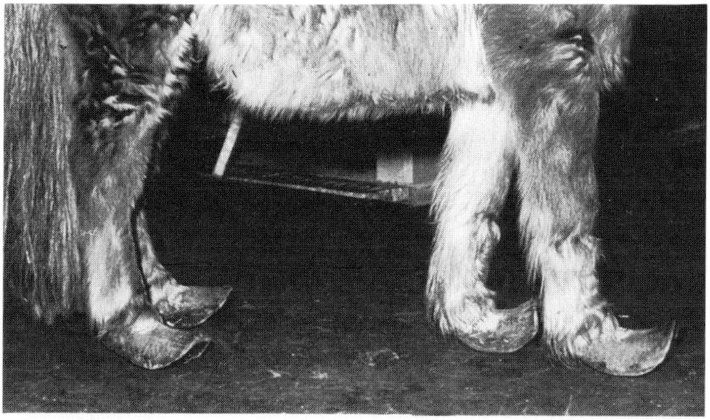

Abb. 61. Verwahrloste Hufe bei einem Pony.

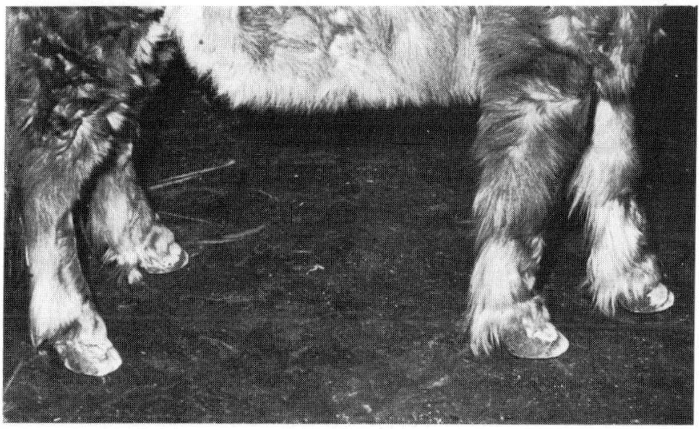

Abb. 62. Dasselbe Pony nach der Behandlung.

wand kommen, vor allem im Zehenbereich, der sich schnabelartig nach oben wölbt (Abb. 60). Die weiße Linie ist im Zehenbereich sehr stark verbreitert. Beim Auftreten der Hufrehe muß sofort ein Tierarzt zugezogen werden. Bei Ponys tritt infolge Verwahrlosung oftmals eine Hufform auf, die der des Rehehufes gleicht, in Wirklichkeit aber keiner ist (Abb. 61 und 62).

Bei dieser langfristig angewachsenen Hornwand kann man durch einen Korrekturschnitt auf einen Schlag ein verblüffendes Ergebnis erzielen. Auch beim Rehehuf lohnt der Versuch, die Hornkapsel durch entsprechendes Kürzen (eventuell in mehreren Schritten) wieder in eine normale Form zu bringen.

3.2.11 Trachtenzwanghuf

Hierbei handelt es sich um einen Huf, dessen hintere Hälfte stark verengt ist. Er ist bei engen Hufen häufiger anzutreffen als bei weiten. Aber auch die Kombination Zwanghuf und weiter Huf ist nichts außergewöhnliches. Beim Zwanghuf ist die hintere Hufhälfte sehr eng, die Trachtenwände sind hoch und steil, der Strahl ist sehr schmal und schlecht entwickelt. Die Eckstreben liegen dicht beeinander. Zwanghufe sind die Folge eines schlecht funktionierenden Hufmechanismus. Denn bei einem gestörten Hufmechanismus ist es gerade die hintere Hufhälfte, die aufgrund schlechter Durchblutung zu wenig mit Nährstoffen versorgt

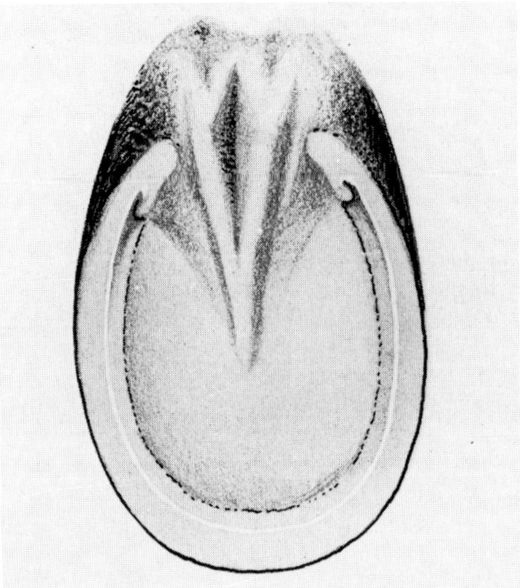

Abb. 63. Zwanghuf.

wird. Es kommt dadurch zu einer verzögerten Hornbildung, und die unzureichende Hornentwicklung äußert sich in einer Verkrümmung der entsprechenden Teile des Hufes, wodurch wieder der Hufmechanismus gehemmt wird. So entsteht ein negativer Kreislauf.

Ursache eines verminderten Hufmechanismus ist häufig eine Verknöcherung der Hufknorpel. Auch Mängel im Beschlag (vor allem Eisen mit festen Stollen und einer Nagelung, die zu weit nach hinten reicht) können durch Beeinträchtigung des Hufmechanismus dazu beitragen, daß sich die hintere Hufhälfte verengt und ein Trachtenzwanghuf entsteht (siehe Kap. 3.2.2).

Von der Zwanghufbildung können ein oder mehrere Hufe eines Pferdes betroffen sein. Sie kann auch an einem Huf nur an der inneren oder äußeren Hälfte auftreten.

Die Zwanghufbehandlung muß darauf ausgerichtet sein, den Hufmechanismus anzuregen. Das kann durch die Verwendung eines Eisens mit einer Einlage (z.B. Kork) erreicht werden, weil dann Strahl und Sohle mittragen und Gegendruck abbekommen (siehe Kap. 13.10), der zu einem besseren Hufmechanismus führt.

Man kann auch versuchen, die hintere Hufhälfte mit Hilfe eines „Zwanghufeisens" nach außen zu drücken (Kap. 13.6). Eine rigorose, viel zu rauhe und deshalb nicht mehr angewendete Methode ist die Verwendung eines Eisens, dessen Schenkel mittels Scharnieren und einem Schraubmechanismus allmählich nach außen gedreht werden können.

Eine Verbesserung in der hinteren Hufhälfte kann durch die Verwendung eines geschlossenen Eisens, meist mit einem Steg halber Stärke (Belgisches Eisen) erreicht werden (Kap. 10.4).

Von einem rigorosen Wegkappen eines Großteils der hinteren Hufhälfte, um den stark einengenden Effekt der Trachten auszuschalten und den Strahl aus dem Würgegriff zu befreien, ist abzuraten, da es häufig zu Quetschungen und zu Schmerzen für das Pferd führt. Vor allem bei älteren Tieren, mit stark verknöcherten Hufknorpeln sind die Aussichten auf Erfolg bei derartigen Manipulationen nicht groß. Bei jüngeren Pferden hat sich eine längere Weideperiode auf einer feuchten Weide zusammen mit einem regelmäßigen Korrekturschnitt als das Mittel der Wahl erwiesen.

4 Gliedmaßenstellung und Bewegungsabläufe

4.1 Gliedmaßenstellung

4.1.1 Regelmäßige Gliedmaßenstellung

Stehen und Gehen sind für Mensch und Tier ausgesprochen wichtig; bei Pferden sind korrekte Stellung und einwandfreie Gangarten ausschlaggebend für ihre Gebrauchsfähigkeit. Pferde werden als Reit-, Zug- und/oder Lasttier eingesetzt. Hierbei müssen die Bewegungsabläufe stimmen.

Vor der Beschreibung von Abweichungen soll zuerst auf die normale Stellung der Vorder- und Hintergliedmaßen eingegangen werden. Es besteht ein klarer Zusammenhang zwischen normaler Stellung, normalen Gangarten und normaler Hufform einerseits und abweichender Stellung, Gangart und

Abb. 64. Pferd in der natürlichen Ruhestellung.

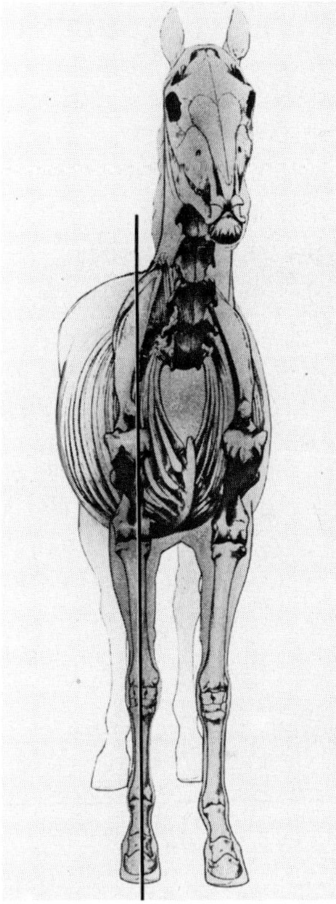

Abb. 65. Regelmäßige Stellung der Vordergliedmaßen von vorne.

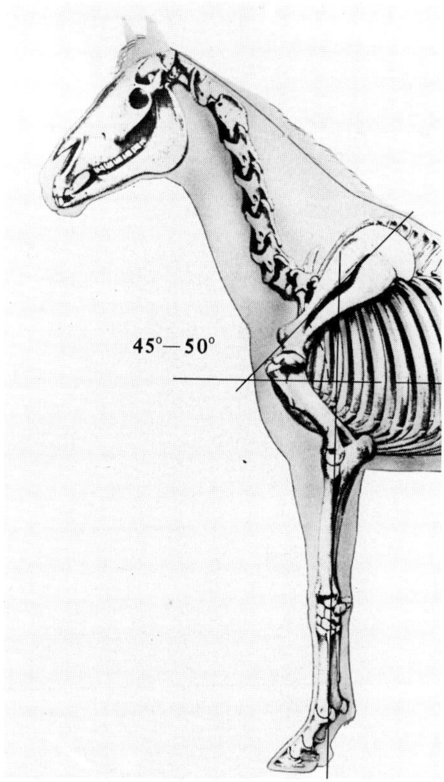

Abb. 66. Regelmäßige Stellung der Vordergliedmaßen von der Seite.

Hufform andererseits. Dabei kann man meist nicht beurteilen, ob eine abweichende Hufform die Folge einer abweichenden Stellung ist oder umgekehrt. Das Pferd steht auf vier Beinen, wobei Vorder- und Hintergliedmaßen jeweils genau parallel zueinander stehen. (Wenn das Pferd steht, belastet es für gewöhnlich nur drei Beine, denn abwechselnd ruht eines der beiden Hinterbeine (Abb. 64.) Von einer regelmäßigen Stellung der Vordergliedmaßen spricht man dann, wenn eine Senkrechte von der Mitte des Buggelenks aus durch die Mitte des Vorderbeins verläuft und durch die Mitte des Hufes dann den Boden erreicht (Abb. 65). Die Abstände zwischen den beiden Buggelenken und den beiden Vorderhufen sind gleich. Der Abstand zwischen den beiden Hufen beträgt genau eine Hufbreite. In diesem Fall stehen beide Beine parallel zueinander.

Von der Seite her gesehen sind die Vordergliedmaßen korrekt gestellt, wenn eine Lotrechte vom Schulterblatt aus durch Unterarm und Röhrbein hindurch zur Rückseite des Hufes verläuft (Abb. 66). Diese Linie

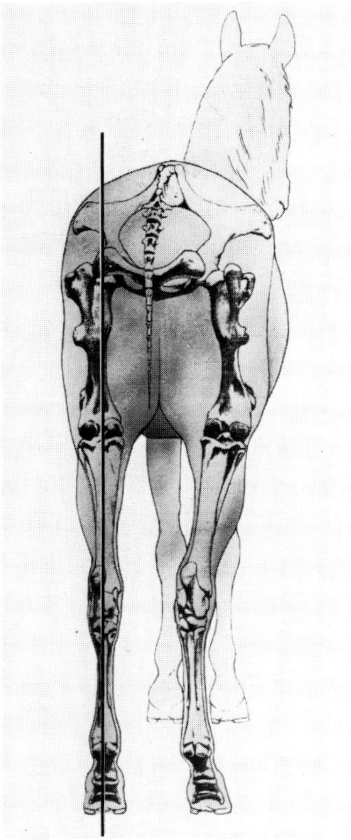

Abb. 67. Regelmäßige Stellung der Hintergliedmaßen von hinten.

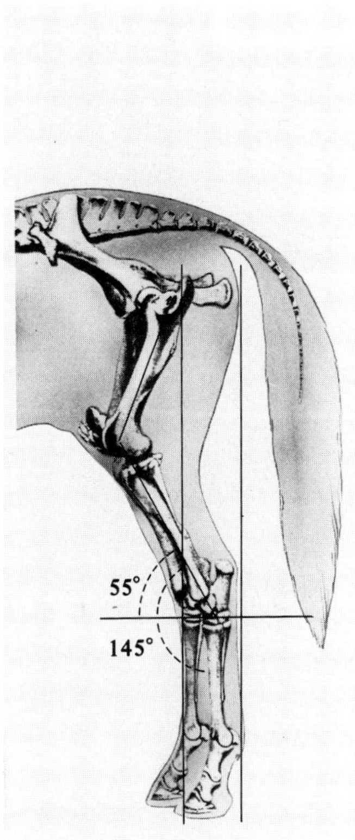

Abb. 68. Regelmäßige Stellung der Hintergliedmaßen von der Seite.

erreicht die Hufballen an ihrer Rückseite. Sie bildet mit einer durch die Mitte des Schulterblattes gezogenen Linie einen Winkel von 45 bis 50° (Abb. 66). Die durch die Mitte des Schulterblattes und die Vorderbeine verlaufenden Linien sollen parallel zueinander verlaufen (siehe Kap. 4.1.2).

Wenn man hinter einem Pferd steht, soll bei korrekter Hintergliedmaßenstellung eine Senkrechte vom Sitzbeinhöcker aus und direkt am Röhrbein entlang nach unten verlaufen und in der Mitte der Ballengrube den Boden erreichen (Abb. 67).

Seitlich gesehen muß die Lotrechte vom Hüftgelenk (Drehpunkt des Oberschenkelbeins) aus die Mitte des Hufes treffen. Eine vom Sitzbeinhöcker ausgehende und direkt flach am Röhrbein entlang nach unten verlaufende Lotrechte erreicht den Boden hinter dem Hinterhuf (Abb. 68).

Der Winkel zwischen Waden- und Röhrbein beträgt im Sprunggelenk etwa 145°, d.h. wenn man davon ausgeht, daß das Röhrbein senkrecht gestellt ist, bildet das Wadenbein mit der Horizontalen einen Winkel von 55° (Abb. 68). Die beiden Hin-

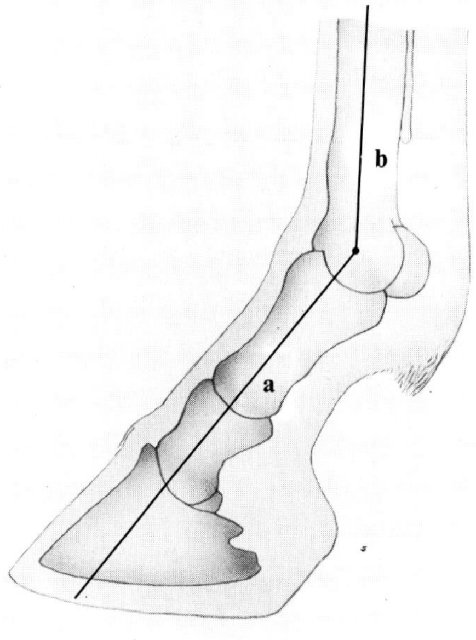

Abb. 69. Die Fessellinie (a), Seitenansicht, bildet mit dem Röhrbein (b) einen Winkel.

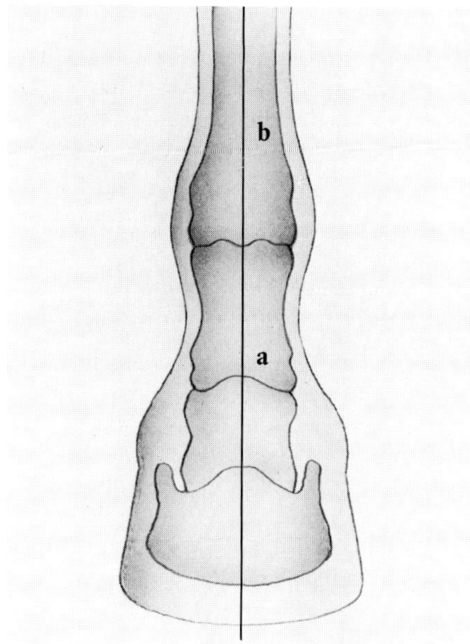

Abb. 70. Die Fessellinie (a), Vorderansicht, verläuft in der Verlängerung des Röhrbeins (b).

tergliedmaßen stehen parallel nebeneinander, von hinten betrachtet verlaufen sie vom Sitzbeinhöcker an senkrecht nach unten, seitlich betrachtet ist nur das Röhrbein vertikal ausgerichtet.

4.1.2 Die Fessellinie (Zehenachse)

Darunter versteht man eine Linie, die von vorn oder von der Seite durch die Länge der Zehenknochen verläuft und die man seitlich oder von vorn betrachtet. Die Zehenknochen (Fessel-, Kron- und Hufbein) müssen genau auf der gleichen Verlängerungslinie liegen. Zur Zehenwand muß die Fessellinie parallel verlaufen (Abb. 69).

Die Fessellinie bildet, seitlich gesehen, mit dem Boden den gleichen Winkel wie der Zehenteil der Hornwand (beim Vorderbein 45 bis 50°, beim Hinterbein 50 bis 55°). Mit dem Röhrbein (das vertikal nach unten verläuft) bildet die Fessellinie einen Winkel von etwa 140°. Von vorne betrachtet muß die Fessellinie genau senkrecht in der Verlängerung des Röhrbeins verlaufen (das gilt sowohl für die Vorder- wie auch die Hintergliedmaßen; Abb. 70).

Verläuft die Fessellinie korrekt, kann man davon ausgehen, daß die Belastung der Zehe optimal ist und daß auch die Fortbewegung optimal ausgeführt werden kann. Weicht die Knochenstellung von der Fessellinie ab, spricht man von einer *gebrochenen Fessellinie* (siehe auch Kap. 4.14).

4.1.3 Abweichende Gliedmaßenstellungen

Anhand von Zeichnungen sollen nun die abweichenden Stellungen von Vorder- und Hintergliedmaßen beschrieben werden. Seit jeher werden sie stets folgendermaßen eingeteilt

- abweichende Stellung von der Seite her betrachtet
- abweichende Gliedmaßenstellung von vorne oder von hinten betrachtet.

Allerdings reichen diese Gesichtspunkte allein nicht aus, da sie zu falschen Schlüssen führen können. Man muß sich die Beinstellung genau ansehen, dabei um das Pferd herumgehen und von verschiedensten Blickwinkeln aus sich ein Urteil bilden. Der Übersichtlichkeit halber halten wir uns aber an die oben genannte Einteilung.

Vordergliedmaßen

Von vorne betrachtet (Abb. 71)

1. Normale Stellung
2. Enge Stellung
   Die Gliedmaßen stehen parallel zueinander und senkrecht zum Erdboden, aber zu dicht beieinander. Diese Pferde haben eine zu schmale Brust.
3. Weite Stellung
   Auch bei dieser Stellung sind die Gliedmaßen parallel zueinander und stehen senkrecht, aber zu weit auseinander. Diese Pferde haben eine zu breite Brust. Allerdings kommt diese Stellung auch bei Tieren vor, bei denen der Ellbogenhöcker nach außen gedreht ist. Von da ab stehen die Beine wieder parallel zueinander und vertikal zum Boden.
4. Bodenenge Stellung
   Unterarm und Röhrbein liegen auf der gleichen Längsachse. Diese Längsachse ist zwar gerade, verläuft aber von oben außen nach unten innen (konvergierend). Der Abstand zwischen den beiden Hufen ist kleiner als der zwischen den Buggelenken. Die Fessellinie ist gerade.
5. Bodenweite Stellung
   Auch hier ist die Knochenachse von Unterarm und Röhrbein gerade, sie verläuft aber von oben innen nach unten außen (divergierend). Der Abstand zwischen den beiden Hufen ist größer als der zwischen den Buggelenken. Die Fessellinie ist gerade.
6. X-beinige Stellung
   Die Linie, die durch Unterarm und Röhrbein gezogen wurde, ist nicht gerade, sondern hat im Vorderfußwurzelgelenk einen Knick. Der Abstand der beiden Vorderfußwurzelgelenke ist kleiner als der zwischen den Buggelenken und den Hufen. Die Fessellinie kann gerade sein.
7. O-beinige Stellung
   Die Linie durch Unterarm und Röhrbein hat im Vorderfußwurzelgelenk einen Knick nach außen. Der Abstand zwischen den Vorderfußwurzelgelenken ist demnach größer als zwischen den Buggelenken und den Hufen. Die Fessellinie kann gerade sein.
   Die beiden letzten Gliedmaßenstellungen werden auch als *knieenge* und *knieweite* Stellung bezeichnet.
8. Zehenweite Stellung (Tanzmeisterstellung)
   Die Gliedmaßen stehen parallel zueinander und senkrecht zum Boden bis zur Höhe des Fesselgelenkes. Von da ab zeigen sie auseinander. Der Abstand zwischen den Hufen ist größer als der zwischen den Fesselgelenken. Bisweilen beginnt diese abnorme Stellung schon am Vorderfußwurzelgelenk. Die Fessellinie kann gerade sein. Der ursprüngliche Na-

me hierfür lautete: „französische“ oder „Tanzmeisterstellung“ (Ausgangsstellung bei französischen Modetänzen früherer Zeit: Beine geschlossen und Fußspitzen nach außen).

9. Zehenenge Stellung
Die Gliedmaßen stehen parallel zueinander und senkrecht zum Boden bis zur Höhe des Fesselgelenkes, genau so wie bei der zehenweiten Stellung. Vom Fesselgelenk abwärts sind die Beine nach innen gerichtet. Der Abstand zwischen den Hufen ist kleiner als der zwischen den Fesselgelenken. Die Fessellinie kann gerade sein.

Von der Seite gesehen (Abb. 72)

1. Normale Stellung
2. Vorständige Stellung
Die Vordergliedmaßen werden vor die Vertikale gesetzt. Die Senkrechte vom Ellbogengelenk abwärts erreicht weit hinter dem Huf den Erdboden. Bisweilen geht die vorständige Stellung von Schulterblatt und Oberarmbein aus. Das vorständige Auftreten bei Körungen ist angelernt und hier nicht gemeint.
3. Rückständige Stellung
Die Vordergliedmaßen stehen hinter der Vertikalen. Die Senkrechte vom Ellbogengelenk abwärts erreicht vor dem Huf den Erdboden. Die Vordergliedmaßen sollen dabei einen größeren Teil des Körpergewichts tragen als normal (siehe auch Kap. 4.2.2). Die rückständige Stellung kann ihren Ausgang auch in Schulter oder Oberarm nehmen.
4. Rückbiegige Stellung
Die Linie vom Ellbogenhöcker aus durch Unterarm und Röhrbein ist im Vorderfußwurzelgelenk nach vorne geknickt. Diese Stellung kann angeboren, aber auch erworben sein (d.h. sie hat sich erst früher oder später nach der Geburt aufgrund unterschiedlichster Ursachen entwickelt). Letzteres kommt bei Pferden vor, die schon in jugendlichem Alter zu schwer arbeiten mußten, so beispielsweise bei Vollblütern und Trabern, die zu jung ins Training genommen wurden. Pferde mit einer rückbiegigen Gliedmaßenstellung straucheln oft.
5. Vorbiegige Stellung
Die vom Ellbogenhöcker aus durch Unterarm und Röhrbein verlaufende Linie ist im Vorderfußwurzelgelenk nach hinten geknickt. Diese Stellung kann ebenso wie die vorige sowohl angeboren als auch erworben sein. Beide sind sie Anzeichen für eine schwache Konstitution des Pferdes. Beide verursachen sie eine abnormale Gewichtsverteilung im Vorderfußwurzelgelenk und eine abnormale Belastung der Streck- und Beugesehnen. Die Erfahrung lehrt, daß eine vorbiegige Stellung ernstere Auswirkungen auf die Vorderbeine hat als die rückbiegige.
6. Steile Schulter
Der Name gibt bereits die Stellung wieder. Die durch die Mitte des Schulterblattes gezogene Linie bildet mit der Horizontalen einen größeren Winkel als normal (größer als 50°. Gut erkennbar ist die Abweichung aber erst bei einem Winkel, der größer als 60° ist). Oft geht eine steile Schulter mit einer steilen Fessel einher.
7. Steile Fesselung
Auch hierbei gibt der Name die Stellung wieder. Die Fessellinie ist gerade, bildet aber mit der Horizontalen einen

Abb. 71. Vordergliedmaßen von vorne.

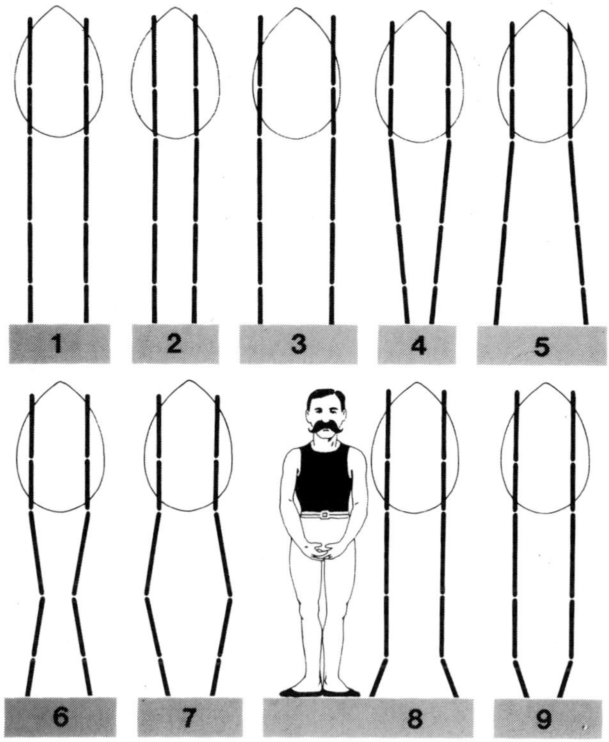

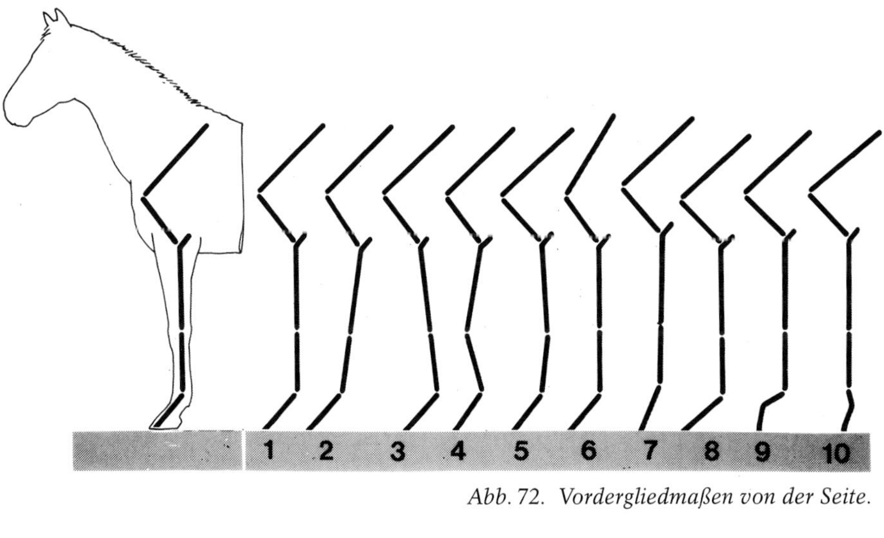

Abb. 72. Vordergliedmaßen von der Seite.

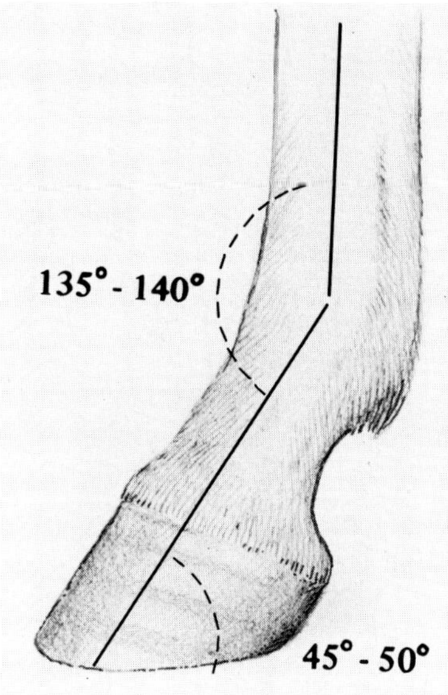

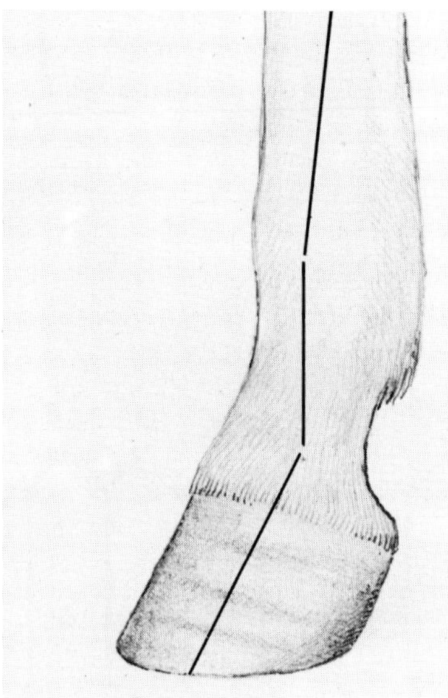

Abb. 73. Überköten.
a) Fessellinie normal
b) Fessellinie gebrochen

größeren Winkel als normal (45 bis 50°). Ebenso wie bei der steilen Schulter fällt eine steile Fesselung erst richtig auf, wenn der Winkel größer als 60° ist. Oft ist die Fessel dabei auch kurz.

8. Weiche Fesselung
Hierbei ist die Fessellinie ebenfalls gerade, bildet aber mit der Horizontalen einen Winkel, der kleiner als 45° ist. Häufig ist diese Erscheinung mit einer langen Fessel verbunden.

9. Bärenfüßige Stellung
Diese Stellung ist die Kombination einer nach vorne geknickten Fessellinie (siehe Kap. 4.1.4) und einer weichen Fesselung (Abb. 80).
Die drei letztgenannten Abweichungen haben deutliche Auswirkungen auf die Hufform.

10. Kötenschüssige Stellung
Es handelt sich hierbei um eine stark abweichende Stellung. Man muß zwischen *kötenschüssig gehen* und *kötenschüssig stehen* unterscheiden.
Bei der normalen Stellung beträgt der Winkel zwischen Fessellinie und Röhrbein im Fesselgelenk 45 bis 50° + 90° = 135 bis 140°. Bei der steilen Fesselung ist dieser Winkel dann größer als 140°. Bei einer sehr steilen Fesselung, wobei Röhrbein und Fessellinie quasi auf der gleichen Verlängerungslinie liegen, wird bei Belastung meist das Fesselgelenk nach vorn durchgeknickt (Überköten). Ist die Fessel auch beim Stehen nach vorn durchgeknickt, spricht man von „kötenschüssig" stehen (Abb. 73).
Diese Stellung kann angeboren oder erworben sein. Sie hat gravierende Folgen, meist ist das Tier kaum noch zu gebrauchen. Die Fessellinie kann nach hinten geknickt sein (siehe Kap. 4.1.4).

Hinterbeine

Von hinten betrachtet (Abb. 74)

1. Normale Stellung
2. bis 7. Bei der engen, weiten, bodenengen und bodenweiten, zehenweiten und zehenengen Stellung siehe unter „Vorderbeine“
8. Kuhhessige Stellung
   Normalerweise müssen die Linien von den Sitzbeinhöckern abwärts bis zu den Hufen gerade sein und parallel zueinander verlaufen. Bei dieser davon abweichenden Stellung sind diese Linien im Sprunggelenk nach innen geknickt, so daß der Abstand zwischen den beiden Fersenbeinhöckern kleiner ist als der zwischen den Sitzbeinhöckern und der zwischen den Hufen. Die kuhhessige Stellung verursacht eine abnormale Gewichtsverteilung und belastet das Sprunggelenk unnötig.
   Vom Röhrbein abwärts sind die Gliedmaßen auch leicht nach außen gedreht, so daß auch die Hufe nach außen zeigen.
9. O-beinige Stellung
   Man nennt diese Stellung auch *fersenweit*. Denn hierbei ist die Linie vom Sitzbeinhöcker abwärts im Sprunggelenk nach außen geknickt, so daß der Abstand zwischen den Fersenbeinhöckern größer ist als der zwischen Sitzbeinhöckern und zwischen den Hufen. Die Fersenbeinhökker sind nach außen, die Gliedmaßen vom Röhrbein abwärts bis zu den Hufen nach innen gedreht. Diese Stellung hat schwerwiegende Folgen für den Bewegungsablauf (siehe Abb. 113).

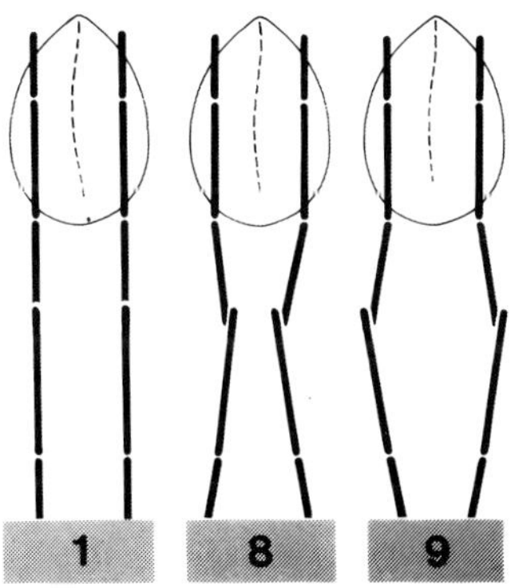

Abb. 74. Hintergliedmaßen von hinten.

Von der Seite gesehen (Abb. 75)

1. Regelmäßige Stellung
2. Vorständige Stellung
   Die Hintergliedmaßen fußen vor der Vertikalen auf. Man nennt dies auch *unter sich stehen*. Die Lotrechte vom Sitzbeinhöcker aus verläuft nicht entlang der Rückseite des Röhrbeins, sondern weit vor dem Sprunggelenk und Röhrbein. Die Hintergliedmaßen sind zu weit nach vorne gestellt, dagegen kann das Sprunggelenk durchaus normal sein. Die Hintergliedmaßen tragen zuviel des Körpergewichts. Man sieht diese Stellung oft bei Pferden, die Schmerzen in den Vorderbeinen haben.
3. Rückständige Stellung
   Die Hinterbeine fußen hinter der Vertikalen auf. Die Lotrechte von den Sitzbeinhöckern verläuft nun hinter Sprunggelenk und Röhrbein. Die Winkelung im Sprunggelenk kann normal sein, ist aber meist größer. Dies ist aber nicht dasselbe wie ein steiles Sprunggelenk (siehe dort).
4. Säbelbeinige (vorbiegige) Stellung
   Bei dieser Stellung ist der Sprunggelenkswinkel kleiner als 145°. Sie geht oft mit einer vorständigen Stellung einher. Auch kuhhessige und säbelbeinige Stellung kommen häufig gemeinsam vor.

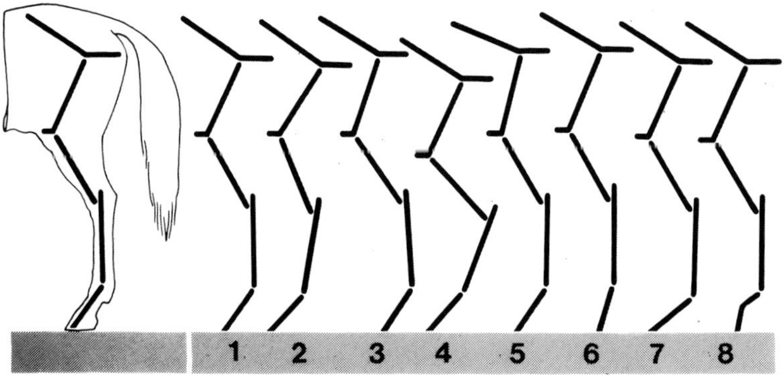

Abb. 75. Hintergliedmaßen von der Seite.

5. Steiles oder gerades Sprunggelenk
   Hierbei ist der Sprunggelenkswinkel größer als 145°. Allerdings wird diese Abweichung erst dann deutlich sichtbar, wenn der Winkel größer als 160° ist. Sie ist meist mit einem größeren Winkel im Kniegelenk verbunden (Gelenk zwischen Oberschenkelbein und Schienbein).

6. Steile Fesselung
   Die normale Winkelung im Fesselgelenk ist bei den Hintergliedmaßen größer als bei den Vordergliedmaßen (vorne 45 bis 50°, hinten 50 bis 55°, d.h. der Winkel mit der Horizontalen; dieser gleicht dem der Fessellinie). Bei den Hintergliedmaßen spricht man dann von einer steilen Fesselung, wenn der Winkel größer als 60° ist.

7. Weiche Fesselung
   Sie ist dann gegeben, wenn der Winkel im Fesselgelenk kleiner als 50° ist.

8. Bärenfüßige Stellung
   Siehe Vordergliedmaßen.

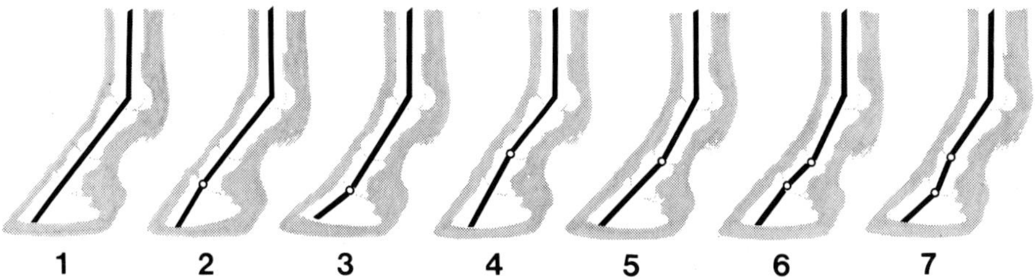

Abb. 76. Fessellinie (Zehenachse), Seitenansicht.
1 = Normale Fessellinie beim regelmäßigen Huf
2 = im Hufgelenk nach vorne gebrochene Fessellinie
3 = im Hufgelenk nach hinten gebrochene Fessellinie
4 = im Krongelenk nach vorne gebrochene Fessellinie
5 = im Krongelenk nach hinten gebrochene Fessellinie
6 = im Krongelenk nach hinten und im Hufgelenk nach vorne gebrochene Fessellinie
7 = im Krongelenk nach vorne und im Hufgelenk nach hinten gebrochene Fessellinie

9. Kötenschüssige Stellung
   Siehe Vordergliedmaßen. Diese Stellung kommt bei den Hintergliedmaßen relativ selten vor.

Bevor auf die Zusammenhänge zwischen Gliedmaßenstellung, Bewegungsablauf und Hufformen eingegangen wird, muß zunächst darauf hingewiesen werden, daß unsere Maßstäbe nicht weltweit Gültigkeit besitzen. Selbst innerhalb Europas gibt es Unterschiede (z.B. für bestimmte Rassen in Spanien oder dem Balkan). Dies gilt noch mehr für die anderen Kontinente, allen voran Afrika und Asien. Die Erläuterung oben genannter Zusammenhänge folgt in Kap. 4.3. Abweichungen in der Gliedmaßenstellung, in Bewegungsablauf und Hufform sind oft miteinander gepaart.

Aber die Gesetze der Mechanik gelten nicht so ohne weiteres für die lebende Kreatur. Es gibt keine festen Regeln für das Auftreten regelmäßiger oder unregelmäßiger Gliedmaßenstellungen, Bewegungsabläufe und Hufformen. Bei abweichenden Gliedmaßenstellungen kann eine erbliche Veranlagung eine Rolle spielen. Aber auch äußere Umstände haben Einfluß auf die Entstehung, das Vorkommen und die Aufrechterhaltung abweichender Stellungen.

4.1.4 Abweichende Fessellinien (Zehenachsen)

Von einer abweichenden Fessellinie spricht man dann, wenn Fessel-, Kron- und Hufbein nicht – seitlich oder von vorn betrachtet – in einer Verlängerungsachse liegen. Dann ist die Fessellinie „gebrochen". Sie kann, seitlich gesehen, nach vorne oder nach hinten geknickt sein. Von vorn betrachtet, kann sie nach außen oder nach innen geknickt sein. Dieser Knick kann beim Kron- oder beim Hufgelenk liegen.

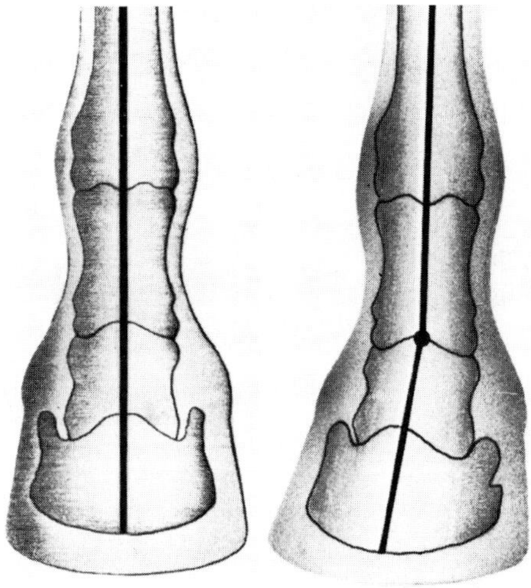

Abb. 77. Fessellinie.
1 = gerade Fessellinie
2 = im Krongelenk nach innen oder außen gebrochene Fessellinie

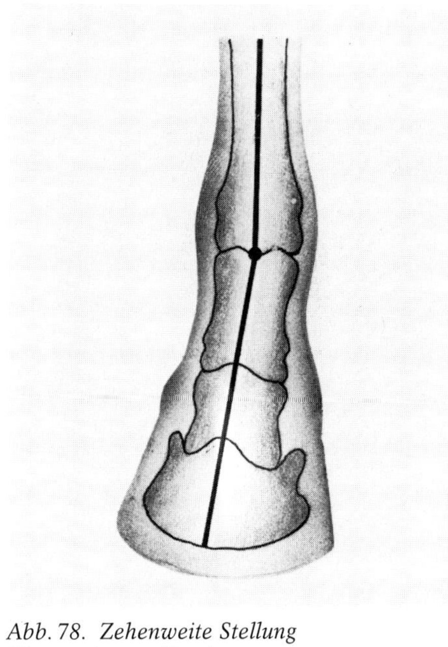

Abb. 78. Zehenweite Stellung (Tanzmeisterstellung).

Ein geübtes Auge kann gut erkennen, ob die Fessellinie geknickt ist, aber nicht wo dieser Knick angesiedelt ist. Fessellinien, die nach vorne geknickt sind, kommen häufiger vor als solche, die nach hinten weisen.

Von vorne betrachtet kann die Fessellinie nach innen oder nach außen geknickt sein.

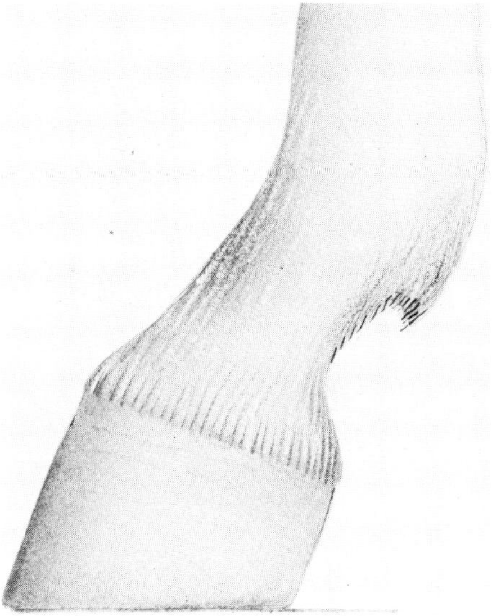

Abb. 79. Nach vorne gebrochene Fessellinie. Kurze Zehenwand, hohe Trachten.

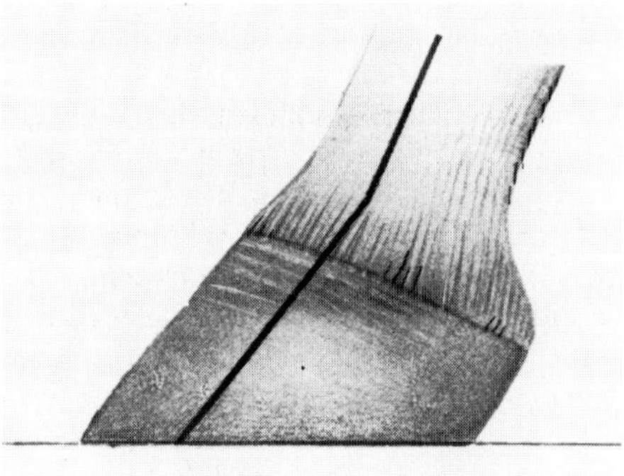

Abb. 81. Nach hinten gebrochene Fessellinie. Lange Zehen-, kurze Trachtenwand.

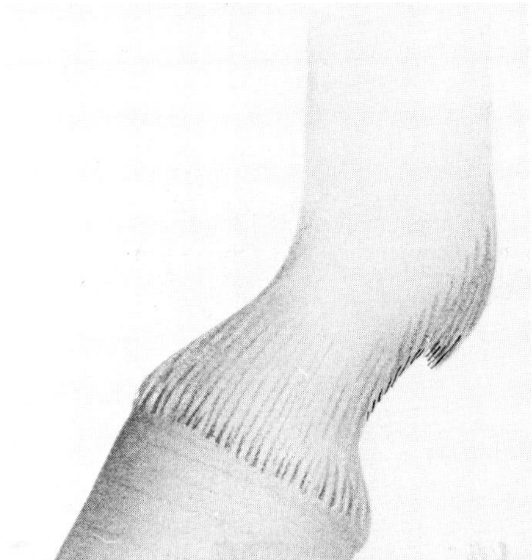

Abb. 80. Nach vorne gebrochene Fessellinie. Weich gefesselt. Bärentatzige (bärenfüßige) Stellung.

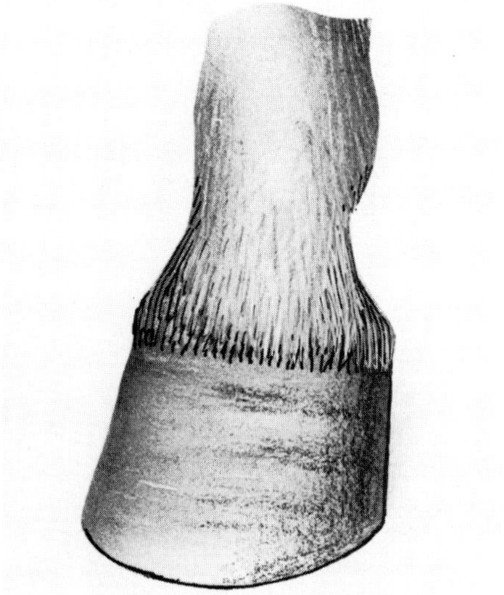

Abb. 82. Nach innen (oder außen) gebrochene Fessellinie.

Dies kann mit einer zehenengen oder einer zehenweiten Stellung einhergehen. Beide abweichenden Gliedmaßenstellungen haben ihren Ausgang vom Fesselgelenk aus (Abb. 78).

Eine abweichende Winkelung im Fesselgelenk (von oben oder von vorne gesehen) kann, und das ist auch oft der Fall, zusammen mit einer gebrochenen Fessellinie vorkommen.

Abweichende Fessellinien und abweichende Hufformen sind oft eins. Nach vorne geknickte Fessellinien sind häufig mit kurzem Zehenteil und hohen Trachten verbunden (Abb. 79). Wenn hierzu noch eine weiche Fesselung kommt, hat man eine bärenfüßige Stellung (Abb. 80). Bei einer nach hinten geknickten Fessellinie sieht man häufig eine lange Zehenwand und kurze bzw. untergeschobene Trachtenwände (Abb. 81).

Bei einer nach innen gebrochenen Fessellinie ist die Hornwand an der Innenwand kürzer als an der äußeren. Ist die Fessellinie nach außen geknickt, ist die äußere Wand kürzer als die innere (Abb. 82). Übereinstimmende Abweichungen kann man auch bei der zehenengen bzw. zehenweiten Stellung erwarten, auch wenn dabei die Fessellinie selbst gerade verläuft. Man kann aber durch ordnungsgemäßes Beschneiden eventuelle Abweichungen der Fessellinie vor allem bei jungen Tieren gut korrigieren.

4.2 Bewegungsabläufe

4.2.1 Schritt und Schrittlänge

Bevor die verschiedenen Gangarten des Pferdes näher besprochen werden, sollen zunächst einige Begriffe erläutert werden, die hierfür unentbehrlich sind. Es geht um Schritt und Schrittlänge sowie Schwerpunkt und Funktion von Vorderbein und Hinterbein.

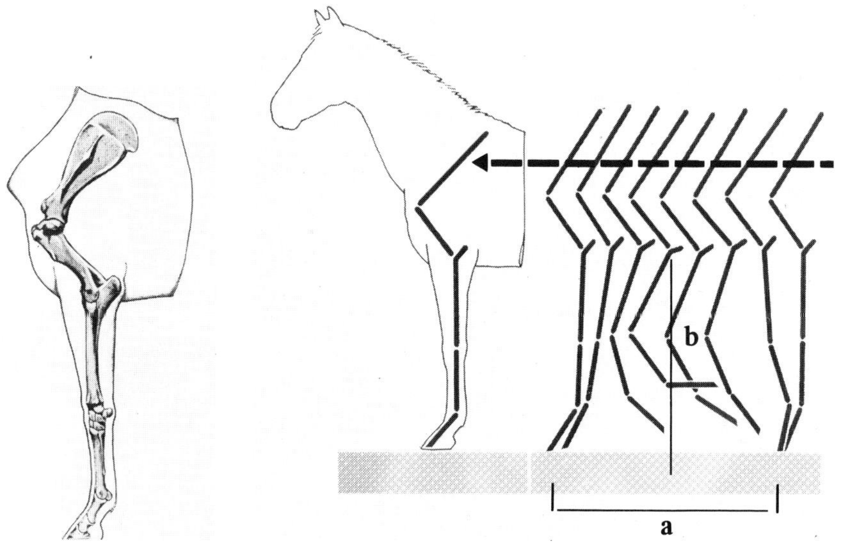

Abb. 83. Vordergliedmaße eines Pferdes. Schema eines Schrittes.

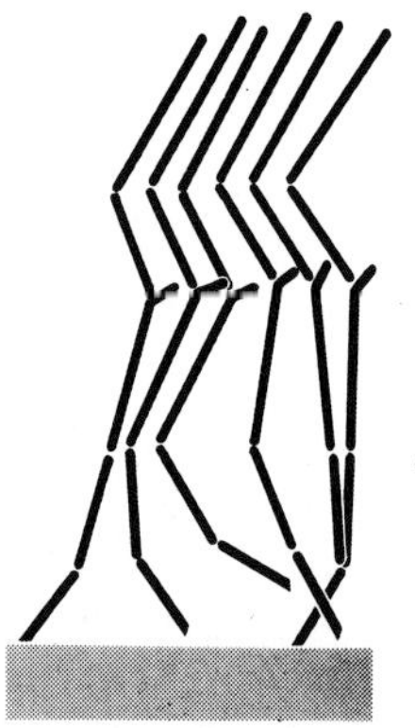

Abb. 84. Schema eines step (siehe Text).

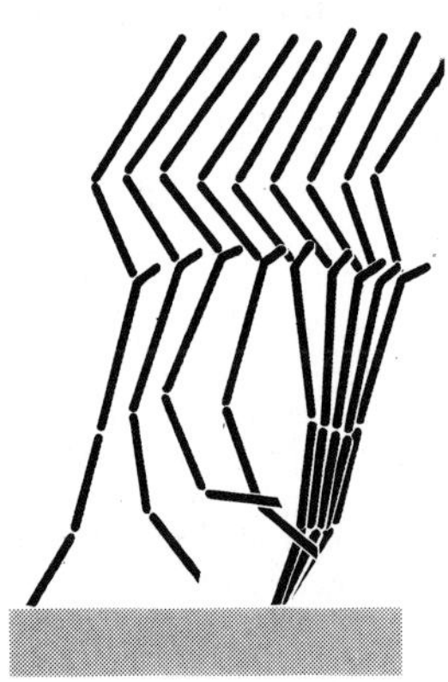

Abb. 85. Schema eines stride (siehe Text).

Wenn man von einem stehenden Pferd ausgeht, kann die Bewegung einer Vordergliedmaße schrittweise dargestellt werden. In Abb. 83 ist die Vorhand des stehenden Pferdes mit den Knochen der Vordergliedmaße dargestellt: dem Schulterblatt, Oberarmbein, Unterarm, Vorderfußwurzelgelenk, Röhrbein sowie Zehenknochen.

Daneben befindet sich eine in einfachen Strichen ausgeführte Schemazeichnung der gleichen Knochen. Der Pfeil gibt die Bewegungsrichtung an. Der Körper geht über die Gliedmaße nach vorn. Die Gliedmaße wird daraufhin angehoben und nach vorne geschwungen, wobei alle Gelenke gebeugt und schließlich wieder gestreckt werden, wonach die Gliedmaße wiederum niedergesetzt wird.

Den gesamten Vorgang vom senkrechten Stehen der Gliedmaße über das Vorschwingen bis zum Stehen nennt man einen Schritt. Der Abstand (a) in Abb. 83 ist die Schrittlänge. Bei der normalen Bewegung wird der Schritt durch eine Senkrechte (b) vom Ellbogenhöcker aus in dem Moment, in dem die Gliedmaße am höchsten aufgenommen ist, präzise in zwei gleiche Abschnitte geteilt. Dies ist insofern von Bedeutung, als bei Lahmheit hier Veränderungen auftreten.

Der Vollständigkeit halber noch folgende Anmerkung:

In manchen Sprachen gibt es mehrere Worte für den Begriff „Schritt“. So z.B. im Englischen „step“ (niederländisch: *pas*) bzw. *stride* (niederländisch: *schrede*). Dabei wird das englische *step* wie folgt umschrieben: es ist, ausgehend vom stehenden Pferd, das Anheben, Nach-vorne-Bringen und Wieder-Absetzen der Gliedmaße (Abb. 84). *Stride* ist die vollständige Bewegung einer Gliedmaße vom Moment des Auffußens über die Stehphase, das Wieder-Anheben und Vorschwingen bis zu dem Augenblick, da sie wieder den Erdboden berührt (Abb. 85).

4.2.2 Schwerpunkt; Funktion von Vorder- und Hintergliedmaßen

Der Mensch (Zweibeiner) kann den Schwerpunkt leicht vor oder hinter den Stützpunkt seiner Beine verlagern, und er macht hiervon in der Bewegung fortwährend Gebrauch. Das Pferd (Vierbeiner) ist dagegen so gut wie nicht dazu in der Lage, seinen

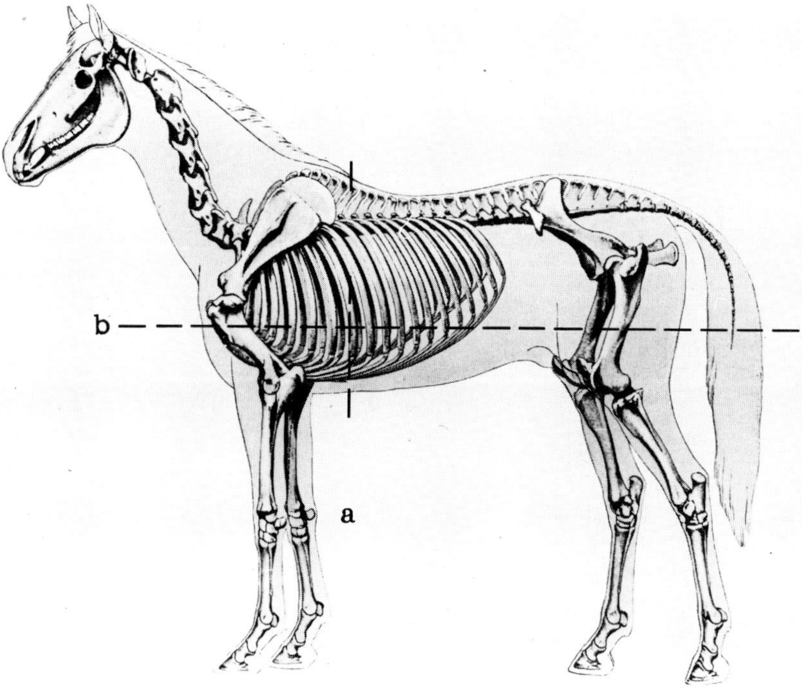

Abb. 86. Linien, die der Bestimmung des Schwerpunktes dienen.
a = die Vertikale streift das hintere Ende des Brustbeins;
b = Horizontale, die in Höhe des unteren Drittels des Brustkorbs verläuft.
Der Schwerpunkt befindet sich im Schnittpunkt von a und b.

Schwerpunkt außerhalb der Stützfläche seiner vier Gliedmaßen zu verlagern. Das gilt aber nicht für alle Vierbeiner in gleichem Maße, so z.B. nicht für den Hund.

Da das Pferd den Schwerpunkt während der Bewegung nicht außerhalb seiner Unterstützungsfläche verlagern kann, braucht es zur Fortbewegung mehr Energie als der Mensch oder andere Tiere, die dazu in der Lage sind. Der Schwerpunkt liegt beim stehenden Pferd mehr in der Nähe der Vorder- als der Hintergliedmaßen. Dies ist begreiflich, denn diese müssen ja Kopf und Hals tragen (Abb. 86). Der Schwerpunkt liegt etwa bei einem Drittel des Abstandes von Vor- und Hinterhand. Auf den Vordergliedmaßen lasten etwa drei Fünftel des Körpergewichts, auf den Hintergliedmaßen zwei Fünftel. So unterscheiden sich die Gliedmaßen auch deutlich in ihrer Funktion: Den Vorderbeinen kommt primär eine stützende, den Hintergliedmaßen vermehrt eine schiebende Funktion zu.

Natürlich stützen die Hintergliedmaßen auch, und zwar dann, wenn die Vordergliedmaße bei schwerer Zugarbeit deren Aufgabe übernehmen. Der Bau der Vorder- und Hintergliedmaßen veranschaulicht deutlich diese unterschiedlichen Aufgaben.

Der Körper ist durch den unteren gezahnten Muskel beweglich zwischen den beiden Vordergliedmaßen aufgehängt (Abb. 87). Bei einem Vorschieben des Körpers wird diese Verbindung zwischen Vorhand und Körper sicherlich keine optimale Energieübertragung garantieren, wohl aber für das federnde Abfangen des Körpers durch das stützende Vorderbein.

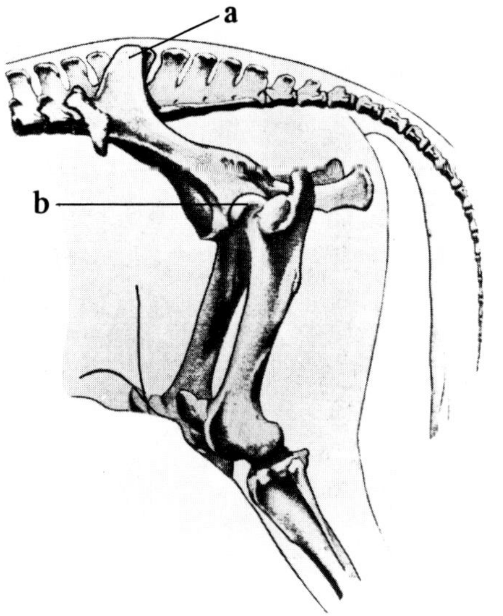

Abb. 88. Hinterhand mit Becken.
a = Gelenk zwischen dem Kreuzbein und dem Becken.
b = Hüftgelenk

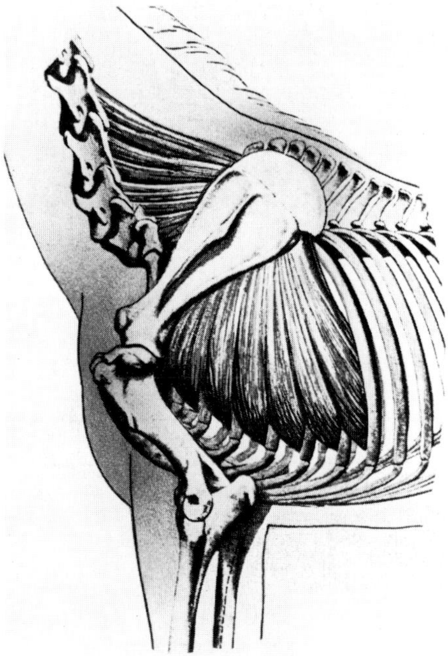

Abb. 87. Vorderbein mit dem unteren gezahnten Muskel.

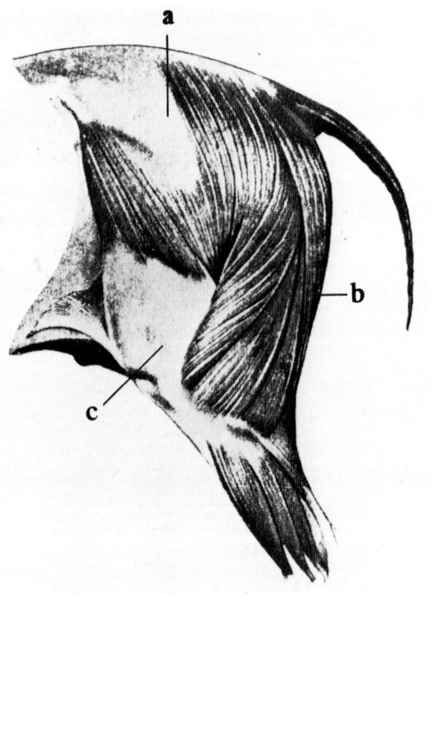

Abb. 89. Muskeln der Hinterhand.
a = Großer Kruppenmuskel
b = (Halbsehniger) Sitzbeinmuskel
c = Vorderer Lendenmuskel

Abb. 90. Starker Trab mit energischem Schwung.

Abb. 91. Kräftiges Auffußen der Hinterbeine beim Zugpferd.

Die vertikale Ausrichtung der Vordergliedmaßen (Unterarm und Röhrbein senkrecht in ihrer Verlängerungsachse liegend) steht für einen optimalen Stützeffekt. Die Hinterhand ist über das Becken und dieses wiederum mit der Wirbelsäule sehr starr mit dem Rumpf verbunden (Abb. 88). Die starke Muskulatur rund um Becken, Oberschenkel und Schienbein ist ganz darauf ausgerichtet, den Körper kräftig nach vorne zu schieben (Abb. 89).

Die verschiedenen Gelenke der Hintergliedmaßen (Hüft-, Knie- und Sprunggelenk) sind so ausgelegt, daß der Winkel nach

Bedarf stark verkleinert oder vergrößert werden kann, wodurch das Vermögen, den Körper nach vorne zu bewegen, wesentlich beeinflußt und verstärkt wird.

Diese unterschiedlichen Funktionen der Vorder- bzw. Hintergliedmaßen haben Konsequenzen für die Hufversorgung bzw. den Hufbeschlag. Die Hufversorgung der Vorhand muß darauf ausgerichtet sein, deren Bewegung so weit irgend möglich zu erleichtern (Abb. 90). Bei der Hinterhand dagegen soll sie eine feste Haftung am Boden gewährleisten, so daß die Schubarbeit geleistet werden kann. Doch dieses wird später besprochen.

4.2.3 Die Gangarten des Pferdes

Man unterscheidet folgende Gangarten:

- Schritt
- Trab
- Galopp
- Renngalopp
- Paßgang im Schritt
- Paßgang im Trab
- Sprung.

Die in unseren Breiten gewöhnlichen Gangarten sind Schritt, Trab und Galopp. Hinzu kommt noch bei Rennpferden (Vollblütern) der Renngalopp. Darüber hinaus findet man überall in der Welt Pferde mit speziellen Gangarten. Hierzulande sind es vor allem die Isländer und die „Gangpferde".

Zur Beschreibung der verschiedenen Gangarten ist ein Schema vonnöten (Abb. 92). In diesem Schema werden die Vorderhufe durch Dreiecke versinnbildlicht, rechts schwarz, links weiß; die Hinterhufe durch Kreise, desgleichen rechts schwarz, links weiß. Der mittlere Pfeil gibt die Richtung der Fortbewegung an. Die korrekte Position der Hufe zueinander während der Bewegung wird hierbei nicht wiedergegeben.

Abb. 92. Alle vier Hufe stehen auf dem Boden.

Sind beide Dreiecke und beide Kreise im Schema sichtbar, bedeutet dies, daß alle vier Hufe auf dem Boden stehen. Ist einer der Kreise oder Dreiecke nicht sichtbar, hat einer der Hufe keinen Kontakt zum Boden.

Abb. 93. Die rechte Vorhand hat keinen Kontakt mit dem Boden.

Folgende Begriffe werden gebraucht:

1. Dreibeiniges Auffußen. Dabei stehen drei Hufe auf dem Boden.
2. Diagonales Auffußen. Dabei stehen zwei Hufe auf dem Boden, ein Vorderhuf und der diagonale Hinterhuf.
3. Einseitiges Auffußen. Dabei stehen zwei Hufe auf dem Boden, entweder die beiden linken oder die beiden rechten.
4. Einbeiniges Auffußen. Dabei steht nur ein Huf auf dem Boden, so z. B. nur der linke Vorderhuf, wie in Abb. 97 dargestellt.
5. Schwebemoment. Keiner der vier Hufe hat Bodenkontakt.

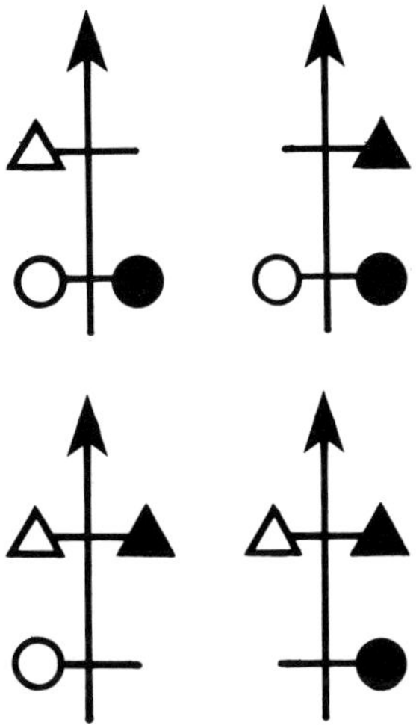

Abb. 94. Auffußen mit drei Beinen.

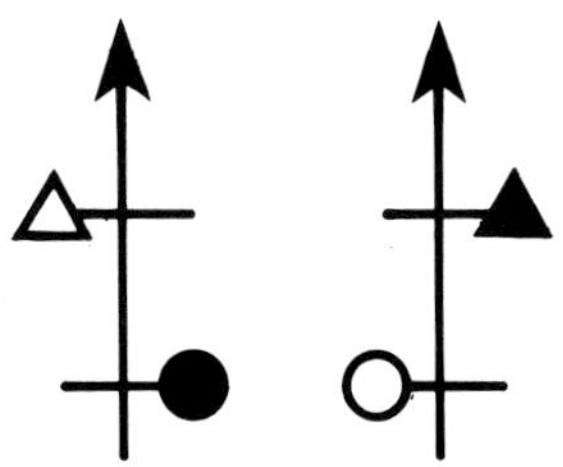

Abb. 95. Diagonales Auffußen.

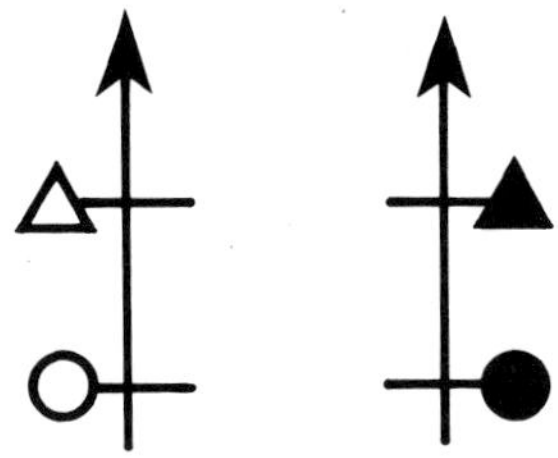

Abb. 96. Auffußen eines seitlichen Beinpaares.

Abb. 97. Auffußen mit nur einem Bein.

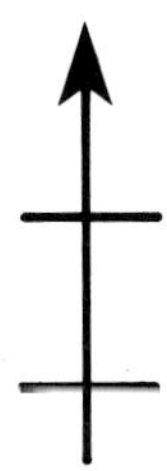

Abb. 98. Schwebemoment.

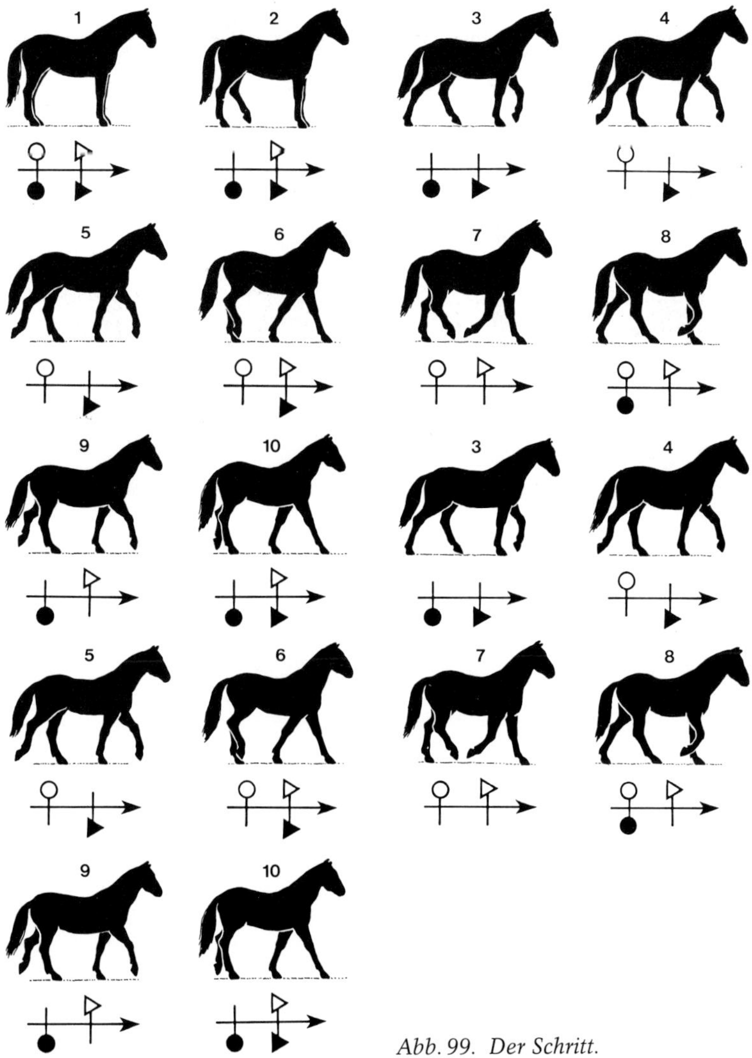

Abb. 99. Der Schritt.

Der Schritt

Der Schritt ist eine gleichmäßige Gangart. Alle vier Beine üben die gleiche Bewegung aus. Sie werden aufgenommen, nach vorne gebracht und wieder abgesetzt. Das Auffußen, Aufnehmen, Vorschwingen und Absetzen überschneiden sich, also links hinten, links vorne, rechts hinten, rechts vorne. Abwechselnd erfolgt das Auffußen mit drei oder zwei Beinen, also: dreibeinig, einseitig, dreibeinig, diagonal usw.

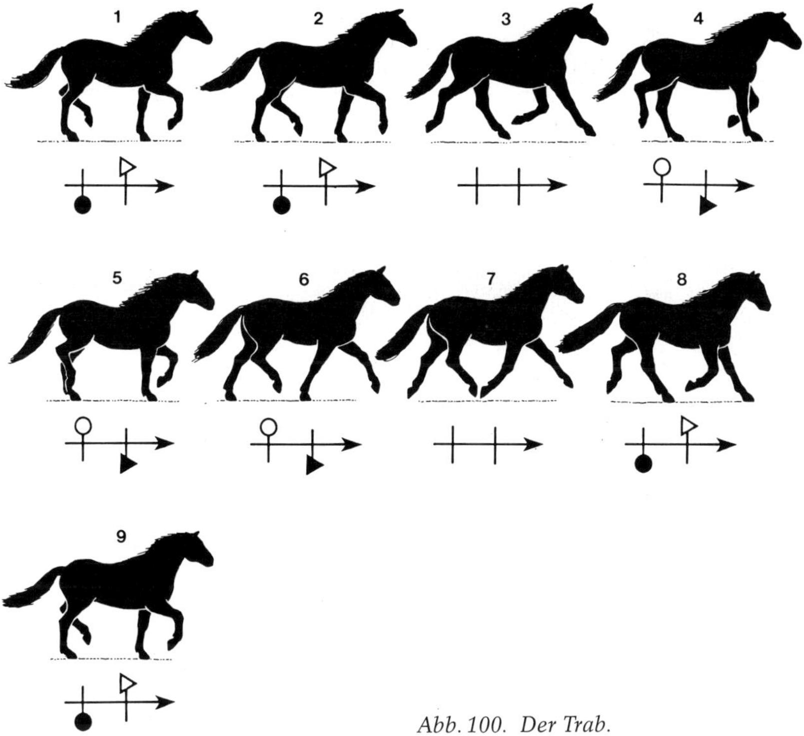

Abb. 100. Der Trab.

Der Trab

Der Trab ist eine gleichmäßige Gangart, die durch das diagonale Auffußen sowie einen Schwebemoment gekennzeichnet ist: diagonal, Schwebemoment, diagonal, Schwebemoment in vollkommen gleichmäßiger Reihenfolge.

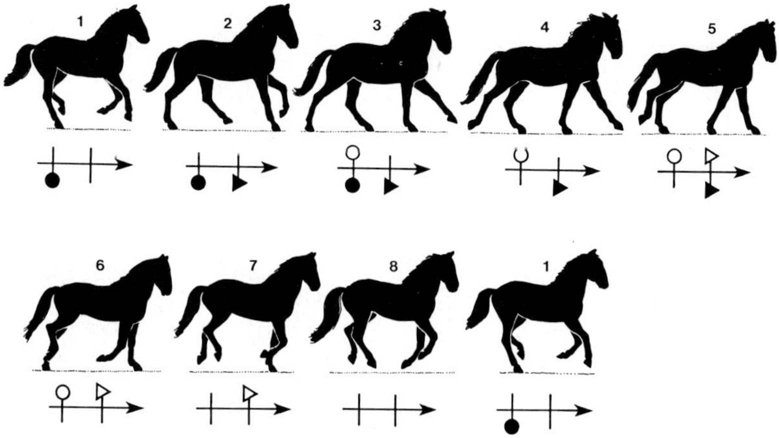

Abb. 101. Linksgalopp.

Der Galopp

Der Galopp ist eine ungleichmäßige Gangart. Man unterscheidet zwischen Links- und Rechtsgalopp. Auch bei dieser schwungvollen Bewegung gibt es einen Schwebemoment. Die Fußfolge:

1. Linksgalopp: rechts hinten, rechte Diagonale, links vorne, Schwebemoment usw.
2. Rechtsgalopp: links hinten, linke Diagonale, rechts vorne, Schwebemoment usw.

   Filmaufnahmen mit High-speed-Kameras zeigen, daß die diagonalen Beinpaare nicht genau gleichzeitig auf- bzw. abfußen.

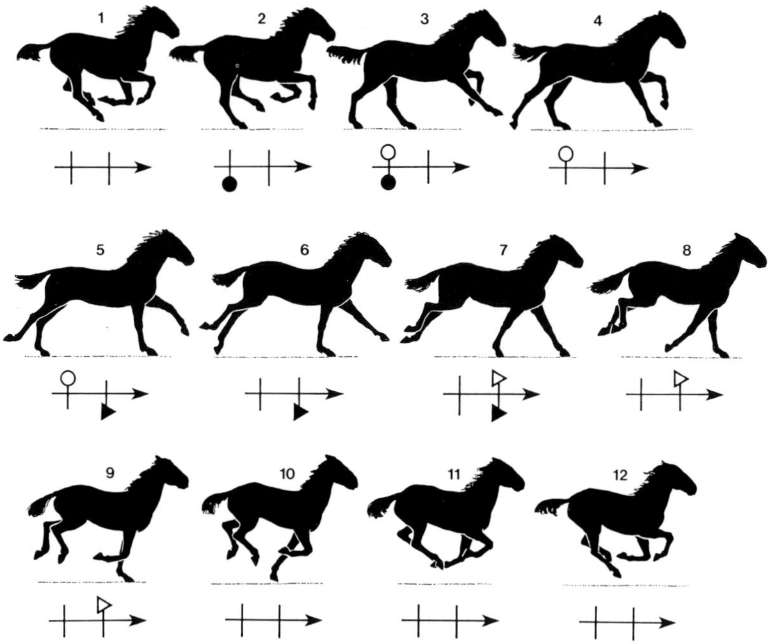

Abb. 102. Renngalopp, links.

Der Renngalopp
Dieser unterscheidet sich vom normalen Galopp nicht nur durch größere Schnelligkeit und weitere Galoppsprünge, sondern auch durch eine andere Fußfolge. Es gibt jedoch auch hier den Rechts- und den Linksgalopp.

- Linksgalopp: rechts hinten, links hinten, rechts vorne, links vorne, Schwebemoment usw.
- Rechtsgalopp: links hinten, rechts hinten, links vorne, rechts vorne, Schwebemoment usw.

Das diagonale Beinpaar fußt deutlich nacheinander auf, und nicht, wie beim normalen Galopp, nahezu gleichzeitig.

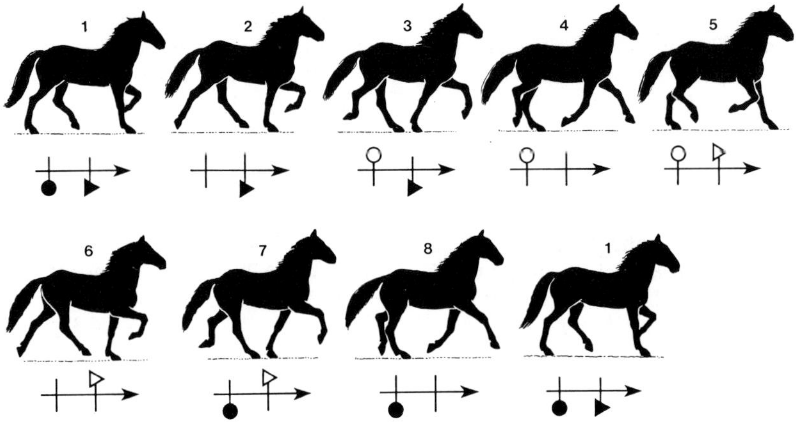

Abb. 103. Tölt.

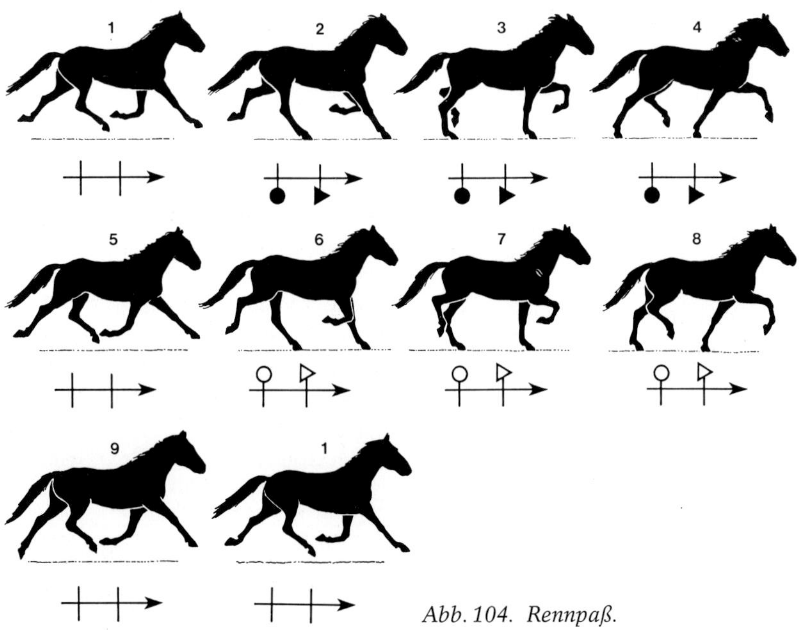

Abb. 104. Rennpaß.

Der Paß
Dieser Begriff taucht für mehrere Gangarten auf, die sich aber untereinander zum Teil stark unterscheiden. In einschlägigen Wörterbüchern wird der Paßgang als eine Gangart beschrieben, bei der das linke Beinpaar gleichzeitig auffußt und danach das rechte.

Das ist zum Teil richtig. Es geht um einige bestimmte Gangarten, die von mehreren Pony- und Pferderassen in verschiedener Fußfolge und unterschiedlichen Tempi ausgeführt werden. Sie werden am sinnvollsten folgendermaßen unterteilt:

- Der Paß ohne Schwebemoment
- Der Rennpaß mit Schwebemoment

Der Tölt
Diese Gangart war schon früher einmal in Europa sehr populär, heute ist sie es wieder. Es ist vor allem das Islandpony, das diese spezielle Gangart aufweist.

In Nord- und Südafrika gibt es noch mehrere Rassen, die über spezielle Gangarten verfügen. Dasselbe gilt für das sogenannte „Burenpferd" von Süd-Afrika und ein Teil asiatischer Pferde- und Ponyrassen. Beim Tölt werden alle vier Beine mit großer Regelmäßigkeit aufgenommen, nach vorne gebracht und wieder abgesetzt, in derselben Reihenfolge wie beim normalen Schritt. Da aber die Beine früher abfußen als beim normalen Schritt, wird der Körper zwischen abwechselnder Diagonale und einseitigem Auffußen immer durch ein Bein abgestützt.

Abhängig von subtilen Unterschieden in Fußfolge und Tempi gibt es für den *Tölt* weitere Begriffe. Alle haben sie aber folgendes gemeinsam

- große Regelmäßigkeit in der Bewegung
- keinen Schwebemoment.

Der Rennpaß
Hierbei handelt es sich um eine gleichmäßige Gangart mit Schwebemoment, wobei wechselseitig das linke und danach das rechte Beinpaar gleichzeitig auffußt und antritt. Man nennt dies auch *lateralen* Trab. Die Beinfolge: linkes Beinpaar, Schwebemoment, rechtes Beinpaar, usw.

In den USA spricht man von *rack* oder *pace*. Junge Traber werden dort, je nach ihrer Veranlagung, auf normalen Trab *(trotters)* oder den Rennpaß trainiert.

Der Sprung
Meist wird er aus dem Galopp heraus ausgeführt. Er ist eine Abwandlung des normalen Galoppsprunges mit dem Unterschied, daß nach dem letzten Galoppsprung vor dem eigentlichen Springen nur die beiden Hinterbeine auffußen, es folgt der Sprung, das Pferd landet auf den Vorderbeinen und galoppiert weiter. Aufnahmen mit Highspeed-Kameras haben gezeigt, daß die Fußfolge immer wieder variiert, auch wenn es sich um dasselbe Pferd unter dem gleichen Reiter bei immer wieder dem gleichen Hindernis handelt.

4.3 Gliedmaßenstellung, Gangart und Hufform

Zwischen der Gliedmaßenstellung, der Gangart und der Hufform bestehen eindeutige Zusammenhänge. Eine korrekte Stellung der Gliedmaßen geht gewöhnlich mit einwandfreien Bewegungsabläufen und Hufformen einher. Abweichende Gliedmaßenstellungen können Störungen in der Bewegung zur Folge haben und sind oft gepaart mit abweichenden Hufformen. Abweichungen der vorderen und hinteren Gliedmaßen sollen im folgenden besprochen werden.

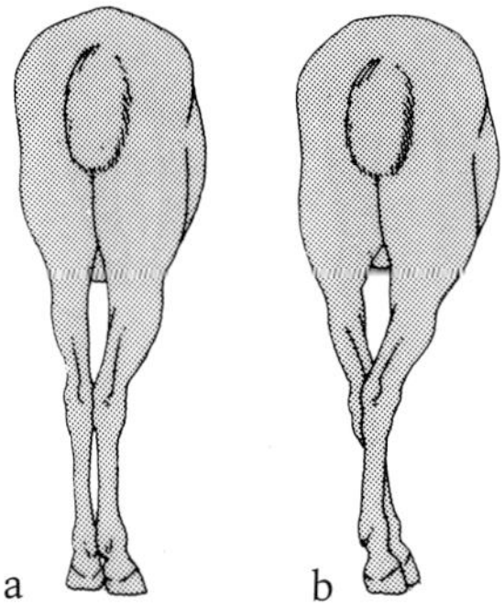
a b

Abb. 111. Bodenenge Gliedmaßenstellung (a). Führt häufig zum Kreuzen (b).

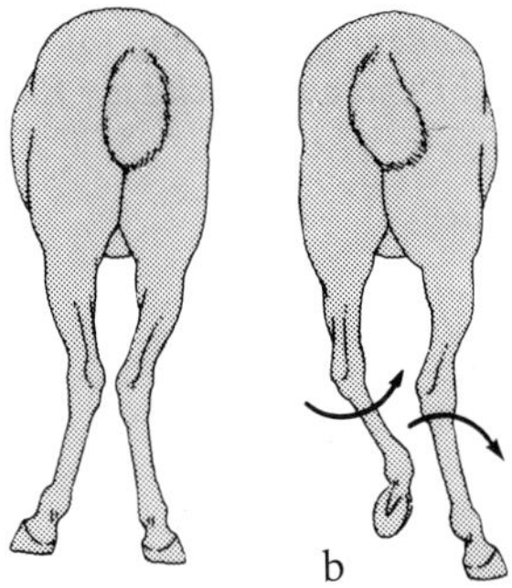
a b

Abb. 112. Kuhhessigkeit (a). Oftmals ist in diesem Zusammenhang „Schlittschuhlaufen" (b) zu beobachten.

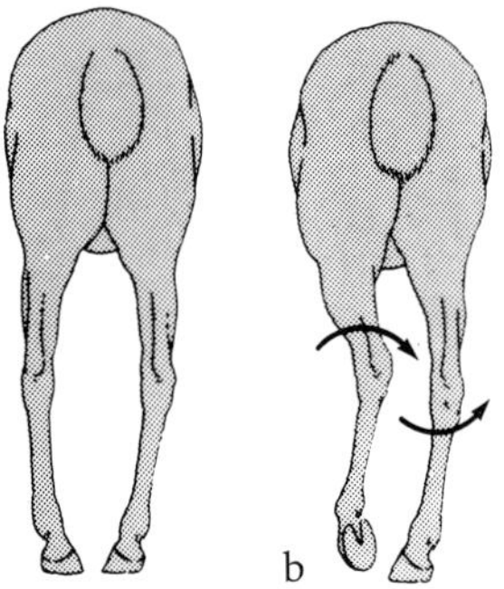
a b

Abb. 113. O-Beinigkeit (a), die oftmals Bügeln zur Folge hat (b).

Bei O-Beinigkeit (Abb. 110a) wird nicht nur der Vorderfuß während des Aufnehmens nach außen geschwungen (Bügeln), sondern es wird auch das Vorderfußwurzelgelenk gleichzeitig nach innen gedreht (b). Bei Belastung dreht es wieder nach außen (c).

Hintergliedmaßen, von hinten betrachtet
Abweichende Stellungen der Hintergliedmaßen, von hinten betrachtet, stimmen zum Teil mit denen der Vordergliedmaßen überein. Allerdings ist der Bau von Vorder- und Hintergliedmaßen doch sehr verschieden. Abweichende Stellungen treten bei den Hintergliedmaßen häufig kombiniert auf. Auch Abweichungen in den Gangarten zeigen sich bei den Hinterbeinen anders als bei den Vorderbeinen. Eine enge Stellung der Hintergliedmaßen wird häufig noch durch beinah aneinander liegende Sprunggelenke betont. Streichen und Kreuzen sieht man dann besonders deutlich (Abb. 111).

Eine weite Stellung der Hintergliedmaßen bedeutet eigentlich eine bodenweite Stellung, häufig in Zusammenhang mit Kuhhessigkeit. Man kann hierbei oft das Schaufeln beobachten, allerdings werden diese Bewegungen besser als „Schlittschuhlaufen" charakterisiert; d.h. der Fuß wird beim Abfußen nach innen geschwungen, bis es am anderen Fuß vorbei ist, dann nach außen geschwungen und abgesetzt. In extremen Fällen schwingt die gesamte Hinterhand hin und her (Abb. 112).

Bodenenge Gliedmaßenstellung kommt häufig vor in Verbindung mit weiten Sprunggelenken (O-Beinigkeit). Daß beim Antreten der Hinterfuß nach außen geschwungen wird, ist dabei nicht das auffälligste. Sondern es drehen die Sprunggelenke während der Vorwärtsbewegung nach innen, beim belasteten Fuß aber wieder nach außen (regelwidrig) (Abb. 113). Gleichzeitig zeigt der belastete Huf wieder nach innen.

Abb. 114. Guter, lebhafter Schritt eines korrekt gebauten Pferdes.

Abb. 115. Seitenansicht eines Pferdes. Die für die Vorwärtsbewegung bedeutsamen Gelenke sind durch Kreise markiert (siehe Text).

Diese Regelwidrigkeit zeigt sich für gewöhnlich oftmals in Verbindung mit Kuhhessigkeit.

Zehenenge und zehenweite Stellungen tauchen selten als alleinige Abweichung bei den Hintergliedmaßen auf. Bei der kuhhessigen Stellung dreht der Fuß vom Röhrbein abwärts nach außen. Die Folge davon ist die zehenweite Stellung. Umgekehrt drehen die Hintergliedmaßen bei O-beiniger Stellung vom Röhrbein an nach innen, so daß eine zehenenge Stellung zu beobachten ist.

Die Kombinationen kuhhessig – bodenweit – zehenweit und O-beinig – bodeneng – zeheneng verursachen eine deutliche Instabilität während der Belastungsphase und dem Vorschwingen, was sich ungünstig auf die Vorwärtsbewegung der Hintergliedmaßen auswirkt. Sie benötigen zusätzliche Muskelarbeit, verschleißen in stärkerem Maß die Gelenke und führen zu einer ungleichmäßigen Belastung der Hufe. Bei beschlagenen Pferden sind die Eisen viel zu schnell und ungleichmäßig abgenutzt.

Abweichende Hufformen in Verbindung mit den oben genannten abweichenden Gliedmaßenstellungen sind bei den Hintergliedmaßen identisch mit denen der Vordergliedmaßen (siehe dort).

Von der Seite gesehen

Abweichende Gliedmaßenstellungen, die man dann erkennen kann, wenn man neben dem Pferd steht, haben nicht so eindeutig spezifische Abweichungen in den Gangarten zur Folge. Dagegen wird die Schrittlänge sehr wohl dadurch beeinflußt.

Straucheln und Greifen sind Störungen, die mehr im Bau des Pferdekörpers begründet sind und auch Folge von Ermüdung und Krankheit sein können. Abweichungen, wie vor- und rückständige Stellung, Bockbeinigkeit, vorbiegige Stellung, steile und kurze Fesselung, weiche und lange Fesselung, Säbelbeinigkeit, steile Stellung in den Sprunggelenken beeinflussen mit Sicherheit die Gangarten. Bei stark gebauten Pferden mit kräftiger Muskulatur ist dieser Einfluß allerdings weniger zu merken. Ebensowenig besteht eine enge Relation zwischen diesen abweichenden Stellungen, von der Seite betrachtet, und abweichenden Hufformen. Das liegt an den vielen eingeschalteten Gelenken (Abb. 115).

Diese Beziehung gibt es aber wohl zwischen der Fessellinie (seitlich betrachtet) und der Hufform (Abb. 116). Eine steile Fessellinie (mit einem Winkel von 60° oder größer) geht meist mit einem steilen Huf, kurzer Zehe und hohen Trachten einher (a). Eine flache Fessellinie (mit einem Winkel von 45° oder kleiner) tritt oft in Verbindung mit einem langen, spitzen Huf, mit langem Ze-

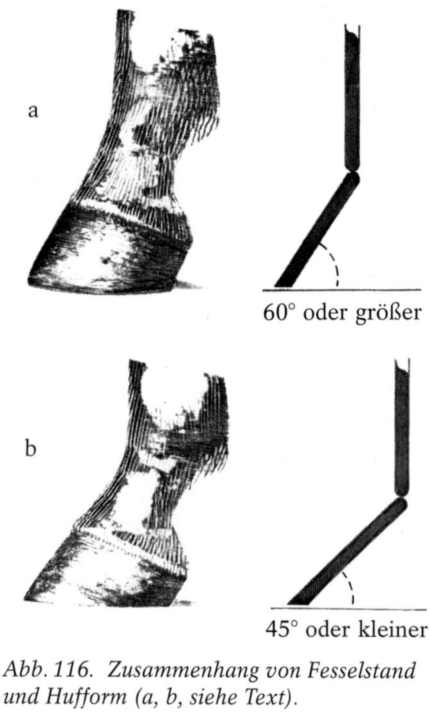

Abb. 116. Zusammenhang von Fesselstand und Hufform (a, b, siehe Text).

henteil und kurzen Trachten auf, vorausgesetzt, die Fessellinie ist gerade (b).

Bei Trabern sieht man mehrere Formen des Greifens, vor allem, wenn die Tiere in dieser Gangart ihre äußerste Schnelligkeit erreichen (siehe Kap. 9.3.10).

Die bekanntesten Formen des Greifens sind

- Einhauen in die Eisen, Sohle oder Strahl des Vorderhufes
- Ballentritte
- Streichen.

Sie wurden in diesem Kapitel bereits mehrere Male erwähnt. Es ist allerdings sinnvoll, sie der Deutlichkeit halber noch genau zu beschreiben.

Einhauen in die Eisen. Die Hintereisen treten in die Vordereisen (Abb. 117). Hierbei kann es geschehen, daß der Zehenteil des Hintereisens zwischen den Schenkelenden des Vordereisens einklemmt. Der Vorderhuf kann nicht mehr weiter, und das Pferd stürzt plötzlich zu Boden. Das kann schlimme Unfälle für Pferd, Reiter, Kutscher etc. verursachen.

Ballentritt. Der Zehenteil des Hinterhufes tritt in die Ballengegend des Vorderbeines (Abb. 118). Bei unbeschlagenen Pferden müssen die Folgen davon nicht so schlimm sein. Bei beschlagenen Tieren können dagegen ernsthafte Verletzungen auftreten. Außerdem kann passieren, daß das Vordereisen gelöst oder aber gar ganz abgerissen wird, wenn die Hinterhand auf die Schenkelenden des Vordereisens tritt.

Streichen. Die innere Seite des Hufes (Abb. 119a, b, c) streicht in der Vorwärtsbewegung die stützende Gegenseite. Das betrifft meist: beide Vorderbeine gegeneinander (a), oder beide Hinterbeine gegeneinander (b), selten ein Vorder- und ein Hinterbein gegeneinander. Meist schlägt die Innenseite des Hufes, der streicht in Höhe des Fesselgelenks das andere Bein. Es kommt aber auch vor, daß der Bereich des Vorderfußwurzelgelenks in Mitleidenschaft gezogen wird (c). Vor allem bei beschlagenen Pferden kann das Streichen zu bösen Verletzungen führen.

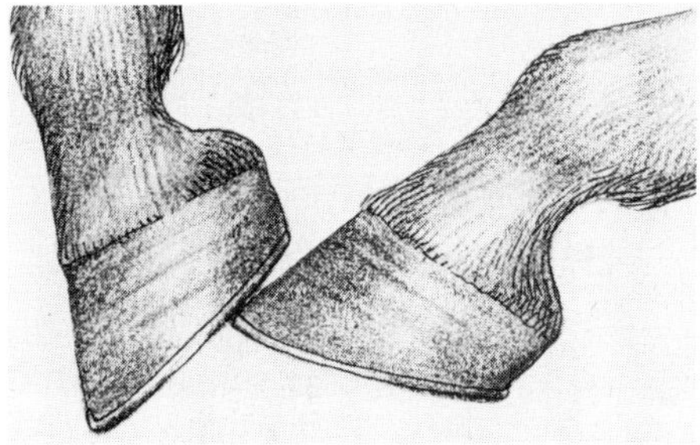

Abb. 117. Greifen oder Einhauen in die Eisen.

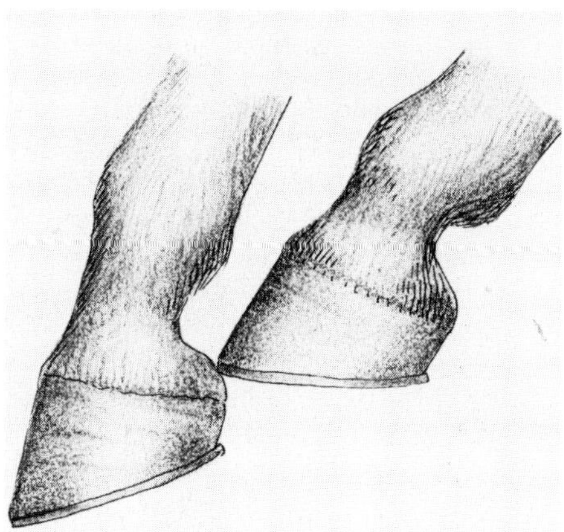

Abb. 118. Ballentreten.

Abb. 119. Streichen. a = Vorne, im Bereich des Fesselgelenks. b = Hinten, im Bereich des Fesselgelenks. c = Vorne, im Bereich des Vorderfußwurzelgelenks.

5 Der Umgang mit Pferden

5.1 Allgemeines

Das Wichtigste beim Umgang mit Pferden ist Ruhe. Sie muß immer, wenn man sich mit den Tieren beschäftigt, der Ausgangspunkt sein. Ruhe und Geduld sollten jeglichen Umgang mit den Pferden kennzeichnen. An Bedeutung gleich ist Disziplin bzw. „Zucht". Das davon abgeleitete Zeitwort „disziplinieren" bedeutet „an Zucht und Ordnung gewöhnen". Ein diszipliniertes Pferd ist an Zucht und Ordnung gewöhnt.

Der Umgang mit Pferden kann für uns Menschen starken Einfluß auf die Charakterbildung haben. Eigenschaften wie Mut, Willenskraft, Entschlossenheit gepaart mit Geduld, Verständnis, Vertrauen und Einsicht kommen hier vollständig zum Tragen. Es ist keine leichte Aufgabe, die hier vom Hufschmied verlangt wird. Seine Arbeit bedeutet, daß er stets mit den Pferdebeinen beschäftigt ist, diese in verschiedenen Stellungen fixieren können muß, dabei aber die Hände freihaben muß, um damit die Hufe bearbeiten zu können.

Die Muskelkraft des Pferdes übertrifft die unsere um ein Vielfaches. Das gilt vor allem für die sehr kräftige Beinmuskulatur und am meisten für die enorme Muskelfülle der Hinterhand. Es kann keine Rede davon sein, daß wir mit unserer Kraft ein Pferd bezwingen könnten. Der gänzliche Umgang mit Pferden und sicher auch die gesamte Arbeit an den Hufen durch den Schmied sind in hohem Maße von der Mitarbeit des Tieres abhängig. Denn es kommt noch eines hinzu: Das Pferd ist von Natur aus ein Fluchttier. Die Verteidigung des Pferdes ist, wie bei vielen anderen pflanzenfressenden Steppentieren, die Flucht.

Beim Aufbau einer wechselseitigen Rangordnung ist bei diesen Herdentieren ein bestimmtes Maß an Aggressivität erforderlich. Die erste Reaktion auf eine äußere Gefahr ist die Flucht, erst in einer Notsituation der Angriff. Gerade diese natürliche Neigung zu flüchten ist der Hauptgrund dafür, daß Ruhe, Gelassenheit und Geduld unentbehrlich beim Umgang mit Pferden sind. Es liegt am Eigentümer, Pfleger und/oder Bereiter des Pferdes, diesem die notwendige Disziplin und Bereitschaft zur Mitarbeit beizubringen. Man sollte damit schon beim Fohlen beginnen. Jeden Tag sollten die Beine einmal aufgenommen werden, um das Tier somit spielerisch an diese Maßnahmen zu gewöhnen. Leider wird dies immer wieder vernachlässigt. Der Schmied wird dann häufig beim ersten Kürzen der Hufe vor die unmögliche Aufgabe gestellt, dieses ernsthafte Versäumnis auf die eine oder andere Art wieder zu beheben.

Außerdem ist die heutige Gruppe der Pferdeeigentümer eine gänzlich andere als früher. In sehr kurzer Zeit ist das Pferd in den westlichen Wohlstandsstaaten von einem nützlichen Gebrauchstier zu einem Sport-/Freizeitpferd geworden, und es fällt nun im weitesten Sinne des Wortes unter die „Heimtiere". Begriffe wie „Zucht und Ordnung" sind bei dieser neuen Gruppe der Pferdehalter oftmals verpönt. Bei den kleineren Haustieren, wie Hund und Katze, ist mangelnder Gehorsam häufig Ursache von allerlei unangenehmen Geschehnissen. Beim Pferd ist mangelnde Disziplin schlicht-

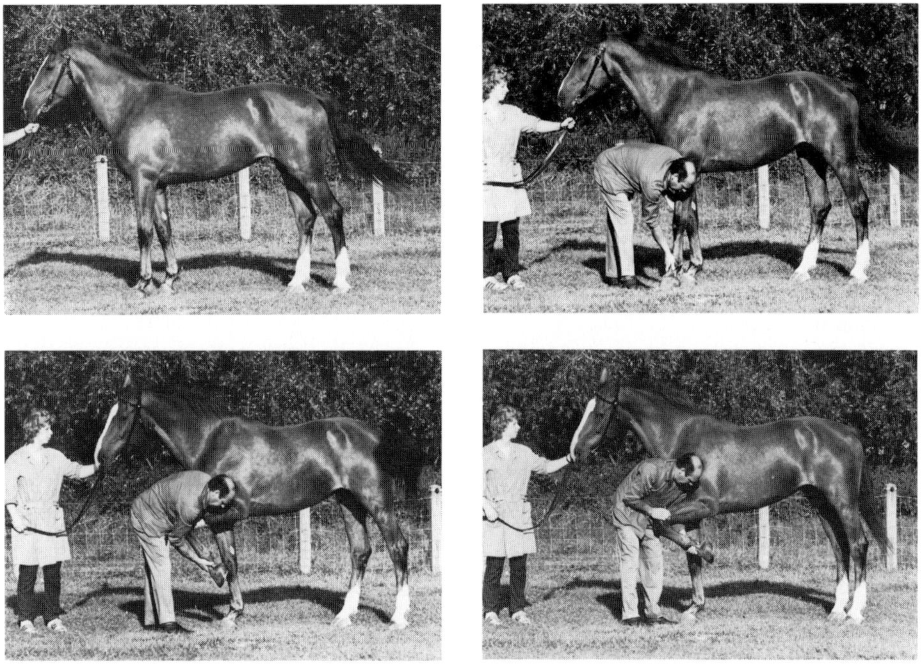

a b c d

Abb. 120. Aufhalten des linken Vorderfußes.

weg unannehmbar. Hinzu kommt, daß dieser Mangel an Disziplin vollkommen unnötig ist. Wenn man bereits mit dem jungen Tier beginnt, ist im Prinzip jedes Pferd zur unentbehrlichen Mitarbeit bereit.

Pferde sind in ihrem Wesen sehr unterschiedlich. Aber von Natur aus widerspenstige Pferde kommen nie oder nur äußerst selten vor. Pferde werden selten widersetzlich geboren, vielmehr werden sie durch menschliches Zutun widerspenstig gemacht. Das kann durch einen zu nachlässigen Umgang ebenso geschehen wie durch eine zu rauhe und scharfe Ausbildung. Häufig kommen alle Formen eines falschen Umgangs mit den Pferden gemeinsam vor: Am Anfang ist es die Nachlässigkeit, später dann eine rüde, grobe Art.

Das Aufnehmen der Vordergliedmaße geschieht in der in der Fotoserie (Abb. 120) gezeigten Art und Weise; das Aufnehmen der Hintergliedmaßen ist in Abb. 121 dargestellt. Obwohl ein gut erzogenes Pferd im allgemeinen schon bereit ist, Vor- und Hinterbeine auf diese Weise aufnehmen und fixieren zu lassen, zwingt die Realität doch dazu, bisweilen Möglichkeiten ins Auge zu fassen, widerspenstige Pferde dazu zu zwingen.

Es gibt zum einen Methoden, um den Widerstand des Pferdes als solchen zu brechen, und zum anderen Methoden, um Vorder- oder Hintergliedmaßen ungeachtet der Gegenwehr des Pferdes für die notwendige Hufversorgung und eventuell den Beschlag aufzunehmen.

Heute verfügen die Tierärzte über eine große Anzahl Mittel, die, per Injektion oder über das Futter verabreicht, das Tier beruhi-

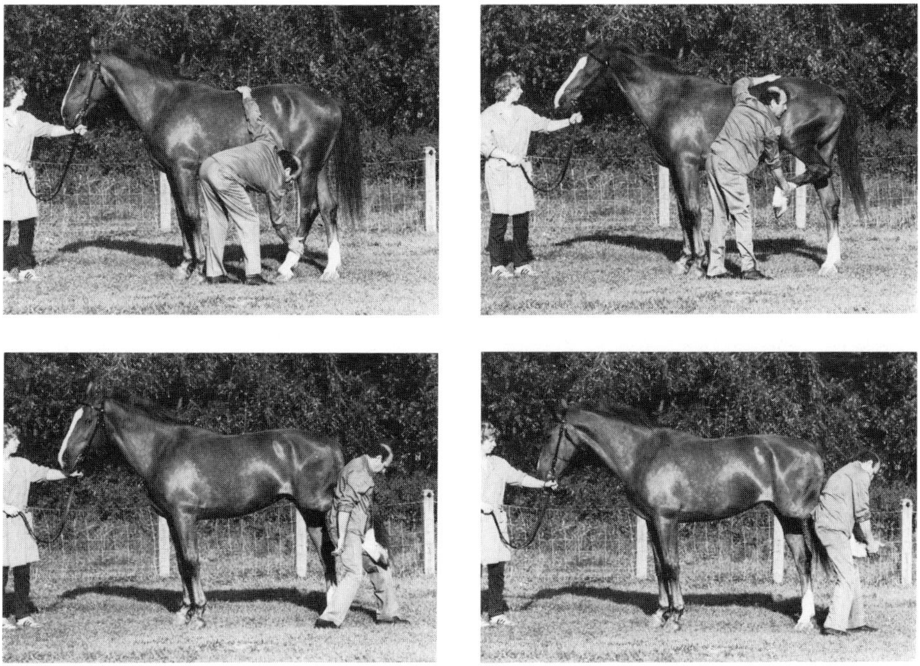

a b c d

Abb. 121. Aufhalten des linken Hinterfußes.

über das Futter verabreicht, das Tier beruhigen. In manchen Fällen (vor allem bei Pferden, die aufgrund von Angst, Nervosität oder Erregung ihre Mitarbeit verweigern) sind diese Mittel sehr effektiv. Die Wirkung von Beruhigungsmitteln ist bei Pferden (wie beim Menschen und anderen Tierarten) schlecht einzuschätzen. Die individuelle Reaktion auf ein bestimmtes Mittel ist sehr wechselhaft. Häufig kann geradezu das Gegenteil, größere Angst, Nervosität oder Erregung die Folge sein.

Die gebräuchlichste Methode, den Widerstand eines Pferdes zu brechen, ist die Anwendung einer Bremse (Strickbremse; Nasen- oder Oberlippenbremse). Das ist ein 50 bis 80 cm langer Holzgriff, an dessen Ende ein 50 cm langer Strick in Schlaufenform befestigt ist. Der Strick sollte aus weichem Material bestehen und etwa 0,8 cm dick sein (Abb. 122). Dickere Stricke wirken schwächer, dünnere schärfer. Zu dicke Stricke führen manchmal zu einem Abrutschen der Bremse von der Lippe, zu dünne zu Verletzungen. Der Stiel einer alten Heugabel ist sehr gut dazu geeignet, daraus eine Bremse

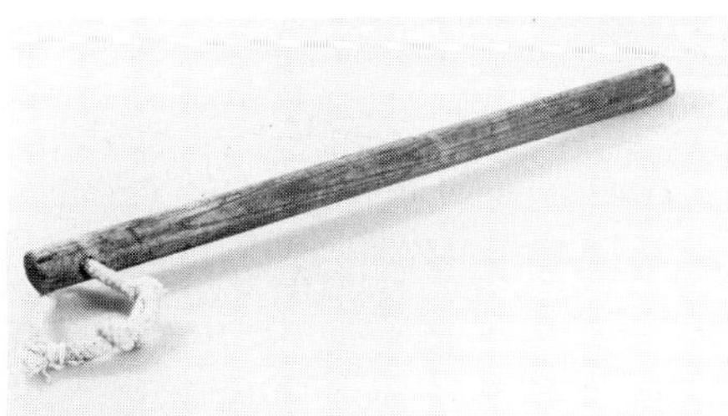

Abb. 122. Strickbremse.

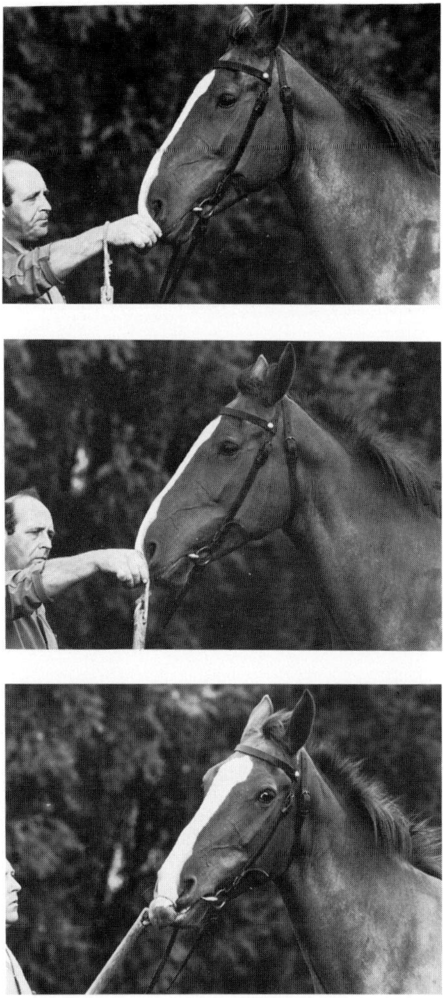

a

b

c

Abb. 123. Strick- oder Oberlippenbremse (Nasenbremse).

zu fertigen. Die Schlinge wird auf die Oberlippe des Tieres geschoben und dann durch Drehen angezogen (Abb. 123). Ein zu loses Anziehen ist sinnlos, da die Bremse dann keine Wirkung zeigt und manchmal abrutscht.

Zu starkes Anziehen betäubt die Oberlippe, so daß nach einiger Zeit die Bremse gar nicht mehr gespürt wird. Wichtig bei der Verwendung einer Bremse ist es, damit zu „spielen", d.h. man variiert den Grad des Festdrehens.

Lassen wir uns nichts weis machen! Die gesamte Oberlippe ist mit einer großen Zahl empfindsamer Nervenendigungen versehen, denn die Oberlippe ist ein sehr empfindliches Tastorgan. Man verwendet die Bremse, um dem Pferd an dieser empfindlichen Stelle soviel Schmerz beizubringen, daß es alle anderen (unangenehmen) Behandlungen vergißt und sie auch zuläßt, wozu es sonst nicht bereit wäre. In vielen Fällen steht kein besseres Mittel zur Verfügung. Man muß sich stets vor Augen halten, daß es sich um eine primitive, rauhe Methode handelt, die man nur im äußersten Fall anwenden sollte. Neuere Untersuchungen, die die mehr betäubende Wirkung der Bremse zum Inhalt haben und damit zu einer milderen Beurteilung über deren Anwendung kämen, sind noch nicht abgeschlossen.

Das Anwenden einer Bremse auf Unterlippe, Ohren oder gar Zunge ist unzulässig, da dies zu bleibenden Schädigungen führen kann.

Die Polnische Bremse und verschiedene Abwandlungen davon (zum Teil aus den USA, wo vor allem in der Vergangenheit die halbwilden Pferde bei einer ersten Tuchfühlung, Abrichtung usw. große Probleme aufwarfen) sind äußerst wirksam bei sehr schwierigen Tieren, allerdings hierzulande verboten.

Wenn Pferde so widersetzlich sind, daß man auch mit einem (vernünftigen) Einsatz einer Strickbremse nicht zum Ziele kommt, sollte man den Tierarzt zu Hilfe rufen, um das Pferd durch ein Beruhigungsmittel besänftigen zu lassen. Im Einzelfall kann man das betäubte Tier auf eine Matratze legen (allerdings nur unter Anleitung eines Tierarztes) und die Hufe im Liegen bearbeiten.

5.2 Aufhalten der Vorder- und Hintergliedmaßen (Hilfsmittel)

Die meisten Pferde werden heutzutage aus der freien Hand und ohne Helfer beschlagen. Schwere Zugpferde (z.B. vom Typ des niederländischen Kaltblutes) werden vielfach in einem Beschlagstand beschlagen. Das Aufhalter der Vordergliedmaßen ohne Aufhalter bringt meist wenig Probleme mit sich (ausgenommen bei Fohlen und Ein- bis Zweijährigen, die noch wenig an die Menschenhand gewöhnt sind). Es kommt vor, daß Pferde schon willig ihre Vordergliedmaße anheben, aber das weitere Aufhalten während des Beschlagens äußerst mühsam ist. Man kann dann eine einfache Schlinge anwenden, die zuerst am Fesselbein angebracht wird (Abb. 124), danach wird das freie Ende um den Unterarm herum zum Röhrbein geführt und dort mit einem lockeren Knoten befestigt (Abb. 125 u. 126).

Das Pferd sollte möglichst nicht angebunden, sondern durch einen Helfer festgehalten werden. Der Knoten muß locker geschlungen sein, damit er mit einer Handbewegung gelöst werden kann. Viele Pferde widersetzen sich am Anfang heftig, geben aber dann nach und lassen sich schließlich gut beschlagen. Man kann auch einen Lederriemen zu Hilfe nehmen (Steigbügelriemen).

Häufiger gibt es Probleme beim Aufnehmen der Hintergliedmaßen, sowohl bei jungen wie auch bei älteren Tieren. Will ein Pferd den Hinterfuß nicht aufheben lassen – sei es durch passiven Widerstand (es arbeitet nicht mit), sei es durch aktive Widersetzlichkeit (Ausschlagen) –, ist man besser mit einer Bremse beraten, als daß man das Aufheben immer wieder versucht. Allerdings gibt das mit einer Bremse versehene Pferd den Fuß mühsamer her und setzt ihn auch sehr steif anschließend wieder ab.

Widersetzt sich das Pferd weiterhin dem Aufhalten der Hintergliedmaßen, kann man auch eine Longe oder ein langes Seil zu Hilfe nehmen (Abb. 127). Meist legt man in Verbindung mit einer Bremse einen Lederriemen um die Fesselbeuge (gut befestigen). Ein Riemen wird wie ein Halsband um den Hals geschlungen (a). Ein langes Seil wird an

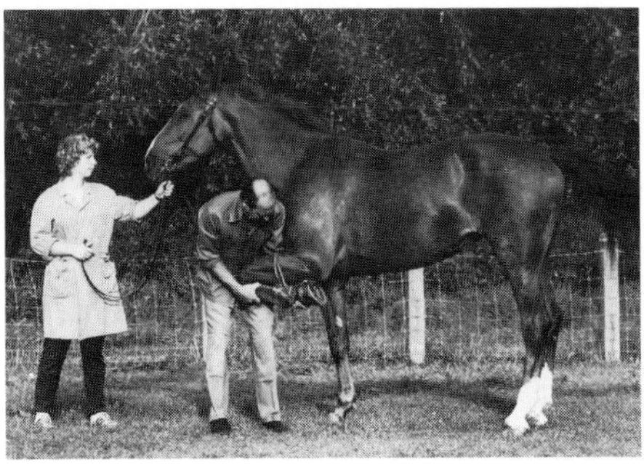

Abb. 124 bis 126. Aufhalten des Vorderbeines mit einem Strick, besser mit Gurt oder Longe.

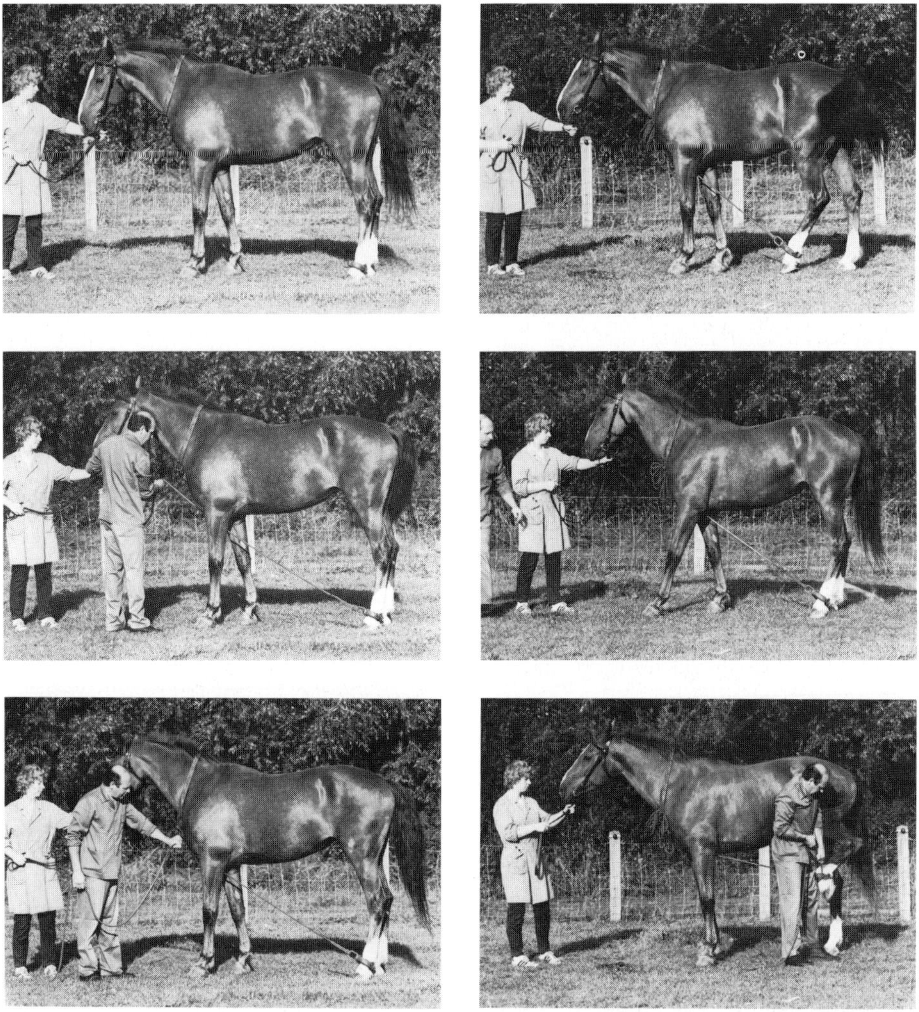

a d b e c f

Abb. 127. Aufhalten des Hinterbeines mit Hilfe von Lederschlinge und langem Strick (Longe).

dem am Lederriemen befindlichen Ring befestigt (b) und sodann durch den Halsriemen geführt und leicht angezogen (c). Das Bein kann dadurch einige Zentimeter vom Boden angehoben werden. Anschließend wird das freie Ende mit einem lockeren Knoten am Halsriemen befestigt (d). Mit einem kurzen Riemen wird der Hinterfuß in die gewünschte Position gebracht (e, f).

Von anderen, komplizierteren Methoden mit mehreren langen Stricken ist abzuraten. Wenn die genannten einfachen Methoden nicht zum Ziele führen, sollte der Tierarzt das Pferd mit Hilfe einer Beruhigungsspritze

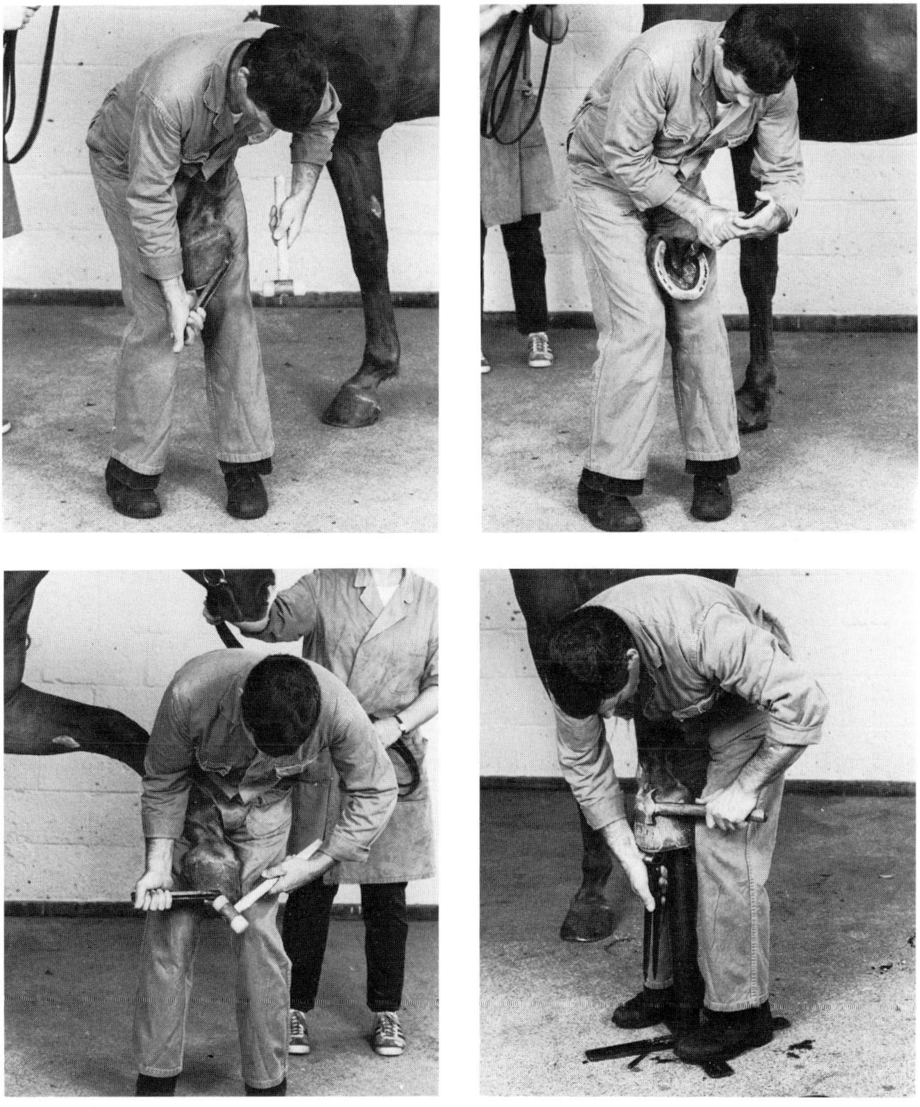

1 3 2 4

Abb. 128. Selbst-Aufhalten des Vorderfußes. 1 = nach vorne aufheben und auf dem Oberschenkel abstützen, um an der äußeren Hufhälfte arbeiten zu können. 2 = nach vorne aufheben und auf dem Oberschenkel abstützen, um an der inneren Hufhälfte arbeiten zu können. 3) = nach hinten zwischen die Oberschenkel aufheben, um an der Unterseite des Hufes arbeiten zu können. 4) = nach vorne auf einem Hufbeschlagbock.

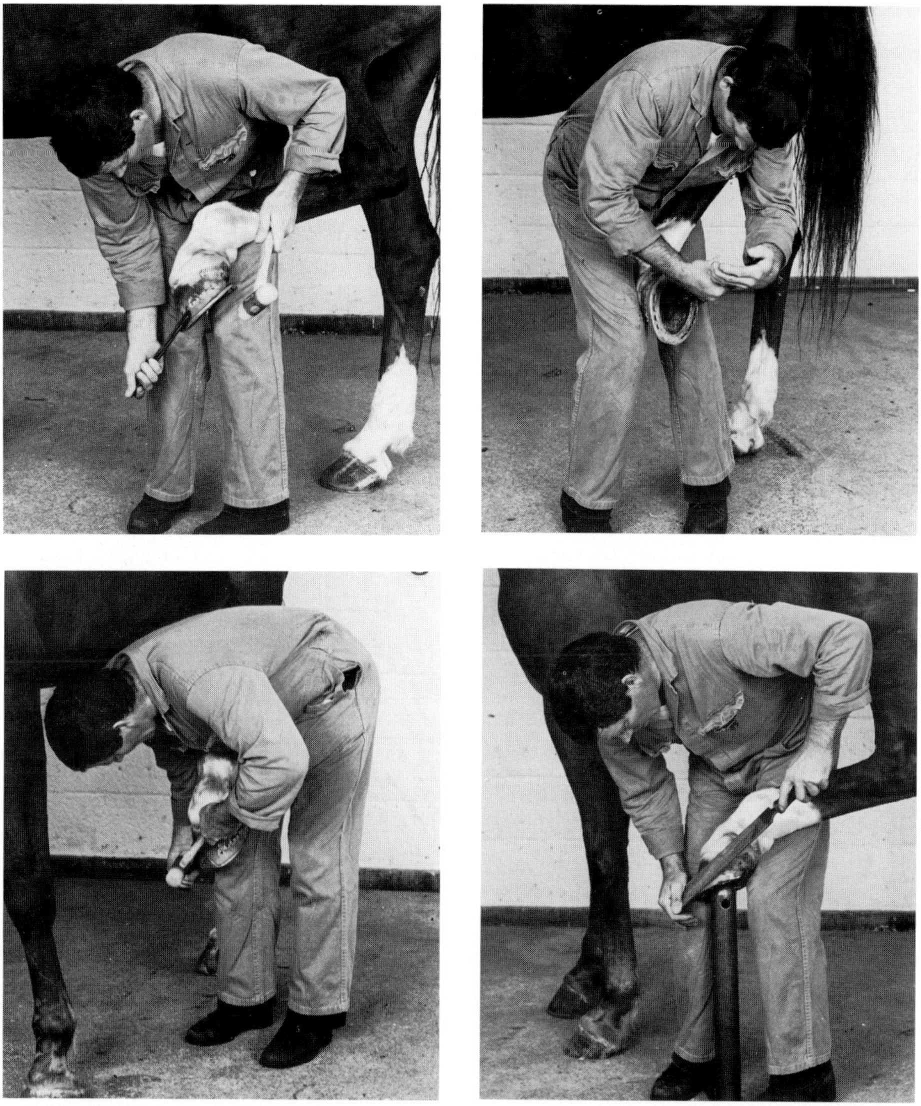

1 3 2 4

Abb. 129. Selbst-Aufhalten des Hinterfußes.
1 = nach vorne auf die Oberschenkel, um an der äußeren Hufhälfte arbeiten zu können.
2 = nach vorne auf die Oberschenkel, um an der inneren Hufhälfte arbeiten zu können.
3) = nach hinten auf die beiden aneinandergestützten Knie, um an der Unterseite des Hufes arbeiten zu können. 4) = nach vorne auf einem Hufbeschlagbock.

zur Mitarbeit (bzw. zu weniger Widerstand) bewegen. Eventuell kann dann, falls nötig, wiederum mit Hilfe der Bremse, das Bein aus der freien Hand oder mit Lederriemen und Seil aufgenommen werden. Niederlegen (mit Betäubung) sollte nur im seltensten Fall in Erwägung gezogen werden.

Mit Ruhe, Überlegung und eventuell einigen einfachen Hilfs- bzw. Zwangsmitteln (Strickbremse), der beschriebenen Schlinge für das Vorderbein, dem Lederriemen mit langem Seil für die Hinterhand, und schließlich einer Beruhigungsspritze sind wohl alle Pferde (mit Ausnahme besonders aggressiver) zu beschlagen. Fohlen müssen durch den Eigentümer an das Aufnehmen von Vor- und Hintergliedmaßen gewöhnt sein. Wenn man damit früh genug beginnt und es auch regelmäßig wiederholt, gibt es bei Fohlen damit nicht die geringsten Probleme. Reinigt der Eigentümer auch noch ein- bis zweimal pro Woche mit dem Hufkratzer die Hufe und schlägt bisweilen auch noch einmal leicht mit dem Hammer dagegen, sollte es beim Kürzen der Hufe durch den Schmied zu keinerlei Schwierigkeiten kommen. Es ist nun wirklich nicht Aufgabe des Schmieds, ein Versäumnis des Pferdehalters aufzufangen. Es kann nötig sein, daß man das Fohlen, wenn zum ersten Mal die Vorderhufe gekürzt werden sollen, mit der Hinterhand in eine Ecke der Box zu stellen, damit es nicht ausweichen kann; beim Kürzen der hinteren Hufe empfiehlt es sich, das Tier flach gegen eine Mauer zu plazieren. Das Fohlen mag nicht festgesetzt werden, muß aber mit Halfter und Strick von einem Helfer festgehalten werden (es versteht sich von selbst, daß das Fohlen an das Halfter gewöhnt ist, bevor der Schmied das erste Mal kommt). Nochmals: Ruhe, Besonnenheit und Geduld gepaart mit Entschlossenheit sind die Schlüssel zum Erfolg. Und auch eine vertrauenerweckende Atmosphäre (das Pferd ist ein Fluchttier!). Die Besprechung des Hufbeschlags erfolgt in Kapitel 8.

Beim Abnehmen des alten Eisens, dem Kürzen des Hufes, dem Anpassen und Aufnageln des neuen Eisens muß die Gliedmaße durch den Schmied nach vorne oder nach hinten aufgenommen werden. Dabei muß der Schmied die Hände frei zum Arbeiten haben. Zum Abschluß dieses Kapitels über den Umgang mit Pferden wird anhand von einigen Abbildungen gezeigt, wie man das Aufhalten von Vorder- und Hintergliedmaße beim Beschlagen ausführen kann. Weiteres siehe Kapitel 8.

6 Die Hufpflege

PROF. DR. B. HERTSCH

Die von den natürlichen Gegebenheiten abweichenden Verhältnisse bei der Haltung des Pferdes als Haustier erfordern auch bei überwiegender Weidehaltung regelmäßig durchzuführende Maßnahmen zur Erhaltung oder Wiederherstellung eines regelmäßigen Hufes. Übermäßiges Wachstum des Hufhornes muß durch Hufkorrektur, zu starke Abnutzung durch Beschlag oder ähnliche Maßnahmen ausgeglichen werden. Eine Selbstregulation ist nicht zu erwarten.

Ziele der Hufpflege

- Neben Erhaltung oder Wiederherstellung der regelmäßigen Hufform sind die weiteren Ziele der Hufpflege
- Erhaltung oder Wiederherstellung der Qualität des Hufhornes (glatte, matt glänzende Oberfläche, kräftiges, elastisches Wandhorn) und
- Vermeidung oder Beseitigung von Fäulnisprozessen.

Die Hufpflege ist der wesentlichste Anteil der Pferdepflege. Die Bedingungen und Möglichkeiten der Hufpflege richten sich nach der Haltung (Stallhaltung, Weidehaltung, gemischt), der Nutzung (Aufzucht, Zucht, Reitpferd, Fahrpferd, Rennpferd) und den örtlichen und personellen Gegebenheiten (Gestüt, bäuerlicher Zuchtbetrieb, Hobbyzüchter, Reitstall, Rennstall, Eigentümer selbst oder Pferdepfleger).

Das Fachwissen und das Verantwortungsbewußtsein des Pferdebesitzers, Trainers, Reitlehrers oder des Stallpersonals sind jedoch die entscheidenden Faktoren für die Gesunderhaltung des Pferdes und seiner Hufe.

6.1 Regelmäßige Pflegemaßnahmen

Bei ausschließlicher *Weidehaltung* sollten die Pferde stets unbeschlagen sein. Nur orthopädische Maßnahmen, wie die Behandlung von Hufkrankheiten oder Lahmheiten, sind Ausnahmen. Eine tägliche Kontrolle der Pferde auf der Weide schließt die Betrachtung der Hufe ein. Ausgebrochene Trageränder und Tragerandhornspalten deuten auf eine notwendige Hufkorrektur hin. Jedoch sollte es so weit gar nicht erst kommen (siehe Kap. 6.2 und 6.3). Bei plötzlich aufgetretenen Lahmheiten muß selbstverständlich sofort der Huf kontrolliert, gesäubert und die Untersuchung durch einen Tierarzt veranlaßt werden. Auf trockenen und steinigen Weiden ist eine tägliche Kontrolle aller Hufe auf verklemmte Steine im Sohlen- und Strahlbereich angebracht. Weitere Maßnahmen sind nicht erforderlich.

Bei einer *gemischten Stall- und Weidehaltung* sollte man die Hufe so wie bei reiner Stallhaltung pflegen. Bei *Stallhaltung* sind regelmäßige Pflegemaßnahmen erforderlich. Während es in der Hufkorrektur des beschlagenen und unbeschlagenen Hufes durch den Schmied Unterschiede gibt, sind die Pflegemaßnahmen des beschlagenen und unbeschlagenen Hufes bei Stallhaltung gleich.

Tägliches Säubern der Sohle

Die Verunreinigung der Einstreu durch Kot und Urin führt zur Verschmutzung der Sohle und des Strahles. Eingetretener Mist muß bei jedem im Stall gehaltenen Pferd mindestens einmal täglich mit einem Hufkratzer

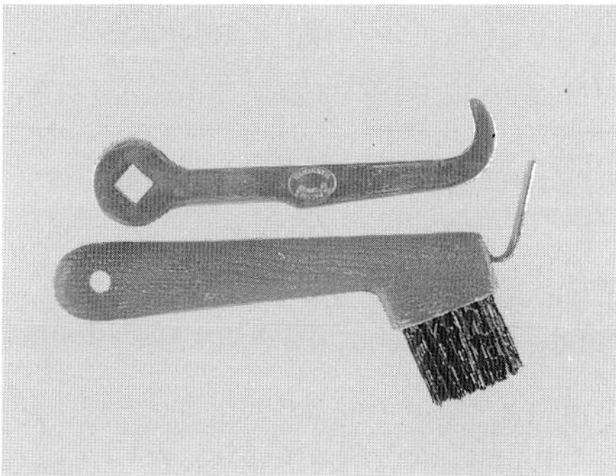

Abb. 130. Hufräumer: eiserner Hufräumer (oben); Hufräumer, kombiniert mit harter Bürste (unten).

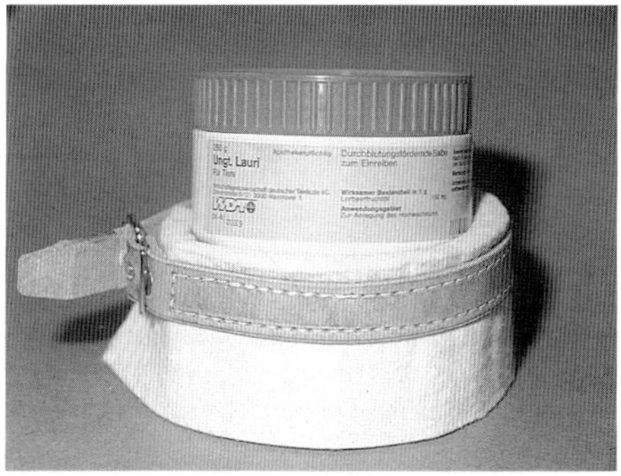

Abb. 131. Manschette zur Behandlung der Krone mit Lorbeerölsalbe (Fotos 130/131 Hertsch).

entfernt werden, um Fäulnisprozesse zu verhindern.

Besonders in den seitlichen Strahlfurchen keilt sich der Mist fest.

Kontrolle und Säubern nach der Arbeit
Nach der Arbeit muß die Sohle ebenfalls mit einem Hufkratzer gesäubert werden. Eingetretene Steine in der seitlichen Strahlfurche oder in der weißen Linie werden entfernt.

Als Hufkratzer eignet sich besonders ein Gerät, das sowohl zum Auskratzen mit einem Eisenteil als auch zum Säubern der Sohle mit einer kleinen, harten Bürste versehen ist (Abb. 130). Das Eisenteil zum Kratzen sollte an der Spitze nicht scharf sein, weil sonst beim Auskratzen die seitlichen Strahlfurchen, unterstützt durch Fäulnisprozesse, nur unnötig von Mal zu Mal vertieft werden.

Das Waschen der Hufe
Das Waschen der Hufe erfüllt zwei Aufgaben. Es dient der gründlichen Reinigung des Hufes und der Feuchtigkeitszufuhr.

Das Waschen der Hufe muß schonend erfolgen. In Verbindung mit Wasser quillt die Glasurschicht, das ist die oberste, von der Saumlederhaut gebildete Schicht, auf. Die Glasurschicht hat wesentlichen Anteil an der Feuchtigkeitsregulation des Wandhornes. Sie erscheint in trockenem Zustand matt glänzend und in feuchtem Zustand aufgequollen und milchig trüb. Die Elastizität des Wandhornes wird durch den Wassergehalt bestimmt. Wenn die Glasurschicht zerstört ist, verliert das Wandhorn durch Verdunstung viel Flüssigkeit, wird hart und spröde in der Qualität und stumpf und rissig an der Oberfläche.

Wenn Pferde im tiefen (trockenen oder feuchten) Sand viel Abrieb durch Schmirgelwirkung des Sandes am Wandhorn erleiden, wird in der Regel die Glasurschicht zerstört. Aber auch durch fehlerhafte Pflegemaßnahmen, wie z. B. das Abkratzen des Mistes mit dem Hufkratzer an der Wand, Scheuern mit harten Bürsten am trockenen oder aufgeweichten Wandhorn führen zur Zerstörung der Glasurschicht.

Nach vorbereitendem Aufweichen der Verschmutzungen am Huf (etwa 5 Min.) wird am besten mit *warmem* Wasser und einem Schwamm der Huf gewaschen. Das macht ein geübter Pfleger oder Reiter mit einem erzogenen Pferd am aufgehobenen Huf über dem Eimer. Dabei bleiben Kleidung und Umgebung trocken und sauber.

Sehr beliebt bei den Reitern ist das Abspritzen verschmutzter Hufe und Gliedmaßen mit dem Wasserstrahl, wenn man die Pferde auch daran gewöhnt hat.

In der Regel kommt jedoch dabei die Reinigung der Sohle zu kurz, weil das anschließende Aufheben der nassen und triefenden Gliedmaßen dann eine sehr schmutzige Angelegenheit wird.

Bei Pferden mit Schorfbildung in der Fesselbeuge, bei sehr langem Haar, starker Verschmutzung und Hautentzündungen sollte eine derartige, nur oberflächliche Reinigung mit Durchfeuchtung der Hautoberfläche wegen der Gefahr einer *Mauke* unterbleiben.

Die Möglichkeit der Wasseraufnahme von außen wird auf äußere Schichten (etwa ein Drittel) des Wandhornes begrenzt.

Sehr trockene Hufe ohne ausreichende Berührung mit Feuchtigkeit (z.B. bei Pferden in Späneboxen, die nur auf trockenem Boden bewegt werden) sollten jeden zweiten Tag durch Waschen Feuchtigkeit zugeführt bekommen. In extremen Fällen (Zwanghufe mit trockenem, verkümmertem Strahl) sind intensivere Maßnahmen erforderlich. Dazu zählt das stundenweise Einstellen in eine nasse Lehm-, Sand- oder Tonboxe oder das Grasen auf feuchten Weiden. Werden die Pferde viel im Gelände auf feuchtem Boden bewegt, ist das Waschen zur Feuchtigkeitszufuhr mitunter nicht erforderlich. Bei einem Reitpferd gilt in der Regel im Sommer wie im Winter das wöchentlich einmalige Waschen der Hufe als ausreichend.

Das Fetten der Hufe

Zum Schutz der Oberfläche stark strapazierter Hufe dienen Fette, Öle und neuerdings auch Lacke. Bei zerstörter Glasurschicht wird durch Verschluß der Oberfläche die Verdunstung des Wassers aus dem Wandhorn verhindert.

Umgekehrt wird dabei aber auch das (oberflächliche) Eindringen der Feuchtigkeit fast unmöglich gemacht, d.h. trockene, schon geschrumpfte Hufe, die nur gefettet werden, können durch verhinderte Feuchtigkeitsaufnahme von außen weder ihre Form noch die Elastizität des Wandhornes zurückgewinnen.

Ein trockener Huf sollte deshalb erst nach Einwirkung der Feuchtigkeit von mindestens 15 Minuten sofort oberflächlich mit einem Tuch oder Schwamm abgetrocknet und gleich eingefettet werden. Zum Fetten können alle natürlichen Fette und Öle eingesetzt werden. Sie dürfen in allen Bereichen der Hufkapsel aufgetragen werden. Das Horn selbst ist tot und verändert sich durch das Fett in seiner Qualität nicht. Das Fett dringt nicht in die Tiefe ein. Auch die Sohle sollte mitgefettet werden, der Hornstrahl mit seinem Weichhorn dagegen nicht.

Die Haut und insbesondere die Krone werden nicht mitgefettet. Ranziges Fett, technische Öle oder hautreizende Zusätze können zu Entzündungen führen, die den Reaktionen bei Scharfeinreibungen (Blistern) ähnlich sind.

Der bei Huffettpräparaten häufige Zusatz von Lorbeeröl, einem ätherischen Öl mit milder durchblutungsfördernder Wirkung auf die Haut, ergibt eine typische dunkelgrüne Farbe mit markantem Geruch. Dieser Lorbeerölzusatz im Huffett bringt wenig Sinn und Nutzen. Huffett gehört nicht auf die Haut. Lorbeeröl wirkt aber nur auf der Haut, insbesondere im Bereich der Krone in Form einer Durchblutungsförderung und einer damit verbundenen Steigerung des Hornwachstums (bis zu 50%). Schlecht wachsende Hufe werden mit lockeren Filzgamaschen (Abb. 131) um die Krone, die innen mit Lorbeerölsalbe täglich neu bestrichen werden und beim Stehen in der Boxe stets angelegt sind, behandelt. Bereits nach 14 Tagen sieht man die erste Wirkung in Form eines elastischen, kräftig nachwachsenden Wandhornes von der Krone. Die Behandlung muß etwa 2 bis 3 Monate durchgeführt werden.

Das Überziehen der Hornwand mit einer Lackschicht wird, ebensowenig wie das Fett, die durch den Verlust der Glasurschicht verloren gegangenen, natürlichen Verhältnisse am Wandhorn ersetzen können. Umfassende Erfahrungen, die in die Literatur Eingang gefunden haben, über Nutzen oder (eventuelle) Schädlichkeit existieren noch nicht.

Die Fäulnisprozesse am Hufhorn

Horn ist eiweißhaltig. Bakterielle Fäulniserreger können in Verbindung mit Feuchtigkeit zur Auflösung der Hornsubstanz führen. Die Umweltbedingungen in den Ställen und Ausläufen begünstigen durch jauchige Verschmutzung diese Fäulnisprozesse ebenso wie mangelhafte Hornqualität und ungenügende Bewegung.

Nur aufwendige Pflegemaßnahmen an den Hufen können sie begrenzen oder verhindern. Mitunter ist die Zersetzung des Hufhornes durch Fäulnis stärker als der Ersatz durch nachwachsendes Hufhorn. Die Lahmheit als Alarmsignal tritt erst im fortgeschrittenen Stadium und bei sekundären Veränderungen der Hufform (Trachtenzwang des engen Hufes) auf.

An der Fäulnis maßgeblich beteiligt sind Bakterien, die sich nur bei Nichtvorhandensein von Luftsauerstoff entwickeln (Anaerobier) und die ausgereifte Hornsubstanz auflösen können. Fäulnisprozesse treten vorwiegend im Weichhorn des Strahles *(Strahlfäule)* und der weißen Linie *(lose Wand)*, aber auch im Wandhorn *(Wandfäule)* auf.

Strahlfäule. Dabei entsteht in der mittleren Strahlgrube und auch in den seitlichen Strahlfurchen eine schmierige, grau-weißliche und übelriechende Masse. Das Horn wird bis zur Lederhaut aufgelöst. Bei Berührung mit dem Hufkratzer zucken die Pferde heftig. Lahmheit entsteht erst dann, wenn Sand oder Steinchen bei Bodenberührung zu Schmerzen an der Lederhaut führen. Strahlfäule führt zum Schwund des Strahles und zur Verengung der Hufkapsel im Trachtenbereich (Trachtenzwanghuf des engen Hufes). Aus dieser Erkenntnis stammt auch der englische Spruch:

Ohne Strahl kein Huf,
Ohne Huf kein Pferd.

Hohe Trachten, schwacher Strahl, Eisen mit hohen Stollen, schlechte Hufpflege, jauchige Stallverhältnisse und mangelnde Bewegung sind bei der Entstehung der Strahlfäule begünstigende Faktoren.

Die vom Strahl auf das Saumband übergreifende Entzündung führt zur Saumbandentzündung, die außen am Huf (Trachtenteil) zur Bildung der Strahlfäuleringe führt.

Lose Wand. Fäulnisprozesse in der weißen Linie, begünstigt durch eingetretenen Sand oder kleine Steinchen führen zur losen Wand. Weite und flache Hufe, halbeng – halbweite Hufe auf der weiten Hälfte zeigen besonders leicht diese Erscheinung.

Wandfäule. Man erkennt sie an Fäulnisprozessen innerhalb des Tragerandes des Wandhornes, das eine bröckelige, aufgefaserte, weiche und mürbe Qualität aufweist. Der Qualitätsverlust des Wandhornes kann durch den beim Reitpferd durch Haferfütterung bedingten Biotin-(Vitamin-H-)Mangel entstehen. Die Fäulnisprozesse pfropfen sich dann bei ungünstigen Haltungsbedingungen nur auf diese Grunderkrankung auf.

Die Behandlung der Fäulnisprozesse wird nach folgenden Grundregeln durchgeführt:

1. Huf gründlich waschen,
2. abgestorbenes Horn vom Strahl entfer-

nen, Nischen und Taschen mit dem Rinnhufmesser freischneiden, in Fäulnis befindliches Horn abtragen.
3. lokale Behandlung und
4. Ursache abstellen.

Das optimale Mittel zur lokalen Behandlung ist die 4 bis 8%ige Jodoformetherlösung. Diese Lösung ist nur mit Rezept über Apotheken erhältlich. Sie ist äußerst feuergefährlich (!) und verdunstet sehr leicht bei warmen Temperaturen. Mit einer Plastikspritze werden etwa 3 ml in die gesäuberten und freigeschnittenen Bereiche eingeträufelt. Die mittlere Strahlgrube und die seitlichen Strahlfurchen werden mit sanftem Druck durch einen kleinen Wattebausch ausgefüllt, der dann wiederum mit der Lösung getränkt wird. Bei täglicher Wiederholung der Behandlung sind nach 3 bis 4 Tagen keine Fäulnisprozesse mehr aktiv. Jetzt gilt es bis zum ausreichenden Nachwachsen des Hornes jede neue Fäulnis zu verhindern. Dies geschieht am günstigsten durch Weiterbehandlung mit einer Holzteerspirituslösung (Holzteer in Brennspiritus im Verhältnis 1:1 lösen), die in Abständen von 2 Tagen zu wiederholen ist.

Zur lokalen Behandlung können auch andere Mittel wie z.B. Jodoform als Pulver, Jodtinktur, Chloromycetin-Spray, H_2O_2-Lösung, Kaliumpermanganatlösung, Rivanollösung, Entozonlösung, Holzessig, Zinksulfatlösung, Münchner Mischung, Pyoktanin, Myrrhentinktur und vieles anderes mehr eingesetzt werden.

Man sollte jedoch die genaue Konzentration der bei der Behandlung eingesetzten Mittel kennen, um Verätzungen der freiliegenden Lederhaut zu vermeiden, z.B. die starke Verdünnung (1:10) der im Handel erhältlichen 3%igen H_2O_2-Lösung vor Beginn der Behandlung.

Ungeeignet zur Behandlung von Fäulnisprozessen ist in der Regel Holzteer, wenn keine ausreichende Reinigung mit Freischneiden der betroffenen Bezirke stattgefunden hat.

Schädigend, insbesondere bei der Behandlung der Strahlfäule, ist der Einsatz von Kupfervitriol (Kupfersulfat) als Salz oder Lösung. Durch den Entzug von Wasser aus dem Hufhorn kommt es zum Zusammenschrumpfen des Strahles und zur Verätzung der freiliegenden Lederhaut.

Stellt man bei einer Erkrankung nicht die Ursache ab, kann eine Behandlung nicht zum Erfolg führen. Die Sauberkeit der Hufe ist das oberste Gebot der Pferdepflege.

Beim Vorliegen einer Wandfäule muß neben der lokalen Behandlung die Therapie der Grunderkrankung erfolgen.

Sie besteht in der Verabreichung von täglich 15 mg Biotin über das Futter. Die Verabreichung muß mindestens 3 bis 6 Monate erfolgen. Früher sind keine sichtbaren Erfolge zu erwarten. Biotinpräparate werden im Reitsport-, Futter- und Tierarzneimittelhandel angeboten. Man beachte die Tagesdosis von 15 mg für ein 500 kg schweres Pferd (siehe auch Kap. 7).

6.2 Die regelmäßige Hufkorrektur durch den Schmied

Die regelmäßige Hufkorrektur durch den Schmied geht bei beschlagenen und unbeschlagenen Hufen von unterschiedlichen Voraussetzungen aus. Die Versorgung beschlagener Hufe wird in einem gesonderten Kapitel (Kap. 8) zur Sprache gebracht.

Ausmaß und Häufigkeit der Korrektur unbeschlagener Hufe hängen von der Intensität des Wachstums und der Abnutzung des Hufhornes in der Zwischenzeit ab. Pferde, die unbeschlagen in weichem Boden gearbeitet werden, zeigen mitunter nur eine geringe Abnutzung, ebenso wie Weidepferde auf feuchten Weiden. Harter und trockener

Untergrund sowohl beim Reiten als auch auf der Weide führen zu einer starken Belastung des Hufhornes mit erheblicher Abnutzung. Regelmäßige Korrekturen sind deshalb im allgemeinen in Abständen von 4 bis 8 Wochen durch den Schmied erforderlich. Durch die Korrektur soll der Huf auf seine natürliche Größe gebracht werden, wobei nur loses Zerfallshorn aus der Sohle und vom Strahl zu entfernen sind. Der Tragerand wird mit der Hauklinge und dem Klopfschlegel gekürzt und mit der Hufraspel gebrochen. Dabei dürfen der Huf nicht zu klein gemacht und Sohle und Strahl nicht durch übermäßiges Ausscheiden mit dem Rinnhufmesser unnötig geschwächt werden. Auch die Eckstreben müssen kräftig stehenbleiben. Bei den meisten Pferden sind sie durch Fäulnisprozesse infolge mangelnder Hufpflege und durch übermäßiges Ausschneiden ohnehin nicht mehr vorhanden. Bei vielen Schmieden und Pferdebesitzern besteht die Vorstellung, daß Sohle und Strahl kräftig und stets glatt auszuschneiden sind, eine sicher falsche Vorstellung. Auf der Weide ist besonders darauf zu achten, daß die Hufe infolge mangelhafter Abnutzung rechtzeitig gekürzt werden. Hier entstehen sehr oft Tragerandhornspalten mit starkem Ausbrechen des Tragerandes. Ausgebrochene oder halbgelöste Sohlenwand- oder Strahlanteile sollte der Besitzer mit dem Rinnhufmesser bei der täglichen Hufpflege selber entfernen. Eine zu starke Abnutzung der Hufe muß rechtzeitig erkannt werden, damit ein Hufbeschlag die weitere übermäßige Abnutzung verhindern kann.

6.3 Die Hufversorgung bei Fohlen und jungen Pferden

Die Hufe eines neugeborenen Fohlens unterscheiden sich wesentlich in Form und Aussehen von denen eines ausgewachsenen Pferdes. An der Bodenfläche des Hufes befindet sich eine polsterähnliche, weiche und zottige Hornmasse, das sogenannte Fohlenkissen, das in wenigen Tagen von selbst abgenutzt wird. Die Form des Fohlenhufes ist dadurch charakterisiert, daß der Tragerand wesentlich enger ist als der Kronrand. Erst Bewegung und Belastung der Hufe führen zu einer allmählichen Formveränderung. Der Tragerand wird dann weiter als der Kronrand. Für die Entwicklung des Fohlens allgemein, die Gliedmaßenstellung und die Hufform ist ausreichende Bewegung in den ersten Lebensmonaten von großer Bedeutung. Gliedmaßenstellung, Zehenachse und Hufform können sich beim Fohlen bis zum Alter von 6 bis 9 Monaten innerhalb weniger Tage deutlich sichtbar verändern. Eine aufmerksame Kontrolle ist deshalb erforderlich. Die Beurteilung kann nur auf festem und ebenem Boden erfolgen. Fohlen, die in der weichen Einstreu der Box oder im weichen Sandboden stehen, können nicht korrekt beurteilt werden. Die erste Hufkorrektur beim Fohlen ist in der Regel nach 6 bis 8 Wochen bereits erforderlich. Sie muß in der Folgezeit dann alle 4 bis 6 Wochen zur Korrektur der Hufform und der Gliedmaßenstellung durchgeführt werden.

Insbesondere Abweichungen im Bereich der Zehenachse können durch entsprechende Gegenkorrektur der Hufform beim Fohlen gut beeinflußt werden. Liegen bereits Abweichungen der Zehenachse vor, muß der Schmied, der die Korrektur durchführt, einen geübten und sicheren Blick besitzen, um an der richtigen Stelle das Hufhorn zu kürzen. Liegen starke Abweichungen in der Zehenachse in Form einer zehenweiten oder zehenengen Stellung vor, ist unter Umständen die Korrektur durch einen orthopädischen Beschlag vorzunehmen. Dazu eignen sich halbe oder dreiviertel Hufeisen, aber auch anklebbare Hufschuhe aus Plastik (Extensionsschuhe der Fa. DALLMER, Putensen).

Mit einer einmaligen orthopädischen Beschlagmaßnahme können innerhalb von 4 bis 6 Wochen schon dauerhafte Erfolge erreicht werden. In der Jugendzeit sind die Knochen noch in der Lage, sich veränderten Umbauverhältnissen anzupassen, so daß eine echte Korrektur in Form eines Knochenumbaues erfolgen kann. Haben die Pferde erst ein Alter von drei Jahren erreicht, sind derartige Korrekturen bei bereits stark in der Form veränderten Fessel-, Kron- und Hufbeinen mit schief angelegten Gelenkflächen nicht mehr möglich.

Eine Zwangskorrektur bei einem über drei Jahre alten Pferd kann leicht zu einer Lahmheit und zu einer chronischen Gelenkerkrankung in Form einer Arthrose führen. Sehr starke Achsenknickungen der Gliedmaßen im Bereich des Vorderfußwurzelgelenkes können schon beim sehr jungen Fohlen operativ korrigiert werden. Beschlagmaßnahmen alleine reichen für derartige Achsenfehlstellungen in weit oberhalb gelegenen Gliedmaßenabschnitten nicht aus. Vernachlässigte Korrekturmaßnahmen in der Aufzucht beim Fohlen sind die häufigste Ursache für Gliedmaßenfehlstellungen. Da es sehr schwierig ist, bei Fohlen, Jährlingen und Zweijährigen Hufkorrekturen durchzuführen, ist eine vertrauensvolle Gewöhnung der jungen Tiere erforderlich, um Schmied und Pferd nicht in Gefahr zu bringen. Unfälle bei Mensch und Tier bei der Hufkorrektur junger Pferde treten mitunter auf.

Bei neugeborenen Fohlen beobachtet man sehr häufig eine starke Durchtrittigkeit. Sie kann für den Zeitraum von etwa 6 bis 8 Tagen nach der Geburt toleriert werden. Ist dann keine deutliche Besserung eingetreten, müssen Korrekturmaßnahmen durch Aufkleben von Durchtrittigkeitsschuhen durchgeführt werden. Die starke Durchtrittigkeit führt zu einer Überbelastung der Fesselgelenke, der Gleichbeine und des Fesselträgers in Verbindung mit einer starken Abnutzung der Trachten. Der Korrekturschuh beseitigt sofort diese extremen Belastungsverhältnisse.

Im Alter von 3 bis 8 Monaten beobachtet man beim Fohlen das Auftreten des Bockhufes. Darunter versteht man eine Steilstellung der Zehengelenke mit der Ausbildung eines stumpfen Hufes. Mitunter tritt die Bockhufbildung innerhalb von 3 bis 6 Tagen so schnell auf, daß sich ein stumpfer Huf nicht ausbilden kann. Die Pferde zeigen dann eine starke Beugestellung im Hufgelenk mit schwebenden Trachten und Belastung nur der Spitze des Hufes. Verursacht wird der Bockhuf durch ein extrem starkes Knochenwachstum im Bereich der Zehenknochen, das nicht in ausreichender Relation zum Wachstum der Sehnen (insbesondere der tiefen Beugesehne) steht.

Begünstigt wird die Ausbildung des Bockhufes durch starke Abnutzung der Zehe auf hartem und trockenem Boden (Juli/August) oder durch zu tiefe und weiche Einstreu (Einbohren der Zehenspitze in den Untergrund und Trachtenhochstellung).

Bei einer raschen Entwicklung des Bockhufes reichen reine Korrekturmaßnahmen am Huf in Form von Abraspeln der Trachten nicht aus. Hierbei müssen orthopädische Maßnahmen, wie z. B. das Anbringen eines Fohlenbockhufeisens oder eines Bockhufschuhes durchgeführt werden.

Sehr problematisch ist die Hufpflege bei zweijährigen Pferden in der Stallperiode. In der Regel fehlt während der Aufzucht die tägliche Hufpflege wegen des großen Arbeitsaufwandes. Fäulnisprozesse im Huf führen sehr schnell zu starken Hufdeformierungen. Da bei den jungen Pferden ein viel stärkeres Hornwachstum vorliegt als bei den älteren, fällt bei ihnen die Fäulnis nicht ganz so schwer ins Gewicht wie beim ausgewachsenen Pferd. Ausreichende Bewegung in geräumigen und sauberen Ausläufen ist also wichtig.

7 Einfluß der Fütterung auf Wachstum und Qualität des Hufhorns

PROF. DR. H. MEYER

Die Einflüsse der Fütterung auf Wachstum und Qualität des Hufhorns sind bisher nur unvollkommen bekannt. Freilich ist einleitend festzustellen, daß Fehler in der Fütterung die Hufkapsel auf verschiedene Weise negativ zu beeinflussen vermögen, daß umgekehrt aber Schwächen des Hufhorns – sei es aufgrund erblicher Faktoren oder Haltungsfehler – durch die Fütterung nur begrenzt verbessert werden können.

Das Hufhorn besteht zu etwa 90% aus Rohprotein, vor allem aus Keratin. Die Keratine weisen relativ viel schwefelhaltige Aminosäuren auf. Der Rohaschegehalt erreicht 2 bis 4%; darin sind zum Teil nicht unbeträchtliche Mengen an Spurenelementen (wie Zink, Kupfer, Eisen, Mangan und Selen) enthalten.

Das Wachstum des Wandhufhorns hängt primär vom Alter ab. Bei Saugfohlen werden 1,5 cm, bei Jährlingen 1,0 cm und bei ausgewachsenen Pferden 0,9 cm pro Monat gebildet. Das Wachstum wird durch einen Mangel an Eiweiß, vor allem an schwefelhaltigen Aminosäuren, verzögert. Umgekehrt bestehen Hinweise, daß ein Eiweißüberschuß das Wachstum beschleunigt. Beim Rind wurde nach Fütterung einer Vorstufe für eine schwefelhaltige Aminosäure nicht nur ein rascheres Klauenhornwachstum gesehen, sondern auch eine geringere Hornfestigkeit an der Klauenspitze.

Ein Eiweißmangel kommt unter hiesigen Fütterungsverhältnissen bei Arbeits- und Reitpferden selten vor, allenfalls bei einseitiger Fütterung von Stroh, Rüben, Kartoffeln, Trockenschnitzeln, Trestern oder überaltertem Heu. Bei wachsenden Fohlen ebenso wie bei Zuchtstuten mit höherem Eiweißbedarf kann dagegen ein temporäres Eiweißdefizit auftreten. Ein Eiweißüberschuß ist vor allem für die Frühjahrs- und Herbstweide typisch.

Wenn die Rationen optimal zusammengesetzt sind, kann von einer zusätzlichen Fütterung von Gelatine (Lieferant schwefelhaltiger Aminosäuren) kein besonderer Effekt erwartet werden.

Die Fütterung beeinflußt nicht allein das allgemeine Wachstum des Horns, sondern auch die Synthesevorgänge an der Saum- und Kronlederhaut.

Wird Selen im Überschuß aufgenommen, kommt es offenbar zu einer Störung der Hornsynthese (Blockade schwefelhaltiger Aminosäuren). Bei einem Selengehalt von $>$ 5 mg/kg Futtertrockensubstanz werden weiche, ödematöse Schwellungen am Kronsaum beobachtet, die in fortgeschrittenen Fällen sogar zu einer vollständigen Ablösung der Hornkapsel führen.

Selenüberschuß ist hierzulande allein durch Fehlmischungen zu erklären. Im Ausland können auf selenreichen Böden (Alkaliböden) über Kontamination des Futters mit Erde oder verstärkte Selenaufnahme durch Pflanzen die Gehalte im Futter nachhaltig erhöht sein.

Eindeutige Hinweise über die Bedeutung des Vitamin A bzw. seiner Vorstufe, dem β-Carotin, bestehen für die Hornfestigkeit. Nach länger dauerndem Mangel an β-Carotin (das im Körper in Vitamin A umgewandelt wird) oder an Vitamin A (das in natürlicher Nahrung des Pferdes nicht vorkommt, aber über Vitaminpräparate, Mineralfutter,

8 Der Hufbeschlag

Der Hufbeschlag dient dazu

- den Tragerand gegen zu große Abnutzung zu schützen
- einen festen Stand sowie sichere Bewegungsabläufe zu fördern
- ein Ausgleiten auf glatten Böden zu verhindern.

Von diesen drei Punkten ist der erste der wesentlichste. Sicherheit beim Gehen und Stehen ist bei einer sorgfältigen Hufpflege auch ohne Beschlag zu realisieren. Das Ausrutschen auf glatten Böden spielt bei beschlagenen Pferden eine viel größere Rolle als bei unbeschlagenen. Meistens ist es sogar so, daß man spezielle Vorkehrungen treffen muß, um bei rutschigem Boden ein Ausgleiten des beschlagenen Pferdes zu verhindern.

Hufbeschlag bedeutet das Anbringen eines Metallrahmens, der mit Hilfe von Nägeln am Hornschuh befestigt wird und durch den der Tragerand (sowie ein Teil der Sohle) gegen Abnutzung geschützt werden. Diese Form des Hufbeschlags ist keltischen Ursprungs (siehe auch Kap. 1) und wurde bereits vor unserer Zeitrechnung angewendet. Bis heute ist das Prinzip gleichgeblieben: Ein Metallrahmen, der mit Hilfe von Nägeln am Huf befestigt wird.

Obwohl im Lauf der Jahrhunderte verschiedene Metalle und andere Materialien (in neuerer Zeit auch Kunststoffe) erprobt wurden, hat sich doch das „Eisen" durchgesetzt. Auch an einem Beschlag ohne Nägel wird immer wieder gearbeitet, allerdings bislang ohne zufriedenstellenden Erfolg.

8.1 Die Hufschmiede

Es gibt die traditionelle und mobile Hufschmiede sowie die Kombination von beiden.

8.1.1 Einrichtung der traditionellen Hufschmiede

Bei der traditionellen Hufschmiede handelt es sich um ein feststehendes Gebäude bzw. eine Werkstatt, zu der die zu beschlagenden Pferde gebracht werden. Bis vor kurzem war das gang und gäbe. In letzter Zeit ist diese ursprüngliche Form einer Hufschmiede zur Seltenheit geworden. In der Regel besteht sie aus zwei Bereichen

- der Schmiede mit Amboß und Schmiedefeuer, wo alle Arbeiten am erhitzten Eisen ausgeführt werden. Hier befinden sich auch alle anderen Hilfsmittel, Maschinen und Geräte, wie Werkbank mit Schraubstock, Bohr- und Schleifmaschine, Schweißapparat, kleine Gerätschaft. Alle damit verbundenen Arbeiten, also Schleifen, Feilen, Bohren usw. werden hier durchgeführt.
- der Beschlagbrücke, wo die Pferde stehen und die Eisen angebracht werden.

Diese Form der traditionellen Hufschmiede mit zwei getrennten Arbeitsbereichen ist nur noch äußerst selten anzutreffen.

8.1.2 Einrichtung der mobilen Hufschmiede

In unserer Zeit wurde es immer schwieriger, die Pferde zu einer traditionellen Beschlagschmiede zu bringen. Der mobile Betrieb,

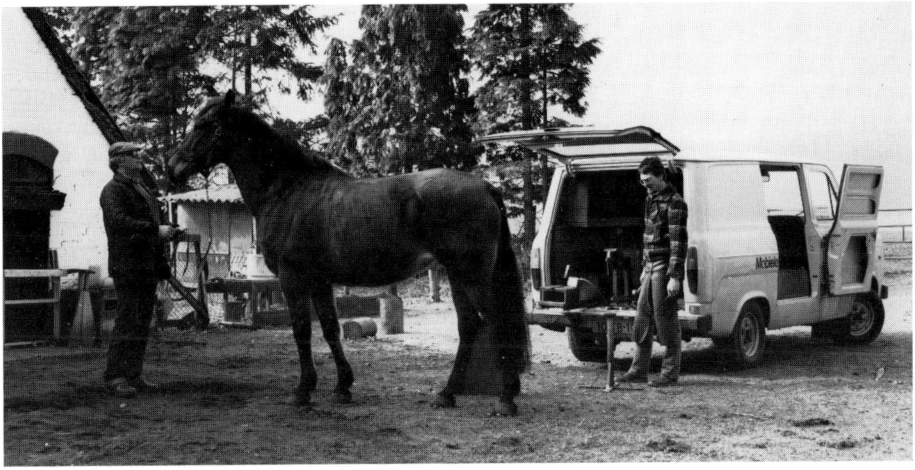

Abb. 132. Die gut ausgerüstete mobile Hufschmiede, die mit einem transportablen Gerätesatz ausgestattet ist.

bei dem die Pferde in ihrer gewohnten Umgebung bleiben und der Schmied dorthin kommt, bietet viele Vorteile. Die Ausstattung der mobilen Schmiede muß der der traditionellen weitestgehend entsprechen. In letzterer hat man ständig ein gutes Schmiedefeuer sowie einen Amboß zur Verfügung. Es kann am heißen Eisen gearbeitet werden, und das Eisen kann auch warm aufgepaßt werden.

Eine gut ausgerüstete mobile Schmiede verfügt über eine transportable Ausstattung, d.h. eine Wärmequelle und einen kleinen Amboß. Damit kann das heiße Eisen gerichtet und auch warm aufgepaßt werden, doch ist letzteres nicht die Regel. Die größten Probleme, die bei einer mobilen Hufschmiede auftauchen, sind der Transport der schweren Gerätschaften und das Inbetriebnehmen eines Schmiedefeuers.

Beide Punkte sind zeitraubend und führen zu einer Verteuerung des Hufbeschlages. Daher verzichten viele Schmiede gegenwärtig auf eine transportable Ausrü-

Abb. 133. Detailaufnahme von derselben Hufschmiede. Im Vordergrund bearbeitet der Schmied ein heißes Eisen auf dem Amboß, im Hintergrund ist die Wärmequelle (Gasofen) zu sehen.

stung. Einige von ihnen verfügen über einen Basisbetrieb, wo die Eisen weitestmöglich vorgearbeitet werden. Andere haben das nicht. Sie müssen eine große Auswahl Eisen mit sich führen, denn Formveränderungen am kalten Eisen durchzuführen ist nur sehr begrenzt möglich.

Für den Hufschmied ergeben sich so drei Möglichkeiten:

- Mobile Schmiede mit Basisbetrieb. Dort wird mit Schmiedefeuer und Amboß das heiße Eisen gerichtet. Danach sucht der Schmied mit dem so weit als möglich vorbereiteten Eisen seinen Kunden auf. Dort wird dann das kalte Eisen aufgepaßt.
- Mobile Hufschmiede ohne Basisbetrieb, die jedoch über eine transportable Wärmequelle sowie einen Amboß verfügen und somit beim Kunden mit dem heißen Eisen arbeiten können (Abb. 132, 133).
- Mobile Schmiede ohne Basisbetrieb und ohne transportable Ausrüstung. Das ist eine ausgeprochen ungünstige Situation, die nicht häufig vorkommt.

Der mobile Hufschmied braucht außerdem ein Transportmittel. Bei der ersten und dritten der oben genannten Gruppe bestehen an dieses Fahrzeug keine besonderen Ansprüche, wohl aber bei der zweiten Gruppe, denn hier müssen immerhin die schweren Gerätschaften transportiert werden, und zwar eine Wärmequelle als Gasofen oder Feldschmiede, ein kleiner Amboß und eine kleine Bohr- und Schleifmaschine etc.

Der Hufschmied muß auch wissen, ob der Kunde in seinem Stall über Stromanschluß verfügt. In den mobilen Schmieden der ersten und zweiten Gruppe können Beschläge hergestellt werden, die höchsten Ansprüchen genügen. Das gilt nur in beschränktem Maße für die Betriebe der dritten Gruppe. Da Formveränderungen am kalten Eisen nur schlecht möglich sind, muß häufig der Huf so beschnitten werden, daß er auf das Eisen paßt. Das ist ein unerwünschter Vorgang und im Prinzip schon falsch. Die Realität sieht aber so aus, daß diese Form des Hufbeschlages zu viel ausgeübt wird (z. B. in Reitställen) und trotz bestehender Bedenken gegen das kalte Beschlagen leider da und dort gebräuchlich geworden ist.

8.1.3 Die Hufbeschlagwerkzeuge

Man teilt diese ein in

- Schmiedegerätschaft
- Werkbankgerätschaft
- Hufbeschlagwerkzeug

Anschließend sollen besprochen werden

- der Schmiedeherd
- der Amboß
- die übrige größere Apparatur.

Schmiedegerätschaft

Der Schmiedehammer. Dies ist ein mit zwei Schlagflächen versehener Hammer (Gewicht etwa 1,5 kg), womit man Schmiedewerkzeuge in das heiße Eisen treiben kann. Schmiedehämmer gibt es in verschiedenen Ausführungen und Gewichten. Beim Hufbeschlag benutzt man häufig einen Hammer mit einer flachen und einer ein wenig gewölbten Fläche (Kugelhammer). Mit Hilfe des Schmiedehammers wird das heiße Eisen bearbeitet. Das betrifft das Herausziehen der Aufzüge, das Überschmieden der Hufeisenschenkel, das Richten und Aufpassen des Eisens, das Glätten und Anbringen einer Zehenrichtung.

Während der Schmied das Werkzeug handhabt, treibt sein Gehilfe dieses mit dem Schmiedehammer in das erhitzte Metall.

Schmiedezangen. Schmiedezangen gibt es in verschiedenen Längen und mit unterschiedlichem Gewicht. Die langen Zangen (Feuerzangen) dienen dazu, mit dem heißen Eisen im Feuer hantieren zu können, ohne daß der Schmied dabei zu nahe am Herd stehen muß (Länge der Griffe 24 bis 30″, 1 inch = 2,54 cm, d.h. also etwa 60 bis 75 cm). Die Hufeisenzangen sind kürzer und werden dazu benötigt, das Eisen zu halten und zu bearbeiten (Länge 12 bis 18″, etwa 30 bis 45 cm). Die kürzeren Griffe erleichtern es dem Schmied, das Eisen von verschiedenen Seiten zu bearbeiten. Das Maul der Zangen muß kurz sein, damit man das Eisen darin auch fest packen kann und es nicht verrutscht. Das ist auch wichtig, wenn man es auf dem Horn des Amboß bearbeitet. Zu lange Zangenschnäbel machen viel Mühe. Für schwerere Eisen empfehlen sich schwerere Zangen, bei leichteren kann auch mit weniger schweren Zangen gearbeitet werden. Individuelle Vorlieben des Schmiedes spielen bei der Wahl der Zangen eine Rolle.

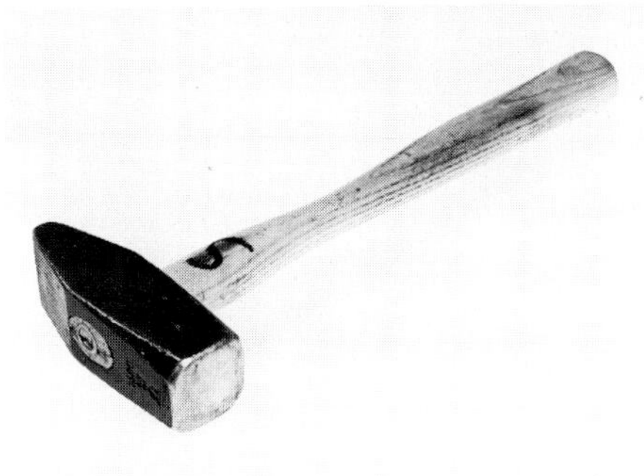

Abb. 134. Schmiedehammer.

Abb. 135. Kugelhammer (Handhammer).

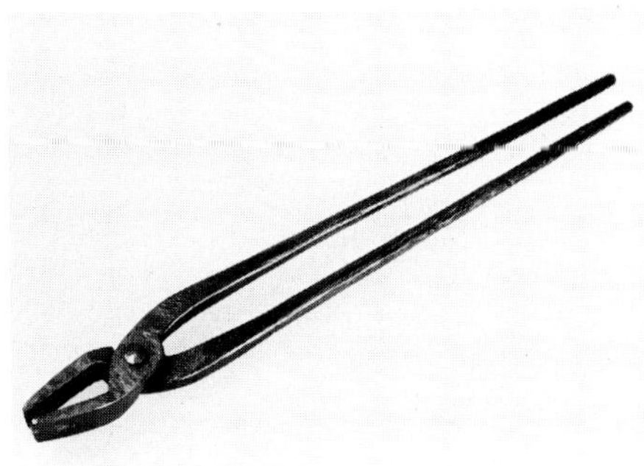

Abb. 136. Feuerzange.

Falzhammer, Hufeisenstempel und Lochdorn. Hierbei handelt es sich um Werkzeug, das für das Anfertigen des Hufeisens aus einem geraden Stück Stahl benötigt wird. Das gehört aber praktisch der Vergangenheit an, denn die Fabrikhufeisen haben allgemeine Anwendung gefunden. Die Fertigfabrikate sind bereits mit Falz und Nagelkopfgesenklöchern versehen.

Der Falzhammer ist ein meißelförmiges Gerät, das mit einem Stiel versehen ist. Er dient dazu, am rotglühenden Eisen den Falz anzubringen. Die meißelähnliche Form ist nötig, um der (mehr oder weniger runden) Form des Hufeisens folgen zu können, so daß der Falz auch glatt im Hufeisen verläuft.

Der Hufeisenstempel (Beißer) dient dem Anbringen der Nagelkopfgesenklöcher. Er ist, gleich dem Falzhammer, ebenfalls mit einem Stiel versehen, unterscheidet sich aber darin, daß die Meißelform der eines Hufnagels entspricht (Klinge - Kopf).

Mit dem Lochdorn werden die Nagellöcher eingeschlagen. Er besteht aus Stahl und

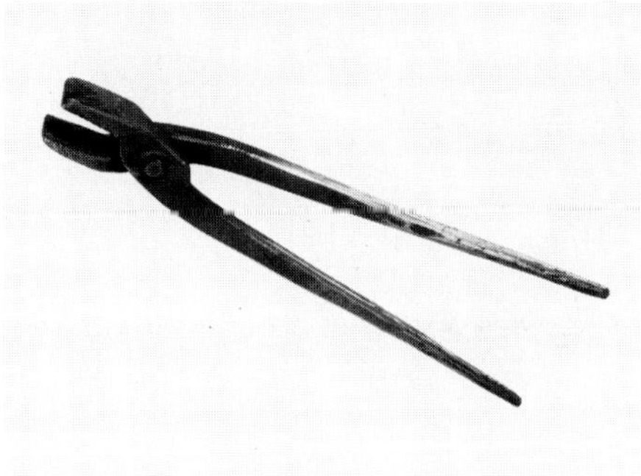

Abb. 137. Beschlagzange.

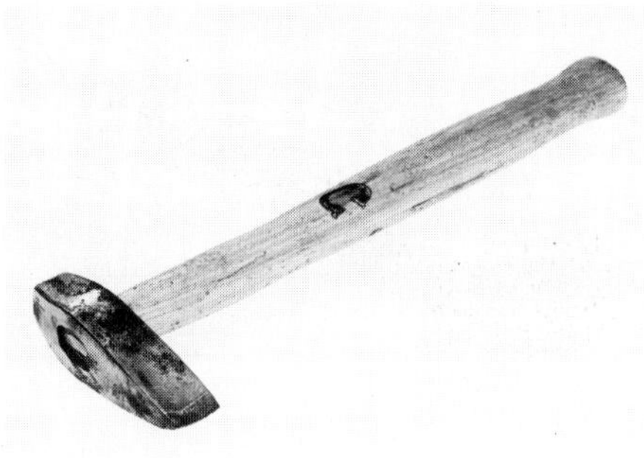

Abb. 138. Falzhammer.

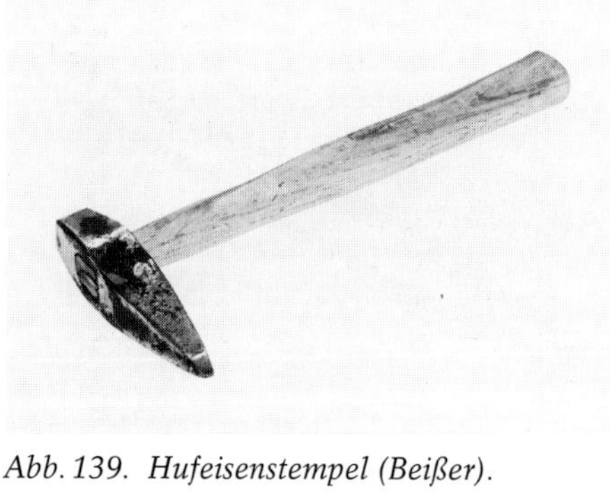

Abb. 139. Hufeisenstempel (Beißer).

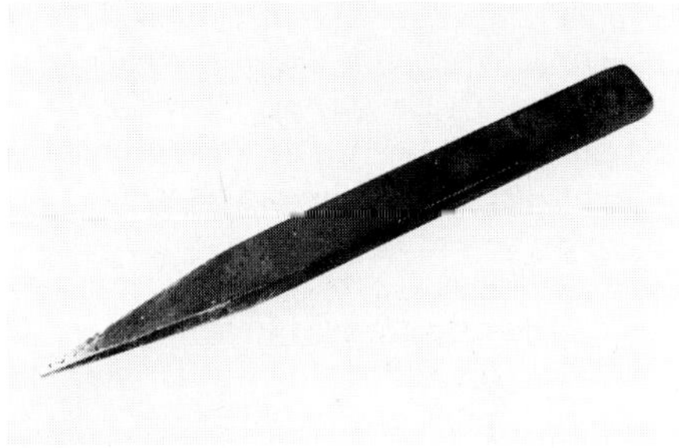

Abb. 140. Lochdorn.

Abb. 141. Schraubstock.

Abb. 142. Bankhammer.

Abb. 143. Kloben.

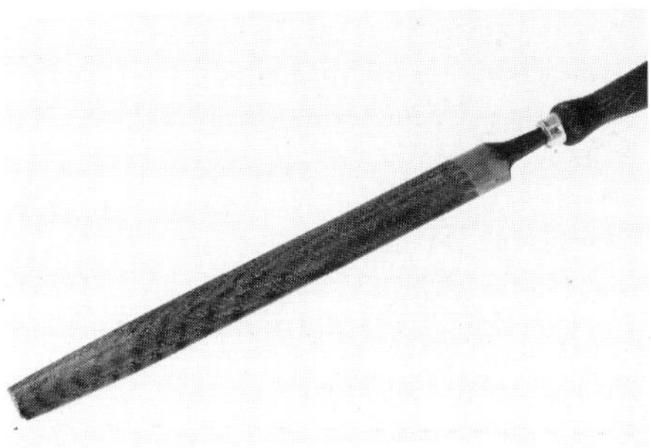

Abb. 144. Halbrundfeile.

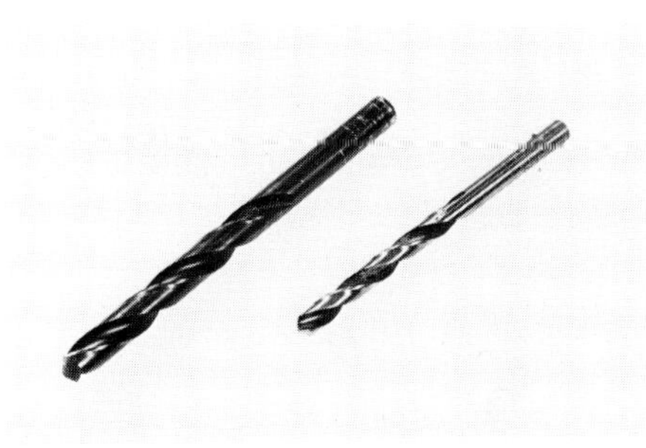

Abb. 145. Spiralbohrer. Zwei Beispiele.

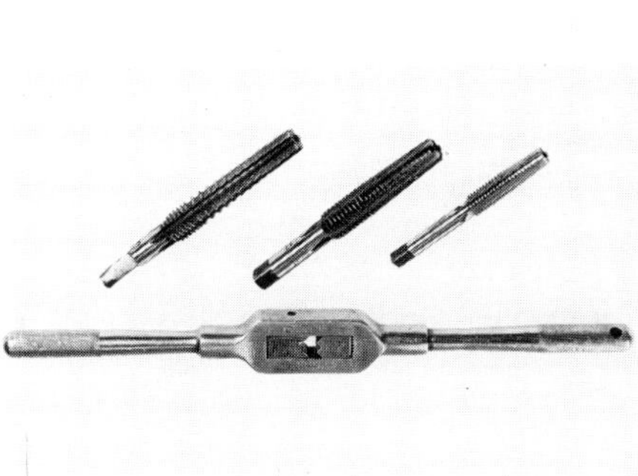

Abb. 146. Gewindebohrer, drei Beispiele. Windeisen.

Abb. 147. Nietklinge.

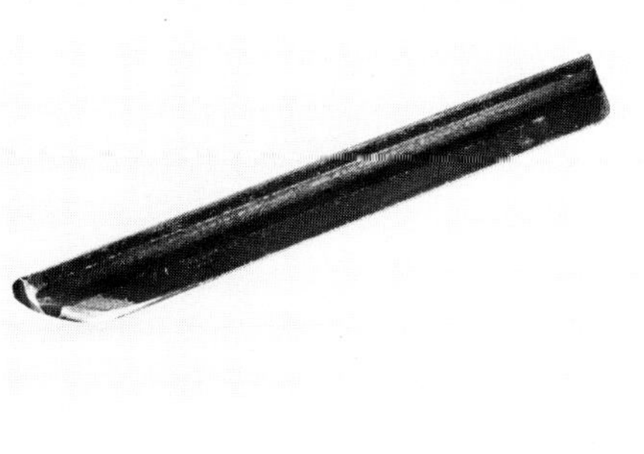

Abb. 148. Nietklinge, die aus einer alten Hauklinge angefertigt wurde.

ist etwa 25 cm lang. Er ist mit einer scharfen Spitze versehen, die die Form einer Hufnagelklinge aufweist (rechteckig im Durchschnitt).

Diese Spitze wird gelegentlich stumpf. Um sie wieder scharfen zu können, muß man den Lochdorn rotglühend erhitzen, bevor man ihn mit Hammerschlägen wieder in die richtige Form bringt. Dieses Verfahren ist dem des Schleifens vorzuziehen, da durch letzteres viel Material verbraucht wird. Obwohl nicht mehr sehr aktuell (der Gebrauch von Fabrikhufeisen hat in unserer Zeit stark zugenommen), wird in Kap. 8.2.2 die Herstellung eines Eisens aus einem geraden Stück Stahl kurz beschrieben, um unter anderem auch die Verwendung von Falzhammer, Hufeisenstempel und Lochdorn zu veranschaulichen. Falzhammer und Hufeisenstempel werden des weiteren auch noch dazu benötigt, verschiedene Maßnahmen am Fabrikeisen vorzunehmen (z.B. Verlängern des Falzes, Anbringen weiterer Nagellöcher). Den Lochdorn braucht man, um Nagellöcher, die beim Überschmieden des erhitzten Eisens gelitten haben, wieder herzurichten.

Werkbankgerätschaft

Hierunter fallen: der Schraubstock, der Bankhammer, Kloben, Feilen, Bohr- und Gewindebohrmaschine sowie Windeisen.

Schraubstock. Einen Schraubstock benötigt man, um das zu bearbeitende Material, so z.B. das Hufeisen, in einer festen Position feststellen zu können.

Bankhammer. Er dient dem Durchschlagen der Nagellöcher mit dem Lochdorn unter Berücksichtigung der Nagelform.

Kloben. Eine Art Klammer, die zur Fertigstellung des Eisens in den Schraubstock integriert werden kann.

Halbrundfeile. Halbrundfeilen werden zum Überarbeiten des Aufzugs und der Schenkel verwendet. Man kann mit ihnen die Grate entfernen, die beim Aufschlagen der Nagellöcher entstehen (entgraten). Des weiteren werden mit Halbrundfeilen die scharfen Kanten des Eisens gebrochen und geglättet.

Bohrer. Sie gibt es in den verschiedensten Maßen. Sie dienen dem Bohren der Stollenlöcher in das Eisen, die dann mit Hilfe eines Gewindebohrers mit einem Gewinde versehen werden.

Gewindebohrer. Mit diesem Werkzeug werden Gewinde gebohrt. Auch sie gibt es in verschiedenen Maßen und unterschiedlicher Gewindedichte. In diese mit einem Gewinde versehenen Löcher werden die Schraubstollen eingedreht.

Windeisen. Das Windeisen dient als Halterung für die Schraubstollenbohrer, wenn die Gewinde in das Eisen gebohrt werden.

Hufbeschlagwerkzeug

Nietklinge. Mit der Nietklinge werden die Niete geöffnet, erst danach kann das Eisen abgenommen werden. Die Niete werden mit dem meißelförmigen Ende aufgeschlagen. Das spitze Ende dient dem Entfernen abgebrochener Hufnägel. Daher muß diese Spitze die Form einer Nagelklinge aufweisen. Anstelle der Nietklinge gebrauchen zahlreiche Hufschmiede auch eine alte Hauklinge, bei der das eine Ende meißelförmig umgearbeitet wurde.

Abnehmzange. Bei der Abnehmzange handelt es sich um eine große Kneifzange mit einem relativ großen Maul. Mit ihr nimmt man das alte Eisen ab, nachdem die Niete aufgeschlagen worden sind. Das geschieht folgendermaßen: Man greift mit der Zange

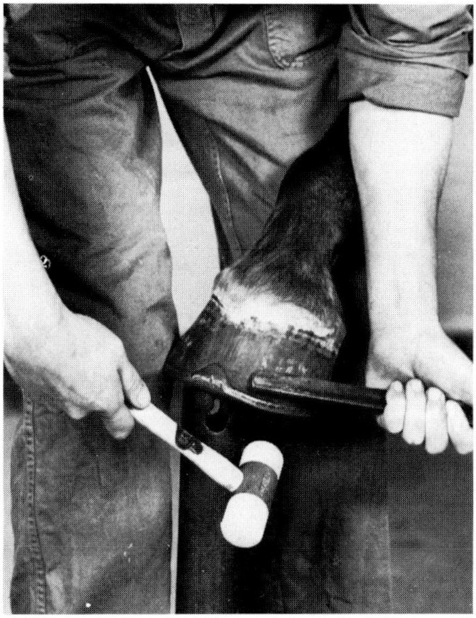

Abb. 149. Nietklinge im Gebrauch.

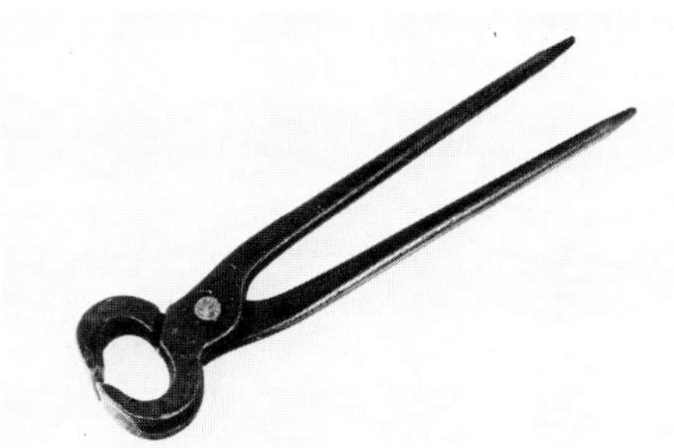

Abb. 150. Abnehmzange.

zwischen Tragerand und Eisen, und zwar beginnt man an den Schenkelenden des Eisens. Mit einer hebelnden Bewegung wird das Eisen nun an beiden Schenkeln etwas gelöst. Dieses wiederholt man mehrere Male, nach vorne arbeitend. Dann wird das Eisen zurückgeschlagen. Dabei treten nun die Nagelköpfe aus dem Falz hervor. Von hinten her kann man nun den hintersten Nagel

Abb. 151. Abnehmzange im Gebrauch.

zuerst mit der gleichen Zange entfernen. Danach wird das Eisen wieder losgehebelt und anschließend wieder zurückgeschlagen. Nun können die mittleren bzw. die vorderen Seitennägel und meist auch schon die beiden vorderen Hufnägel gefaßt und gezogen werden; letztere werden (in der Praxis) meist zusammen mit dem Eisen entfernt.

Nylonhammer. Nylonhämmer haben in unserer Zeit als Klopfschlegel allgemein Eingang gefunden. Es gibt sie in unterschiedlichen Ausführungen. Bei der Vorbereitung der Hufe für den Beschlag werden sie ausschließlich in Verbindung mit Niet- und Hauklinge verwendet. Früher nahm man statt dessen einen Klopfschlegel aus Holz oder einen Hammer, dessen Kopf aus nicht gehärtetem Eisen und meist vom Schmied selbst gefertigt war.

Stahlhämmer sind abzulehnen, da sie ein Brechen der Hauklingen verursachen kön-

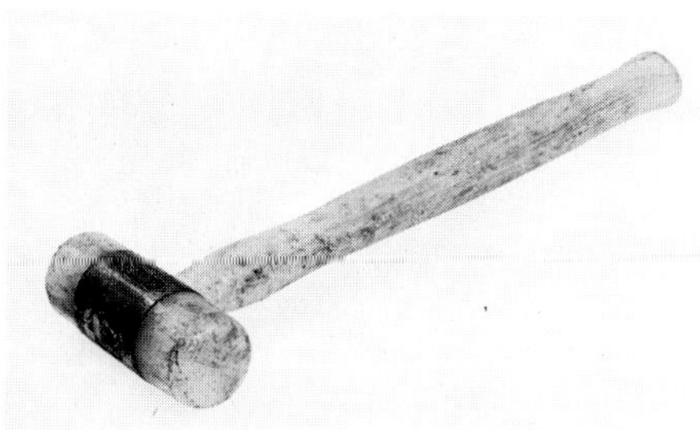

Abb. 152. Nylonhammer.

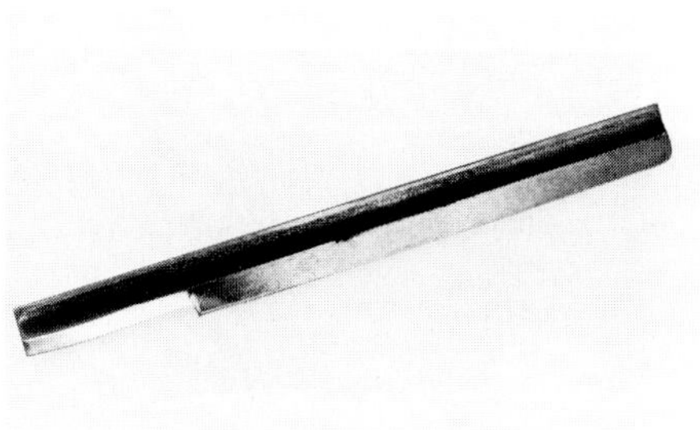

Abb. 153. Hauklinge.

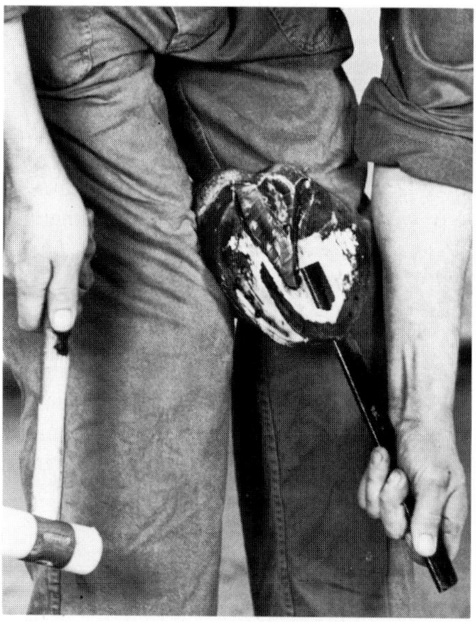

Abb. 154. Hauklinge im Gebrauch.

nen oder auch die Bildung von Verformungen. Auch besteht die Gefahr, daß Splitter in die Augen gelangen.

Der Nylonhammer ist eine gute Alternative und hat mittlerweile vollständig die Stelle des Klopfschlegels und seines eisernen Kollegen eingenommen. Der gebräuchlichste Nylonhammer wiegt rund 500 g.

Hauklinge. Die Hauklinge dient dem Abtragen des Tragerandes bis zur gewünschten Länge. Mit der Hauklinge können auch Sohle und Strahl beschnitten werden. Dieses Werkzeug verlangt die geübte Hand eines erfahrenen Hufschmiedes. Während die eine Hand die Hauklinge führt, wird mit der anderen der Nylonhammer geschlagen. Für das Kürzen des Horns ist die Hauklinge das geeignetste Werkzeug. Die Hufkapsel von Pferden, die stets beschlagen sind, ist meist hart. Die Hufmesser sind dann weniger gut geeignet. Vor allem bei Ponys nimmt man daher auch eine Hufkneifzange zu Hilfe.

Rinnhufmesser. Rinnhufmesser sind etwas abgerundete Messer mit einem festen Griff. An der einen Seite ist die gerundete Klinge scharf, das äußere Ende ist aufgerollt und ebenfalls an der gleichen Seite scharf. Das Heft kann aus Holz oder Metall bestehen. Eine sehr solide Verbindung zwischen Heft und Klinge ist zwingend notwendig. Rinn-

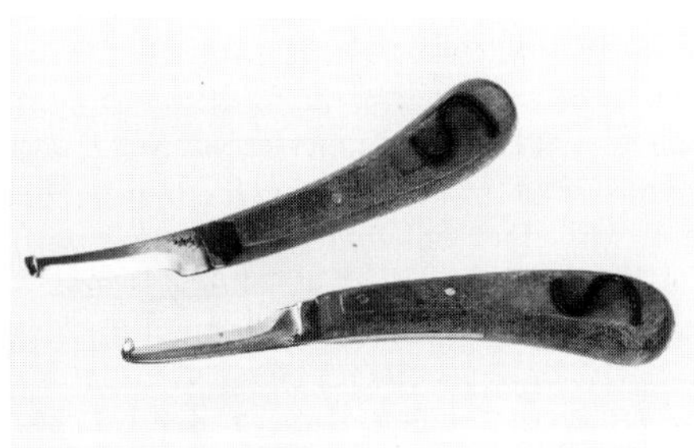

Abb. 155. Rinnhufmesser.

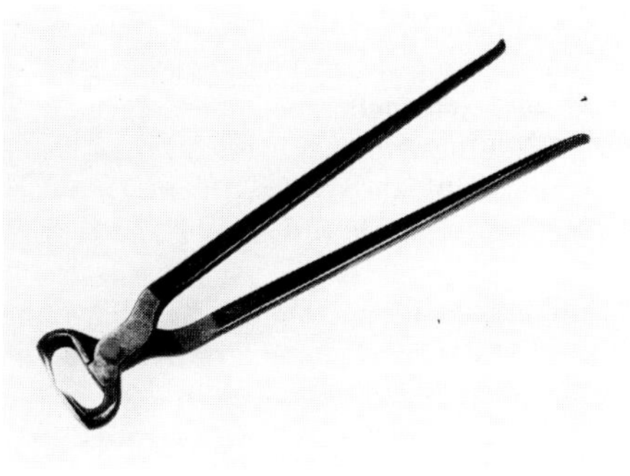

Abb. 156. Hufschneider.

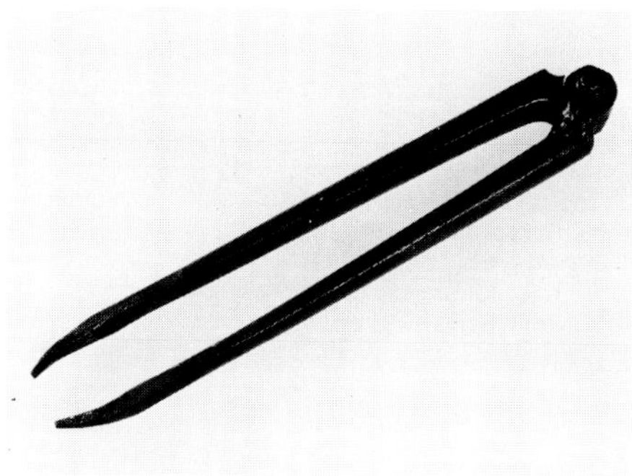

Abb. 157. Aufpaßzirkel.

hufmesser gibt es stets paarweise, in einer linken und einer rechten Ausführung. Sie werden für das feinere Beschneiden von Sohle und Strahl verwendet. Ein Rechtshänder führt das linke und das rechte Hufmesser mit der rechten, ein Linkshänder führt beide mit der linken Hand. Als „Sucher" bezeichnet man manchmal Hufmesser, die eine sehr feine Aufrollung an ihrem Ende haben. In der Praxis sind dies ganz normale Hufmesser, deren Enden durch die tägliche Benutzung so fein geworden sind. Hierbei muß allerdings angemerkt werden, daß die Feinheit dieser Aufrollung nicht allein vom häufigen Gebrauch abhängt, sondern auch vom Durchmesser, den diese Aufrollung aufweist. Mit der aufgerollten Spitze der Hufmesser kann man Rillen ziehen. Man kann aber auch, wenn nötig, mit der feinen Spitze des Suchers trichterförmige Kanälchen (Löcher) bohren (z.B. beim Suchen nach einem Eiterherd beispielsweise bei eitriger Huflederhautentzündung).

Hufschneider (Klauenzange). Die doppelt geschärfte Ausführung verdient den Vorzug. Der Hufschneider dient dem Kürzen der Hufwand vornehmlich bei Ponys und auch bei der Klauenpflege des Rindes. Selbst wenn das Kürzen, auch der Ponyhufe, am besten durch den Hufschmied geschieht, zwingt doch der Mangel an Fachleuten den Laien bisweilen dazu, dieses Werkzeug selbst in die Hand zu nehmen.

Hufraspel. Die Raspel ist 12″ (etwa 30 cm) lang. Die eine Fläche ist grob, die andere fein gezahnt. Die grobgezahnte Fläche wird beim Flachraspeln der Tragefläche benötigt, und zwar nach dem Kürzen mit der Hauklinge und vor dem Abraspeln der Wand, vor allem dort, wo die Wand ein wenig für den Aufzug eingekürzt und wo der Tragerand zu breit ist. Die feingezahnte Fläche führt die eben genannten Arbeiten zu Ende. Es empfiehlt sich, eine neue Raspel nur für diese Arbeit einzusetzen, denn sie kommt dann nicht mit Eisen in Berührung und bleibt länger scharf. Eine Raspel, die durch den Gebrauch schon weniger scharf geworden ist, kann man zur weiteren Bearbeitung des Hufes verwenden, wenn das Eisen schon aufgenagelt ist, zum Glattraspeln (Feilen) der Niete, zum Wegraspeln überstehenden Horns (über den Seitenrand des Eisens) und schließlich zum Glätten des Übergangs von der Hornwand zum Eisen.

Aufpaßzirkel. Beim Aufpassen des warmen Eisens werden von vielen Schmieden Loch-

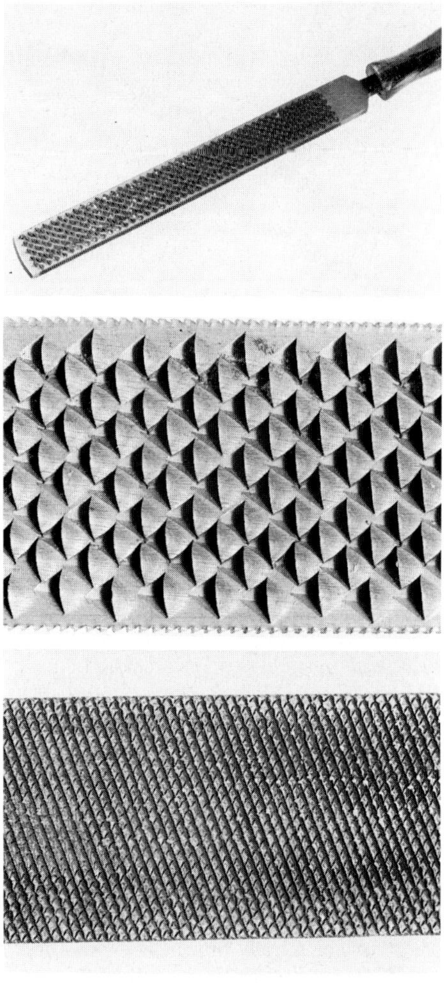

Abb. 158. Hufraspel mit Detailaufnahmen von der groben und feinen Oberfläche.

dorn und Raspel verwendet, um damit das Eisen auf den Huf zu drücken. Hierfür kann man auch einen sogenannten Aufpaßzirkel nehmen. Eine alte Kneifzange mit sehr weitem Maul ist dafür gut geeignet. Die Griffe werden in die Form der Nagellöcher gebracht und an den Enden ein wenig zueinander gebogen. Mit einem solchen Aufpaßzirkel kann man das Eisen bequem aufnehmen (und auch fest packen), außerdem werden die Hufeisenschenkel beim Aufpassen gleichmäßig auf den Huf gedrückt. Den Aufpaßzirkel kann man mit einer Hand führen.

Hufbeschlaghammer. Der Hufbeschlaghammer dient dem Einschlagen der Nägel, dem Umbiegen der Nagelspitzen und dem Anbringen der Niete (Abb. 160), außerdem zum Entfernen von Nägeln. Die Schlagseite muß sehr breit sein. Die Klaue ist gebogen, und der von ihr gebildete Schlitz muß so geformt sein, daß man damit Nägel fassen und herausziehen kann (Abb. 161).

Unterhauer. Hierbei handelt es sich um ein stabförmiges Werkzeug, von dem das eine Ende eine scharfkantige Rille aufweist. Hiermit kann man kleine Dellen unter den abgekniffenen Hufnägeln anbringen, in die nachher die Niete eingeschlagen werden, so daß sie nicht aus der Hufwand herausragen.

Hufbeschlagzange. Nachdem die Nägel eingeschlagen und die Spitzen umgebogen sind, werden sie mit dieser Zange, einer Kneifzange mit kurzem Maul, abgekniffen. Die Hufbeschlagzange ist außerdem mit einer Nase (Nietvorrichtung) versehen. Diese wird gegen den Nagelstumpf gedrückt. Wenn man auf den Nagelkopf schlägt, biegt sich das Niet ein wenig nach außen und ist dann leichter in das Nietbett unter dem Nagel einzuschlagen (Umnieten). Diese Hufbeschlagzange muß vor allen Dingen gut in der Hand liegen, so daß sie mit der geschlossenen Faust kräftig geführt werden kann und daß die Nagelspitzen mit einem kräftigen Druck der Faust abgekniffen und mit der anderen Hand aufgefangen werden können.

Nietzange. Die Nietzange ist eine Zange mit einem geraden und einem gebogenen

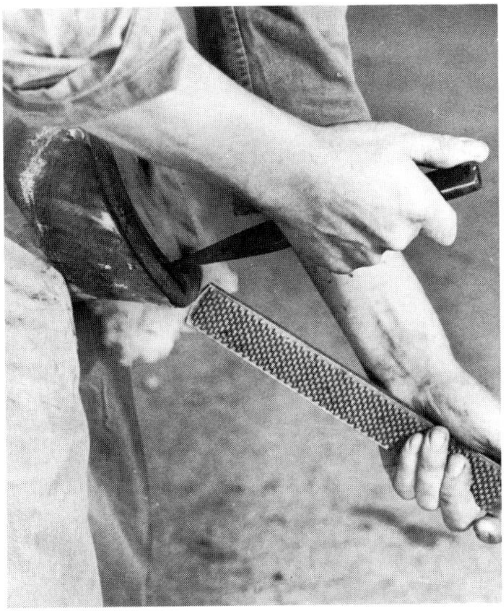

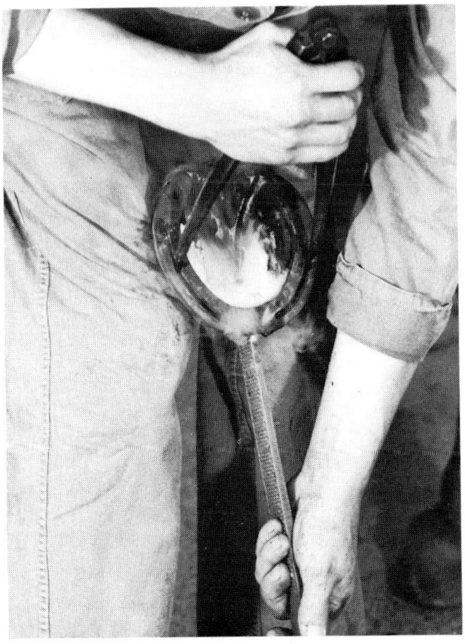

Abb. 159. Aufpassen des Eisens.
a = Aufpassen mit Hufraspel und Lochdorn
b = Aufpassen mit dem Aufpaßzirkel

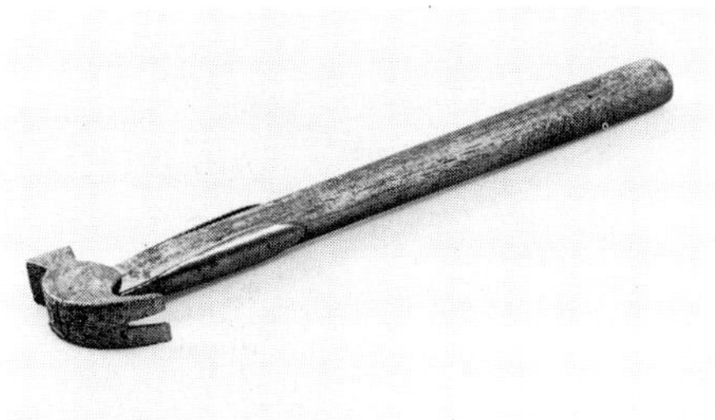

Abb. 160. Hufbeschlaghammer.

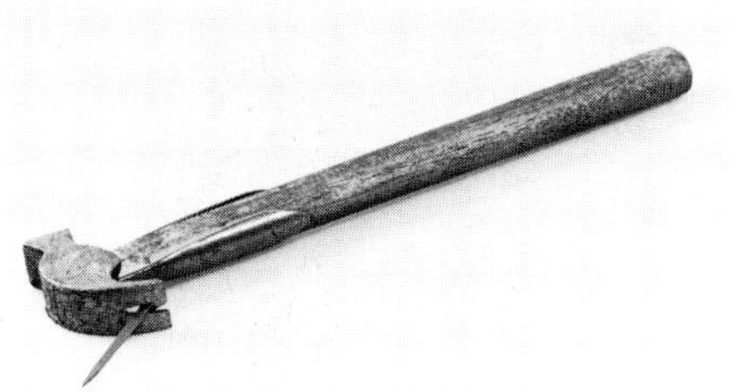

Abb. 161. Hufbeschlaghammer, in dessen Klaue ein Nagel eingeklemmt ist.

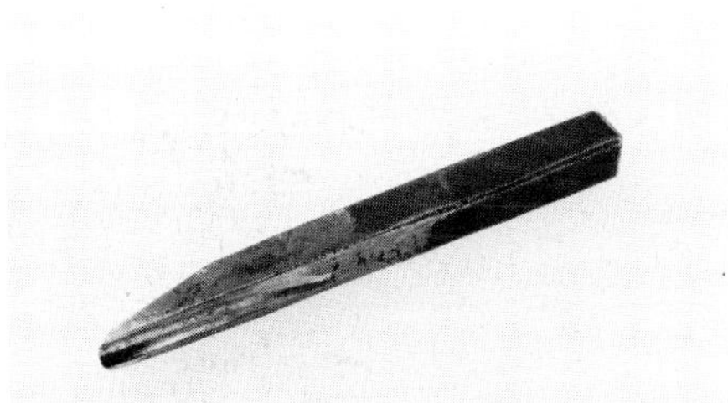

Abb. 162. Unterhauer.

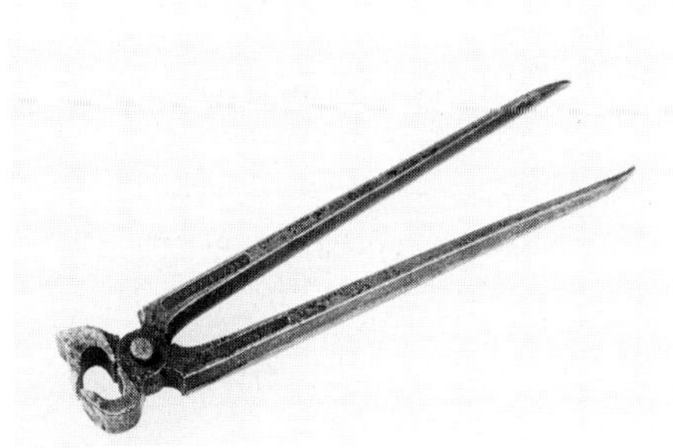

Abb. 163. Hufbeschlagzange.

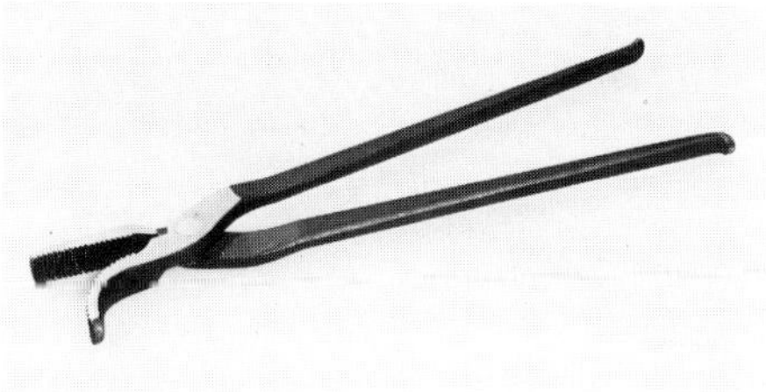

Abb. 164. Nietzange.

Schnabel, die beide stark gerillt sind. Man verwendet sie zum Umnieten, wenn ein Pferd sehr empfindlich ist. Der gerade Schnabel wird auf den Nagelkopf, der gebogene auf das Niet gedrückt. Da die Zange gerillt ist, kann so das Niet leicht gefaßt und in die vom Unterhauer gefertigte Delle gedrückt werden.

Beschlagbock. Bei allen Handgriffen während des Beschlags, bei denen man den Huf auf dem Knie abstützt (sowohl die Hufe der Vorder- als auch der Hintergliedmaßen), kann man einen Beschlagbock benutzen. Davon gibt es verschiedene Modelle. Die Abb. 166 zeigt eine gebräuchliche Ausführung.

Hiermit ist die Beschreibung der Werkzeuge, die für den Hufbeschlag benötigt werden, abgeschlossen. Im folgenden soll auf den Schmiedeherd, den Amboß und die übrige größere Apparatur eingegangen werden.

Der Schmiedeherd

Der Schmiedeherd ist die Feuerstelle, das Schmiedefeuer die Wärmequelle in einer Schmiede. Man unterscheidet stählerne (früher gemauerte) und transportable Feuerherde. Letzteres nennt man Feldschmiede. In allen Schmiedeherden kommt das erhitzte Material mit dem Brennstoff in Berührung. Der Luftstrom, der durch die Klappe oder

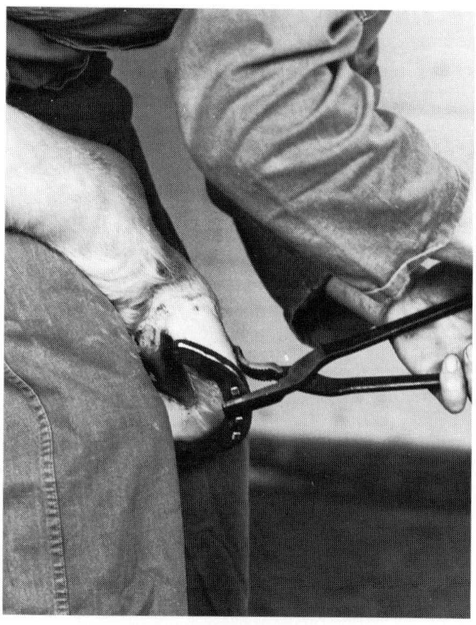

Abb. 165. Die Nietzange in Gebrauch.

Abb. 166. Hufbeschlagbock.

einen Riegel reguliert werden kann, wird von unten her herangeführt.

Die Feuerschüssel sollte mindestens 8 bis 12 cm tiefer als der Rand des Herdes liegen. Als Brennstoff dient Steinkohle von geringer Stückgröße, um die Wärme innerhalb des Feuers zu halten. Die Verbrennungsgase werden durch einen stählernen Rauchfang aufgenommen, der an einen Abzug bzw. Schornstein angeschlossen ist. Feldschmieden, die mit einem elektrischen oder mit dem Fuß angetriebenen Ventilator ausgerüstet sind, können überall in Betrieb genommen werden.

Das zu erhitzende Material darf nicht in Richtung Luftkanal in das Feuer gelegt werden, denn das ergibt eine unregelmäßige Erhitzung. Die Unterkante wird nicht heiß genug, während die Oberkante verbrennt. Daher muß man es flach, horizontal und abgedeckt in das Feuer legen, um eine gleichmäßige Erhitzung zu gewährleisten.

Der Amboß

Der Amboß ist sehr schwer und solide und wiegt mindestens 150 kg. Er hat eine glatte, flache, stählerne Oberfläche (Bahn), die rechteckig ist. Sie mündet an der einen Seite in das runde Horn, an der anderen Seite in die sogenannte Schulter. Auf der Bahn befinden sich einige Öffnungen, oft ein oder zwei runde, um Gesenke in das Material schlagen zu können sowie eine quadratische, um Hilfsmittel (z. B. Schroten) einsetzen zu können. Der Amboß muß sehr stabil, am besten auf einem Holzklotz, befestigt sein. Man kann ihn aber auch auf einem

Abb. 167. Der Schmiedeherd.

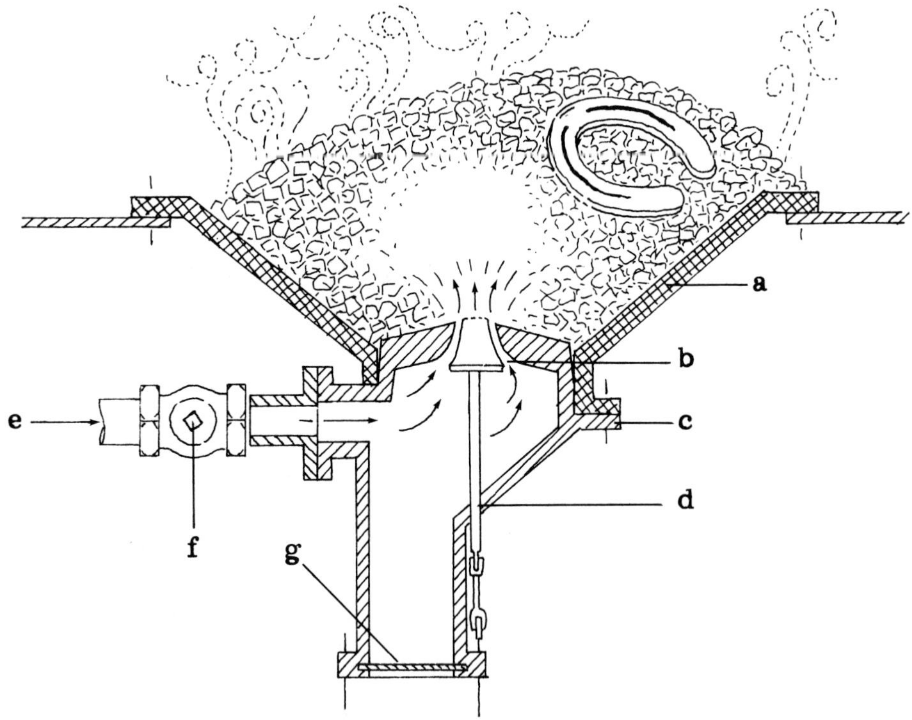

Abb. 168. Schema eines Schmiedeherdes (I):
a = Feuerschüssel
b = Luftdüse
c = Esseunterteil
d = Düsendorn
e = Zuluftleitung
f = Abstellhahn
g = Schieber für die Entfernung von Asche und Schlacke

Block aus anderem, stabilem Material sichern.

Von der Oberfläche – Bahn und Horn – verjüngt sich der Amboß zunächst nach unten zu und läuft danach wieder breit auseinander. Das große Gewicht spielt eine bedeutende Rolle. Beim Anbringen des Zehenaufzugs und der Formkorrektur schwerer Eisen gibt es die gewünschte Stabilität.

Die sonstige Apparatur

Auf die übrige Apparatur, die sich ansonsten noch in einer modernen Hufschmiede befindet, soll noch kurz eingegangen werden.

Schleifmaschine. Um die scharfen Ränder eines Hufeisens zu entfernen, bedient man sich einer Schleifmaschine mit elektrisch angetriebenen Schmirgelscheiben. Sie muß bestimmten Sicherheitsbestimmungen entsprechen, die standardmäßig ausgeführt werden. Die Augen müssen beim Schleifen durch eine Sicherheitsbrille geschützt werden.

Bohrmaschine. Es kommt häufig vor, daß der Schmied die Hufeisen mit Löchern für

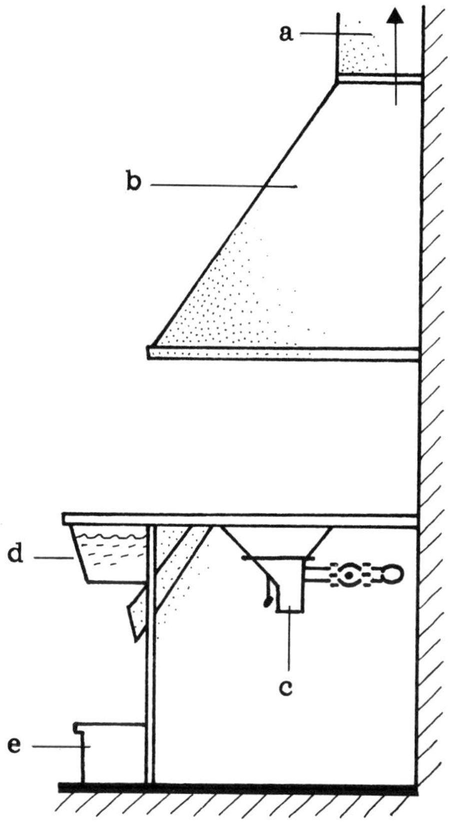

Abb. 169. Schema eines Schmiedeherdes (II):
a = Kamin
b = Rauchfang
c = Luftzufuhr
d = Löschtrog
e = Schlackenbehälter

Abb. 170. Amboß

Abb. 171. Schleifmaschine.

Abb. 172. Bohrmaschine.

Stifte und Stollen versehen muß. Hierzu benötigt er eine Bohrmaschine. In ihrer schweren Ausführung hat sie einen festen Platz in der Werkstatt. Ohne Bohrmaschine kommt der Schmied nicht aus, manchmal genügt aber auch eine etwas leichtere Ausführung.

Abb. 173. Schweißgerät.

Abb. 174. Tragbares Schweißgerät.

Abb. 175. Werkbank mit Schraubstock.

Schweißgerät. Je nach Abmessung und Gewicht gibt es tragbare und fest installierte Schweißgeräte. Der Schmied kommt mit einem relativ leichten Gerät aus, um z.B. einen Steg auf das Hufeisen zu schweißen.

Werkbank mit Schraubstock. Hier werden verschiedene Handgriffe ausgeführt, wie z.B. die Nagelkopfgesenklöcher aufschlagen, Entgraten der Hufeisen, Gewinde bohren.

8.2 Das Hufeisen

8.2.1 Beschreibung des Hufeisens

Das Hufeisen besteht aus einem Zehenteil (Vorderteil) und zwei Schenkeln, die wiederum in ein Seitenteil und das Schenkelende aufgeteilt sind. Die Form des Eisens muß der des Tragerandes vom Huf entsprechen. Das hat dazu geführt, daß der äußere Schenkel immer etwas weiter als der innere ist. Das Eisen muß in seiner gesamten Länge gleich breit und auch gleich dick sein (etwa 2 cm breit, 1 cm dick).

Am Eisen unterscheidet man: eine Oberfläche bzw. Tragefläche und eine Unterbzw. Bodenfläche, außerdem einen inneren und einen äußeren Rand. Das Eisen muß vollkommen flach sein. Die Tragefläche muß so breit sein, daß auf ihr der Tragerand, die weiße Linie und ein kleiner Streifen der Sohlenfläche Platz haben. Früher hat man am inneren Rand der Tragefläche im Zehenbereich eine Neigung angebracht, um dem Einklemmen von Grus vorzubeugen. Das hat sich als wenig sinnvoll erwiesen und hatte lediglich zur Folge, daß die Tragefläche des Hufeisenvorderteils verschmälert war.

In der Bodenfläche befindet sich eine Rinne, der Nagelfalz, in der die Nagelkopfversenkungen angebracht sind. Falz und Nagellöcher müssen sich präzise mit der weißen

a
b
c

Abb. 176. Vorderhufeisen.
a = Vorderansicht
b = Tragefläche
c = Bodenfläche

a
b
c

Abb. 177. Hinterhufeisen.
a = Vorderansicht
b = Tragefläche
c = Bodenfläche

Linie decken. Da man heute fast nur noch Fabrikhufeisen verwendet, ist diese Forderung nicht immer erfüllt, da der Nagelfalz häufig in der Fabrik angebracht wird. Die Innenwand des Falzes muß ganz steil und senkrecht ausgebildet sein, die äußere Wand dagegen darf sich neigen. Im Vorderteil ist der Nagelfalz in der Regel unterbrochen. Das ist besser für die Stabilität dieses Bereichs. Es wäre auch unnötig, den Falz an der gesamten Bodenfläche durchlaufen zu lassen, da sich im Vorderteil sowieso keine Nagelkopfversenkungen befinden. Die Tiefe des Falzes sollte etwa zwei Drittel der Hufeisendicke betragen. Die beiden vorderen Nagellöcher, die Gesenke für die Zehennägel, befinden sich beiderseits des Zehenteils, in einer Entfernung voneinander, die etwa dem Eineinhalb- bis Zweifachen der Hufeisenbreite entspricht; daran schließen sich beiderseits je zwei oder drei weitere Gesenke an. Das letzte Nagelloch sollte sich beim Vorderhufeisen nicht weiter als in der ersten Hälfte des Hufeisenschenkels befinden, um den Hufmechanismus nicht zu stören. Beim Hinterhuf dürfen die Nagellöcher jedoch im Interesse einer stabileren Befestigung weiter hinten liegen. Im hinteren Bereich des Hufes sind die Schenkelenden etwas großzügiger angepaßt, damit der Tragerand, sobald er sich ausdehnt (Hufmechanismus), noch ganz vom Eisen geschützt wird. Aber auch in der Länge gehen die Schenkelenden ein wenig über den Huf hinaus, da sich bei Belastung der Tragerand etwas nach hinten ausdehnt.

Aufzug (Kappe). Das Eisen kann außerdem mit einem oder mehreren Aufzügen versehen sein. Bei manchen Fertigfabrikaten sind sie bereits angebracht, bei anderen wiederum nicht, und sie werden dann auf Wunsch vom Schmied *gezogen* (am rotglühenden Eisen). Die Höhe des Aufzuges entspricht der eineinhalb- bis zweifachen Stärke des Eisens. Er soll ein Verschieben des Eisens verhindern. Bei den Hinterhufeisen werden häufig rechts und links vom Zehenteil sogenannte Seitenaufzüge angebracht. Auch bei Jagdeisen (Kap. 9.3.3) und Einhauhufeisen (Kap. 10.8) hat das Sinn. Bei einem normalen Beschlag sollte auch am Hinterhufeisen der Zehenaufzug bevorzugt werden. Heutzutage weisen die Fabrikhufeisen für Reitpferde oft zahlreiche Merkmale der Jagdhufeisen auf (Modeerscheinung) und von daher oft zwei Seitenaufzüge anstelle des einen Zehenaufzugs an den Hinterhufeisen.

Zehenrichtung. Der äußere Rand des Eisens ist häufig bodeneng geschmiedet, d.h. die Randfläche verläuft von der Tragefläche aus schräg nach innen. Die Vorderhufeisen werden oftmals mit einer Zehenrichtung versehen. Dabei handelt es sich um ein Aufbiegen im Zehenbereich nicht nur der Trage- sondern auch der Bodenfläche des Eisens. Der Huf muß bei einem derartigen Eisen in diesem Bereich etwas ausgedünnt werden. Die Zehenrichtung soll das Abrollen des Hufes fördern und wird daher hauptsächlich an Vorderhufeisen angebracht. Beim Hinterhufeisen findet man sie dagegen relativ selten, denn sie würde dem kräftigen Untersetzen des Hinterhufes entgegenwirken. Das Ziel, das man mit einer Zehenrichtung erreichen möchte, ist auch in vielen Fällen zu verwirklichen, wenn man die Bodenfläche im Zehenbereich abrundet (engl. *rollershoe*). Bei einem Eisen mit Zehenaufzug ist auch die Tragefläche mit einem Einzug ver-

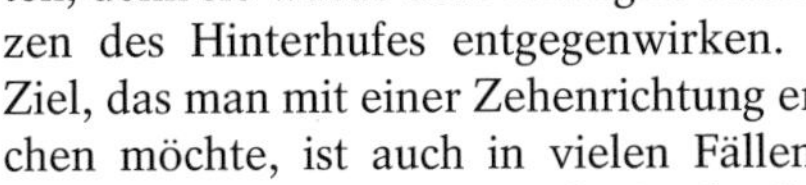

Abb. 178.
a = angeschmiedete Zehenrichtung (rollershoe),
b = angebogene Zehenrichtung (rockershoe)

sehen (engl. *rockershoe*). Die Abrundung an der Bodenfläche kann dann stärker ausfallen. Nachteilig daran ist, daß der Tragerand sowie ein Stück der Sohle des Hufes stärker gekürzt und folglich ausgedünnt werden müssen. Das kann zur Folge haben, daß das Pferd aufgrund einer zu dünnen Hornschicht im Zehenbereich sehr empfindlich wird, da die sensible Lederhaut, das „Leben“, zu dicht an der Oberfläche liegt.

Wird die Zehenrichtung vom Schmied eigenhändig gefertigt, so wird diese aus dem Vorderteil herausgezogen und man erhält von selbst eine Abrundung im Zehenbereich.

8.2.2 Das Anfertigen von Hufeisen

Für die Herstellung von Hufeisen benötigt man Schmiedeeisen oder weichen Stahl. In Abhängigkeit von der gewünschten Größe des herzustellenden Hufeisens kann der Flachstahlstab unterschiedlich breit und stark sein. Die erforderliche Länge des Stabes (für ein Eisen), wird folgendermaßen ermittelt: Mit dem Zollstock mißt man den Abstand von der äußeren Kante der Trachtenecke bis zur äußeren Kante des Tragerandes der Vorderwand. Nimmt man diesen Abstand doppelt, erhält man ziemlich genau die benötigte Länge (Abb. 179, 1). Bei einem sehr weiten Huf wird die Breite der weitesten Stelle zum Abstand zwischen Tragerand der Vorderwand und Trachtenecke addiert (Abb. 179, 2).

Der Flachstahlstab wird in der benotigten Länge abgekniffen. Man kann schlecht angeben, wie oft der Stab während der Bearbeitung erhitzt werden muß, da dies stark von der Fertigkeit und auch der individuellen Arbeitsweise des Schmiedes abhängt. Der Stab wird etwas über die Mitte auf Weißglut erhitzt. Danach schmiedet man auf dem Amboß zuerst den Schenkel. Der Bereich, in den der Falz kommt, wird abgekantet, danach kommt das Schenkelende, und schließlich wird das Eisen bis zur Mitte so gebogen, daß es die gewünschte Winkelform erhält. Anschließend wird das Eisen auf dem Horn des Amboß noch weiter bodeneng geschmiedet, um zu verhindern, daß beim Anbringen des Falzes der äußere Rand bodenweit wird, und der Schenkel in die richtige Form gebracht. Mit Hilfe des Falzhammers erhält also nun diese Hufeisenhälfte den Falz, anschließend werden die Nagelkopfgesenklöcher mit dem Hufeisenstempel (Beißer) angebracht und anschließend mit dem Lochdorn durchgeschlagen. Danach wird der Hufeisenschenkel auf dem Amboß überschmiedet. Die andere Hälfte des Eisens wird entsprechend gearbeitet. Im Anschluß daran wird an der Kante des Amboß mit der Ballseite des Handhammers der Aufzug aus dem Eisen gezogen und schließlich, wenn es sich um ein Vorderhufeisen handelt, eine Zehenrichtung angebracht.

Zum Schluß wird das Eisen nochmals sorgfältig gerichtet und geglättet.

8.2.3 Fabrikhufeisen

Es ist ein Halbfertigfabrikat und wird als Ausgangsmaterial im Hufbeschlag verwendet. Trage- und Bodenfläche sind gänzlich flach, der äußere Rand ist etwas bodeneng geschmiedet. Auch die Schenkel sind fertiggestellt, der Falz ist angebracht, die Nagelkopfgesenke sind durchgeschlagen. Fabrikhufeisen sind in den verschiedensten Ausführungen erhältlich. Das Sortiment bietet eine sehr große Auswahl und wird praktisch allen Anforderungen, die man an ein Eisen stellen kann, gerecht. Zwei Punkte sollen dennoch besprochen werden, und zwar die Aufzüge und die Zehenrichtung.

Der Aufzug. Man erhält Fabrikhufeisen mit und ohne Aufzug. Das betrifft sowohl die Zehen- als auch die Seitenaufzüge. Bei Eisen

Abb. 179. Das Schmieden eines Hufeisens aus Flachstahl.

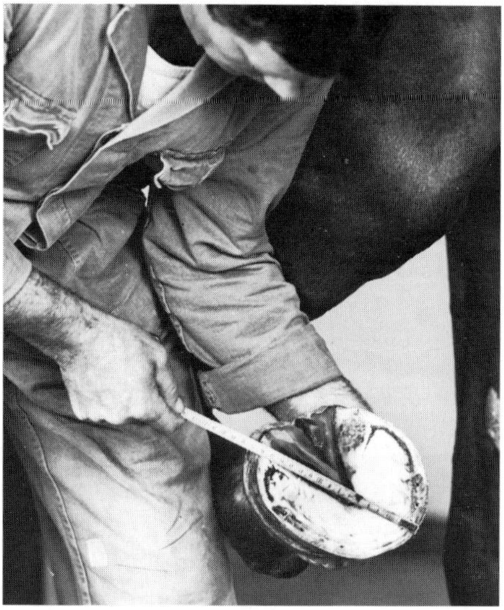

1 = Messen der benötigten Stahllänge

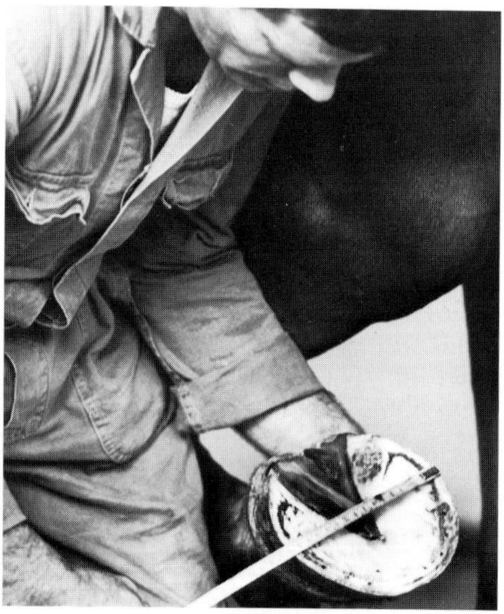

2 = Das gleiche bei einem weiten Huf

3 = Zentrieren. Exzentrisch. Der äußere Schenkel ist länger als der innere

4 = Nach dem Zentrieren wird mit dem Lochdorn die Mitte markiert

5 = Erhitztes Eisen im Feuer

6 = Schmieden der Schenkel und schräges Abkanten im Bereich des Falzes

7 = Biegen des ersten Schenkels

8 = Formen des ersten Schenkels auf dem Amboßhorn

9 = Anbringen des Falzes mit dem Falzhammer

10 = Anbringen der Nagelkopfgesenke mit dem Hufeisenstempel (Beißer)

11 = Durchschlagen der Nagelkopfgesenke mit dem Lochdorn

12 = Kleine Eisenteilchen auf der Tragefläche des Eisens nach dem Einschlagen der Löcher

13 = Wegraspeln dieser Eisenteilchen (entgraten)

14 = Der erste Schenkel ist fertiggestellt

15 = Der zweite Schenkel wird geschmiedet und im Bereich des Falzes schräg abgekantet

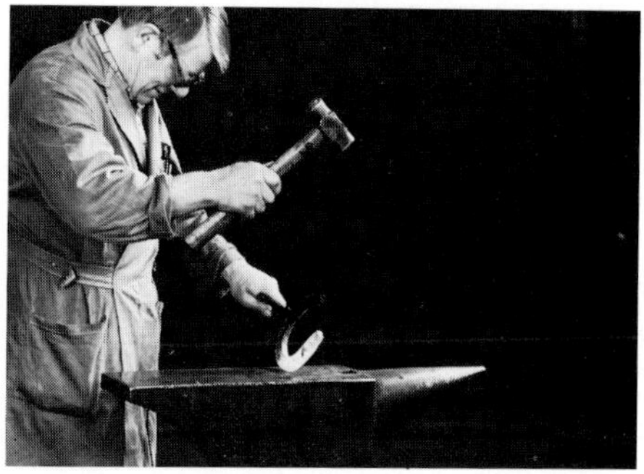

16 = Weiteres Formgeben

17 = Überschmieden auf dem Horn des Amboß

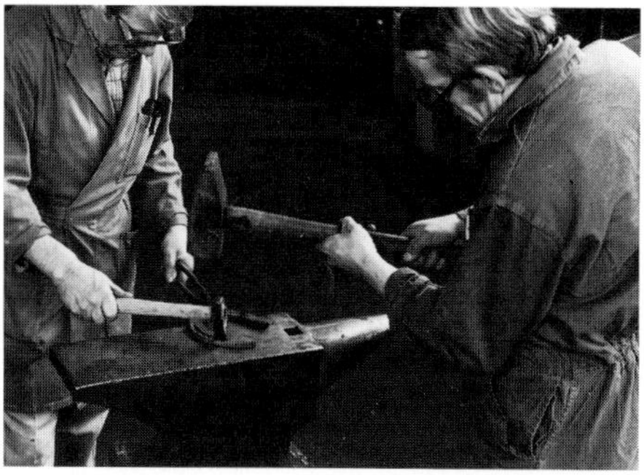

18 = Der Falz wird mit dem Falzhammer gezogen

19 = Anbringen der Nagelkopfgesenke

20 = Einschlagen der Nagellöcher mit dem Lochdorn

21 = Anziehen des Aufzugs

22 = Fortsetzung

23 = Der Aufzug ist fertig

24 = Anbringen einer Zehenrichtung auf der Tragefläche

25 = Flachschmieden der Schenkel

26 = Kontrolle der Flächen. Sowohl die Oberfläche der Tragefläche als auch die der Bodenfläche müssen vollständig eben sein

27 = Abkühlen des Eisens

28 = Nachlochen der Nagelkopfgesenke

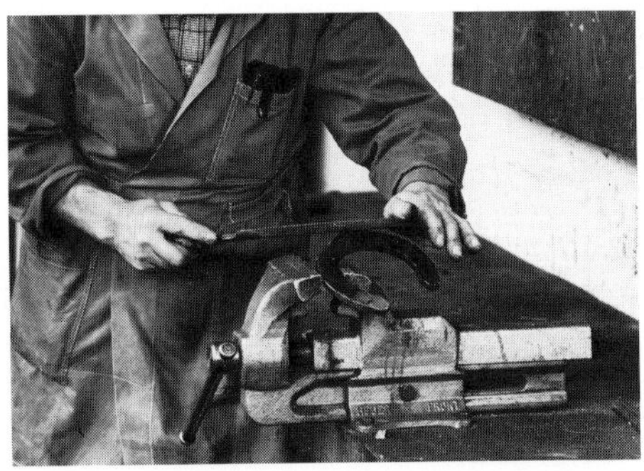

29 = Glattfeilen des Aufzugs mit der halbrunden Feile

30 = *Anbringen der Kantenbrechung mit der Feile*

31 = *Überprüfung der passenden Hufnägel*

32 = *Das fertiggestellte Eisen auf der Bahn des Amboß*

ohne Aufzug kann der Schmied auf Wunsch diesen in der bereits besprochenen Weise selbst aufziehen. Viele Schmiede ziehen vor, den Aufzug (oder die Aufzüge) selbst anzubringen, da sie dann Größe und Form bestimmen können.

Die Zehenrichtung. Fabrikhufeisen sind nie mit einer Zehenrichtung versehen. Diese wird stets vom Hufschmied angebracht.

In den Katalogen werden die Eisen unter Angabe einer Nummer und einiger Standardmaße geführt. Die Nummern gehen bei Ponys von 8 × 0 bis 5 × 0, bei Reitpferden von 4 × 0 bis 5 und bei schweren Tieren bis 9. Die Standardmaße beziehen sich auf (Abb. 180)

- die Länge (A)
- die Breite (B)
- die Vorderbreite (C)
- die Stärke des Hufeisens (D)

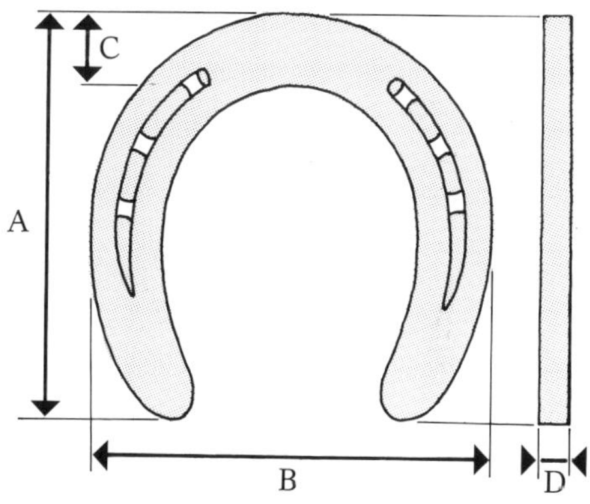

Abb. 180. Die Standardmaße.

8.3 Die Hufnägel

Man unterscheidet am Hufnagel Kopf, Klinge und Spitze mit Zwicke.

Hufnägel haben einen rechteckigen, schlanken Kopf und fixieren das Eisen auch

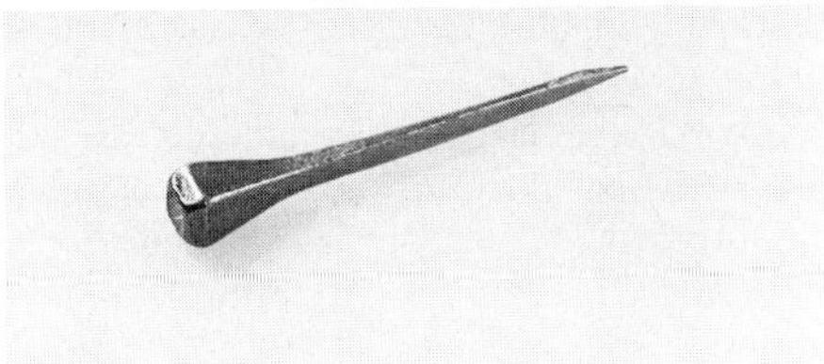

Abb. 181. Hufnagel mit schlankem Kopf.

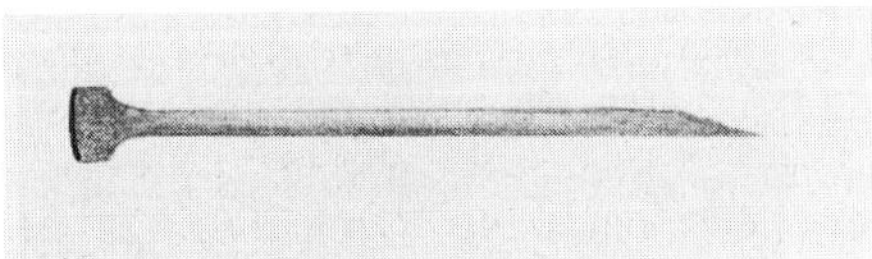

Abb. 182. Französischer Hufnagel.

Abb. 183. Querschnitt durch Hornwand und Hufnagel mit korrekt eingeschlagenem Nagel.

dann weiter, wenn es dünner wird. Die früher gebräuchlichen, mit einem vierkantigen Kopf versehenen Nägel (französische Hufnägel) hatten den Nachteil, daß die Eisen verloren wurden, sobald der Kopf abgelaufen war. Die Klinge ist das Mittelstück, ebenfalls rechteckig und flach. Die Nagelspitze, die Zwicke, ist an der einen Seite abgeschrägt, die andere Seite ist gerade. Die schräge Kante muß beim Einschlagen dem Huf zugerichtet sein. Damit erreicht man, daß der Nagel durch die Hornwand nach außen getrieben wird. Beim Einschlagen des Nagels muß dieser an der Sohlenfläche in die weiße Linie eindringen, dann schräg durch die Hornwand verlaufen und an der Oberfläche der Hornwand schließlich 2 bis 3 cm oberhalb des Tragerandes (hängt von der Größe des Hufes ab), oder besser gesagt, im Abstand von einem Drittel der Wandhöhe von unten her wieder zum Vorschein kommen (Abb. 183).

8.4 Ausführung des Hufbeschlages

Wir gehen davon aus, daß das Pferd ohne Aufhalter beschlagen wird.

Dabei sollen alle Aspekte, mit denen wir es zu tun haben können, besprochen werden. Zum Teil sind sie bereits in anderen Kapiteln zur Sprache gekommen. Nichtsdestoweniger soll Punkt für Punkt vorgegangen werden, auch wenn es zuweilen zu Wiederholungen kommt.

8.4.1 Das Hufbeschlaggerät

Man unterscheidet

- Schmiedegerätschaft: Schmiedehammer und -zangen, Aufpaßzirkel, Lochdorn.
- Hufbeschlagwerkzeug: Nietklinge, Nylonhammer, Abnehmzange, Hauklinge, Hufschneider, einige Rinnhufmesser, Hufbeschlaghammer, Hufbeschlagzange, Unterhauer und Raspel.

8.4.2 Das Schmiedefeuer

In einer stationären Schmiede (mit festem Standplatz) wird das Schmiedefeuer bereits am Morgen entfacht und in Bereitschaft gehalten, wenn Pferde im Lauf des Tages beschlagen werden sollen. Bei mobilen Schmieden ist die Wärmequelle meist ein Gasofen.

8.4.3 Beurteilung des Pferdes vor dem Beschlagen

a) Beurteilung des stehenden Pferdes
   - Stellung: normal oder abweichend
   - Hufe: normal ober abweichend
   - Fessellinie: gerade oder geknickt
   - Hufform und Fesselstand

b) Beurteilung im Schritt und Trab
   - Gänge: normal oder abweichend
   - Lahmheit

Bei Lahmheit sollte nicht beschlagen, sondern der Eigentümer informiert werden und ihm, so nötig, geraten werden, einen Tierarzt zu Rate zu ziehen.

8.4.4 Das Aufhalten des Pferdes

Obwohl es vorzuziehen ist, wenn der Eigentümer oder der Pfleger das Pferd mit Kopfgestell und Trense festhalten – das Pferd bleibt ruhiger, ein einfacheres und sichereres Arbeiten ist gewährleistet –, kann man Pferde bei einer gut ausgestatteten, stationären Schmiede auch ohne Pferdehalter beschlagen. Die Pferde werden am Halfter (*niemals* an den Zügeln eines Kopfgestells mit Gebiß) mit einem Führstrick (Üben des richtigen Knotens!) oder einer Kette mit Panikhaken an Ringen in der Mauer, in sicherem Abstand zu Geräten usw., angebunden. Dann beginnt die eigentliche Arbeit am Huf.

8.4.5 Das Abnehmen der Eisen

Die Niete werden mit Hilfe von Nietklinge oder auch Kappmesser geöffnet. Dann beginnt man an den Schenkelenden, das Eisen zu lüften. Das gelockerte Eisen wird wiederum zurückgeschlagen, so daß die Nagelköpfe nun aus dem Eisen hervortreten und bequem entfernt werden können (alte Nägel nicht auf dem Boden liegen lassen!).

8.4.6 Das Vorbereiten der Hufe

Ist das Eisen abgenommen, werden mit Hauklinge oder Rinnhufmesser Sohle und Strahl bearbeitet.

- Mit Hauklinge und Nylonhammer werden harte, lose, überflüssige Hornteile von Strahl und Sohle entfernt. Die Eckstreben werden schräg gekürzt, und zwar so, daß sie noch vollständig auf dem Eisen mittragen können.
- Kürzen des Tragerandes: man nimmt im Zehenbereich so viel Horn weg, bis eine feste Verbindung zwischen Wand, weißer Linie und Sohle entsteht und eine gute Tragefläche gebildet ist.
  Die Tragefläche setzt sich zusammen aus dem Tragerand, also der Unterseite der Hornwand, der weißen Linie und einem schmalen Streifen von der Sohle an der inneren Seite der weißen Linie sowie den Eckstreben.
  Bei langen Hufen, bei denen die Hornwand lang heruntergewachsen ist, besteht die Tragefläche ausschließlich aus dem Tragerand, ohne daß weiße Linie oder Sohlenrand mittragen.
- Vom äußeren und inneren Trachtenbereich wird so viel Horn entfernt, bis die Fessellinie gerade ist.
- Mit dem Rinnhufmesser werden Strahl und eventuell auch die Sohle schräg nachgebessert.
- Im Bereich des Zehenaufzugs wird ein Teil der Zehenwand bis etwa ½ cm vor der weißen Linie weggenommen.
- Die Tragefläche wird flach geraspelt.
- Die Hufwand wird beraspelt, und zwar erst im Bereich des Aufzugs in Richtung Wand; dann wird diese so weit nachgebessert, bis der Tragerand überall gleich breit ist.
- Mit der fein gezahnten Seite der Hufraspel wird schließlich die äußere Tragerandkante gebrochen.

8.4.7 Die Wahl des Hufeisens

Die Auswahl eines entsprechenden Fabrikhufeisens (Länge, Dicke, Breite) hängt davon ab, wie das Pferd eingesetzt werden soll. Daneben sind die Größe des Hufes sowie die Breite der Hornwand zu berücksichtigen.

Die notwendige Länge eines Fabrikhufeisens ist einfach festzustellen, indem man mehrere verschiedene Maße auf den Huf hält. Wie man die nötige Stahlstablänge ermittelt, wenn ein Eisen mit der Hand gefertigt werden soll, wurde bereits in Kap. 8.2 besprochen.

Folgende Anmerkung ist zur Wahl des Hufeisens noch zu machen: Die Verwendung von Pferden und Ponys mit Zielrichtung Sport und Freizeit führt oft zu einem leichten Beschlag. Die Wahl leichter Eisen kann aber oft die Verwendung (zu) schmaler Eisen zur Folge haben. Bei kräftigen Hufen (mit breiter Hornwand) würden dann die Hufnagelkopfgesenke zu weit am äußeren Rand liegen, so daß beim Nageln die Hornwand splittern und auch nicht hoch genug genagelt werden kann.

8.4.8 Das Richten des Hufeisens

Nachdem aus dem Sortiment der verfügbaren Eisen das passende gewählt wurde, müssen noch einige Handgriffe getätigt werden, die man unter dem Begriff „Richten des Hufeisens“ zusammenfaßt.

Dazu gehören das Anschmieden der Aufzüge, das Richten selbst und das Anbringen einer Zehenrichtung.

Das Anschmieden der Aufzüge. Das Vorderteil des Eisens wird, mit dem Falz nach unten, in das Feuer gelegt und beinah bis zur Weißglut erhitzt. Sodann läßt man das Vorderteil des Eisens soweit über den Amboß ragen, wie man glaubt, für den Aufzug nötig zu haben. Mit der Ballseite des Handhammers wird der Aufzug herausgearbeitet, bis er die gewünschte Form aufweist, d.h. an der Basis die ungefähr eineinhalbfache Eisenbreite, während die Höhe proportional zu Huf und Eisenstärke sein soll. Nach oben wir der Aufzug dünner, schmaler, und er wird auch abgerundet. Schließlich werden die Unebenheiten, die an der äußeren Hufeisenkante im Bereich des Aufzugs entstanden sind, auf dem Horn des Amboß überschmiedet.

Das Richten des Eisens. Hierzu muß das gesamte Eisen erhitzt werden. Die Schenkelenden werden auf der Rückseite, und zwar auf der Bahn des Amboß, sorgfältig überschmiedet und weiter auf dem Horn so lange bearbeitet, bis die gewünschte Form erreicht ist.

Das Anbringen einer Zehenrichtung. Normalerweise wird eine Zehenrichtung nur an Vorderhufeisen angebracht (an den Hinterhufeisen nur in Ausnahmefällen). Dabei wird das Eisen etwa vom ersten Hufnagelkopfgesenk in Richtung Zehenaufzug aufwärts gebogen, indem nacheinander beide Schenkel ein wenig angehoben werden und andererseits der Zehenaufzug einige Schläge erhält. Die Höhe dieser Biegung beträgt an der Zehe etwa die halbe Eisendicke. Die Zehenrichtung darf keinen Knick aufweisen, sondern muß fließend verlaufen. Sie dient dazu, das Abrollen des Hufes über die Zehe zu erleichtern.

8.4.9 Das Aufpassen des Hufeisens

Das Aufpassen wird mit dem mäßig warmen Eisen vorgenommen, das mittels Aufpaßzirkel (oder Lochdorn) aufgebrannt wird. Der Aufzug wird genau vor der Strahlspitze angelegt, und zwar dort, wo ein Teil der Hornwand deswegen weggenommen wurde. Das Eisen wird auf die Tragefläche gedrückt.

Eventuelle Unebenheiten werden mit der Raspel beseitigt, bis überall eine innige Verbindung zwischen Tragerand und Eisen besteht. Die Hufnagelkopfgesenke müssen genau auf der weißen Linie liegen. Mit Rücksicht auf den Hufmechanismus muß das Eisen in der Trachtengegend etwas großzügiger angepaßt sein (Garnitur). Die Innenseite ist aber, wegen der Gefahr des Streichens, knapper zu halten als die äußere.

8.4.10 Das Fertigstellen des Eisens

Falls notwendig, wird der Aufzug glatt geschliffen oder gefeilt. Die scharfen Kanten werden, sowohl an der Ober- als auch an der Unterseite, sorgfältig schräg abgefeilt oder abgeschliffen. Eventuell müssen die Hufnagelkopfgesenke noch einmal mit einem entsprechenden Lochdorn nachgelocht werden. Aber immer von der Falzseite aus und nicht von der Tragefläche, da sich das Gesenk sonst von zwei Seiten aus mit einer Einschnürung (a) weitet (Abb. 184). Das daran befestigte Eisen wird dann schneller locker.

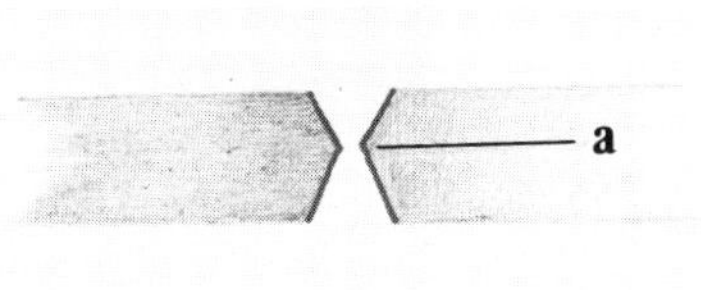

Abb. 184. Hufnagelloch, das von zwei Seiten her durchgeschlagen wurde.

8.4.11 Das Aufnageln

Die Auswahl der Hufnägel. Man muß passende Nägel verwenden. Der Nagelkopf (Abb. 185) ragt von seinem schrägen Rand (r) ab unter dem Eisen heraus und kann dann gut eingeschlagen werden. Beim Aufnageln werden zuerst die beiden Zehenhufnägel eingeschlagen. Dann läßt man zuerst

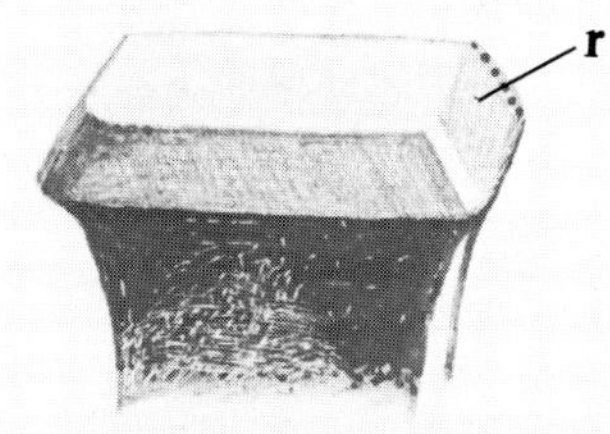

Abb. 185. Nagelkopf mit abgeschrägtem Rand (r).

den Fuß absetzen, um die Lage des Hufeisens zu kontrollieren. Ist sie in Ordnung, wird der Zehenaufzug angeschlagen, um eine Verschiebung zu verhindern. Dann wird das Eisen fertig aufgenagelt. Die austretenden Nagelspitzen werden in Richtung des Hufes umgebogen. Sie müssen in Höhe des unteren Drittels der Hornwand erscheinen und werden dann unmittelbar an der Wand abgekniffen.

Mit dem Unterhauer wird nun unter jedem abgekniffenen Nagel eine Delle in der Hornwand angebracht. Die Nietvorrichtung der Hufbeschlagzange wird oberhalb des abgekniffenen Nagels gehalten, der Nagel etwas angezogen und in das Nagelbett geschlagen (Vernieten der Hufnägel).

8.4.12 Abschließende Arbeiten

Der Huf wird mit der Raspel (nicht zu stark) geglättet. Auch die Niete werden beraspelt und der Rand des Hufeisens mit der Seitenkante der Raspel bearbeitet. Die alten Nagellöcher werden mit Hufkitt aufgefüllt, um das Eindringen von Feuchtigkeit zu verhindern.

Beim Aufnageln werden sowohl die Vorder- als auch die Hinterbeine nach hinten aufgenommen und zwischen die Oberschenkel geklemmt. Für die abschließenden Arbeiten werden die Vorderhufe auf den Beschlagbock oder auf die Oberschenkel gesetzt.

Abb. 186. Beschlagen des Vorderbeins.
1 = Öffnen der Niete mit Nietklinge oder Kappmesser

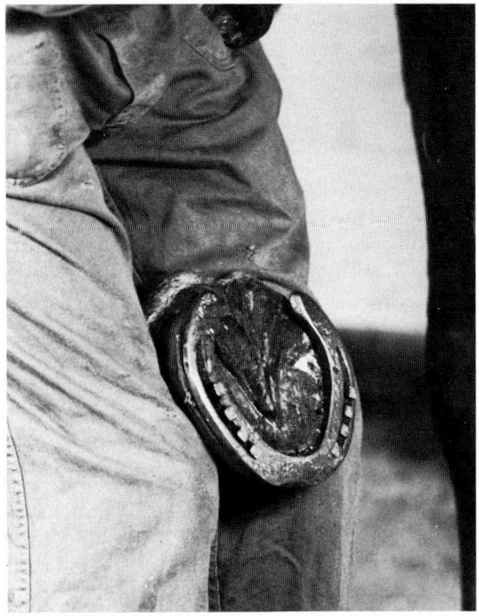

3 = Das gelockerte Eisen wird wiederum zurückgeschlagen, so daß die Nagelköpfe herausstehen

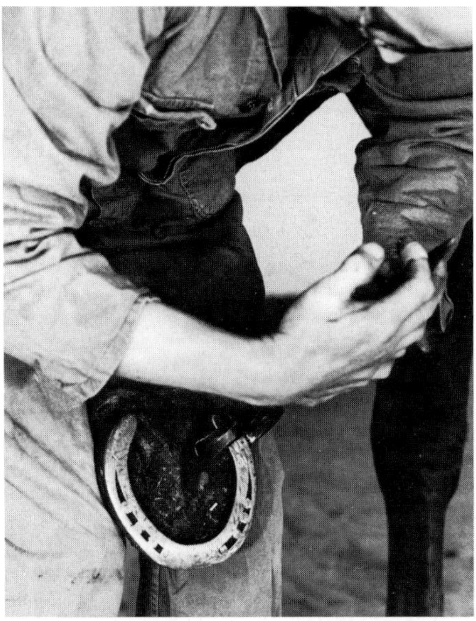

2 = An den Schenkelenden wird das Eisen gelüftet

4 = Entfernen der Nägel

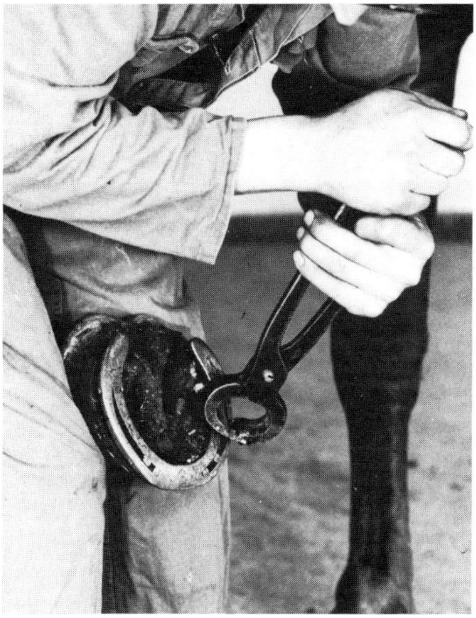

5 = Fortsetzung

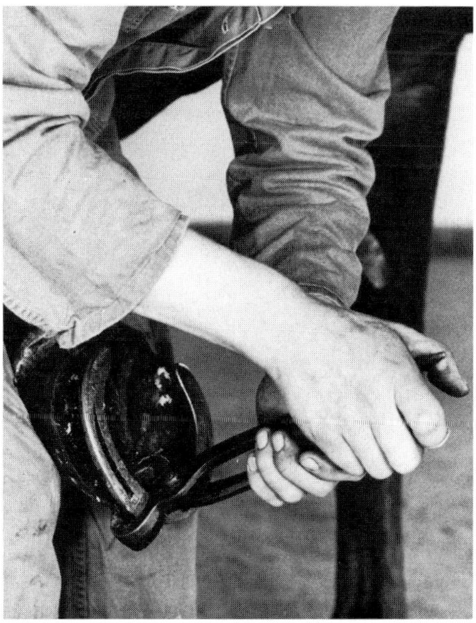

6 = Das Eisen wird mit der Abnehmzange entfernt

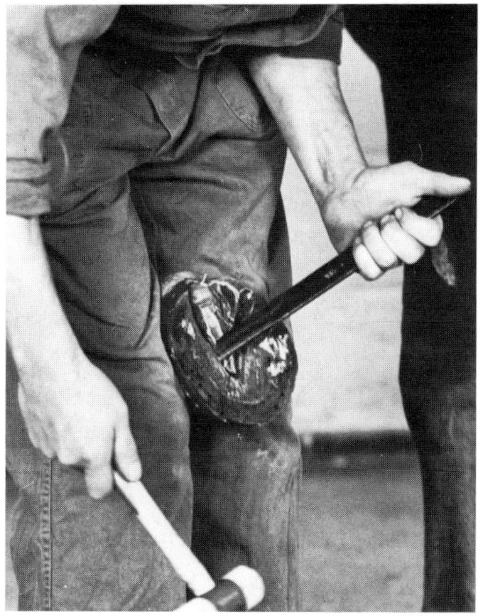

7 = Ausschneiden des Strahls mit Hauklinge und Klopfschlegel

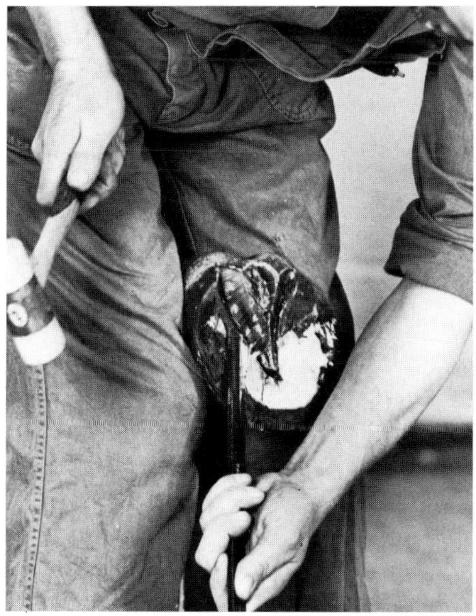

8 = Überflüssiges, hartes Horn wird mit Hauklinge und Klopfschlegel entfernt

9 = Kürzen des Tragerandes

10 = Auch die innere und äußere Trachtengegend werden ausgeschnitten

11 = Nachschneiden des Strahls mit dem Rinnhufmesser

12 = Nachschneiden der Sohle mit dem Rinnhufmesser

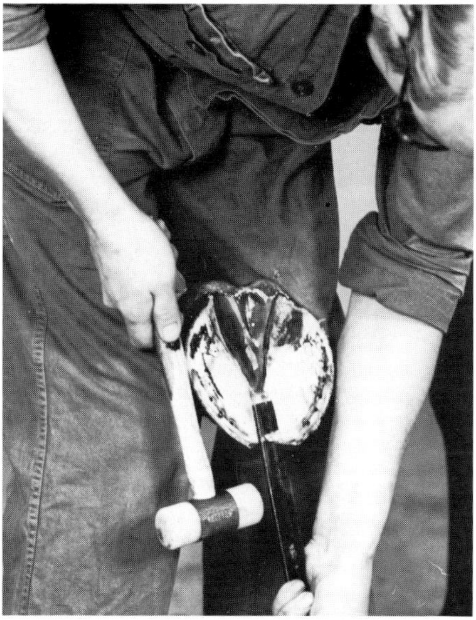

13 = *An der Stelle des Zehenaufzuges wird ein Stück Horn im Zehenbereich der Hufwand entfernt*

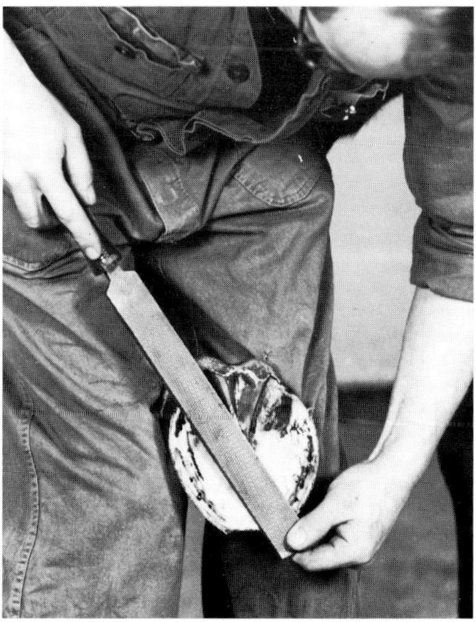

14 = *Der Tragerand wird glatt geraspelt*

15 = *Nachbessern der Hornwand im Zehenbereich*

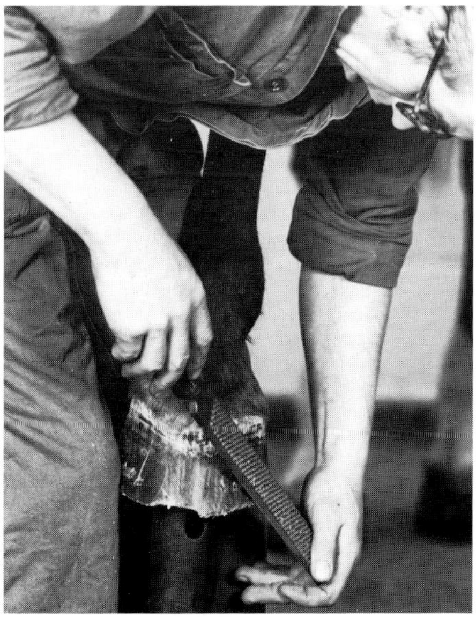

16 = *Weiteres Überarbeiten der Wand*

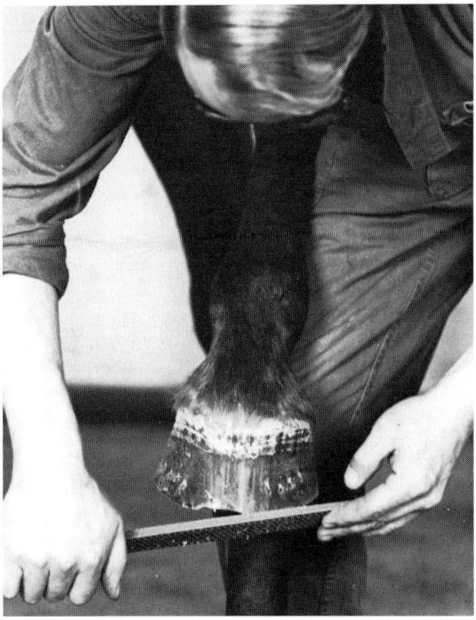

17 = *Die scharfe Kante des Tragerandes wird gebrochen*

18 = *Das passende Fabrikhufeisen wird ausgewählt*

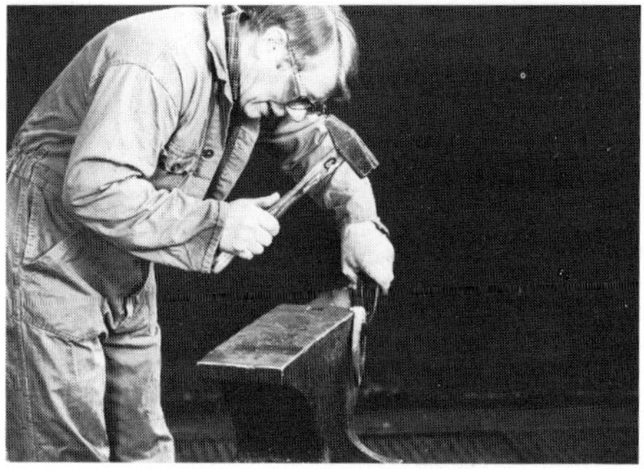

19 = *Anziehen des Zehenaufzugs (Abb. 179 – 21, 22, 23)*

20 = *Die Schenkelenden werden überschmiedet*

21 = *Anschließend werden sie verhauen*

22 = *Fortsetzung*

23 = *Eine Zehenrichtung wird angebracht*

24 = *Das Eisen wird in mäßig warmem Zustand aufgepaßt*

25 = *Das Eisen mit Aufzug wird aufgebrannt*

26 = *Einschlagen der Hufnägel. Man beginnt mit den Zehennägeln*

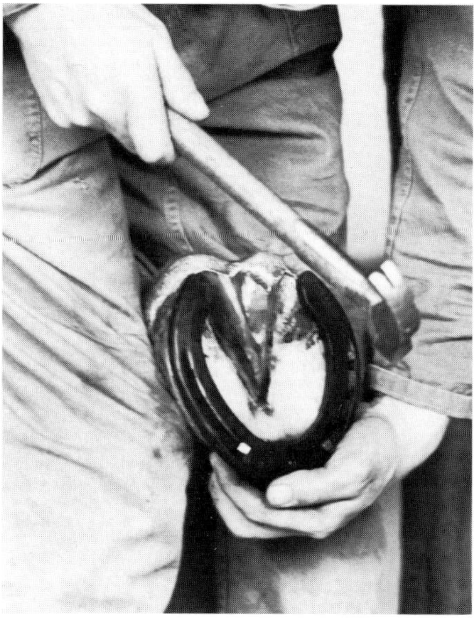

27 = Fortsetzung

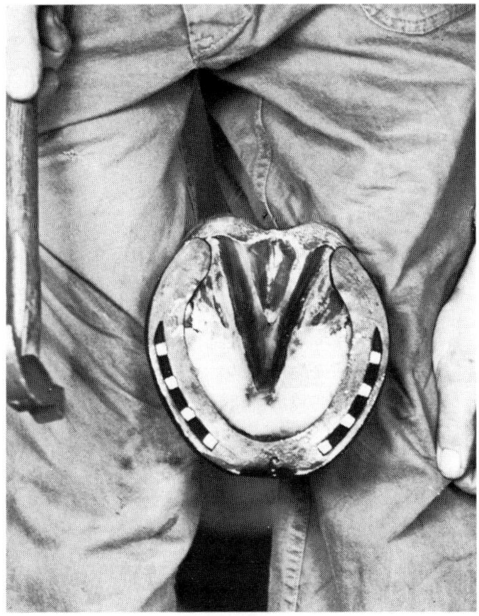

29 = Nun werden die restlichen Hufnägel eingeschlagen

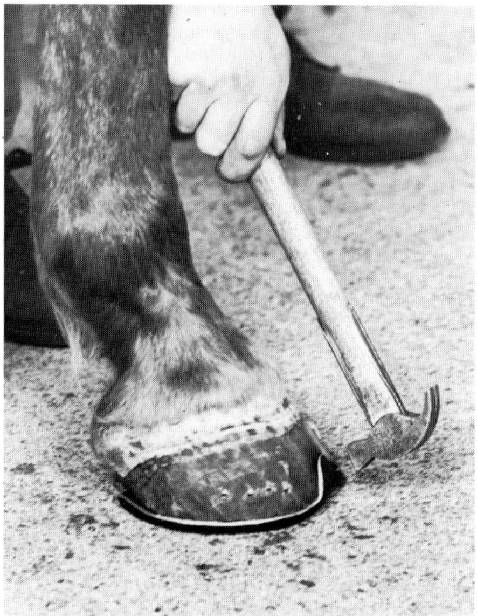

28 = Das Eisen ist zunächst mit zwei Hufnägeln befestigt, das Pferd soll auffußen. Sitzt das Eisen korrekt, wird der Aufzug angeschlagen

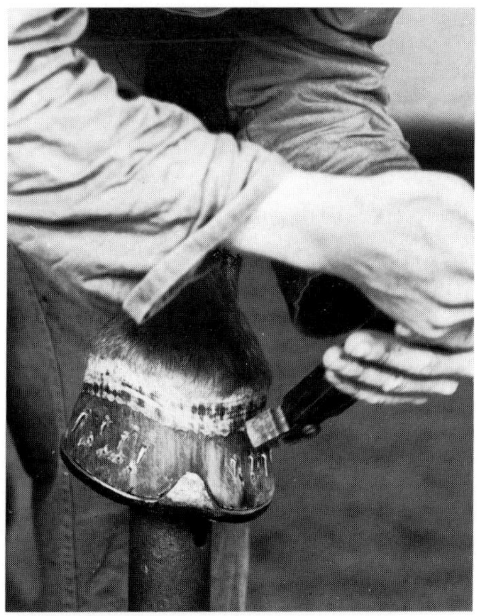

30 = Der Fuß steht auf dem Beschlagbock. Die umgebogenen Nägel werden knapp über der Wand abgekniffen

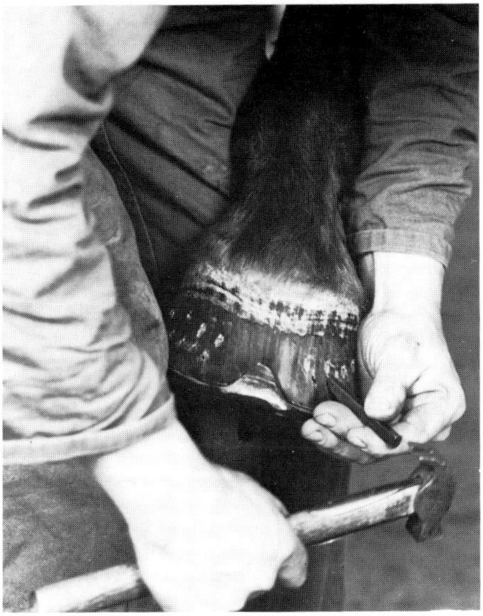

31 = *Mit dem Unterhauer werden unterhalb der Nägel kleine Dellen (Nietbett) in der Hornwand angebracht*

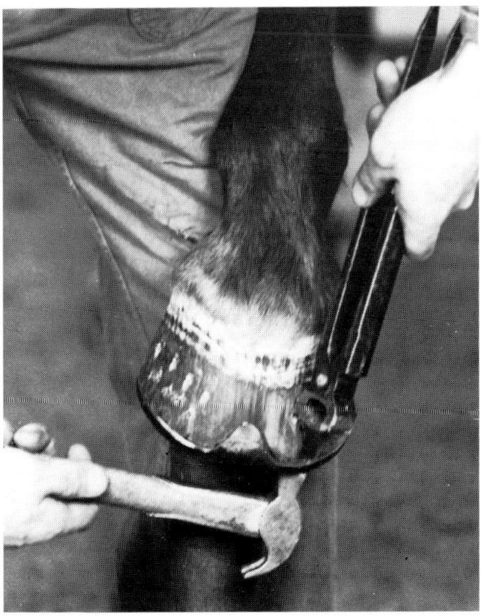

32 = *Anziehen der Nägel mit der Nietvorrichtung der Hufbeschlagzange*

33 = *Die Niete werden in das Nagelbett geschlagen (umgenietet, eingebettet)*

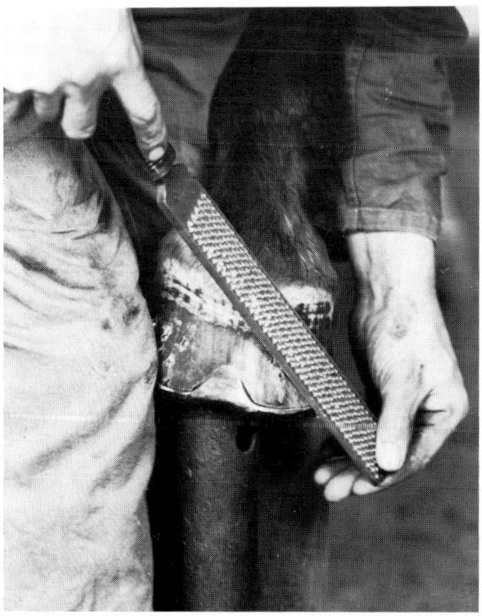

34 = *Die Niete werden geglättet*

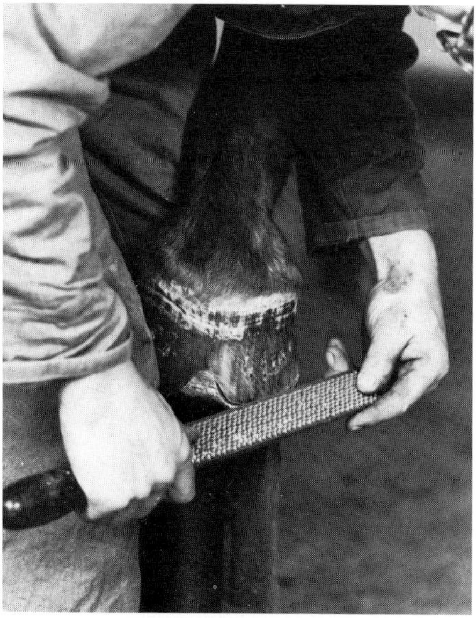

35 = Die Tragerandkante wird gebrochen

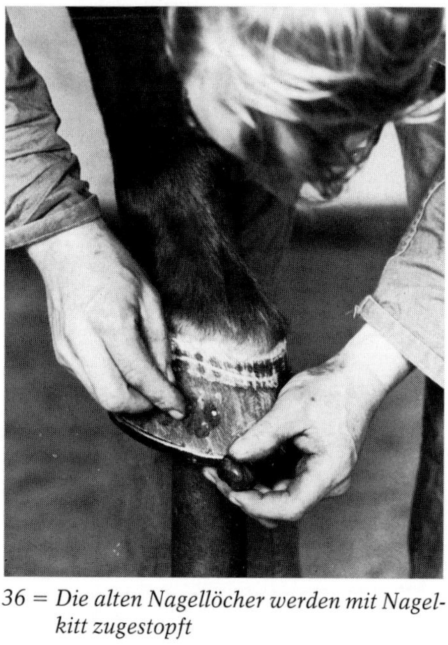

36 = Die alten Nagellöcher werden mit Nagelkitt zugestopft

Bei friedlichen Pferden bringen das Aufnehmen nach vorne und hinten bzw. das Halten auf dem Beschlagbock oder dem Oberschenkel keinerlei Probleme mit sich. Widerspenstige oder unberechenbare Tiere erfordern erhöhte Vorsicht des Schmiedes, ohne daß dabei die Sicherheit der Pferde zu kurz kommen muß. Gewisse Maßregeln sollten beachtet werden bzw. sind notwendig, wenn schwierige Pferde an den Hinterhufen beschlagen werden (Zwangsmittel, Beruhigungsmittel, die der Tierarzt verabreicht, im äußersten Notfall fesseln und unter Narkose hinlegen; Kap. 5).

8.5 Das Umbeschlagen und das Erneuern des Beschlags

Der Beschlag sollte regelmäßig vorgenommen werden. Ist das Eisen abgenutzt, muß es abgenommen und durch ein neues ersetzt werden. Ist es dagegen noch wenig abgeschliffen (z.B. wenn die Pferde auf weichem Boden gehen), kann es nach Korrektur der Hufe wieder aufgenagelt werden. Letzteres nennt man *Umbeschlagen*. Die Häufigkeit von Umbeschlagen oder Beschlagserneuerung hängt ab von

- der Art und Weise, wie das Pferd sich bewegt
- dem Hornwachstum bzw. der Hornbeschaffenheit
- der Art und Weise, wie das Pferd geritten wird
- der Bodenbeschaffenheit oder dem Terrain, wo das Pferd gearbeitet wird
- der Art des Beschlags und dessen Ausführung (z.B. Aufnageln)
- verschiedenen Umständen in Abhängigkeit vom Pferd, der Jahreszeit, der Umgebung und einer großen Anzahl weiterer, sehr stark differierender Faktoren.

Im Schnitt kann man davon ausgehen, daß

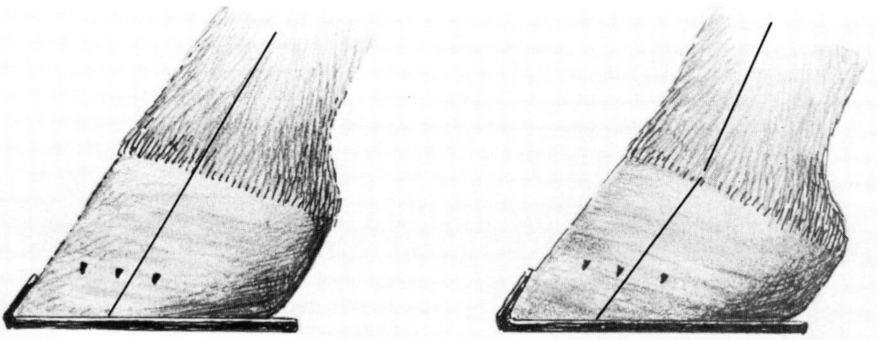

Abb. 187. Die Fessellinie knickt nach hinten um, wenn der Zehenbereich länger und die Trachtengegend kürzer werden.

der Beschlag einmal alle 6 bis 8 Wochen erneuert oder daß umbeschlagen werden muß. Aber auch hier gibt es Unterschiede. Bei manchen Tieren ist es erst nach acht Wochen Zeit, an ein Umbeschlagen oder Beschlagserneuern zu denken, bei anderen bereits nach 4 bis 6 Wochen. Die Hornwand wächst von oben nach unten kontinuierlich etwa 1 cm/5 Wochen. Sohle, Strahl usw. werden von der Matrix aus ebenfalls stets erneuert. Unter natürlichen Umständen nutzt sich die Hornwand von alleine ab und stößt auch das überflüssige Sohlen- und Strahlhorn von selbst ab. Bei beschlagenen Tieren nutzt die Hornwand (vor allem im genagelten Teil) nicht ab, und vor allem löst sich das überschüssige Sohlen- und Strahlhorn nicht ab. Ist das Pferd korrekt genagelt (d.h. nur im vorderen Bereich der Seitenwand), ist der Hufmechanismus in der hinteren Hufhälfte nicht behindert. In diesem Bereich nutzt sich der Tragerand dann auch gut ab. Der Zehenbereich wird länger, der Trachtenbereich reibt sich auf den Schenkelenden ab. Das führt nach einigen Wochen zu einer veränderten Hufform mit langem Zeh und kurzen Trachten und auch einem Abknicken der Fessellinie nach hinten (Abb. 187).

Wurde das Eisen längere Zeit nicht abgenommen, sieht man häufig den Tragerand des Hufes in der Trachtengegend vermehrt nach außen und nach hinten über die Tragefläche der Hufeisenschenkel hinaus ragen, so daß von der „Garnitur" nicht mehr allzu viel übrigbleibt und der Tragerand dadurch über den Eisenrand hinaus selbst auf dem Boden ruht. Selbst wenn das Eisen nach sechs bis acht Wochen kaum abgenutzt ist, muß es doch aus oben genannten Gründen abgenommen werden. Der Tragerand wird mit Hauklinge und Klopfschlegel eingekürzt, dann wird das lose Horn von Sohle, Strahl und Eckstreben entfernt, und zwar erst mit der Hauklinge, dann noch einmal ausgedünnt und in die richtige Form mit Hauklinge oder Rinnhufmesser gebracht. Bei dieser Arbeit (Kürzen des Tragerandes, Ausschneiden von Sohle und Strahl) muß die Richtung der Fessellinie beachtet werden. Dafür muß der Fuß regelmäßig abgesetzt werden, um zu sehen, ob die beiden Ziele – nämlich richtige Proportionen und gerade Fessellinie – erreicht werden. Hat der Huf wieder seine richtigen Ausmaße und ist die Fessellinie gerichtet, kann das Eisen wieder aufgenagelt werden (das alte, wenn es noch nicht abgenutzt ist, ein neues, wenn das alte nicht mehr brauchbar ist).

Unter bestimmten Umständen (z.B. bei Rennpferden oder bei sehr schwerer, intensiver Arbeit) kann ein häufigerer Wechsel der Beschläge notwendig sein. Dem Huf kommt das Prinzip niemals zu gute, daher sollte man diesen häufigen Beschlagwechsel möglichst vermeiden. Hauptgrund dafür ist die Schwächung der Hornwand durch das viele Nageln. Rennpferde werden deshalb sehr niedrig genagelt.

Ist das alte Eisen sehr unregelmäßig abgelaufen, beispielsweise im Vorderteil mehr als an den Schenkelenden, oder an der inneren Randfläche mehr als an der äußeren, muß man in Erwägung ziehen, ob nicht durch kleine Korrekturen beim Kürzen und Erneuern des Eisens ein flacheres Auffußen und eine regelmäßigere Abnutzung gefördert werden können.

8.6 Vor- und Nachteile des Hufbeschlags

Das Beschlagen der Hufe dient dazu, den Tragerand vor zu starkem Verschleiß zu schützen. Und dazu ist ein Beschlag, wie in vorigen Kapiteln bereits beschrieben, die wirkungsvollste Möglichkeit. Die Erfahrung von nicht weniger als 2000 Jahren hat die Richtigkeit dieser Maßnahme bestätigt. Immer wenn der Tragerand zu stark abgenutzt wird, ist ein Hufbeschlag das Mittel der Wahl. Durch alle Jahrhunderte hindurch und überall in der Welt waren Pferde immer wieder Umständen ausgesetzt, die ein Beschlagen der Hufe erforderlich machten.

Auch in sehr guten Fachbüchern über Hufpflege und Hufbeschlag wird häufig die Meinung vertreten, Hufbeschlag sei ein notwendiges Übel. Dem muß widersprochen werden. Nur, wenn man davon ausgeht, daß das Pferd zu Unrecht domestiziert wurde, kann man vom notwendigen Übel des Hufbeschlages sprechen. Es gibt Menschen, die den gesamten Prozeß der Haustierwerdung bei allen Tierarten als ein Übel ansehen. Denjenigen, die der Domestikation positiver gegenüberstehen, sie als Notwendigkeit betrachten, muß aber klar werden, daß durch die Haustierwerdung die Tiere (Pferde) Lebensumständen unterworfen werden, die sich doch sehr von ihren ursprünglichen unterscheiden.

Eine direkte Folge davon kann für die Pferde die verstärkte Abnutzung des Tragerandes sein. Der wirkungsvolle Schutz dagegen, der Hufbeschlag, ist daher ein notwendiges Gut. Die Vorteile des Hufbeschlags decken sich daher mit den Gründen, warum Hufe beschlagen werden

- Schutz des Tragerandes vor zu starker Abnutzung
- Fördern einer korrekten Gliedmaßenstellung und guter Gänge
- Vermindern der Rutschgefahr im Gelände und auf Wegen, die z.B. bei Schlechtwetter glatt sind (man denke nur an die nassen Böden im Herbst, mit denen die Pferde bei Jagden, Querfeldeinrennen oder auch bei der Herbstbestellung auf dem Acker klarkommen müssen) sowie auch bei Eis und Schnee.

Wenn an früherer Stelle darauf hingewiesen wurde, daß die beiden letztgenannten Punkte für sich allein kein ausreichender Grund für einen Beschlag sind, muß dies doch insoweit korrigiert werden, als eine korrekte Gliedmaßenstellung und einwandfreie Gänge zwar schon durch sorgfältiges Kürzen der Hufe gefördert werden können, daß aber das Anbringen von Eisen doch wesentlich wirkungsvoller ist.

Was das Ausrutschen betrifft, ist es in der Tat so, daß ein unbeschlagener Huf griffiger als ein beschlagener ist. Wie dem auch sei, viele Pferde müssen dennoch beschlagen werden; es gibt dann allerdings Maßnahmen, die der Rutschgefahr effektiv entgegenwirken.

Als Nachteile des Hufbeschlags kann man anführen

- Es ist ein Eingriff in die „Natur“ des Hufes, denn es wird ein körperfremder Gegenstand mit Nägeln an der Hornkapsel befestigt.
- Ein Hufbeschlag behindert in gewissem Maße die normale Beweglichkeit der Hornkapsel, fixiert also den Huf.
- Die Nägel beschädigen die Hornwand.
- Das Gewicht der Eisen kann zu Problemen führen (es ist vor allem auch wiederum nicht natürlich).
- Der beschlagene Huf steht auf einer Erhöhung.
- Dadurch trocknet der Huf leichter aus.
- Es fehlt am Gegendruck auf Sohle und Strahl. Andererseits stellt sich die Frage, inwieweit Sohle und Strahl bei gänzlich freilebenden oder bei den halbwilden Tieren Nord-Amerikas oder Polens denn nun wirklich tragen. Die Sohle ist bei diesen freilebenden Pferden meist so weit ausgehöhlt, daß von einem Gegendruck gegen Sohle und Strahl nicht die Rede sein kann.
- Das Eisen vermindert die natürliche Stoßdämpfung; das ist bei den Ausdehnungsmöglichkeiten, die ein unbeschlagener Huf hat, mit Sicherheit besser.
- Eisen erhöhen die Rutschgefahr.
- Durch das Aufnageln in der vorderen Hufhälfte nutzt der Tragerand im Zehenbereich nicht ab, dagegen aber in der Trachtengegend, so daß sich nach einigen Wochen die Hufform (und auch die Fessellinie) verändert.

Wird ein Hufbeschlag korrekt ausgeführt, wobei vor allem nicht mehr genagelt werden sollte als unbedingt erforderlich und auch nicht zu weit in den hinteren Bereich, erweisen sich die meisten Bedenken als gegenstandslos. Alles in allem ist der Hufbeschlag für viele Pferde unter den verschiedensten Umständen ein Segen und unentbehrlicher Bestandteil einer sorgfältigen Versorgung des Pferdes als ganzem und des Hufes im besonderen, vorausgesetzt er ist sachkundig angebracht, gut gepflegt und wird beizeiten umbeschlagen oder erneuert.

9 Sonderbeschläge

Sonderbeschläge können erforderlich sein bei

- besonderen Witterungsverhältnissen
- besonderen Bodenverhältnissen
- besonderen Anforderungen an die Pferde.

Das unter den beiden erstgenannten Punkten Aufgeführte fällt größtenteils zusammen. Heutzutage ist das Arbeitsgebiet der Hufschmiede auf das eigene Land beschränkt. In der Vergangenheit gehörten dazu aber auch große Gebiete in anderen Ländern und Erdteilen, die mit dem ihnen eigenen Klima und Bodenbeschaffenheit gänzlich andere Anforderungen an einen Hufbeschlag stellten. Im folgenden sollen aber nur die hiesigen Witterungs- und Bodenverhältnisse Berücksichtigung finden.

9.1 Besondere Witterungsverhältnisse

9.1.1 Schnee

Neuschnee kann sich als „Schneeball" zwischen Sohle und Strahl anhäufen (sogenanntes *Einballen*), und zwar vor allem bei beschlagenen, bisweilen aber auch bei unbeschlagenen Hufen. Der zusammengeballte Schnee steht als halbrunder Schneeball unter der Bodenfläche des Eisens hervor, so daß das Pferd sehr unsicher auf den Beinen steht und große Probleme bei der Fortbewegung hat. Man muß also Maßnahmen ergreifen, wenn Pferde bei Neuschnee arbeiten müssen (sowohl unter dem Sattel als auch angespannt). Handelt es sich nur um einzelne Ausritte, genügt in den meisten Fällen das Einreiben der Sohle mit Fett, Öl oder grüner Seite. Werden die Pferde dagegen im Winter häufig auf verschneiten Wegen geritten, sollte ein Beschlag angebracht werden, der das Einballen von Schnee verhindert. Das kann man erreichen mit:

Schneeplatten. Dabei handelt es sich um eiserne Platten, die an die Hufeisen angepaßt werden. An der Vorderseite müssen sie aber eine weitere Rundung haben. Dieser vordere Rand wird zwischen Tragerand des Hufes und das Eisen geschoben. Am hinteren Ende werden die Platten an der Bodenfläche der Hufeisenschenkel mit Schraubstollen am Eisen befestigt.

Spezielle Gummieinlagen. (Unter den verschiedensten Bezeichnung, z.B. Hufgrip erhältlich.) Diese werden mit den Hufnägeln

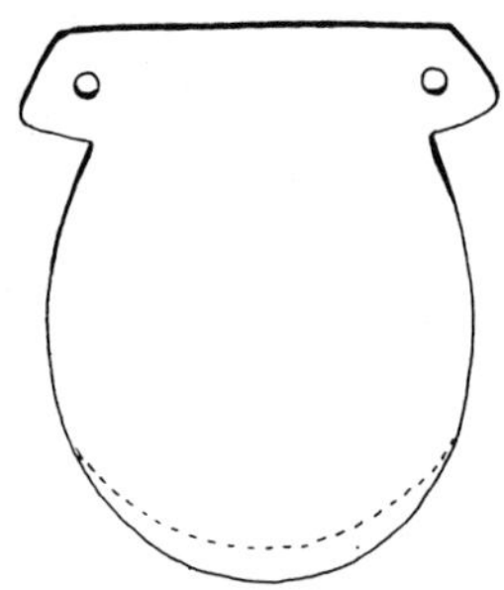

Abb. 188. Schneeplatte.

a

b

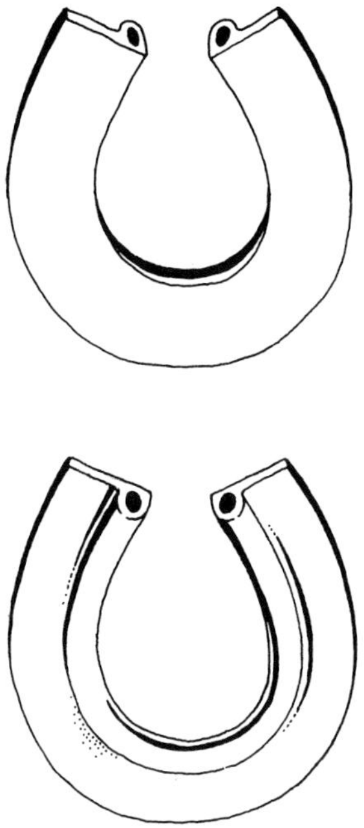

Abb. 189. Spezielle Gummieinlage, die das Einballen von Schnee verhindert (siehe Text).
a = Oberseite
b = Unterseite

zwischen Huf und Eisen befestigt. Die Sohle bleibt dabei frei. Die Einlagen sind an ihrer Unterseite mit einer Art Schlauch versehen, der genau am inneren Eisenrand entlang verläuft. Da er eingedrückt werden kann, ist er bei jedem Schritt in Bewegung und verhindert so das Einballen von Schnee.

Einlagen aus Leder oder Plastik. Sie werden zwischen Eisen und Hufsohle angebracht und mit Nägeln befestigt und decken die gesamte Sohle ab (Beschreibung siehe Kap. 13.10). Alter, festgetretener Schnee hat die gleichen Auswirkungen wie Glatteis. Maßnahmen dagegen werden deshalb unter diesem Begriff besprochen.

9.1.2 Eis

Arbeiten auf dem Eis (gefrorene Flüsse, Kanäle) wird kaum mehr verlangt (von einigen Ausnahmen abgesehen, z.B. Pferdeschlitten, häufig auf Kunsteisbahnen). Es geht hauptsächlich um vereiste und mit festgebackenem Schnee bedeckte Wege, aber auch allgemein um glatte Strecken. Zweierlei Maßnahmen können ergriffen werden:

- scharfe Stollen
- Eisnägel.

Scharfe Stollen gibt es in verschiedenen Ausführungen. Feste (angebogene oder angeschweißte) Stollen werden fast gar nicht mehr verwendet und sind als feste Stollen sicher ungeeignet. Es geht daher immer um austauschbare Stollen, die unterschieden werden in Steckstollen und Schraubstollen.

Gewöhnlich werden Steck- und Schraubstollen an den Schenkeln, bisweilen auch beiderseits im Zehenbereich angebracht. Der Steckstollen hat einen konisch zulaufenden Zapfen, der in das kegelförmige Stollenloch im Eisen paßt. Beim Schraubstollen ist demgegenüber ein Gewinde vorhanden, das in eine entsprechende Öffnung im Eisen gedreht wird. Steckstollen werden häufiger verloren als Schraubstollen. Schraubstollen haben dagegen den Nachteil, daß sie schwer zu entfernen, geschweige denn nochmals zu nutzen sind, wenn sich der Stollenzapfen oder das Schraubstollenloch im Eisen nur ein wenig verbiegen. Für beide gilt, daß sie im Stall abgenommen werden müssen, damit sich das Pferd nicht an ihnen verletzt (vor allem am Ellbogenhöcker).

Eisnägel haben einen spitzen, keilförmigen Kopf. Sie sind äußerst wirkungsvoll bei Eis- und Schneeglätte, aber auch bei aufgeweichten Rennstrecken (z.B. nach schweren Regenfällen). Auch sind sie praktisch im Ge-

a

b

c

Abb. 190.
a = Verschiedene Formen scharfer Stollen (Steck- und Schraubstollen).
b = Hufeisen mit Schraubstollenlöchern
c = Hufeisen mit vier scharfen Stollen

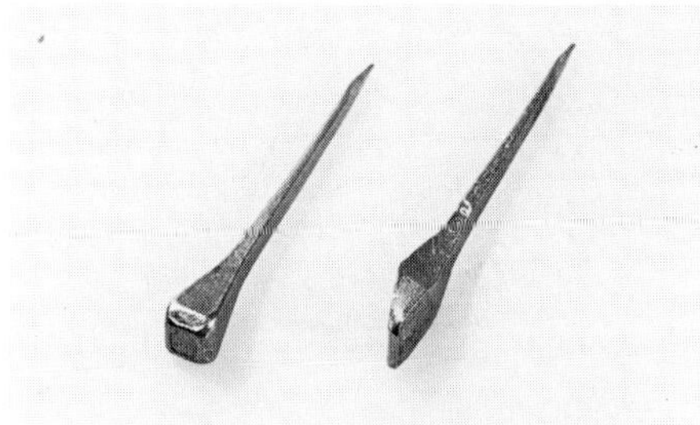

Abb. 191. Normaler Hufeisennagel mit schlankem Kopf, daneben ein Eisnagel mit schlankem, meißelförmigem Kopf.

brauch, das gilt vor allem für plötzlich auftretende Glätte auf Wegen und Strecken.

Meist werden beim beschlagenen Pferd an inneren und äußeren Hufeisenschenkeln jeweils ein bis zwei normale Nägel entfernt und durch Eisnägel ersetzt. Sie sind auch nur für kurzen Gebrauch vorgesehen, da sie sich auf harten Böden zu schnell abschleifen. Im Stall sollten sie entfernt werden, da sie beim liegenden Pferd zu Verletzungen führen können. Bei Wettkämpfen (Querfeldeinrennen, Springprüfung) werden sie kurz vorher angebracht und direkt nach Ablauf der Veranstaltung wieder abgenommen. Häufig sind Turnierreiter, nach einigem Üben unter sachkundiger Anleitung eines Hufschmiedes, selbst in der Lage, Eisnägel einzuschlagen und zu entfernen. Sie werden in die normalen Hufnagelkopfgesenke getrieben.

Es hängt von den Umständen ab, ob man sich für scharfe Stollen entscheidet (z.B. dauerhafter Einsatz der Pferde auf glattem Boden) oder für Eisnägel.

9.2 Besondere Bodenverhältnisse

Nach dem, was in Kapitel 9.1 an Maßnahmen für schnee- oder eisglatte Böden genannt wurde, bleibt eigentlich nicht viel hinzuzufügen, was rutschige Böden anbelangt. Hier geht es vor allem darum, das Ausgleiten zu verhindern auf

- Springplätzen
- Rennbahnen
- Querfeldeinrennstrecken
- Jagdstrecken usw.

Hier kann man wie bei Schnee- und Eisglätte Gebrauch von scharfen Stollen und/oder Eisnägeln machen. Für Rennpferde und Traber sind diese Vorkehrungen meist nicht geeignet und/oder auch nicht üblich. Rennpferde tragen derart leichte, schmale Eisen, daß darin Schraubstollenlöcher nicht angebracht werden können. Eisnägel haben oft unerwünschte Nebeneffekte (durch das feste Einhauen in die Grasnarbe), die die Schnelligkeit nachteilig beeinflussen. Bei Rennpferden (Galoppern) werden deshalb meist Eisen mit durchlaufendem Falz verwendet. Dieser füllt sich mit Erde und Staub an und verhindert so vollkommen ausreichend das Ausrutschen der Pferde. Auch bei Hindernisrennen können wirkungsvolle Maßnahmen gegen das Ausrutschen ergriffen werden. Die Bodenverhältnisse der Rennbahnstrecke als Teilbereich bei der Military sind von besonderer Bedeutung. Die daran teilnehmenden Pferde werden aber weniger mit Renneisen, als vielmehr mit Jagdeisen beschlagen (siehe dort), die mit Löchern für das Anbringen von Schraubstollen versehen sind.

Auch bei Trabern werden die „Anti-Rutsch-Maßnahmen" nicht angewendet (Eisnägel, austauschbare, scharfe Stollen). Der Traberbeschlag wird in Kap. 9.3.6 besprochen, und dort kommen auch die hierfür erforderlichen Vorkehrungen zur Sprache.

9.3 Besondere Anforderungen an die Pferde

Ungeachtet der Tatsache, daß das Pferd keine Bedeutung mehr im Straßenverkehr, bei der Armee oder in der Landwirtschaft hat, gibt es doch eine große Mannigfaltigkeit in der Art und Weise, wie die Pferde vor allem in Sport und Freizeit, unter dem Sattel oder angespannt, eingesetzt werden. Der steigende Wohlstand hat dazu geführt, daß der Anteil an Sport- und Freizeitpferden von 1960 bis heute stark zugenommen hat. Man unterscheidet

- Reitpferde und -ponys, vor allem für die Freizeit
- Fahrpferde und -ponys, ebenfalls für die Freizeit
- Dressurpferde
- Springpferde
- Militarypferde
- Jagdpferde
- Fahrpferde für den Fahrsport
- Hackneys
- Rennpferde
- Traber.

In unseren Nachbarländern, namentlich Großbritannien, kommen dann noch eine ganze Reihe weiterer Einsatzmöglichkeiten hinzu, wie z.B. Hindernisrennen und Polo. In anderen Kontinenten, und hier wiederum den USA, kennt man Gebrauchsformen, die ihrerseits einen speziellen Beschlag erfordern, z.B. für Pacer, Pferde mit besonderen Gangarten (American Saddlehorse, Tennessee Walker) und Pferde, die bei der Arbeit mit Rindern eingesetzt werden. Im folgenden wird aber nur auf Beschläge eingegangen, die hierzulande gebräuchlich sind.

9.3.1 Reit- und Fahrpferde bzw. -ponys

Bei normalem Gebrauch von Pferden und Ponys unter dem Sattel und/oder angespannt genügt ein normaler Hufbeschlag.

9.3.2 Dressurpferde

Für Dressurpferde ist ein normaler Beschlag in der Regel vorzuziehen.

9.3.3 Spring-, Military- und Jagdpferde

Bei Spring-, Military- und Jagdpferden werden häufig Greifeisen verwendet, die an den Schenkeln mit Löchern für das Anbringen von Schraubstollen versehen sind. Man nennt sie auch Jagdeisen. Die Vordereisen sind mit einer kräftigen Zehenrichtung versehen sowie kurzen Schenkeln, die bodeneng gerändert sind. Der äußere und vor allem der innere Rand sollen ebenfalls bodeneng geschmiedet sein. Dadurch wird die Tragefläche beiderseits des Falzes zu einem sehr schmalen Streifen. Das fördert die Griffigkeit beim Auffußen. Die Eisen sind dem Tragerand präzis angepaßt und haben wenig Garnitur. Der Zehenteil der Hinterhufeisen ist gerade, so daß der Tragerand des Hufes ein wenig darüber hinausragt. Außerdem sind sie mit Seitenaufzügen versehen. Der äußere und der innere Rand sind, ebenso wie die Vordereisen, bodeneng geschmiedet.

Ist das Gelände rutschig, kann man auch einige Nägel durch Eisnägel ersetzen. Die Wahl Stollen oder Eisnägel ist zum Teil Frage des persönlichen Geschmacks. Die gewöhnlichen Farbikhufeisen für Reitpferde weisen heutzutage immer mehr Ähnlichkeit mit Jagdeisen auf. In Kapitel 10.8 werden Greifeisen näher beschrieben.

9.3.4 Gespannpferde im Fahrsport

Fahrpferde für bestimmte Disziplinen erhalten, um den erwünschten erhabenen Gang zu fördern, schwere Eisen. Das dafür benö-

a

b

Abb. 192. Jagdeisen.
a = Vorderhufeisen
b = Hinterhufeisen

Abb. 193. Beschlag für Rennpferde.

tigte Gewicht wird durch ein mittels Schrauben angebrachtes zweites Eisen, das unter dem normalen liegt, erreicht. Nach Beendigung des Rennens wird es wieder entfernt.

9.3.5 Hackneys

Bei den Hackneys sind die Gangarten noch erhabener als bei der oben genannten Gruppe. Allerdings wird dieses nicht durch einen schwereren Beschlag bewerkstelligt, sondern man läßt den Huf viel höher wachsen, und vor allem die Trachtengegend wird geschont. Der Zehenwinkel wird dadurch, daß die Zehenwand relativ gesehen etwas kürzer gehalten wird, größer als 50°. Dadurch wird das Abrollen erleichtert, und das Bein wird höher aufgenommen, eigentlich schon beinah gefaltet, vor allem im Bereich des Vorderfußwurzelgelenks. Diese Erscheinung ist bei den Wettkämpfen des Hackneys gefragt. Die schweren Eisen der Fahrpferde sowie die hohe Hufform der Hackneys sind mit Sicherheit nicht förderlich für Sehnen und Gelenke dieser Tiere. Der Mensch gibt hier seinen Wünschen nach „schönen" Gängen eindeutig den Vorzug gegenüber dem, was eigentlich pferdetypisch ist. Man sollte sich immer wieder selbst die Frage stellen, wie weit man darin eigentlich gehen darf.

9.3.6 Rennpferde

In diese Gruppe gehören Galopper und Traber.

Diese Einteilung hat Allgemeingültigkeit, aber hierzulande unterscheidet man außerdem Flachrennen für Vollblüter unter dem Sattel und Trabrennen für Traber vor dem Sulky oder dem Speedcar.

In anderen Ländern gibt es für Rennpferde (Voll- und Halbblüter und andere Rassen) außer den Flachrennen auch viele verschiedenartige Hindernisrennen. In Frankreich sind es z.B. Trabrennen unter dem Sattel (Monté-Trabrennen). In den USA werden die Pferde (Standard-Rassen) je nach Anlage als Traber oder Paßgänger (Pacer) trainiert und geritten (gefahren), wobei letztere Gruppe zahlenmäßig die größere ist.

Flachrennen werden von englischen Vollblütern auf Grasbahnen bestritten (unter einem professionellen Jockey, aber auch unter Amateuren). Der Beschlag dieser Pferde muß in erster Linie sehr leicht sein. Materialien wie Leder, gepreßtes Papier oder Kunststoff haben sich nicht bewährt. Profilstahl, Metall-Legierungen und Aluminium dagegen schon. In der Regel sind diese Eisen mit einem durchgehenden Falz versehen. Dieser füllt sich während des Rennens mit Erde und Staub und verbessert die Griffigkeit. Die Eisen werden sorgfältig dem Tragerand angepaßt, haben aber keine Garnitur. Die Schenkel sind kurz und schließen mit den Trachtenecken ab.

Mit Rücksicht auf das häufige Wechseln des Beschlags verwendet man kürzere Nägel, die flach austreten. Man nagelt auch weiter nach hinten, um zu verhindern, daß das Eisen während des Rennens verloren wird. Ein verstärktes Profil an der Bodenfläche der Vorderhufeisen z.B. in Form eines kleinen scharfen Griffes im Zehenbereich soll die Rutschfestigkeit auf dem Turf verbessern. Außerdem sollen die Pferde bei dem hohen Tempo des Renngalopps dadurch in der Lage sein, den Körper mit mehr Kraft nach vorne zu werfen. Das rasche Abrollen über den Zeh wird dadurch allerdings verzögert, außerdem ist das Risiko von Verletzungen, die durch diese scharfe Niveauerhöhung entstehen können, gegeben. Bei den Hinterhufeisen wird der Zehenteil häufig gerade gehalten, um das Sichgreifen zu verhindern. Der Falz verläuft dann auch nicht durchgehend.

Der Beschlag der Rennpferde dient primär dem Schutz des Tragerandes vor zu

a c
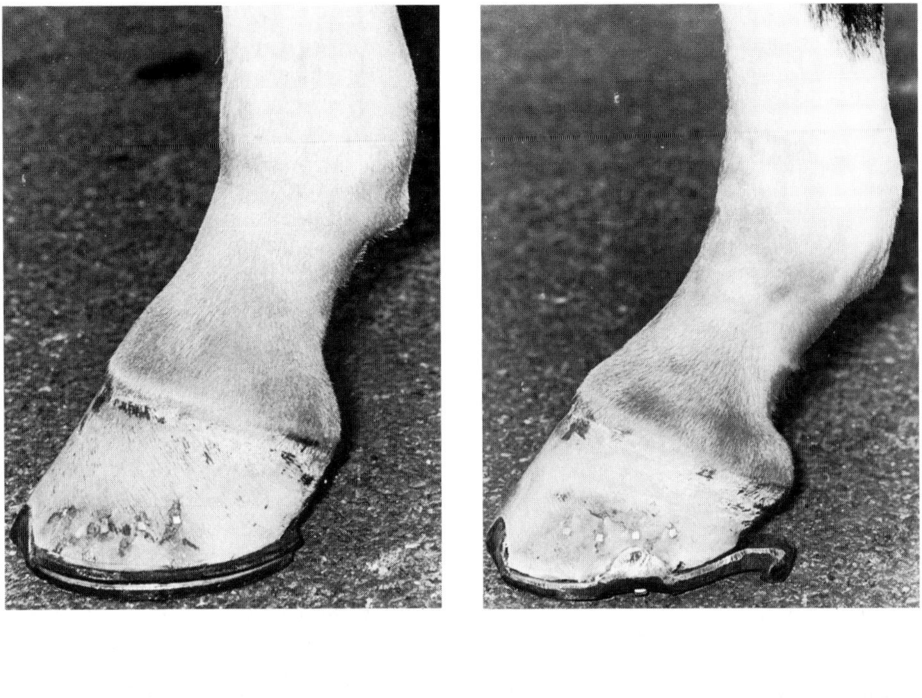
b d

Abb. 194. Beschlag für Hackneys.
a = Seitenansicht des Vorderhufes
b = Der Vorderhuf von unten gesehen
c = Seitenansicht des Hinterhufes
d = Der Hinterhuf von unten gesehen

starker Abnutzung. Der durchlaufende Falz ist einer verbesserten Rutschfestigkeit auf dem Turf sicherlich dienlich. Griffe, Stollen u.ä. werden im allgemeinen nicht angebracht, und es ist auch davon abzuraten. In manchen Ländern (Großbritannien, Irland und Bundesrepublik Deutschland) sind sie sogar offiziell streng verboten.

Der Beschlag der Trabrennpferde ist in diesem Sport von ausschlaggebender Bedeutung. Daher wird er häufig von darauf spezialisierten Hufschmieden ausgeführt. Trainer und Hufschmied legen den Beschlag für jedes einzelne Tier gemeinsam fest. Dabei müssen viele Faktoren Berücksichtigung finden

- Alter
- Trainingsstatus
- Form
- Anlage des Pferdes
- natürliche Bewegungsabläufe
- andere Faktoren, wie z.B. Zustand der Bahn.

Es gibt eine Reihe von Regeln, an die man sich beim Beschlag halten sollte. Zusammengefaßt sind das folgende Punkte

- ein leichter Beschlag
- eine gerade Fessellinie
- vorne meist mit Zehenrichtung.

Jeder, dem diese Form des Hufbeschlags bekannt ist, wird wissen, daß in der Praxis häufig von diesen Grundsätzen abgewichen wird. Aber jeder Traberhufschmied wird bestätigen, daß ein leichter Beschlag und eine gerade Fessellinie im Prinzip die Ausgangsbasis sind. Ein einfaches, offenes Eisen (oder ein Beschlag aus anderem Metall) an Vorder- und Hinterhufen ist dabei am wünschenswertesten. Und damit muß auch begonnen werden. Die erbliche Veranlagung und das Training sind dann für den Rest ausschlaggebend. Die Traberrasse (Amerikaner, Franzosen oder Kombinationen davon) ist

Abb. 195. Hufeisen für Galopprennpferde.

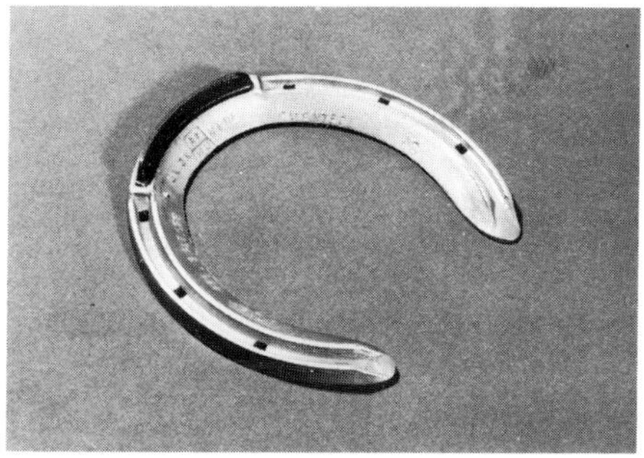

Abb. 196. Rennhufeisen mit Zehengriff.

noch relativ jung. Bis zur jüngsten Vergangenheit mußte man damit rechnen, daß sich die Trabereigenschaften noch nicht ausreichend genug manifestiert hatten. Durch eine strenge Zuchtwahl wurde auf diesem Gebiet jedoch viel erreicht. Der Trainer hat es demgegenüber mit einem jungen, hervorragend veranlagten Pferd wesentlich einfacher. Die Herausforderung ist allerdings bei einem Tier, dessen erbliche Veranlagung nicht so deutlich zu Tage tritt, ungleich höher.

In Europa reitet man ausschließlich im diagonalen Trab (links vorne, rechts hinten – Schwebemoment – rechts vorne, links hinten – Schwebemoment etc.). In den USA werden die Pferde entsprechend ihrer Veranlagung im diagonalen oder lateralen Trab geritten (links vorne, links hinten – Schwebemoment – rechts vorne, rechts hinten – Schwebemoment etc.). Letzteres wird *Rennpaß* bzw. *rack* genannt, bei Trabern *Pace*. So werden die Traber in den USA in *Trotters* und *Pacer* eingeteilt. Da es in Europa keine eigenen Rennen für Pacer gibt, muß die Veranlagung zum *Pacen* unterdrückt werden. Der Trainer allein kann dies nicht bewerkstelligen, sondern ist auf die Hilfe eines Traberhufschmiedes angewiesen. In der gesamten Ausbildung des anderthalbjährigen bis zum erwachsenen Traber spielt deshalb der Hufschmied eine entscheidende Rolle.

Ziel von Trainer und Hufschmied ist es, die Regelmäßigkeit des Trabs zu fördern und die maximale Schnelligkeit zu erreichen. In den USA wird häufig behauptet, daß dies Sache eines guten Hufbeschlags und einer guten Balance sei *(shoeing* and *balancing)*, oder anders ausgedrückt, ist es Sache von Gramm und Millimetern *(ounces* and *inches)*, also von sehr geringen Unterschieden in Gewicht und Form des Beschlags. Und das ist sehr richtig. Kleine Unterschiede in Gewicht und Form des Beschlags können das Pferd in der richtigen Balance halten oder aber es auch aus der Balance bringen. Das gilt vor allem für junge Pferde, die noch Schwierigkeiten mit der Regelmäßigkeit der Gänge, der Schrittlänge und auch der Kraftentfaltung ihrer Beine haben.

Sogenannte Naturtalente sind bei Pferden selten. Die meisten Pferde müssen erst richtig ausgebildet werden. Im folgenden seien einige Punkte genannt

- Regelmäßigkeit
- richtige Trabtechnik
- richtige Haltung
- gut durch die Kehren und Biegungen kommen
- Schnelligkeit entwickeln.

Dabei tauchen dann aber auch schnell allerlei Probleme auf, wie z.B.

- aus der Balance geraten
- Streichen (Hinterbein schlägt gegen das Vorderbein, Vorderbein schlägt gegen das Hinterbein, Vorderbeine schlagen gegeneinander, die Ellbogen können getroffen werden)
- Mähen
- in den Pace verfallen
- unregelmäßig traben (und dann vor allem hinten, in den USA unter dem Begriff *hiking and stabbing* bekannt).

Aus der Balance geraten. Hierbei handelt es sich um ein umfassendes Problem. Es kann sich auf die unterschiedlichste Weise äußern, unter anderem durch unregelmäßiges Traben, nach links oder rechts abweichen, mühsam durch die Ecken und Kehren gehen usw.

Streichen. Diese Erscheinung kann folgendermaßen eingeteilt werden:

a) Das Hinterbein schlägt gegen das Vorderbein, meist an derselben Stelle, selten die diagonale Gliedmaße. Das kann führen zu
   - Einhauen in die Eisen (Abb. 197). Dabei kann sich der Zehenbereich des Hinterhufeisens zwischen den Schenkeln des Vorderhufeisens festklem-

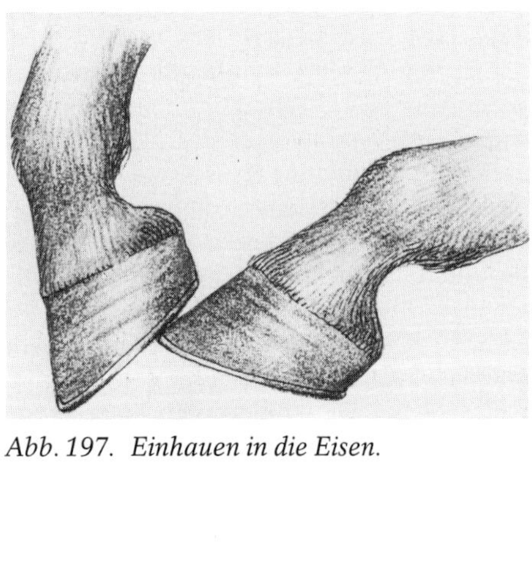

Abb. 197. Einhauen in die Eisen.

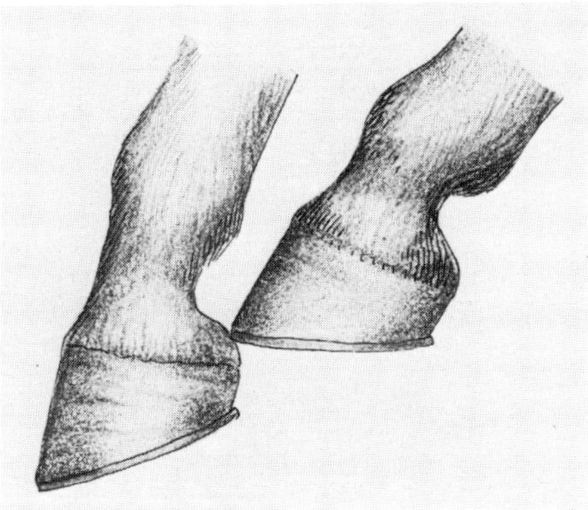

Abb. 198. Ballentritt.

men und sich verfangen. Bei Trabern kommt dies selten vor, weil dem durch einen entsprechenden Beschlag vorgebeugt wird.

– Ballentritte (Abb. 198). Hierunter versteht man das Treten des Hinterhufeisens in die Ballen des Vorderhufes. Dabei kann es leicht zu schlimmen Verletzungen kommen.

b) Das Vorderbein schlägt gegen das Hinterbein, auch meist an derselben Stelle. Bei Trabern ist dies häufig zu beobachten. Der Vorderhuf wird nach dem Abfußen so weit nach hinten geschwungen (das Bein beugt sich nach oben), daß, wird die Hintergliedmaße schnell nach vorne gebracht, der Zehenbereich des Vorderhufeisens in die Vorderseite der Hintergliedmaße einschlägt. Bei zunehmender Schnelligkeit streicht das Vordereisen die Hintergliedmaße immer höher (Abb. 199).
Die Engländer haben dafür besondere Begriffe
- *scalping* = der Vorderhuf schlägt am Kronrand an
- *speedy cutting* = der Vorderhuf schlägt an der Vorderseite des Fesselbeins an

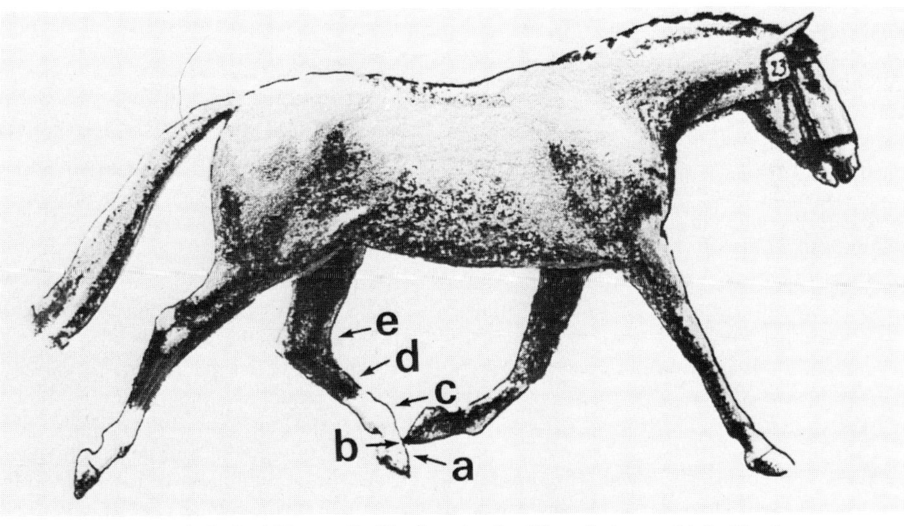

Abb. 199. Der Vorderhuf schlägt an die Vorderseite des Hinterbeins an (siehe Text).

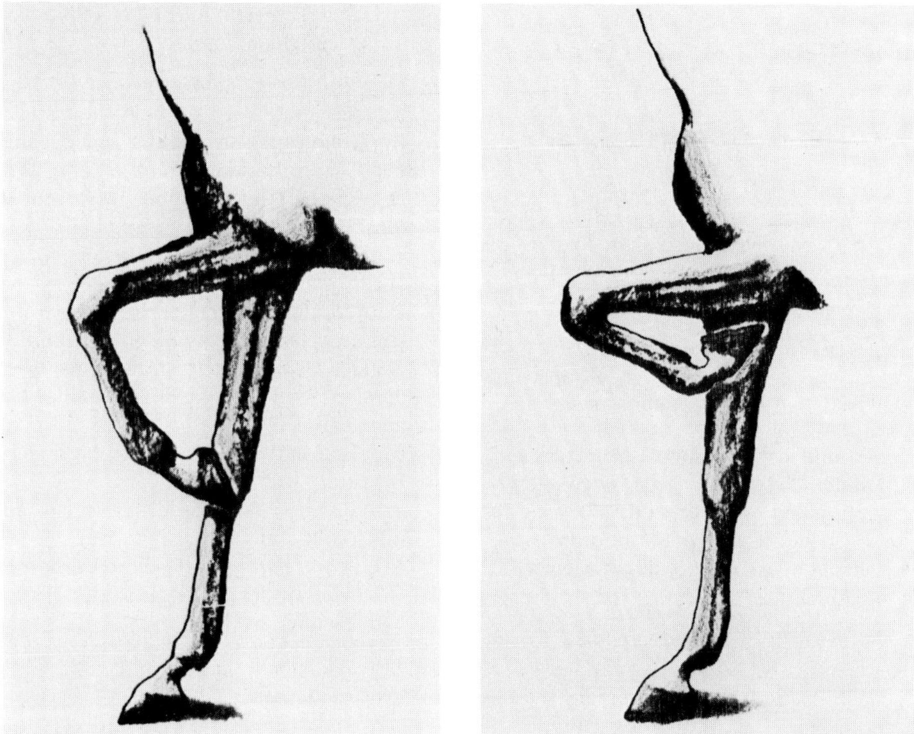

Abb. 200.
a = Anschlagen an das Vorderfußwurzelgelenk (Vorderbeine).
b = Anschlagen an den Ellbogen

- *ankle hitting* = der Vorderhuf streicht das Fesselgelenk
- *shin hitting* = der Vorderhuf schlägt in das Röhrbein
- *hock hitting* = der Vorderhuf schlägt in das Sprunggelenk ein (Sitz der Spatkrankheit).

Ansonsten aber sind die Begriffe *speedy cutting* oder auch „Streichen" allemal richtig.

c) Zwei Vorder- oder zwei Hinterbeine streichen sich gegenseitig. Darauf wurde bereits in Kapitel 4.3 hingewiesen. Zehen- und bodenweite Stellungen führen zu einem schaufelnden Gang und dabei manchmal zum Streichen, meist gegen die innere Seite des Fesselgelenks der anderen Gliedmaße.

Bei Trabern gibt es an den Vordergliedmaßen noch eine weitere Form des Anschlagens, und zwar gegen das Vorderfußwurzelgelenk des anderen Beines (*knee hitting*, Abb. 200 a). Man sieht beim Aufnehmen und Hochschwingen der Vordergliedmaße oftmals gar keine deutlich schaufelnde Bewegung, aber wenn das Bein vorgeschwungen wird,

führt der Fuß doch eine scharfe kurze Bewegung nach innen zu aus und schlägt dabei sehr hart an der Innenseite des gegenüberliegenden Vorderfußwurzelgelenkes an.
Die Gliedmaße schlägt gegen sich selbst. Das ist der Fall, wenn die Ellbogen getroffen werden. Die Vordergliedmaße beugt sich so weit nach oben ein, daß der Ellbogen in Mitleidenschaft gezogen wird (Abb. 200b).

Mähen. Auch dieses Problem wurde bereits in Kapitel 4.3 besprochen. Man sieht dies häufig im Zusammenhang mit einer zehenengen Stellung.

In den Pace fallen. In den USA ist das kein Problem, da dann das Pferd eben als Pacer weiter trainiert wird. Hier in Europa handelt es sich aber um eine Fehlentwicklung, die unterdrückt werden muß.

Unregelmäßiges Traben. Es geht im folgenden um zwei bestimmte Erscheinungsweisen eines unregelmäßigen Trabes, die man in Amerika *hiking* and *stabbing* nennt.

Hiking. Hierbei führt das Pferd, vor allem mit einer Hintergliedmaße (meist links hinten) einen viel größeren Schritt aus als mit der anderen Gliedmaße. Am deutlichsten kommt dies in Kehren zum Ausdruck.

Stabbing. Dabei rammt das Pferd eines oder beide Hintergliedmaßen in den Boden. Dieses ist mit einer nachdrücklichen Auf- und Abwärtsbewegung verbunden und damit mit einer starken Schrittverkürzung. Dabei fußt die Gliedmaße oftmals nach innen oder nach außen auf, manchmal sogar abwechselnd.

Bei den Überlegungen für einen Beschlag geht es um die bereits genannten fünf Punkte: Regelmäßigkeit, Trabtechnik, Haltung, gut durch die Kehren kommen und Schnelligkeit. Bei Trainingsbeginn konzentrieren sich alle Bemühungen auf die ersten vier Bereiche. Meist sind es ja sehr junge Tiere (etwa anderthalb Jahre alt), mit denen begonnen wird. Lassen sie sich einmal aufzäumen und sollen sie erste leichte Arbeit auf der Bahn verrichten, müssen sie rundum beschlagen werden, da die Bahn zu hart ist. Der erste Beschlag sind einfache, leichte, offene Eisen mit Zehenaufzügen, auch für die Hinterhand. Zehenaufzüge verhindern ein Verrutschen besser als seitliche Aufzüge.

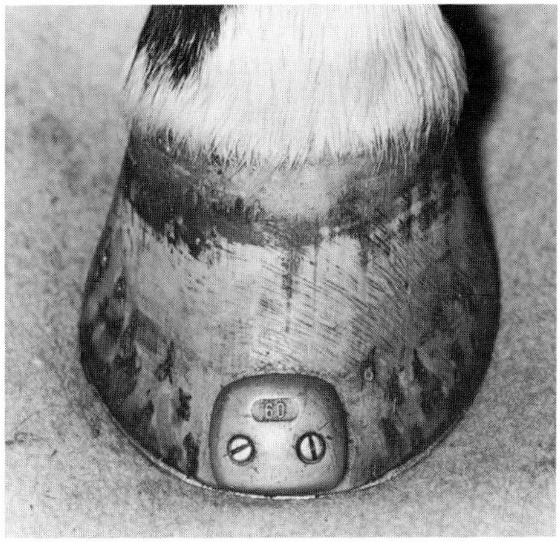

Abb. 201. Zehengewicht.

Unregelmäßigkeit äußert sich in der Neigung zum Paßgang. Dem kann man abhelfen, indem man an den Vordergliedmaßen schwerere Eisen anbringt als an den hinteren, oder vorne normal und hinten mit Aluminium beschlagen, oder indem man vorne Pace-Eisen (Abb. 202) unterlegt. Man kann die Vorderhufe auch mit einem Zehengewicht beschweren (Abb. 201). Sodann muß das Augenmerk auf die Entwicklung einer guten Trabtechnik gerichtet werden. Die Vordergliedmaße soll eine schöne, runde, sich abrollende Bewegung beschreiben, wobei sie sich im Vorderfußwurzelgelenk stark beugt. Die Hintergliedmaße braucht nicht so hoch aufgenommen zu werden, aber sie soll

Abb. 202. Modifiziertes Memphis-Hufeisen für Traber.

Abb. 204. Normales Eisen.

vor allem kräftig untersetzen. Glücklicherweise bringt der Bau der Gelenke an Vorder- und Hintergliedmaßen von Natur aus diese gewünschte Art der Fortbewegung mit sich (Abb. 203).

Das Kürzen und Beschlagen der Hufe hat normalerweise zum Ziel, an der Vorhand das flotte Abrollen über die Zehe und eine gute Beugung zu fördern, an der Hinterhand sind es das kräftige Untersetzen und eine weniger ausgeprägte Beugebewegung. Das bedeutet

a) Vorne: Flottes Abrollen über die Zehe kann erreicht werden durch
   - eine Zehenrichtung
   - einen geraden Zehenteil (viereckigen Zeh)
   - ein halbrundes offenes oder geschlossenes Eisen.

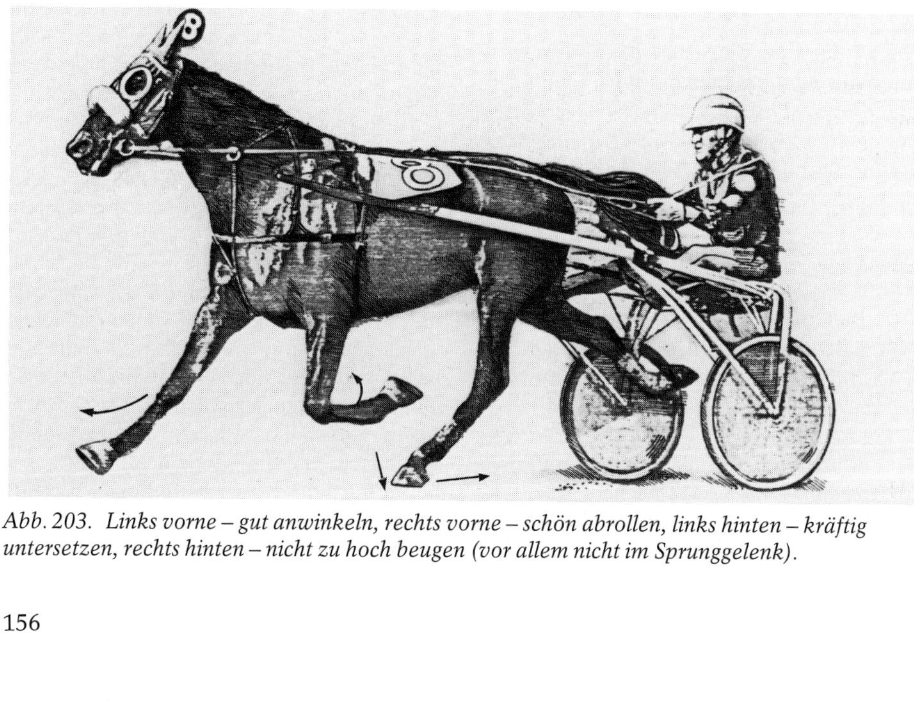

Abb. 203. Links vorne – gut anwinkeln, rechts vorne – schön abrollen, links hinten – kräftig untersetzen, rechts hinten – nicht zu hoch beugen (vor allem nicht im Sprunggelenk).

Mit halbrund ist hier „halbrund im Durchschnitt“ gemeint, gewissermaßen die Hälfte eines Zylinders, d.h. die Tragefläche ist flach, die Bodenfläche rund. Bei einem geschlossenen Eisen muß der Strahl gänzlich frei liegen. Eine ausgeprägte Beugebewegung wird dadurch verstärkt, indem man das Pferd ein wenig steiler stellt, die Fessellinie muß aber gerade bleiben.

b) Hinten: Das kräftige Aufsetzen und eine weniger ausgeprägte Beugebewegung können unterstützt werden, indem man den Zehenbereich etwas länger und den Trachtenbereich kurz hält. Beides zusammen ergibt eine flachere Fessellinie. Außerdem beschlägt man mit einem gänzlich flachen Eisen, das im Zehenbereich nicht abgerundet, aber genau aufgepaßt ist.

Folgendes sollte aber darüber hinaus noch bedacht werden: Das Training beginnt, wie schon erwähnt, bereits in sehr jugendlichem Alter der Tiere. Manche Pferde sind da aber noch ganz und gar nicht reif für ein solches Training. Dann sollte man entweder mit dem Beginn einige Monate, vielleicht sogar ein Jahr länger warten, oder wenn die Pferde bereits geeignet erscheinen mit dem Training beginnen, dann aber nur vorsichtig und langsam steigernd. Das aber kostet Zeit. Zeit ist Geld, und so werden diese wichtigen Dinge außer Acht gelassen. Und dann kommen alle Probleme zum Vorschein (Schwierigkeiten in der Balance, Streichen, Einhauen, Anschlagen usw.), die dann häufig vom Traberhufschmied, der zu Hilfe gerufen wird, gelöst werden sollen. Alles, was dann unternommen wird, ist verkehrt. So ein junges Pferd braucht Zeit und einen ruhigen Umgang, und alle Maßnahmen (auch das Beschlagen), werden allein dazu führen, das junge Tier zugrunde zu richten.

Sind Regelmäßigkeit und richtige Trabtechnik erreicht, wird das Hauptaugenmerk

Abb. 205. Zwei Beispiele für geschlossene Eisen.

Abb. 206. Eisen mit geradem Zehenteil.

auf die Schnelligkeit gerichtet. Im Zusammenhang mit den beiden ersten Punkten wurde bereits ein spezieller Beschlag angebracht. Vielfach beginnt man mit schwere-

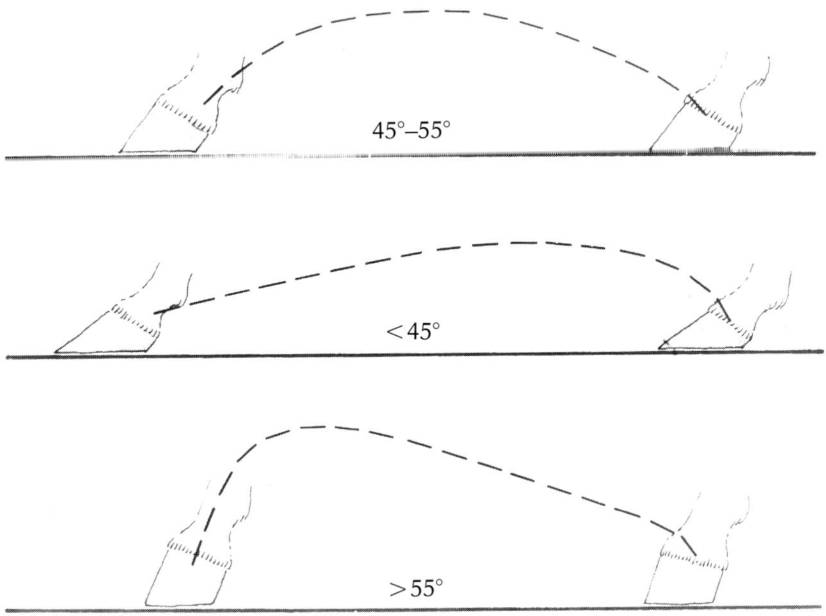

Abb. 207. Schrittlänge, Schema.

ren Eisen vorne und etwas leichteren hinten. Sind Regelmäßigkeit und richtige Trabtechnik einmal zur Gewohnheit geworden, kann das unterschiedliche Gewicht nach und nach angeglichen werden. Bei der Steigerung der Schnelligkeit stellt sich nun heraus, ob das Pferd beginnt, vorne oder hinten anzuschlagen *(speedy cutting)*. Um dem zu begegnen, ergreift man die Maßnahmen, die das Abrollen der Vorhand über die Zehe fördern (Zehenrichtung, vierkantiger Zehenteil). Dadurch wird erreicht, daß

- die Schrittlänge kürzer wird (Abb. 207)
- das Vorderfußwurzelgelenk stärker gebeugt wird und daß das Pferd im Ellbogen anschlägt.

Letzteres kann durch die Verwendung eines Eisens mit *crease* korrigiert werden, (Abb. 208). Ein *crease* ist eine schmale Rille im Zehenteil, die sich auf der Bahn mit Staub zusetzt. Dadurch wirkt sie verzögernd. Zusätzlich wird der Trachtenbereich gekürzt. Das Pferd schlägt nun nicht mehr am Ellbogen an, und die Schrittlänge wird vergrößert. Das tiefere Durchtreten bedeutet aber eine extreme Belastung für den Stützapparat des Fesselgelenks. Dem kann durch zwei niedrige Stollen an den Schenkelenden abgeholfen werden. All das hat aber wiederum eine verzögernde Wirkung, und man risikiert, daß das Pferd erneut vorne oder hinten anschlägt. Und nun kommt das, worum es eigentlich schon die ganze Zeit geht: Es ist eine Frage von Gramm und Millimetern, von winzigen Unterschieden in Gewicht und Form des Beschlags.

Man muß aber auch berücksichtigen, daß für die Steigerung der Schnelligkeit ein perfekt funktionierender Bewegungsmechanismus allein nicht ausschlaggebend ist. Ausdauer, Charaktereigenschaften (Mut, Kampfgeist etc.) und andere Faktoren sind ebenfalls wichtig, aber einem perfekten Bewegungsmechanismus kommt wohl die größte Bedeutung zu, und dabei spielt der korrekte Hufbeschlag eine wichtige Rolle.

Trabt ein Pferd optimal, schlägt aber dessen ungeachtet doch an, kann es durchaus sinnvoll sein, nicht den Beschlag zu ändern, sondern Verletzungen mit Hilfe von Beinschützern zuvorzukommen (Boots, Gamaschen). Beim hohen Tempo des Rennverlaufes kann es schon einmal zu hartem Anschlagen kommen. Außerdem sind die Umstände während eines Rennens anders als auf dem heimatlichen Trainingsgelände, wo das Pferd nicht gestört wird und die Schnelligkeit ohne Spannung gesteigert werden kann. Beim Rennen ist das anders. Es herrscht große Spannung, es wird viel aggressiver gefahren in einem Pulk von mehreren Pferden, so daß auch viel schneller reagiert werden muß. Ein Fehler (Galopp) wird unter einem solchen Druck auch schon einmal härter korrigiert, so daß Einhauen oder Streichen die Folge sein können, auch wenn das Pferd sonst diese Eigenschaft nicht hat. Bisweilen versuchen Pferde, die hart anschlagen, die Gliedmaßen trotz Schützern anders abzusetzen. Dadurch verlieren sie an Regelmäßigkeit, Balance, Schnelligkeit usw. In diesem Fall ist es dann doch nötig, Beschlagmaßnahmen in Erwägung zu ziehen.

Es sollen nun noch einmal Maßnahmen aufgeführt werden, die bei den häufig vorkommenden Problemen Abhilfe schaffen können:

a) Schlägt der Zehenbereich der Vordergliedmaße auf die Vorderseite der Hinterhand, muß man dafür sorgen, daß das Vorderbein schnell wieder vorgeschwungen wird, während das Hinterbein verzögert nach vorne kommen soll. Oder auch, daß die Hinterhand nicht so weit untergesetzt wird. Diese Dinge wurden bereits größtenteils besprochen. Man kann noch dafür sorgen, daß der Tragerand des Vorderhufes im Zehenbereich über das Vorderteil des Eisens hinausragt. (Bei einem Eisen mit geradem Zehenteil ist das kein Problem.) Schlägt das Pferd nun an, tut es dies mit dem Horn und nicht mit dem Eisen, was weniger schlimme Auswirkungen hat.
Eine Verzögerung der Hinterhandbewegungen kann mit ebenfalls bereits beschriebenen Maßnahmen erreicht werden, und zwar mit einem geschlossenen Eisen (am besten eiförmig) mit durchlaufendem Falz. Diese Vorkehrung wird auch viel bei Pferden angewandt, die mit der Hintergliedmaße zu weit nach vorne greifen.

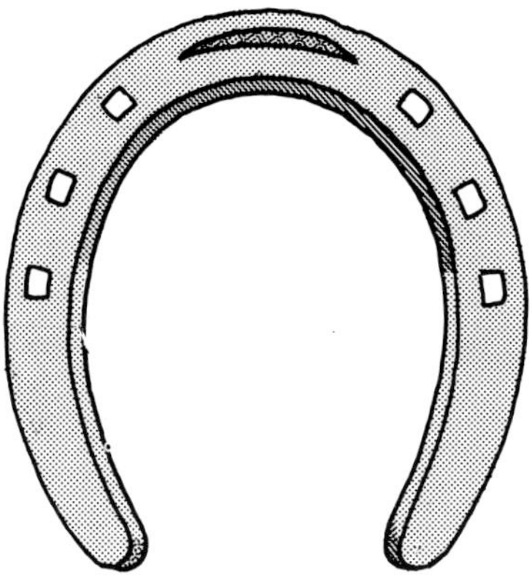

Abb. 208. Rennbeschlag mit crease.

b) Daß ein Pferd mit der Hinterhand an die Vorhand schlägt (Einhauen in die Eisen) kommt vor allem dann vor, wenn langsam gefahren wird, und es verschwindet häufig wieder, wenn das Tempo zunimmt. Ballentritte werden, wie bereits dargestellt, von rauhen Korrekturen während des Rennens verursacht. Häufig sind häßliche Verletzungen die Folge davon. Es dürfte klar sein, daß es hierbei

Abb. 209. Traberbeschlag mit vier Stollen.

Abb. 210. Traberbeschlag mit Trailer, d. h. mit lyraförmig ausgebogenem äußeren Schenkel.

Abb. 211. Trabereisen mit angeschweißtem Dreieck.

primär nicht um Beschlagmaßnahmen geht.

c) Beim Streichen müssen das Streichen der Vorder- und das der Hintergliedmaße getrennt besprochen werden. Bei den Vordergliedmaßen kommt das Streichen vor allem in Verbindung mit einer zehenweiten Stellung vor. Diese Fehlstellung kann bei jungen Tieren noch durch Kürzen der Hufe korrigiert werden. Bei älteren Tieren ist von einer solchen Maßnahme abzuraten. Der gesamte Fuß hat sich auf diese Gegebenheiten eingestellt, so daß eine Änderung der Stellung vor allem im Fesselgelenk ein zu gewaltsamer Eingriff wäre. Geeignet wäre vielmehr ein Streichbeschlag (Kap. 10.7).

Dem Anschlagen an das Vorderfußwurzelgelenk *(knee hitting)* kann abgeholfen werden durch

a) Beschlagmaßnahmen, die dazu führen, daß das Pferd die Gliedmaße höher oder weniger hoch beugt und dadurch ober- oder unterhalb des Vorderfußwurzelgelenks des anderen Beines vorbeischwingt und dieses nicht mehr verletzt.
b) Es wird vorne beiderseits ein Eisen angebracht, dessen äußerer Zehenbereich abgerundet ist oder den man etwas abfallen läßt, und dem drei Knaggen unterlegt sind, eine unter dem inneren Zehenbereich und jeweils eine an den Schenkelenden. Das Pferd rollt nun nach außen über den Zeh ab und führt so gewissermaßen eine mähende Bewegung nach vorne aus, so daß nicht mehr an das Vorderfußwurzelgelenk der anderen Vordergliedmaße angeschlagen wird.
c) Anschlagen an die Ellbogen. Um dem zu begegnen, muß man erreichen, daß das Pferd die Gliedmaße weniger hoch beugt. Außer den bereits genannten Maßnahmen (Trachtenbereich kürzen, Rille im Zehenbereich des Eisens) kann

man noch das *toe grab* anführen (Abb. 196). Allerdings hat dieses, wie schon darauf hingewiesen, sehr negative Nebeneffekte. Eine andere Möglichkeit sind pilzförmige Hufeisen (Abb. 212). Diese haben kurze Schenkel, so daß der Strahl vollständig mitträgt. Dadurch kann es zu Quetschungen des Strahlpolsters kommen. Pilzförmige Eisen kann man dann verwenden, wenn das Anschlagen nicht zu vermeiden ist und sich das Pferd zu sehr verletzt. Es schlägt dann nur noch mit dem Ballenhorn an und nicht mehr mit dem Eisen.

Abb. 212. Pilzförmiges Hufeisen, auch Anker oder T-Eisen.

Streichen mit der Hinterhand sieht man oft bei Pferden mit kuhhessiger Stellung (und einer sehr engen Gliedmaßenstellung). Hierbei empfiehlt sich wiederum ein Streichbeschlag. Häufiger wird der äußere Schenkel etwas dünner (nicht schmaler!) gearbeitet. Der äußere Schenkel kann auch mit einem Trailer (schwanenhals- oder lyraförmige Verlängerung des äußeren Schenkels) versehen werden, der an seinem Ende einen Stollen aufweist (Abb. 210). Oft ist dann der innere Schenkel halbrund, der äußere ist mit einem Falz versehen *(half round – half swedge)*.

Mähen kommt vielfach bei Pferden mit zehenenger Stellung vor. Diese Tiere rollen über die äußere Seite des Zehenbereichs ab (brechen aber nach außen). In diesem Fall sollten Eisen verwendet werden, an deren seitlichem Zehenrand ein kleines Dreieck angeschweißt ist, das dafür sorgt, daß der Huf nicht mehr seitlich abrollen kann. Allerdings hat auch dieses erhebliche Nebeneffekte, die schädlich sind (Abb. 211).

Zu den häufig vorkommenden Problemen sind noch zu zählen: Aus der Balance geraten, unregelmäßig traben. Es ist unmöglich, in einer kurzen Beschreibung die Beschlagmaßnahmen zu erklären, die hier eine Verbesserung bringen könnten. Es gibt nämlich ausgesprochen viele Möglichkeiten und Variationen.

In diesem Kapitel wurde bereits auf die äußerst bedeutungsvolle Rolle des Hufschmiedes beim Training der Traber hingewiesen. Vorsichtige Änderungen sind eigentlich immer größeren Eingriffen vorzuziehen. Hiervon gibt es natürlich Ausnahmen, aber diese bestätigen die Regel. Damit soll das Kapitel Sonderbeschläge abgeschlossen werden.

10 Korrekturbeschläge

10.1 Allgemeines

„Korrektur" bedeutet in diesem Zusammenhang Verbesserung oder Änderung. Aber das wichtigste bei der Hufversorgung und beim Hufbeschlag ist, daß beides korrekt, d.h. einwandfrei ausgeführt wird. Im einzelnen bedeutet das u.a.:

- Regelmäßige, täglich Hufversorgung durch den Eigentümer oder Pfleger
- regelmäßiges Kürzen durch den Hufschmied (alle 6 bis 8 Wochen)
- wird das Pferd beschlagen, so muß der Beschlag tadellos ausgeführt werden
- bei beschlagenen Pferden muß darauf geachtet werden, daß sie regelmäßig und beizeiten umbeschlagen werden, oder, wenn nötig, der Beschlag erneuert wird.

Dies alles klingt selbstverständlich, ist aber eine recht hohe Forderung, denn hierbei spielen wiederum eine Reihe von Punkten eine Rolle:

- das Geradehalten bzw. das Richten der Fessellinie
- das ungehinderte Funktionieren des Hufmechanismus
- Sorgfalt bei der Berücksichtigung der Garnitur bei normalem Beschlag
- eine Abrundung bzw. eine Zehenrichtung ist an den Vorderhufeisen oft erwünscht, an den Hinterhufeisen in der Regel nicht
- im allgemeinen ist, von Sonderfällen abgesehen, von weiteren Ergänzungen am Eisen abzuraten.

Die Natur lehrt uns am besten, wie ein Huf aussehen sollte. Das einzige noch lebende Wildpferd (Przewalskipferd) ist allerdings in der freien Natur (der mongolischen Steppe) fast ausgestorben bzw. so selten geworden, daß man es kaum noch zu Gesicht bekommt. Die wenigen Exemplare in den Tierparks (300 bis 400 Stück) leben unter derart von der Natur abweichenden Umständen, daß man aus der Betrachtung der Hufe nichts lernen kann. Aber in Nord- und Südamerika, in Asien und Australien gibt es bisweilen noch Pferde, die unter so natürlichen Umständen (halbwild) leben, daß man hier noch wichtige Aufschlüsse über die Hufe erhalten kann. In der englischsprachigen Literatur des 19. Jahrhunderts bis heute ist wiederholt von der ausgesprochen guten Hufqualität dieser freilebenden Pferde die Rede, und auch in den meisten US-amerikanischen Fachbüchern werden Hufform, Hufabnutzung usw. dieser Pferde (die keinerlei Hufversorgung erfahren) beschrieben. Bereits im vorigen Jahrhundert bemerkte Captain Horace Hayes (ein zu der damaligen Zeit bekannter Tierarzt und Pferdespezialist), daß Pferde, die in trockenen Gebieten leben, überall in der Welt in jeglicher Hinsicht qualitativ die besten Hufe haben. In trockenen Klimaten mit trockenen, harten Böden ist auch das Hufhorn sehr hart, und nutzt sich dadurch weniger schnell ab, aber durch den harten Boden auch nicht zu wenig. Das Wachstum dieses harten Horns ist außerdem nicht sehr groß. Pferde in derartigen Zonen kommen mit einem Minimum an Hufpflege aus. Das braucht auch nicht weiter zu verwundern. Das wilde Pferd lebte über ganz Europa und Asien verbreitet in den Steppen der gemäßigten

Zonen bis zum Norden der Bergketten, die sich vom Atlantischen bis zum Stillen Ozean erstrecken (folglich auch in den Pyrenäen, Alpen, Tatra, Kaukasus, persische Bergketten, Himalaya). Die Merkmale der Hufe dieser freilebenden Pferde sind

- sehr hartes und doch elastisches Horn
- langsames Hornwachstum
- Hornwachstum und Abnutzung befinden sich im Gleichgewicht
- der Tragerand (die Unterseite der Wand) trägt allein bis einschließlich der Trachtenecke (Abb. 213)
- die Sohle ist ziemlich ausgehöhlt und trägt mit Sicherheit nicht mit
- der Strahl ist gut entwickelt und kommt gar nicht oder nur wenig mit dem Boden in Berührung
- der Zehenbereich ist deutlich abgerundet, und zwar so, wie bei einem beschlagenen Pferd mit Zehenrichtung (vorne, Abb. 214)
- die Fessellinie ist gerade.

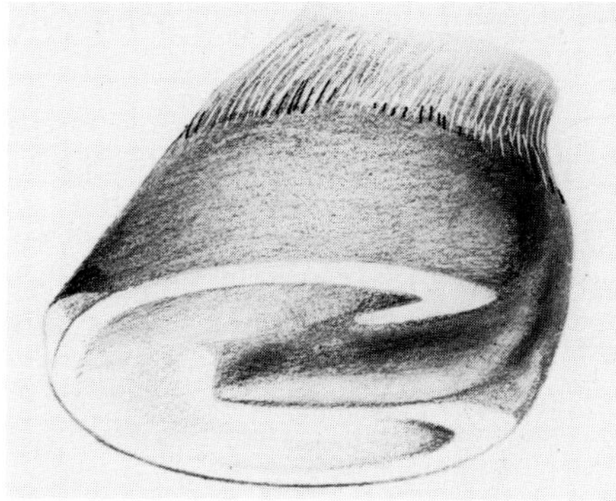

Abb. 213. Huf eines wildlebenden Pferdes, schräg von unten gesehen.

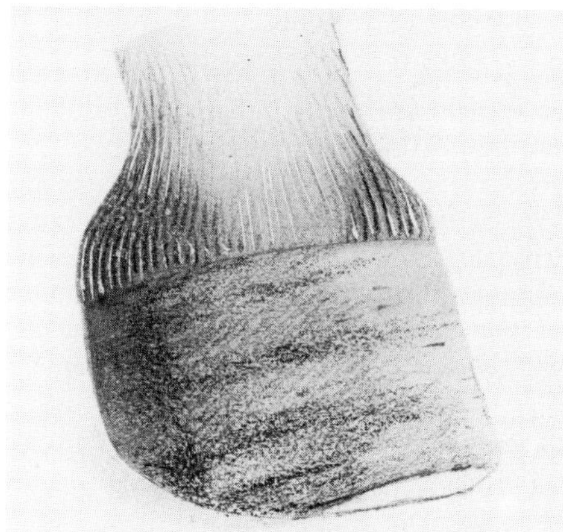

Abb. 214. Huf eines wildlebenden Pferdes, schräg von vorne gesehen.

Diese Hufe, die oftmals keinerlei Hufversorgung erhalten, haben sie unter derartigen Umständen auch nicht nötig. Man kann daraus deshalb Rückschlüsse für eine gute Hufversorgung ziehen und gewissermaßen auch für einen Hufbeschlag.

In vielen Fällen, in denen es um eine Korrektur geht, kann man sich in bezug auf das Kürzen des Hufes und einen Beschlag darauf beschränken, daß man

- für eine sehr sorgfältige, tägliche Hufpflege sorgt, so daß eine optimale Hornqualität weitestmöglich gefördert wird
- beim Kürzen des Hufes eine vollständig ausgehöhlte Sohle anstrebt (bei manchen Pferden ist das nicht in einem Mal zu korrigieren)
- darauf achtet, daß der Hufmechanismus so gut wie irgend möglich funktioniert, woraus sich vor allem für die hintere Hufhälfte und damit auch den Strahl die besten Chancen für eine gute Entwicklung ergeben
- auf eine gerade Fessellinie achtet.

Erst wenn diese Voraussetzungen erfüllt sind, kann man sich die Frage stellen, ob weitere Korrekturen notwendig und/oder nützlich sind. Wann immer man mit Hilfe des Kürzens eine Korrektur durchführen möchte, muß man folgende Punkte berücksichtigen

- Korrekturen müssen allmählich ausgeführt werden
- kleine Korrekturen reichen oft aus
- Korrekturschnitte sind hauptsächlich bei jungen Pferden (Fohlen bis einschließlich Zweijährige) angezeigt
- bei älteren Tieren sollte man abweichende Gliedmaßenstellungen besser nicht versuchen zu korrigieren. Das Pferd hat sich beim Stehen und Fortbewegen an diese Abweichung gewöhnt und angepaßt. Berichtigungen der Stellung führen häufig zu schmerzhaften Veränderungen in den Gelenken und sind deshalb unerwünscht.

Übrigens wurden die verschiedenen Korrekturmöglichkeiten durch Kürzungsmaßnahmen bereits in einem früheren Kapitel besprochen, und zwar in Zusammenhang mit abweichenden Hufformen, Stellungen und Gangarten.

Bei den Korrekturbeschlägen unterscheidet man zwischen korrigierenden, orthopädischen und therapeutischen Beschlägen:

1. Korrektur = Verbesserung
2. Orthopädie = Lehre von den Möglichkeiten, Fehlstellungen zu kompensieren
3. Therapie = Heilverfahren.

Diese Begriffe überlappen einander, und gerade beim Hufbeschlag kann es vorkommen, daß alle drei in unterschiedlichem Maße zum Zuge kommen. In diesem Kapitel soll es um den Beschlag zur Korrektur von Abweichungen in Stellung, Gangart und Hufform gehen, ohne daß dabei im allgemeinen auf Krankheiten eingegangen wird. In Kapitel 13 Therapeutischer Beschlag werden dann Beschläge in Zusammenhang mit Huferkrankungen und auch Beinleiden besprochen. Dann wird auch die Rede von orthopädischem Beschlag sein. Eine scharfe Trennung zwischen diesen drei Begriffen ist nicht möglich, wie sich in den folgenden Abschnitten noch zeigen wird.

Hier werden gebräuchliche Formen von Korrekturbeschlägen beschrieben sowie die geläufigeren Abweichungen, bei denen sie angewendet werden. Dabei geht es nie um den Beschlag allein, sondern auch um ergänzende Maßnahmen. Die wichtigsten Gesichtspunkte sind

- das Verlegen des Schwerpunktes (Verteilung des Gewichts im Huf)
- Schutz
- Unterstützung.

10.2 Die Zehenrichtung

Die Zehenrichtung wurde bereits im Zusammenhang mit dem normalen Beschlag besprochen. Ihr Ziel, das Abrollen über die Zehe zu erleichtern, kann man sicher auch als eine korrigierende, bisweilen sogar orthopädische Maßnahme ansehen. Alle Strukturen, die sich an der Rückseite des Beines (vom Röhrbein abwärts) befinden, werden dadurch geschont. Das sind vor allem die Beugesehnen, der Fesselträger, der Bereich, an dem die tiefe Beugesehne an das

Abb. 215. Hufeisen mit Zehenrichtung.

Hufbein angreift, sowie die gesamte hintere Hufhälfte. Bei Problemen gleich welcher Art, die bei einem oder mehreren der oben genannten Gewebe auftreten, kann ein Eisen mit Zehenrichtung hilfreich sein.

10.3 Aufzüge

Ein Zehenaufzug (oder seitliche Zehenaufzüge) werden an normalen Eisen angebracht, um ein Verrutschen zu verhindern. Viele der verschiedenen Korrekturbeschläge sind mit Aufzügen versehen. Der Hauptgrund dafür ist, daß diese Spezialeisen durch ihre andersartige Form oft schwierig zu fixieren sind und sich daher leichter verschieben können. Der (zusätzliche) Aufzug dient dann allein dazu, dieses modifizierte Eisen auf seinem Platz zu halten, hat jedoch für die Korrektur keine eigentliche Bedeutung.

Bisweilen haben der oder die Aufzüge auch selbst eine Korrekturfunktion. So werden sie beispielsweise bei Tragerandhornspalten verwendet, um die Wand beiderseits dieses Risses zu stützen und ein weiteres Einreißen zu verhindern. Dieser Punkt kommt aber bei einigen hierzu zu behandelnden Formen von Korrekturbeschlägen noch einmal zur Sprache.

10.4 Steghufeisen

Ein Steghufeisen ist ein Hufeisen, dessen Schenkelenden durch eine Brücke, den Steg, miteinander verbunden sind. Dieser Steg kann genau so dick sein wie das Eisen (niederländisches Steghufeisen) oder aber auch nur halb so dick (belgisches Steghufeisen).

Der Vorteil der belgischen Ausführung ist, daß sie leichter ist. Steghufeisen werden

Abb. 216. Niederländisches Steghufeisen.

Abb. 217. Belgisches Steghufeisen.
Der Steg ist von halber Stärke der Schenkel.

Abb. 218. Steghufeisen mit Lederauflage.

dann verwendet, wenn die Stützfläche erweitert werden soll. Es ist schwer zu sagen, ob dann die beiden Strahlschenkel auch mittragen und vor allem, ob sie in Aktion treten. Die Absicht besteht, daß der Strahl nur bei einer Belastung mitträgt, ansonsten aber frei liegt. Um das zu erreichen, kann man, wenn nötig, den Steg mehr oder minder stark kröpfen.

Es gibt viele Situationen, in denen das Anlegen eines Steghufeisens sinnvoll ist. Einige davon sind:

1. Verbesserung des Hufmechanismus. In diesem Fall geht man davon aus, daß der Strahl nun mitträgt und auch mitarbeitet. Der Steg muß genügend breit sein. Der Druck des Stegs gegen den Strahl in der Belastungsphase fördert das Spreizen der hinteren Hufhälfte.
2. Sobald ein Teil des Tragerandes entlastet werden soll, ist es notwendig, ein Steghufeisen anzubringen, um die Tragefläche zu vergrößern.
3. Soll die Hufsohle durch eine Einlage (häufig verwendet man Ledersohlen) geschützt werden, kann ein Steghufeisen gute Dienste leisten, die Einlage besser an ihrem Platz zu stabilisieren.
4. Bei Trabern spricht man meist von einem „geschlossenen Eisen“ und nicht von einem Steghufeisen. Diese können zweierlei Form haben, die beide in der Praxis angewendet werden (Abb. 205). Allerdings wird die eiförmige Ausführung vorgezogen. Geschlossene Eisen mit oder ohne durchlaufenden Falz werden bei Trabern häufig an den Hinterhufen angebracht. Sie bewirken, daß der Fuß etwas länger am Boden bleibt und sind so eine der Maßnahmen, die man bei Greifen (meist schlagen die Vorder- an die Hinterbeine) anwendet mit dem Ziel: Vorderbein schnell weg, Hinterbein verzögern.

10.5 Verdünnte Schenkel

Eisen mit verdünnten Schenkeln werden selten angebracht. Bisweilen greift man auf sie unter den Maßnahmen, die bei Zwanghufen angezeigt sind, zurück. In diesem Zusammenhang werden sie dann aber nochmals behandelt. Verdünnte Schenkel werden auch dann verwendet, wenn die Fessellinie nach vorne geknickt ist und man sie auf diese Weise gerade richten will. Meist aber wird die Fessellinie mit einem Schnitt korrigiert. Nur in seltenen Fällen sollte man dann noch einen Sonderbeschlag anbringen.

Namentlich in der Traberwelt finden Eisen mit verdünnten Schenkeln Verwendung, und zwar an den Hinterhufen (in Zusammenhang mit der längeren Zehenwand), um das Abrollen und das Vorschwingen zu verzögern (das Sich-Greifen zu verhindern). Halbmondförmige Eisen (oder Zehengewichte) haben aber gewissermaßen den gleichen Effekt wie ein Eisen mit verdünnten Schenkeln. Ein Zehengewicht wird jedoch nicht verwendet, um die Fessellinie zu richten (siehe unter Kap. 10.9).

10.6 Verlängerte Schenkel

Eisen mit verlängerten Schenkeln haben eine verzögernde Funktion. Und zwar wird das Abrollen über die Zehe durch sie verzögert. Vor allem beim Auffußen soll deren Wirkung für das Pferd spürbar sein. Die hintere Hufhälfte erreicht beim Auffußen zuerst den Boden. Bei einem Huf, der mit einem Eisen mit verlängerten Schenkeln beschlagen ist, erreichen diese zuerst den Boden. Ist die Gangart schneller, fußt auch der Huf schneller auf. Dies verursacht ein tieferes Durchtreten im Fesselgelenk. Der Schwerpunkt des Hufes verlagert sich weiter nach hinten, das Abrollen über die Zehe sowie das Vorschwingen werden verzögert. Allerdings verwendet man diese Art des Beschlags nur an den Hinterhufen. Dessen Wirkungsweise kann mitunter sehr rauh sein, so daß Schädigungen, vor allem der Beugesehnen, des Fesselgelenks und der Gleichbeine die Folge sein können. Auch ist der verzögernde Effekt meist unerwünscht, so daß auf Eisen mit verlängerten Schenkeln nur selten zurückgegriffen wird. Außerdem würden sie, befänden sie sich an den Vorderhufen, durch die Eisen der Hinterhufe leicht gegriffen und abgerissen werden.

10.7 Streichbeschlag

In Kapitel 4.3 wurde der Begriff *Streichen* bereits erläutert. Der Huf des einen Beines streicht an der Innenseite des anderen in unterschiedlicher Höhe vorbei. Das kann sowohl bei den Vorder- als auch bei den Hintergliedmaßen auftreten. Bei der zehen- und bodenweiten Stellung werden die Gliedmaßen beim Aufnehmen nach innen geschwungen (schaufeln), so daß Streichen häufig in Folge davon auftritt. Auch sehr enge Gliedmaßenstellungen sind für das Auftreten von Streichen verantwortlich. Wie schon gesagt, man sollte bei erwachsenen Tieren im Normalfall abweichende Gangarten oder Gliedmaßenstellungen nicht radikal korrigieren, da dies schlimme Auswirkungen auf die Gelenke haben kann. Meist ist es erfolgversprechender, mit Hilfe eines Beschlags und vorherigen Kürzens die nachteiligen Folgen dieser Abweichungen zu verhindern.

Vielfach streicht der Huf des einen Beines gegen das Fesselgelenk oder bei einer ausgeprägten Knieaktion gegen das Vorderfußwurzelgelenk der anderen Gliedmaße. Das Streichhufeisen weist einen teilweise schmaleren Innenschenkel auf. Diese schmale Stelle kann sich, in Abhängigkeit davon, wo sich das Pferd streicht, mehr im vorderen, aber

a

b

Abb. 219. Streichbeschlag.
a = Tragefläche
b = Bodenfläche

auch mehr im hinteren oder mittleren Teil des Schenkels befinden (Zehenstreicheisen, Seitenstreicheisen). Im schmalen Bereich des Hufeisens befinden sich keine Hufnagelkopfgesenke, und auch der Falz läuft nicht durch. Bisweilen muß daher der innere Hufeisenschenkel etwas weiter hinten aufgenagelt werden. Der Tragerand der inneren Seitenwand ragt häufig über den bodenengen Teil des Eisens hinaus. Streicht sich das Pferd nun doch noch, schlägt es mit dem Horn und nicht mit dem Eisen an, so daß es zu weniger schweren Verletzungen kommt. Es ist ratsam, einen Seitenaufzug anzubringen, da diese Eisen dazu neigen, sich nach innen zu verschieben.

10.8 Greifeisen

Schlägt der Hinter- an den Vorderhuf an, kann dadurch das Greifen oder Einhauen in die Eisen entstehen (Kap. 4.3). Häufig liegt dieser Erscheinung eine allgemeine Schwäche zugrunde und damit verbunden auch schwache Gangarten. Das Pferd sollte in diesem Fall in seiner Kondition gestärkt werden. Sind die Gangarten dann wieder schwungvoller und elastischer, ist es auch meist mit dem Greifen und Einhauen vorbei.

Das Einhauen und Greifen in die Eisen bewirkt nicht nur unangenehme Geräusche, es kann auch dazu führen, daß sich der Zehenteil des hinteren Hufeisenes zwischen den Schenkelenden des Vorderhufeisens verfängt, verbunden mit allen ernsthaften Folgen für Pferd und Reiter bzw. Fahrer und Wagen. Beim Traberbeschlag wurde auf dieses Problem bereits eingegangen. Man muß dafür sorgen, daß das Vorderbein wieder weiterschwingt, bevor das Hinterbein auffußt. Das erreicht man mit Hilfe eines Greifbeschlags. Außerdem verhindert man mit einem derartigen Beschlag das gefährliche Verfangen in den vorderen Hufeisen. Das Vordergreifhufeisen besitzt zwei kurze Schenkel, die schräg nach vorne und nach unten stark ausgehauen sind. Der innere Rand des Vordereisens ist stark bodeneng geschmiedet. Außerdem ist das Eisen mit einer deutlichen Zehenrichtung versehen. Die Gründe für diese drei Maßregeln sind klar: Da das Vorderhufeisen kurze Schenkel hat, gleiten die Hinterhufeisen ab. Die bodenenge Ränderung des Innenrandes soll verhindern, daß sich das Pferd verfängt. Die Zehenrichtung schließlich soll dafür sorgen, daß das Abrollen leichter vonstatten geht und dadurch das Vorderbein aus dem Bereich verschwunden ist, bevor das Hinterbein auffußt.

Der Zehenteil des Hinterhufeisens ist gerade gehalten, so daß der Tragerand des Zehenbereichs darüber hinaus ragt. Das Eisen ist mit zwei seitlichen Zehenaufzügen versehen. Auch die Gründe für den geraden Zehenteil sind klar: Man kommt damit dem Einhauen und Greifen zuvor. Allerdings wird dadurch das Abrollen erleichtert. Um den Verzögerungseffekt aufrechtzuerhalten, versieht man die Hinterhufeisen mit verlängerten Schenkeln.

a

b

Abb. 220. Greifhufeisen.
a = Vordergreifhufeisen
b = Hintergreifhufeisen

10.9 Halb- und Dreivierteleisen

10.9.1 Halbmondförmiges Eisen

Dabei handelt es sich um ein Eisen, das lediglich den Zehenbereich schützen soll. Es gibt zwei Formen:

- mit geraden abgekappten Schenkeln. Diese müssen in die Wand eingelassen werden. Es wird heute nicht mehr verwendet.
- mit sich verdünnenden Schenkeln. In Abhängigkeit von der Länge dieser kurzen Schenkel spricht man dann vom halbmondförmigen oder vom Zehenhufeisen. Letzteres wird häufig bei solchen Pferden verwendet, die normalerweise nicht beschlagen werden, bei denen aber der Zehenbereich zu stark abnutzt, wenn sie gearbeitet werden.

Auch bei Zwanghufen finden halbmondförmige Eisen Verwendung. Die hintere Hufhälfte ist dann gänzlich frei, und der Hufmechanismus kann sich optimal entfalten. Auch hiervon macht man aber nur Gebrauch bei Pferden, die ausschließlich auf weichen Böden bewegt werden. In Abhängigkeit von der Größe wird das Eisen mit einem oder zwei Nägeln an Innen- und Außenseite befestigt. Beim Anbringen dieses Beschlags muß auf eine korrekte Fessellinie geachtet werden.

Bei Pferden mit schleppendem Gang (Hauptursache für das starke Abnutzen im Zehenbereich) nutzt sich das Eisen schnell ab und kann auch leicht verloren werden.

10.9.2 Dreiviertelhufeisen

Zur Zeit wird neben dem halbmondförmigen nur noch das Dreiviertelhufeisen verwendet, bei dem der eine Schenkel in der Hälfte aufhört.

Verwendung findet das Dreiviertelhufeisen als Streichhufeisen. Der innere Schenkel ist dann der kurze. Streicht das Pferd nun mit einem Bein das andere, tut es dies nur mit dem Hufhorn. Das führt zu geringeren Verletzungen, als wenn es mit dem Eisen anschlagen würde. Beim Traberbeschlag wird häufig ein Dreivierteleisen aufgeschlagen, wobei die Enden des langen und kurzen

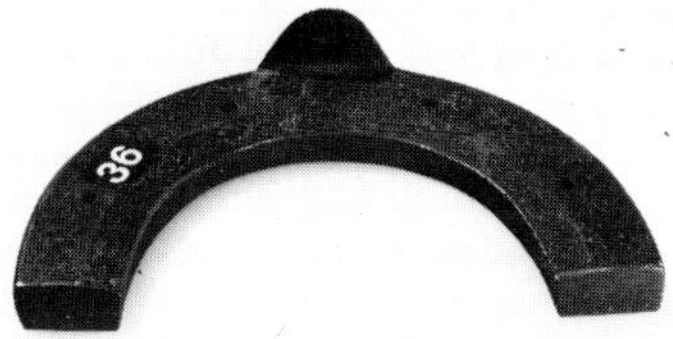

Abb. 221. Halbmondförmiges Eisen.

Abb. 222. Zehenteil.

Abb. 223. Dreiviertelhufeisen.

Schenkels mit einem Steg verbunden sind, der schräg über den Strahl von der einen zur anderen Seite verläuft.

10.10 Korrekturbeschläge bei Fohlen und jungen Pferden

Unter bestimmten Umständen kann es notwendig sein, Fohlen oder Ein- bis Zweijährige zu beschlagen. Bei diesen Tieren, die sich noch im Wachstum befinden, ist normalerweise ein Hufbeschlag nicht erforderlich, im Gegenteil, man muß ihn mit größten Bedenken betrachten. Bisweilen kann er aber als Korrekturmaßnahme notwendig sein. In diesem Fall sollte man aber stets darauf achten, nur leichte Eisen zu verwenden und so kleine Nägel wie irgend möglich. Bisweilen kommt man auch mit einem partiellen Hufeisen aus. Bei jungen Tieren nutzt sich der Zehenbereich häufig zu schnell ab und wird dann zu kurz. Daraus entwickelt sich leicht ein Bockhuf. Um dem zuvorzukommen, wird ein halbmondförmiges Eisen angebracht. Die starke Abnutzung des Zehenbereichs wird damit zielgerichtet vereitelt. Der Zehenbereich kann nun wieder wachsen, und die normale Hufform stellt sich wieder her. Manchmal muß man diese Maßnahme über längere Zeit (etwa alle sechs Wochen wechseln) aufrechterhalten, manchmal ist sie schon nach sechs bis acht Wochen nicht mehr nötig bzw. sollte bei einem Fohlen, das zeitweilig in schlechter Kondition ist und dann die Beine nicht mehr genug aufnimmt, beendet werden. Bisweilen ist es aber doch unumgänglich, auch einem jungen Tier (leichte) Eisen anzulegen. Wird eine Seitenwand zu stark abgenutzt, genügt ein Dreiviertelhufeisen. Zu starkes einseitiges Abnutzen sieht man häufig in Zusammenhang mit abweichenden Gliedmaßenstellungen, wie z.B. zehenweiter Stellung, und dann ist es die Innenwand, die zuviel abgenutzt wird. Das starke Abnutzen der inneren Seitenwand fördert dann wiederum die zehenweite Stellung. Mit einem Dreiviertelhufeisen wird zum einen dieser einseitigen Abnutzung Einhalt geboten, zum anderen wird hier auch die schiefe Stellung des Pferdefußes korrigiert. Das Dreiviertelhufeisen hat somit einen doppelt positiven Effekt. In diesem Fall ist also das Anbringen eines Beschlags durchaus angebracht, wobei der innere Hufeisenschenkel die normale Länge aufweist, der äußere dagegen verkürzt ist.

Bei gravierenden Abweichungen in Gliedmaßenstellung, Gangart oder Hufform kann es auch bei jungen Pferden notwendig sein, auf wirkungsvollere Maßnahmen zurückzugreifen. Diese werden in Kapitel 13, Therapeutischer Beschlag, besprochen.

10.11 „Horse Shoe Borium“

In Großbritannien und den Vereinigten Staaten verwendet man *Horse Shoe Borium*, um einem Ausgleiten zuvorzukommen. Bis heute hat sich derartiges hierzulande nicht durchgesetzt. In der Hufbeschlags-Literatur oben genannter Länder ist davon allerdings immer wieder die Rede. Es handelt sich hierbei um Wolframkarbid-Kristalle, die in Weichstahl eingelassen sind. Das Material gibt es in Stabform im Handel. Es wird in stark erhitztem Zustand (mit Schweißgerät) auf der Bodenfläche des Hufeisens angebracht. Man muß vor allem darauf achten, daß eine gleichmäßige Lage aufgetragen wird. In Abhängigkeit vom gewünschten „Anti-Rutsch-Effekt“ kann es punktförmig jeweils rechts und links von der Zehe angebracht werden, oder aber in längeren Streifen über den gesamten Zehenbereich und die Schenkel. Ist das Material aufgetragen, muß es langsam abkühlen. Es haftet ausgesprochen fest am Eisen. Die Wolframkarbid-Kristalle, die eine besonders harte Struktur aufweisen, eignen sich sehr gut, ein Ausrutschen zu verhindern. Dadurch, daß sie praktisch unverwüstlich sind, verlängern sie die Lebensdauer der Eisen erheblich. Letzteres ist aber eher ein Manko, da es die Pferdebesitzer dazu verleitet, das Wechseln der Eisen viel zu lange hinauszuschieben. Auch werden häufig beim Umbeschlagen die gleichen Eisen wiederverwendet, obwohl sie längst ausgetauscht gehörten.

10.12 Einlagen

Obwohl Einlagen aus Leder oftmals als einfache Korrekturmaßnahme Anwendung finden, sollen sie erst in Kapitel 13 zur Sprache kommen, da sie häufig auch Bedeutung als therapeutisches Mittel haben.

11 Erkrankungen des Hufes

Im Zusammenhang mit Erkrankungen des Hufes hat man es immer wieder mit dem Begriff *Entzündung* zu tun. Was versteht man darunter? Die Entstehung einer Entzündung ist die Reaktion des Körpers auf einen schädlichen Reiz. Es gibt eine Unzahl innerer und äußerer negativer Einflüsse auf die normalen Lebensprozesse des Körpers. Zum Glück ist der Körper meist in der Lage, diese abzuwehren. So ist normalerweise eine Entzündung eine Form der Abwehr, die dem Körper zur Verfügung steht, um auf schädliche Reize zu reagieren. Als solche ist sie eine gute Sache. Es wäre also falsch, eine Entzündung als ein Übel zu betrachten, das sofort und stets unterdrückt werden muß. Es kann allerdings schon einmal passieren, daß diese Körperreaktion auf einen Reiz an ihrem Ziel vorbeischießt und somit selbst schädlich wird. Ist das der Fall, kann es nützlich , ja notwendig sein, die Entzündung zu unterdrücken, sie zu kontrollieren, sie einzugrenzen und zu beseitigen. Kennzeichen einer Entzündung sind:

- Wärme
- Anschwellung
- Schmerz
- Rötung (nur in nicht pigmentierten Geweben wahrzunehmen)
- gestörte Funktionen.

Vor allem die Anschwellung, der Schmerz und auch die gestörten Funktionen können solche Ausmaße annehmen, daß es angebracht ist, die Entzündung zu hemmen. Schmerzen und Funktionsstörungen sind oft miteinander verbunden. So sind z.B. eine Entzündung im Huf und die damit verbundenen Schmerzen Ursache für Lahmheit (und damit für eine Funktionsstörung). Das Kennzeichen „Schwellung“ ist bei einer im Huf befindlichen Entzündung meist nicht äußerlich sichtbar, da sich die Hornkapsel kaum ausdehnen kann. Schwellungen der inneren Hufgewebe üben deshalb einen enormen Druck (Spannung) sowie heftige Schmerzen aus. Diese Bemerkungen als kurze Einführung zum Begriff Entzündung.

Die Huferkrankungen werden in zwei Gruppen eingeteilt: Erkrankungen der oberflächlichen Gewebe und Erkrankungen der tieferliegenden Gewebe.

11.1 Erkrankungen der oberflächlichen Hufgewebe

Das betrifft im wesentlichen die Huflederhaut und die Hornkapsel. Defekte, die ausschließlich die Hornkapsel betreffen, kann man nicht als Erkrankung bezeichnen. Das Horn ist nämlich totes Gewebe, und Veränderungen in diesem toten Gewebe fallen nicht unter den Begriff Erkrankungen. Abweichende Hufformen fallen demnach ebensowenig unter diesen Begriff. Allerdings können Erkrankungen schon gepaart sein mit abweichenden Hufformen.

Und Huferkrankungen können auch wiederum im allgemeinen mit Abweichungen im Horn einhergehen, bisweilen auch die Folge sein von Veränderungen in der Hornsubstanz. Es ist äußerst schwierig, eine systematisch perfekte Einteilung der Huferkrankungen zu finden. Unsere Gliederung ist mehr an der Praxis orientiert.

11.1.1 Quetschung der Huflederhaut

Eine Quetschung ist eine Gewebeschädigung, die häufig in Folge äußerlicher Gewalteinwirkung auftritt. Dabei werden die Gewebestrukturen sowie dort befindliche Gefäße zerstört. Blut tritt aus und färbt das umliegende Gewebe rot. Das geschädigte Gewebe (die Zellen) stirbt zum Teil ab. Der Körper reagiert darauf, da er das abgestorbene Gewebe entfernen möchte (diese Reaktion ist die eigentliche Entzündung!). Quetschungen der Huflederhaut gehen mit einer Rotfärbung einher. Der rote Blutfarbstoff sickert auch durch bis zum Horn. Die Rotfärbung im Horn ist aber nicht die eigentliche Quetschung, denn diese sitzt in der Huflederhaut. Sie wird oftmals durch einen Stein, auf den das Pferd getreten ist, verursacht. Vorzugsweise treten diese Huflederhautquetschungen im Bereich der Eckstreben auf. Man nennt sie dann *Steingallen.*

Die Ursache für die im Bereich der Eckstreben auftretenden Steingallen sind meist im Beschlag zu suchen. Es kann sich um eine schlechte Ausführung des Beschlags handeln, bei dem die Hufeisenschenkel Druck auf die Eckstreben ausüben. Häufiger aber ist der Beschlag einfach zu alt, die Trachtenwand ist über den Tragerand des Hufeisenschenkels gewachsen, so daß die Eckstreben eingezwängt und somit gequetscht weren.

Außerdem sieht man von Zeit zu Zeit Sohlenquetschungen, die meist Folge davon sind, daß das Pferd auf einen spitzen Stein getreten ist. Infiziert sich die Wunde nicht, sind die Auswirkungen meist harmlos. Die Behandlung konzentriert sich auf die Beseitigung der Ursache.

Bei Steingallen sind das in erster Linie das Entfernen des überfälligen Eisens, das Kürzen der Wand und das Erneuern des Beschlags. Bisweilen kann es nötig sein, daß man die betreffende Stelle zur Entlastung schweben läßt und deshalb auf ein Steghufeisen zurückgreift, um die Unterstützungsfläche so weitläufig wie möglich zu gestalten.

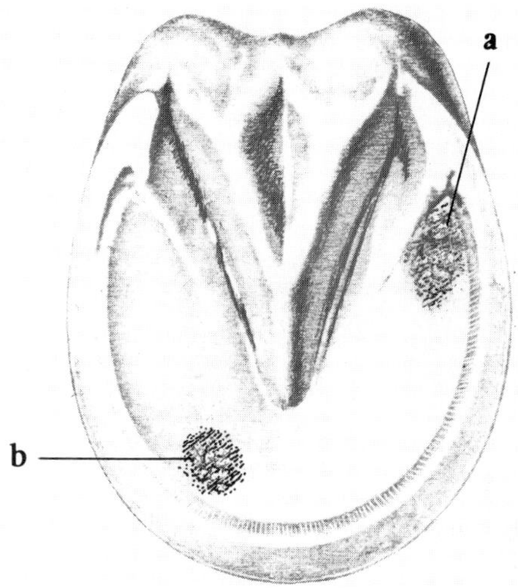

Abb. 224. Huf. Sohlenfläche.
a = Steingalle
b = Sohlenquetschung

Bei Quetschungen der Sohle ist es des öfteren ratsam, ein Eisen mit Ledersohle zu verwenden, zumal, wenn es sich nicht ausschließen läßt, daß das Pferd weiterhin auf dem gleichen steinigen Boden bewegt wird.

Hat sich die Quetschung nicht entzündet, ist es im allgemeinen auch nicht zu empfehlen, diese auszuschneiden. Ist aber das Gegenteil der Fall, entwickeln sich eine eitrige Steingalle oder eine eitrige Huflederhautentzündung. Deren Behandlung stellt ein eigenes Kapitel dar (siehe Kap. 11.1.8).

11.1.2 Verletzungen der Ballen (Verbällung)

Eine Quetschung der Ballen wird häufig durch Verletzungen verursacht. Es ist daher naheliegend, daß sie meist an den Hufballen des Vorderbeins auftritt, und zwar dann,

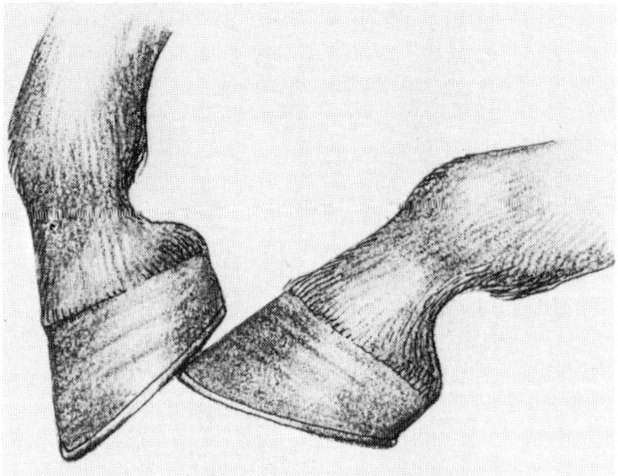

Abb. 225. Einhauen in die Eisen.

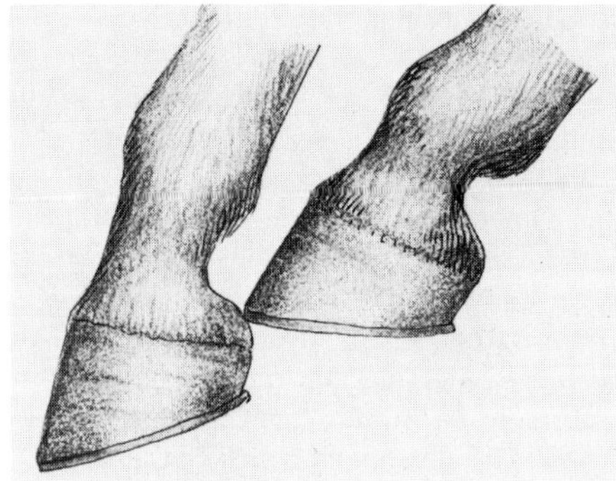

Abb. 226. Ballentritte.

wenn der Zehenbereich des Hinterhufes auf den Ballen des Vorderhufes tritt.

In Abb. 225 ist das Einhauen in die Eisen nochmals dargestellt, in Abb. 226 tritt der Zeh des Hinterhufes auf den Ballen des Vorderhufes. Meist ist es die innere Seite des Hinterhufes, die greift. Bei unbeschlagenen Hufen sind die Folgen nicht ernsthafter Natur, bei beschlagenen dagegen schon. Der Zehenbereich des Hinterhufes verursacht eine Quetschung (Verbällung) oder Verletzung (Ballentritt) der Ballen am Vorderhuf, wobei die Haut, der Übergang Haut-Hornkapsel und die hornigen Ballen (plus Ballenlederhaut) beschädigt werden können. Außerdem kommt aber eine Verbällung auch ohne Einhauen vor, und zwar bei Pferden, deren Hufe sehr hohe Trachtenwände aufweisen (bisweilen auch bei sehr flachen, schrägen Trachtenbereichen). In ersterem Fall nimmt man an, daß der Stoß, der beim Auffußen auf das Bein ausgeübt wird, Ursache für die Quetschung ist. Das betrifft meist den inneren Ballen, der dann höher wird und anschwillt, bisweilen auch an der Trachtenwand einknickt.

Bei einer Verbällung oder Balltentritten sind Greifeisen angebracht (siehe Kap. 10.8). Ist für die Verbällung eine abweichende Hufform verantwortlich, muß durch allmähliches Beschneiden und Formen des Hufes diese Ursache beseitigt werden. Zu Beginn kann es nötig sein, die Trachten an der Seite der Verbällung frei schweben zu lassen und ein Steghufeisen zu verwenden.

11.1.3 Saumbandentzündung

Vor allem bei Pferden, die im Stall gehalten werden und bei denen äußerste Sorgfalt in der täglichen Versorgung aufgewendet wird, sieht man mitunter Veränderungen am Hornsaum auftreten, die durch den täglichen Gebrauch von Huffetten und Salben verursacht wurden. Knapp oberhalb des Hornsaums sind die Haare gesträubt, die Haut ist leicht gereizt. Diese Reizung von Saum- und Ballenlederhaut führt zu deren Entzündung und dadurch bedingt zur Produktion eines schuppigen Hornes mit Rissen und kleinen Klüften. Ernsthafte Komplikationen treten selten auf. Die Behandlung ist einfach. Man muß damit aufhören, die Hufe ständig einzufetten. Die Hufe müssen einige Zeit täglich gut mit Wasser und (grüner) Seife gewaschen werden. Ist der Hornsaum zu stark gewuchert, muß er beraspelt werden. Als Heilungsmittel für den gereizten Horn-

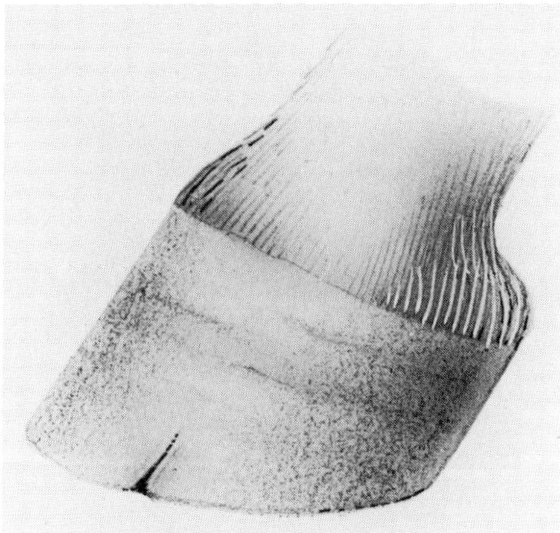

Abb. 227. Tragerandhornspalte.

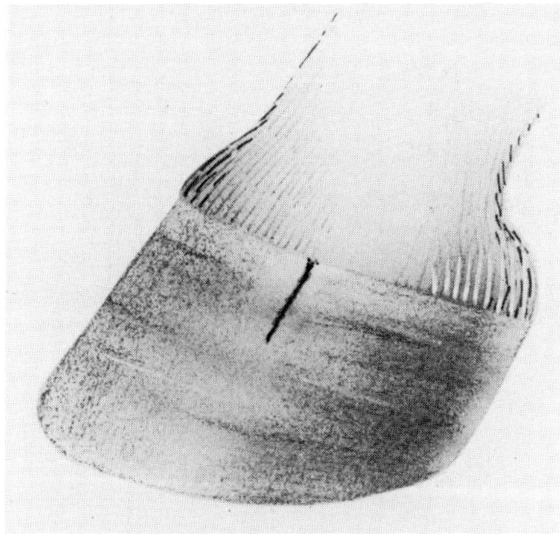

Abb. 228. Kronrandhornspalte.

saum verwendet man reine Vaseline, die täglich, nach dem Waschen und Trocknen, in einer dünnen Schicht auf der gesamten Oberfläche der Krone aufgetragen und leicht einmassiert wird.

11.1.4 Hornspalten

Hornspalten werden unterteilt nach ihrem Sitz, der Ausdehnung und ihrer Tiefe. Im Prinzip können sie überall an der Hornkapsel auftreten, d.h. an der Hornwand und -sohle, am hornigen Strahl, den Eckstreben, der weißen Linie sowie auch am Hornsaum und den hornigen Ballen. Meist aber kommen sie an der Hornwand vor. Hornspalten der Wand verlaufen in Längsrichtung, also parallel zu den Hornröhrchen (eine horizontal verlaufende Hornspalte nennt man *Hornkluft*. Diese wird separat besprochen). Nach Sitz und Ausdehnung spricht man von

- Tragerandhornspalten; sie nehmen ihren Ausgang vom Tragerand aus
- Kronrandhornspalten; sie gehen vom Kronrand aus
- durchlaufende Hornspalten, die vom Kronrand bis einschließlich dem Tragerand verlaufen.

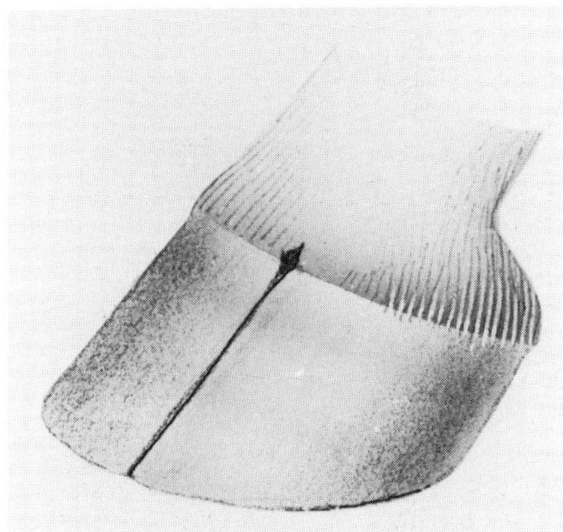

Abb. 229. Durchlaufende Hornspalte.

Je nachdem, in welchem Bereich der Hornwand sie auftreten, unterteilt man sie in

- Zehenwandhornspalten
- Hornspalten der Seitenwand
- Hornspalten der Trachtenwand.

Teilt man sie nach ihrem Ausmaß ein, so sind dies die oberflächlichen Hornspalten (Windrisse) sowie durchdringende Hornspalten.

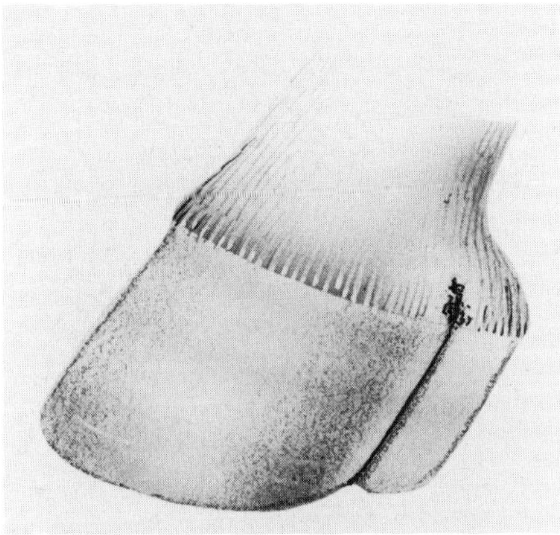

Abb. 230. Durchlaufende, durchdringende Hornspalte der Seitenwand infolge Narbenbildung der Saum- und Kronlederhaut.

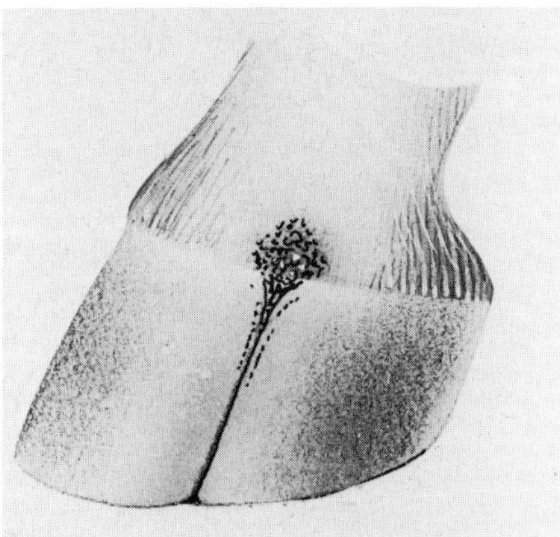

Abb. 231. Sezernierende (Sekret absetzende) Kronrandverletzung mit durchlaufender, durchdringender Hornspalte.

Durchdringende Hornspalten sind naturgemäß ernsthafterer Natur als die oberflächlichen. Eine oberflächliche Hornspalte geht nie bis an die Lederhaut und hat somit auch keine direkten schädlichen Folgen.

Ohne eine Behandlung kann eine oberflächliche Hornspalte freilich in eine durch-

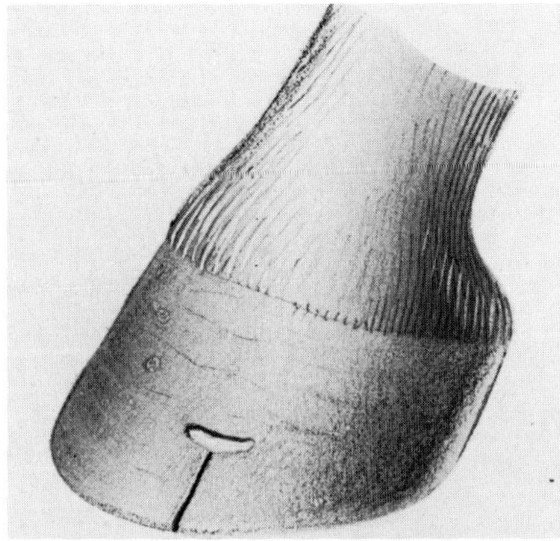

Abb. 232. Horizontale Rille bei einer kurzen, vertikal verlaufenden Hornspalte.

dringende übergehen, und diese geht dann bis zur Huflederhaut. Die Huflederhaut wird nun an der betreffenden Stelle nicht mehr durch die Hornschicht geschützt und kann sich jetzt leicht entzünden.

Kronrandhornspalten sind bedenklicher als Tragerandhornspalten. Tragerandhornspalten treten häufig bei Pferden auf, die unbeschlagen im Gelände gehen. Sehr trockenes Wetter, bei dem die Hornwand stark austrocknet, sehr nasses Wetter, bei dem die Hornwand aufgeweicht wird, aber vor allem auch das rasche Abwechseln sehr nasser und dann wieder sehr trockener Perioden begünstigen das Auftreten von Hornspalten. Kronrandhornspalten sind häufig die Folge von Kronentritten. Diese verursachen eine Unterbrechung der Hornwandbildung. Es entstehen oftmals durchdringende Hornspalten, die dann auch noch durchlaufen.

Eine durchlaufende und durchdringende Hornspalte der Seitenwand infolge Narbenbildung in der Saum- und Kronlederhaut ist wohl die schlimmste Form. Der Bereich hinter dieser Spalte hat keinen Halt mehr, bewegt sich durch den Hufmechanismus bei

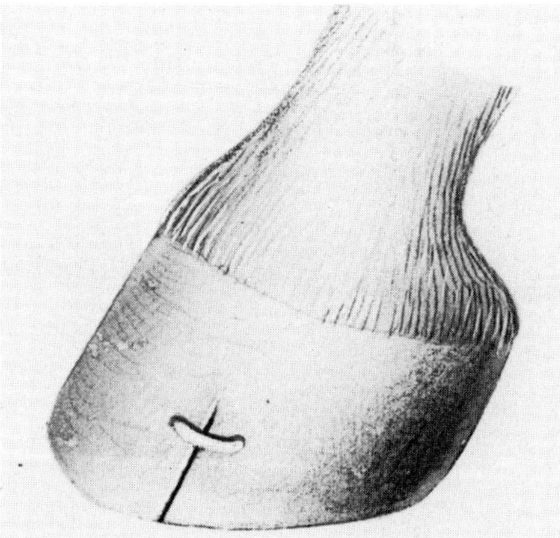

Abb. 233. Das gleiche. Weiteres Einreißen der Wand nach oben.

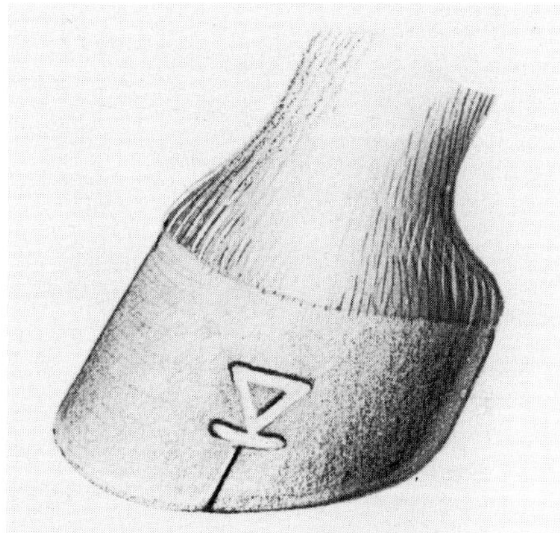

Abb. 234. Horizontale Rille in Verbindung mit einer dreieckigen bei einer Tragerandhornspalte.

Belastung hin und her und hat dadurch minimale Heilungschancen.

Durchlaufende (aber nicht durchdringende) Hornspalten sieht man auch im Zehenbereich, und zwar oft genau in der Mitte. Die Behandlung von Hornspalten ist in starkem Maße von ihrem Sitz, ihrer Ausdehnung und Tiefe abhängig. Oberflächliche, kurze Tragerandhornspalten, die vielfach bei unbeschlagenen Pferden auftreten, die auf der Weide laufen, können durch einen Korrekturschnitt des Tragerandes meist vollständig beseitigt werden. Dehnen sie sich aber weiter nach oben aus, bringt man darüber mit dem Rinnhufmesser eine horizontale Rille an (Abb. 232). Anstelle dieser einfachen Rille kann man es auch mit einer dreieckigen Rille versuchen (Abb. 234). Eine einzelne Rille kann bisweilen ein weiteres Einreißen nicht verhindern (Abb. 233). Das oben genannte Dreieck führt zu einer Entspannung in mehreren Richtungen.

Ein Brechen des Tragerandes, bevor die Pferde für längere Zeit auf der Weide laufen, ist meist eine wirksame Maßnahme gegen Tragerandhornspalten. Einer oberflächlichen Kronrandhornspalte und einer oberflächlichen durchlaufenden Hornspalte kann man auf mehrere Arten begegnen:

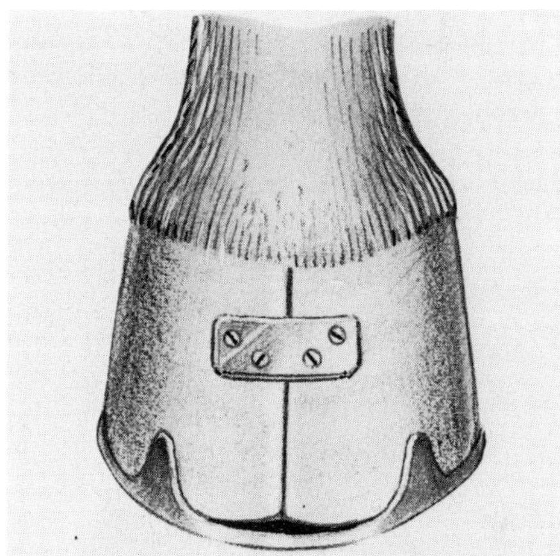

Abb. 235. Hornspalte mit Schraubplättchen. Die Hornspalte schwebt frei. Das Eisen ist mit Seitenaufzügen versehen.

- Ausdünnen der Wand, bis die Spalte weggeraspelt ist
- Bei einer durchlaufenden Hornspalte

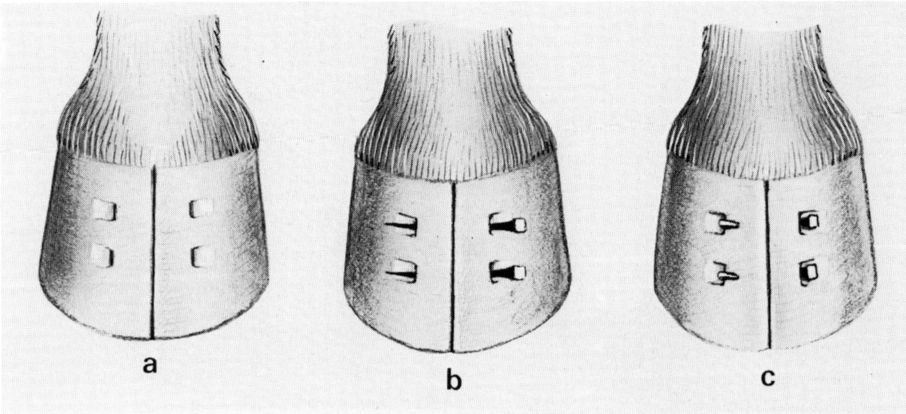

Abb. 236. Das Fixieren von Hornspalten mit Hufnägeln.

kann man, vor allem, um ein Ausweiten zu verhindern, die Wand beiderseits mit einem Schraubplättchen (Abb. 235) oder einem oder zwei Hufnägeln fixieren (Abb. 236a, b, c).

Häufig ist es sinnvoll, ein Eisen zu verwenden, das beiderseits der Hornspalte mit jeweils einem Aufzug zur Unterstützung versehen ist (Abb. 235). Der Tragerand schwebt im Bereich der Spalte frei. Bei durchdringenden Hornspalten kann leicht eine eitrige Huflederhautentzündung entstehen (Behandlung siehe Kap. 11.1.8). Durchdringende Seitenwandhornspalten infolge Narbenbildung in der Saum- und Kronleder-

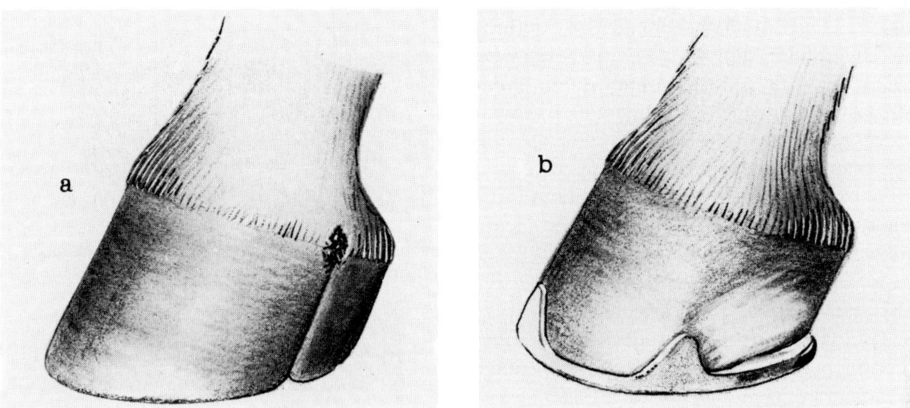

Abb. 237.
a = Durchlaufende, durchdringende Hornspalte der Seitenwand infolge Narbenbildung der Saum- und Kronlederhaut
b = Dünn geraspelt und frei schwebend. Eisen mit einem Seitenaufzug

haut sind aufgrund ihrer Beweglichkeit kaum unter Kontrolle zu bekommen. Bisweilen kann man, vor allem, wenn das Pferd nicht lahm geht, die Sache noch einigermaßen mit einem Beschlag in den Griff bekommen. In diesem Fall wird die Wand beiderseits der Spalte so weit wie möglich ausgedünnt und dann ein Eisen mit zwei Seitenaufzügen auch beiderseits der Spalte (wenn es geht!), vorzugsweise ein Steghufeisen, aufgeschlagen. Im Bereich der Hornspalte schwebt der Tragerand frei (Abb. 237).

Bei durchlaufenden und durchdringenden Hornspalten, die sich infiziert haben und unter denen sich Eiter befindet, können mitunter größere Hufoperationen nötig werden.

11.1.5 Hornkluft

Einen horizontal verlaufenden Defekt in der Hornwand bezeichnet man als Hornkluft. Ursache ist häufig eine Beschädigung mit oberflächlicher Verletzung über einen größeren Bereich am Kronrand (unter anderem, wenn eine eitrige Huflederhautentzündung oberhalb des Kronrandes aufbricht). Hier ist dann für kurze Zeit die Hornbildung unterbrochen. Wächst sich dieser Defekt aus, entsteht eine Rille in Querrichtung der Hornröhrchen, die Hornkluft. Sie kann sowohl durchdringend als auch oberflächlich sein.

Die durchdringende Hornkluft kann infiziert sein. In diesem Fall sitzt unter diesem Defekt eine (eitrige) Huflederhautentzündung, so daß die Hornkluft Anlaß für ein Lahmgehen des Pferdes werden kann.

Bei einer oberflächlichen Hornkluft ist eine Behandlung meist nicht nötig. Sie wächst sich von selbst bis zum Tragerand aus und wird dann zu gegebener Zeit beim Ausschneiden entfernt. Sobald aber die Hornkluft (d.h. die darunter gelegene Huflederhaut) entzündet ist, ist es notwendig, diese

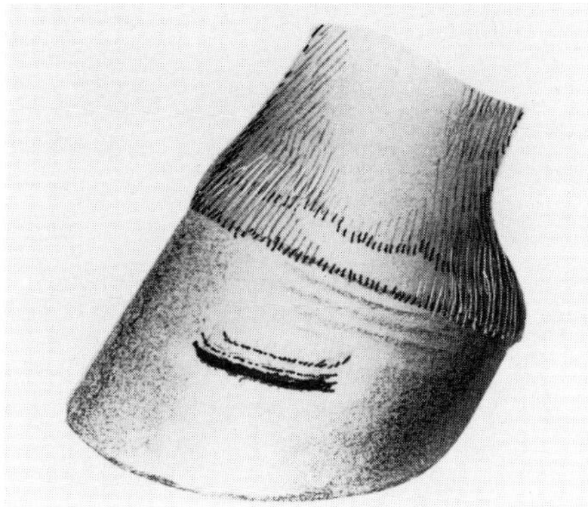

Abb. 238. Hornkluft.

entsprechend zu behandeln (siehe Kap. 11.1.8).

11.1.6 Lose Wand

Unter einer losen Wand versteht man die Unterbrechung der Verbindung zwischen dem Tragerand der Hornwand und der Hornsohle im Bereich der weißen Linie an einer oder mehreren Stellen (Abb. 239).

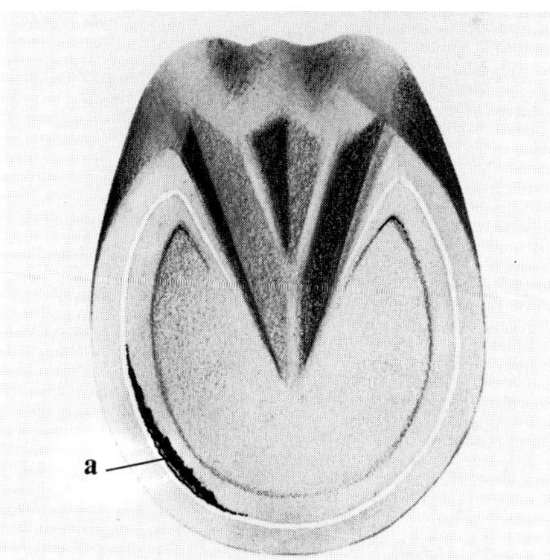

Abb. 239. Lose Wand (a).

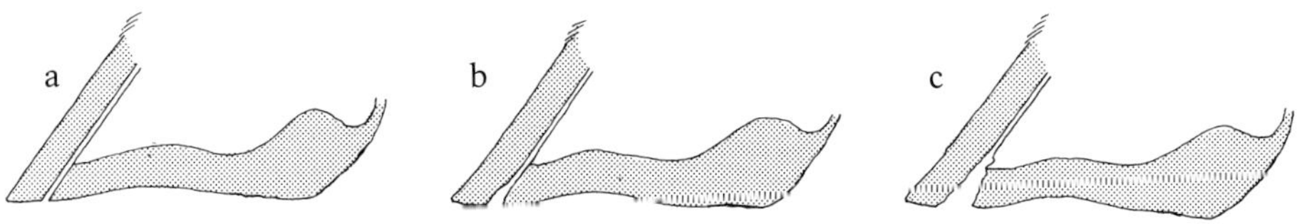

Abb. 240. Lose Wand (Schema). a = normal, b = weniger tief, c = tief

Bei der Entstehung der losen Wand spielen die Hornqualität eine Rolle, außerdem die Hufversorgung, die Geschmeidigkeit des Horns, der Beschlag und auch der Einsatz des Pferdes. Eine weniger tiefe lose Wand, die sich auf das Horn beschränkt, ist relativ harmlos (kann sich aber zu einer tiefer ausgeprägten losen Wand entwickeln, siehe Abb. 240 b). Eine derartige Störung erstreckt sich bis zur Huflederhaut (Wand und/oder Sohle, Abb. 240 c). Daraus entwikkelt sich dann eine eitrige Huflederhautentzündung. Die Behandlung einer losen Wand richtet sich nach deren Ausdehnung und Tiefe. Bei einer wenigen tiefen, gering ausgedehnten losen Wand genügt es, diesen Bereich schweben zu lassen, mit dem Rinnhufmesser die Vertiefung auszuräumen und ein Eisen zu verwenden, das mit einem Zehenaufzug und einem Seitenaufzug hinter dem hohlen Wandabschnitt zu dessen Unterstützung versehen ist. Die Vertiefung selbst wird mit Werg und Holzteer ausgefüllt.

Bei einer größeren Ausdehnung und vor allem auch dann, wenn die Abtrennung tiefer reicht, müssen die lose Wand entfernt und die umliegenden Abschnitte verdünnt werden, so daß ein allmählicher Übergang von defektem zu gesundem Wandbereich entsteht. Häufig ist es notwendig, eine zeitlang einen starren, trockenen Hufverband anzulegen und anschließend ein Eisen mit einem Aufzug beiderseits des Defekts aufzuschlagen, wobei dieser frei schwebt (falls nötig, ein Steghufeisen verwenden).

Geht die lose Wand mit einer Huflederhautentzündung einher, muß die Behandlung letzterer im Vordergrund stehen (siehe Kap. 11.1.8).

11.1.7 Hohle Wand

Mit dem Begriff *hohle Wand* wird eine Trennung zwischen den einzelnen Wandschichten bezeichnet. An der inneren Seite der hohlen Wand bleibt die Wandlederhaut von einer Hornwandschicht bedeckt.

Es handelt sich hierbei um ein Problem, das gegenwärtig weniger auftritt. Vor allem

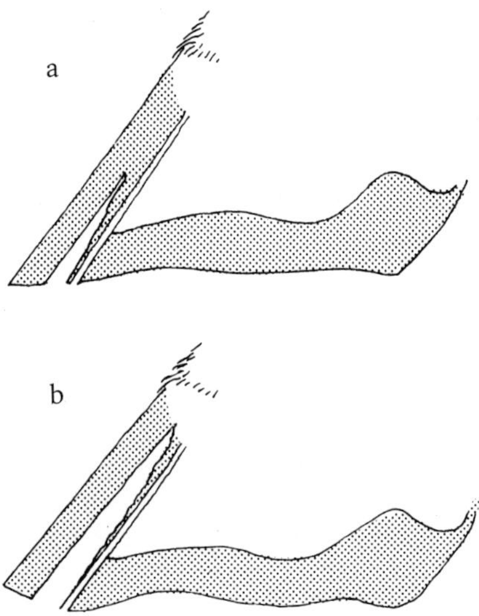

Abb. 241. Hohle Wand (Schema).
a = oberflächlich
b = tief

Pferde in ganzjähriger Stallhaltung, rundum beschlagen, die auf gepflasterten Straßen im Trab ihre Arbeit verrichten mußten, waren davon betroffen. Also das normale Leben vieler Pferde in den Städten, bevor sich das Auto durchsetzte (Pferde von Fuhrunternehmern und Händlern, Zugpferde im allgemeinen, die in langanhaltendem Trab auf den Straßen gehen mußten). Die Hufe dieser Tiere waren meist sehr hart und trocken, und die Trabarbeit auf den Straßen war auf die eine oder andere Art die Ursache für das Entstehen einer hohlen Wand. Diese Zeit ist vorbei. Pferde und Ponys werden heutzutage hauptsächlich für Freizeitzwecke gehalten, dabei auch angespannt, aber nicht mehr, so wie früher, Tag für Tag auf den Straßen.

Normalerweise führt eine hohle Wand nicht zu Lahmheit. Die Trennung reicht häufig sehr weit nach oben. Nur wenn im oberen Bereich die Kronlederhaut in Mitleidenschaft gezogen wird, kann sich diese entzünden, und das hat dann Lahmheit zur Folge. Es ist eher dem Zufall zu verdanken, wenn beim Hufbeschlag eine lose Wand zu Tage kommt. Wenn man es vermag, kann man (auch wenn das Pferd beschlagen ist) die Stelle der Trennung durch Beklopfen der Wand feststellen (hohler Ton, wenn man mit einem Hammer auf die Wand klopft). Eine hohle Wand stellt eine Schwächung dieses Wandbereichs dar.

Es ist deshalb anzustreben, dieses Übel abzustellen. Der gesamte oberflächliche und lose Bereich der Wand muß entfernt, die Umgebung ausgedünnt werden. Durch regelmäßiges Abraspeln und Maßnahmen, die die Elastizität des Hornes fördern, muß man versuchen, daß die Wand wieder als Ganzes von oben herunterwächst. Viel Geduld ist nötig, denn es handelt sich hierbei um einen hartnäckigen Prozeß (rezidierender Prozeß). Wenn das Pferd nicht lahmt, kann man es auch mit einem Eisen beschlagen, das beiderseits der Stelle, an der ein Teil der Wand entfernt wurde, einen Aufzug aufweist. Oftmals greift man auf ein Steghufeisen zurück, um den gesunden Huf so weit wie möglich zu belasten, während der geschädigte Bereich frei schwebt. Erhalten der Geschmeidigkeit z.B. durch nasse Umschläge während der Nacht, spielt eine wichtige Rolle, wenn man ein elastischeres Horn erhalten möchte. Man benötigt die Erfahrung und Hilfe eines geschickten Hufschmiedes, um eine hohle Wand endgültig zu beseitigen.

11.1.8 Huflederhautentzündung

Entzündungen der Huflederhaut sind im Kader der Huferkrankungen die am meisten ernstzunehmenden. Obwohl die gesamte Huflederhaut durch die Hornkapsel gut geschützt wird, kann auf vielerlei Weise eine Entzündung entstehen. Huflederhautentzündungen können unterschiedlich eingeteilt werden:

1. Nach ihrer Ausbreitung in: lokalisierbare, örtliche und nicht lokalisierbare (diffuse) Huflederhautentzündung.
2. Nach ihrer Tiefe in: oberflächliche und tiefe Entzündungen. Hier gibt es nur geringe Unterschiede, nämlich ob nur eine oberflächliche Schicht der Huflederhaut betroffen ist oder aber die gesamte ohne das darunter liegende Gewebe (siehe auch unter 4.).
3. Infektiöse und nichtinfektiöse Huflederhautentzündungen. Im ersten Fall wird die Entzündung durch Mikroorganismen (Bakterien) verursacht, im zweiten sind es andere Ursachen, z.B. Schadstoffe.
4. Mehr oder weniger komplizierte Huflederhautentzündung. Bei der komplizierteren Erscheinungsform sind auch tiefere Gewebeschichten des Hufes betroffen.
5. Ebenso wie andere Entzündungen kann man Huflederhautentzündungen in aku-

te und chronische einteilen. Unter einer akuten Entzündung versteht man eine plötzlich auftretende und heftig verlaufende Reaktion. Im Gegensatz dazu verläuft die chronische langsam und schleppend. Sie kann aber auch aus einer akuten Entzündung entstehen, aber gewöhnlich haben sie einen schleichenden Beginn, entwickeln sich allmählich, verschlimmern sich und sind meist von langwieriger Dauer.

Ursachen. Huflederhautentzündungen können ihre Ursache in äußeren Beschädigungen haben, z.B. durch einen scharfen Gegenstand, wobei häufig die Hornkapsel unbeschädigt bleibt, die Lederhaut darunter aber gequetscht wird, so daß hier die Entzündung ihren mehr oder weniger entzündlichen Ausgang nehmen kann. Es kann aber auch ein scharfer Gegenstand die Hornkapsel durchbohren und die Lederhaut verletzen. Das nennt man dann *Nageltritt.* Dabei muß es sich aber nicht immer um einen Nagel handeln. Meist sind die Fremdkörper, die sich die Pferde während der Arbeit eintreten, verschmutzt (z.B. ein rostiger Nagel), so daß die Infektion vorprogrammiert ist (siehe Kap. 11.1.10). Das Einschlagen der Nägel während des Beschlagens kann bei einer Vernagelung (dabei wird die Huflederhaut direkt beschädigt) oder Nageldruck (der Nagel liegt flach auf der Lederhaut, übt durch den Druck aber eine Quetschung aus, die zu einer Entzündung führen kann) eine Huflederhautentzündung zur Folge haben (siehe Kap. 11.1.9).

Auch Quetschungen (z.B. Steingallen) können sich bisweilen infizieren. Im Endeffekt aber geht es um eine infizierte Huflederhautentzündung, deren Ursache schädliche Keime sind. Meist sind es Bakterien, die Eiter bilden – es entsteht eine eitrige Huflederhautentzündung. Diese kann eher oberflächlich sein; dann ist der Eiter häufig dünnflüssig und bei einem pigmentierten Huf dunkel gefärbt. Liegt die Entzündung tiefer, so ist der Eiter meist dicker und von gelblichweißer (oder schmutzigweißer) Farbe.

Bisweilen kann die eitrige Huflederhautentzündung genau lokalisiert werden, teils ist sie recht diffus.

Wenn der Eiter nicht austreten kann, weil die Hornkapsel unversehrt geblieben ist (oder sich die Stichstelle zugesetzt hat), wird aus einer lokalen Entzündung schnell eine diffuse. Bei tief eindringenden Fremdkörpern (Nageltritt) können auch verschiedene tiefer gelegene Gewebe in den Entzündungsprozeß miteinbezogen werden, je nachdem, an welcher Stelle, welcher Richtung und wie tief der Gegenstand eingedrungen ist.

Außer der infektiösen muß nun auch noch die nichtinfektiöse Huflederhautentzündung erwähnt werden. Auch sie führt zu Lahmheit (akut oder chronisch), auf die in einem gesonderten Kapitel eingegangen wird (Kap. 11.1.15).

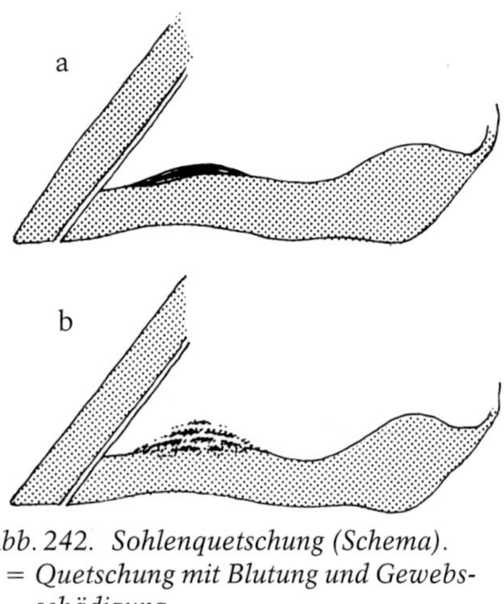

Abb. 242. Sohlenquetschung (Schema).
a = Quetschung mit Blutung und Gewebsschädigung
b = Eitrige Entzündung, die durch von außen eindringende Keime verursacht wurde

Im folgenden soll nun die einfache (nicht komplizierte) infektiöse Huflederhautentzündung besprochen werden, die mit Eiterbildung einhergeht und deshalb auch *Pododermatitis purulenta* genannt wird. Die einfachste Form ist eine Entzündung auf der Basis einer Quetschung, wobei die Hornkapsel unversehrt geblieben ist. In Abb. 242 ist unter a) eine Quetschung schematisch dargestellt (z.B. durch das Treten auf einen spitzen Stein) mit Blutung und einer Schädigung des Gewebes. In der Hornkapsel befinden sich allzeit Keime (Bakterien), die unter bestimmten Umständen (hier die Schädigung lebenden Gewebes) einen Entzündungsprozeß verursachen. Es handelt sich meist um Eitererreger. Der Eiter häuft sich an und sitzt zwischen Hufbein und Hornkapsel. Wird in diesem Stadium noch nichts unternommen, sucht sich der Eiter einen Ausweg, entweder durch die Sohle, meist aber längs der Wand in Richtung der Hornplättchen bis an den Kronrand. Dort zerstört er das Saumband und bricht schließlich durch. Das ist dann ein sogenannter *Durchbruch über dem Kronrand.* Da sich der Eiter seinen Weg längs der Hornplättchen sucht, kann der Durchbruch oberhalb des Kronrandes viel weiter nach hinten liegen als der ursprüngliche Eiterherd in der Sohle und/oder weißen Linie.

Außerdem kann der Eiter aber auch die Sohle untergraben, wobei Horn und Lederhaut auseinandergedrückt werden. Der Eiter übt stets starken Druck aus und führt so zu heftigen Schmerzen und Lahmheit. Ist er einmal oberhalb der Krone durchgebrochen, nehmen auch der Druck und damit verbunden das Ausmaß der Lahmheit ab.

Die Behandlung besteht im Freilegen des Eiterherdes, so daß der Eiter abfließen kann. Dazu muß der Huf mit Klopfschlegel und Hauklinge ausgeschnitten werden, so daß man mit Hilfe des Hammers und einer Hufuntersuchungszange die Entzündungsstelle genau lokalisieren kann. Mit dem Hufmesser wird nun dieser Bereich und das umliegende Horn (eventuell unter örtlicher Betäubung) ausgedünnt, der Eiterherd schimmert dunkler durch. Dann erst öffnet man diese Stelle, so daß der Eiter abfließen kann, das geschädigte Horn wird entfernt und, falls nötig, das umliegende Horn nochmals verdünnt, um den Druck zu vermindern und dadurch einem Hervorquellen der freiliegenden Huflederhaut zuvorzukommen. Diese wird mit einer Desinfektionslösung (meist Jodverbindungen) behandelt. Sterile Gaze wird auf die offene Stelle gelegt und ein Hufverband angelegt. Neigt die Huflederhaut dazu hervorzuquellen, wird ein Druckverband angelegt. Bei einer eitrigen Huflederhautentzündung besteht ständig die Gefahr einer Tetanuserkrankung, die, wie bekannt ist, häufig tödlich verläuft. Dem sollte man vorbeugen, indem man das Pferd regelmäßig gegen Tetanus impfen läßt. Die Behandlung der Entzündung und eventuell auftretender Komplikationen (Fieber, drohender Tetanus) muß man einem Tierarzt übertragen. Ist der Entzündungsherd beizeiten erkannt und freigelegt, gesundet das Pferd rasch. Wird einmal kein Eiter mehr gebildet, wird der nun trockene geschädigte Bereich schnell wieder von einer Hornschicht bedeckt. Dann kann auch bald ein Eisen aufgeschlagen werden. Häufig ist ein Eisen mit Ledersohle angezeigt, wobei die Wunde mit Werg und Teer verschlossen wird (siehe Kap. 13.10). Bei Komplikationen und bei verschleppten Huflederhautentzündungen (Durchbruch über dem Kronrand) wird auch die Behandlung in Abhängigkeit von der Schwere der Erkrankung komplizierter, langwieriger und, je nach weiterem Verlauf, auch spezieller.

Wenn der Eiter bei einem Kronrand-Durchbruch abfließen kann, nehmen der Druck auf die Lederhaut und damit auch der Grad der Lahmheit ab. Nur ist mit einem

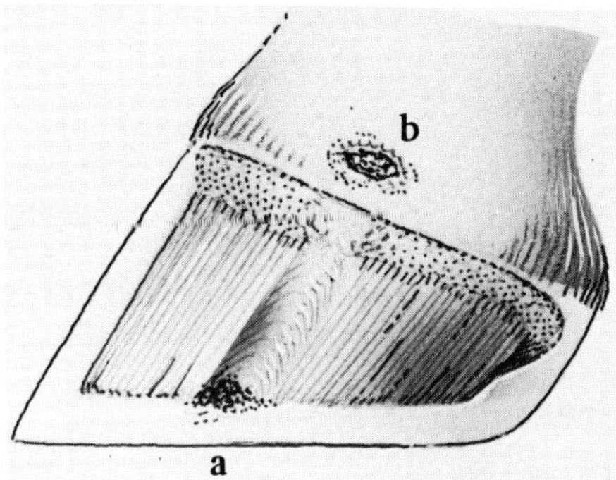

Abb. 243. Kronranddurchbruch (Schema). Der ursprüngliche Entzündungsherd liegt in der Sohle, nahe der weißen Linie (a). Der Durchbruch oberhalb der Krone liegt schräg nach hinten

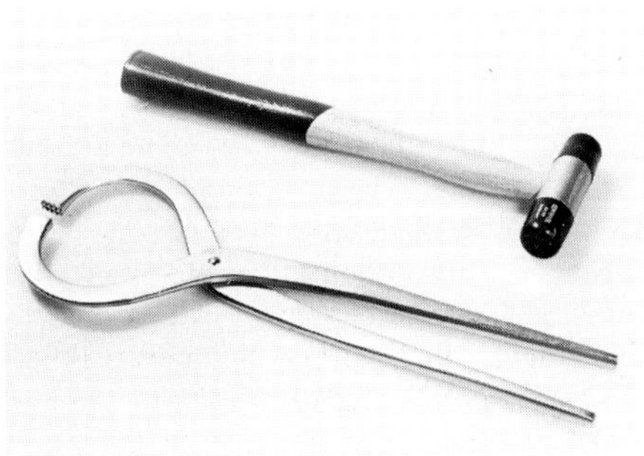

Abb. 244. Hammer und Hufuntersuchungszange.

derartigen Durchbruch das Problem nicht gelöst. Der eigentliche Entzündungsherd muß auch freigelegt werden. Erst dann kann der Eiter auch von hier abfließen. Das ist wichtig, weil dies die tiefste Stelle ist. Bisweilen ist mit dem Freilegen der Sache dann auch Genüge getan. Ist aber die Wand stark untergraben, ist es gut möglich, daß man auch dieses ganze Stück der geschädigten Wand entfernen muß. Dabei muß auch die Umgebung stark ausgedünnt werden (Abb. 245). Damit ist das Ausmaß der Schadstelle groß, denn nun liegt die Wandlederhaut bloß. Und diese kann, vor allem, weil sie entzündet und geschwollen ist, leicht hervorquellen. Ist der Entzündungsherd freigelegt (unter örtlicher Betäubung), folgt die Behandlung unter dem Druckverband. Häufig trocknet die Wunde schnell aus und wird dann von einer dünnen Schicht laminaren Horns bedeckt. Aber es dauert wesentlich länger, bis auch die Wand wieder so weit nachgewachsen ist (etwa 1 cm in 5 Wochen). In der Zwischenzeit kann ein Eisen angebracht werden, wobei die betreffende Stelle frei schwebt. Bisweilen empfiehlt sich ein seitlicher Aufzug. Oftmals greift man auf Steghufeisen zurück. Die Wand muß regelmäßig beraspelt werden, damit das Heranwachsen der neuen Wand gefördert und vor allem verhindert wird, daß sich in diesem Bereich eine Hornspalte entwickelt. Bei den komplizierter verlaufenden Huflederhautentzündungen sind auch

Abb. 245. Freilegen des geschädigten Wandbereichs bei einem Kronranddurchbruch (Schema).

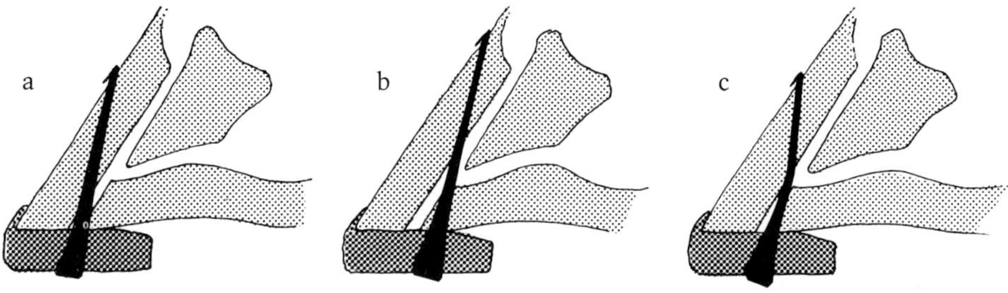

Abb. 246. Vernagelung (Schema).
a = normal, b = Vernagelung, c = Nageldruck

tiefer liegende Gewebe in Mitleidenschaft gezogen. Das kann vor allem bei Nageltritt und Vernagelung der Fall sein. Beides wird noch gesondert besprochen. Auf die durchdringende Hornwandspalte wurde bereits eingegangen.

11.1.9 Vernagelung

Beim Aufnageln des neuen Eisens soll der Nagel in die weiße Linie eindringen und schräg durch die Wand wieder nach außen verlaufen. Vor allem, wenn die Hornwand sehr trocken ist, z.B. durch eine langanhaltende Trockenperiode, kann es passieren, daß der Nagel nach innen ausweicht und so die Huflederhaut verletzt. Sticht der Nagel die Huflederhaut regelrecht an, spricht man von einer *Vernagelung*. Meist wird sich das Pferd dann widersetzen und der Schmied diesen Fehler sofort bemerken und den Nagel wieder entfernen. Man hat es dann mit einem Nagelstich zu tun, wobei man sich aber im klaren sein muß, daß sich über diesen Kanal doch noch (später) eine Huflederhautentzündung entwickeln kann. Man sollte ihn deshalb desinfizieren, und zwar am besten mit Jodtinktur, soweit das möglich ist, da es bisweilen zu starken Blutungen kommen kann. Außerdem muß der Eigentümer unterrichtet werden, damit er einige Tage lang darauf achtet, ob sich eine Entzündung entwickelt; das äußert sicht sofort in Lahmheit.

Hat der Nagel die Huflederhaut nicht direkt verletzt, sondern liegt in ihrer unmittelbaren Nähe, spricht man von *Nageldruck*. Tritt ein Nagel sehr weit oben aus, muß man das in Betracht ziehen. Das Pferd reagiert darauf nicht so empfindlich. Der Nagel übt eine Quetschwirkung aus, die häufig eine (zumeist eitrige) Huflederhautentzündung zur Folge hat. Diese tritt dann nach 3 bis 5 Tagen auf. Bei Verdacht auf Vernagelung (weit oben ausgetretener Nagel) sollte man sich Gewißheit verschaffen, indem man durch Schlagen auf den Kopf des drückenden Nagels eine heftige Schmerzreaktion verursacht (vorsichtig!).

Die eventuellen Folgen eines Nageldrucks oder einer regelrechten Vernagelung sind mithin dieselben: Verletzung der Huflederhaut und in Folge davon eine (eitrige) Huflederhautentzündung. Geht das Pferd kurz nach dem Beschlagen lahm, muß man eine Vernagelung in Betracht ziehen. Wenn man nun vorsichtig auf alle Hufnägel nacheinander schlägt, entdeckt man schnell, welcher davon der vernagelte ist. Das Eisen muß dann entfernt werden, aus dem Nagelkanal des vernagelten Nagels tritt Feuchtigkeit aus. Der Kanal muß vorsichtig so ausgeschnitten werden, daß die Flüssigkeit (in der Regel dünn- oder dickflüssiger Eiter) abflie-

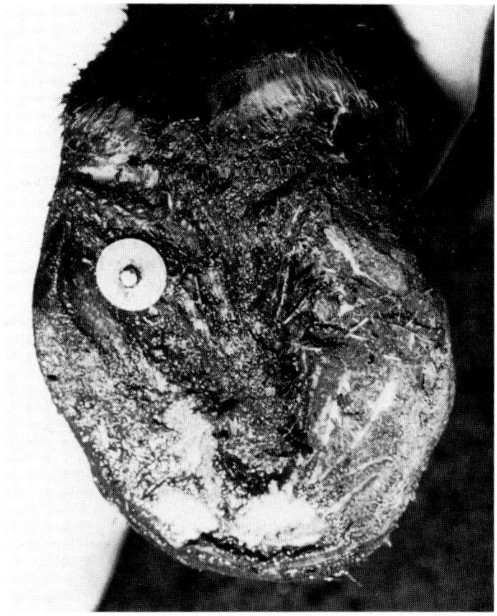

Abb. 247. Nageltritt. Nagel in der seitlichen Strahlfurche.

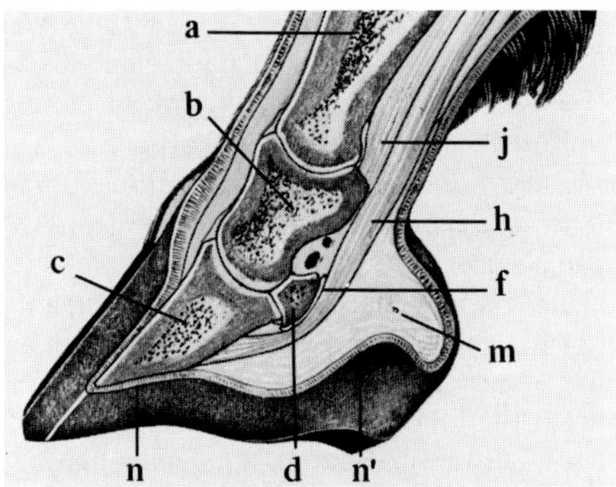

Abb. 248. Fuß des Pferdes (Querschnitt).
a = Fesselbein
b = Kronbein
c = Hufbein
d = Strahlbein
f = Schleimbeutel der Hufrolle
h = Hufbeinbeugesehne
j = Kronbeinbeugesehne
m = Strahlpolster
n = Sohlenlederhaut
n' = Strahllederhaut

ßen kann. Ist eine Huflederhautentzündung einmal vorhanden, muß die Behandlung einem Tierarzt übertragen werden, auch in Hinsicht auf das Tetanusrisiko. Die Behandlung einer Vernagelung ist somit gewissermaßen die Behandlung einer Huflederhautentzündung infolge eines Stichkanals. In diesem Zusammenhang ist es wichtig, darauf hinzuweisen, daß man ein Pferd vor dem Beschlagen auch genau betrachtet. Es ist möglich, daß das Pferd schon vorher lahmt. Und es kommt häufig vor, daß die Lahmheit dem Eigentümer erst nach dem Beschlagen auffällt. Dann wird häufig dem Schmied zu Unrecht die Schuld zugewiesen. Wenn man das Pferd vor dem Beschlag genau mustert und sieht, daß es lahmt, kann man dies dem Besitzer melden und damit eventuellen Beschuldigungen vorbeugen.

11.1.10 Nageltritt

Tritt das Pferd auf einen spitzen Gegenstand und dringt dieser in den Huf ein, spricht man von *Nageltritt*. Dieser Gegenstand braucht nicht unbedingt ein Nagel sein. Aber in der Mehrheit der Fälle handelt es sich tatsächlich um Nägel. Nageltritt kommt etwas häufiger an den Hinter- als an den Vorderhufen vor. Das erklärt sich daraus, daß das Pferd in der Bewegung mit dem Vorderhuf den spitzen Gegenstand aufstellt, in den dann der Hinterhuf, der unmittelbar danach an dieser Stelle auffußt, hineintritt. Der Fremdkörper kann über die gesamte Sohle und auch den Strahl eindringen, aber es gibt eine deutlich bevorzugte Stelle, die ganz außen oder innen in der seitlichen Strahlfurche liegt, etwas hinter dem Strahlpunkt (Abb. 247).

Ein solcher Gegenstand, der auf dem Weg liegt und auf den das Pferd tritt, ist immer verschmutzt. Und damit ist auch die Stichwunde, die er im Huf verursacht, immer infiziert. Das Ausmaß der daraus entstehenden Folgen eines Nageltritts ist abhängig von

- dem Verschmutzungsgrad des eindringenden Fremdkörpers
- der Stelle, an der dieser eindringt
- dem mehr oder minder tiefen Eindringen des spitzen Gegenstandes (abhängig auch von dessen Länge), Abb. 248.

Ein oberflächlich eingetretener Gegenstand kommt nicht weiter als bis zur Huflederhaut, d.h. Sohlen- und/oder Strahllederhaut (Abb. 248, n und n′). Ein tiefer eindringender Fremdkörper kann aber auch andere Gewebe in Mitleidenschaft ziehen. Welche Gewebe das nun sind, hängt wiederum mit davon ab, wo der Gegenstand eingedrungen ist. An der oben genannten bevorzugten Stelle kann er von außen nach innen folgende Bereiche verletzten (Abb. 249):

1. Die hornige Sohle (bzw. den Strahl, 1′)
2. Die Sohlenlederhaut (oder Strahllederhaut)
3. Die Knochenhaut des Hufbeins und das Hufbein selbst.
4. Etwas weiter hinten den Bereich, an dem die Hufbeinbeugesehne am Hufbein angewachsen ist.

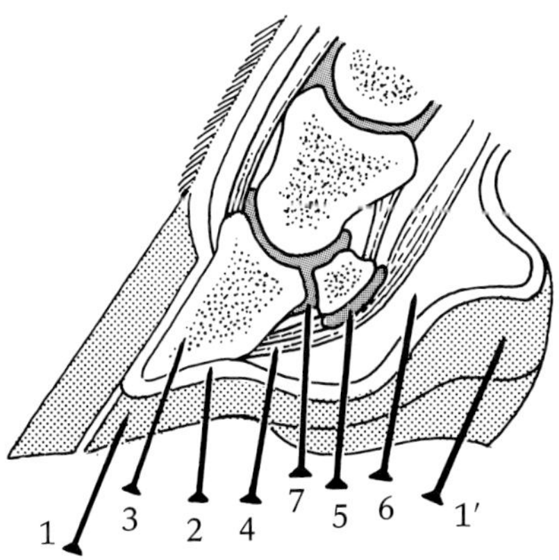

Abb. 249. Nageltritt (Schema).

5. Noch etwas weiter nach hinten, durch die Hufbeinbeugesehne hindurch, die Schleimbeutel der Hufrolle (Bursa podotrochlearis) und schließlich das Strahlbein selbst.
6. Noch weiter hinten erreicht der Fremdkörper das Strahlpolster.
7. In seltenen Fällen kann es vorkommen, daß der Fremdkörper, der quer durch die Anheftungsstelle der Hufbeinbeugesehne dringt, kurz vor dem Strahlbein das Hufgelenk verletzt.

Sobald das Pferd während der Arbeit plötzlich stark zu lahmen beginnt, muß man einen Nageltritt in Erwägung ziehen. Bemerken das Reiter oder Fahrer, müssen sie sofort stoppen und den Huf des lahmenden Beines sorgfältig säubern (es ist immer gut, einen Hufräumer oder ein starres Taschenmesser bei sich zu haben). Beim Auskratzen merkt man schnell, ob man über den Kopf eines eingetretenen spitzen Gegenstandes schabt. Im Normalfall hat man als Reiter keine Kneifzange bei sich. Dann muß man das Pferd an der Hand vorsichtig nach Hause führen. Ist die Lahmheit sehr stark, sollte man beim nächstgelegenen Haus telefonisch Hilfe anfordern.

Der Fremdkörper muß sehr sorgfältig entfernt werden, um ein Abbrechen zu verhindern. Hat man ihn herausgezogen, muß man ihn auf seine Länge und auch auf eine eventuelle Bruchstelle hin untersuchen. Ist er abgebrochen, so ist oftmals eine aufwendige Hufoperation notwendig, um das zurückgebliebene Stück aufzufinden und zu entfernen.

Die weitere Behandlung ist abhängig von der Eintrittsstelle und der Eintrittstiefe.

Alles weitere ist Sache des Tierarztes in Zusammenarbeit mit dem Hufschmied. In jedem Fall muß der Huf gereinigt und ausgeschnitten werden, der Stichkanal freigelegt und desinfiziert werden, z.B. mit einer Jod-

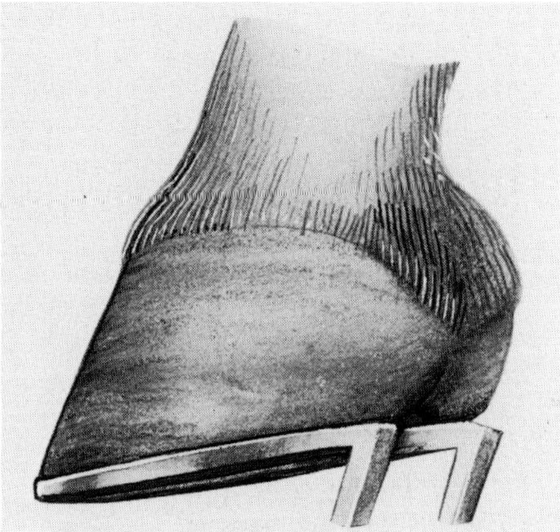

Abb. 250. Hufeisen mit angebogenen Stollen.

tinktur. Ein in einer desinfizierenden Lösung getränkter Naßverband wird angelegt. Das Pferd muß gegen die Tetanusgefahr geschützt werden (bei Nageltritt ist dieses Risiko sehr groß). Bisweilen entwickelt sich anschließend noch eine schwerwiegende eitrige Huflederhautentzündung. Ist der Fremdkörper tiefer eingedrungen, können größere Hufoperationen nötig werden, um auch das tieferliegende geschädigte Gewebe zu entfernen und die Wunde freizulegen. Die Genesungsphase kann längere Zeit in Anspruch nehmen. Wenn das Hufgelenk selbst getroffen wurde, entwickelt sich daraus eine eitrige Hufgelenksentzündung mit sicherlich fatalen Folgen für das Pferd. In allen anderen Fällen kann mit einer sachkundigen bisweilen aber auch rigorosen Behandlung zu einem hohen Prozentsatz eine vollständige Heilung erzielt werden. Es kann natürlich sein, daß im Verlauf des Gesundungsprozesses die innere hintere Hufhälfte längere Zeit nicht schmerzfrei ist, zumal wenn die Hufbeinbeugesehne ernsthaft geschädigt wurde. Dann kann es unter Umständen geboten sein, zeitweilig ein Eisen mit festen, hohen Stollen anzubringen, die dann allmählich gekürzt werden (Abb. 250).

11.1.11 Kronentritt

Verletzungen des Kronrandes werden in der Regel dadurch verursacht, daß ein Huf auf den Kronrand des anderen auftritt (Vorderhuf-Vorderhuf bzw. Vorderhuf-Hinterhuf). Die Folge sind Verletzungen, die unter dem

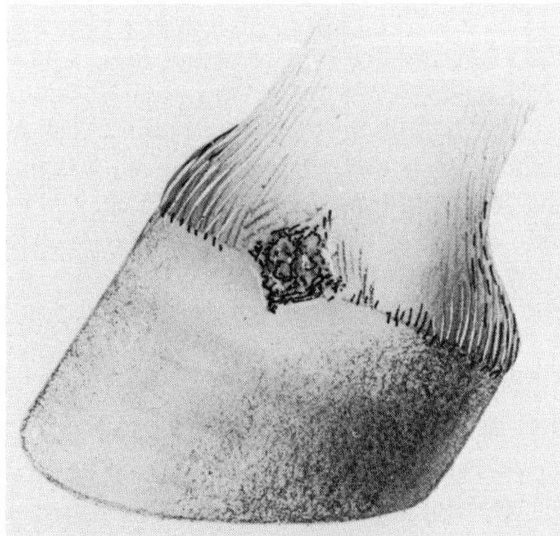

Abb. 251. Huf mit Kronentritt.

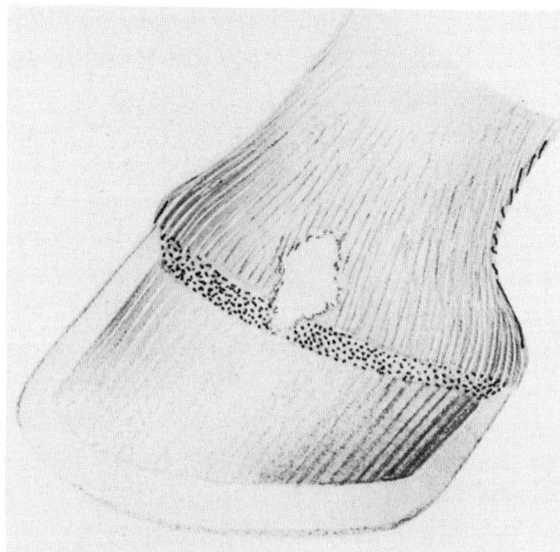

Abb. 252. Der gleiche Huf (Schema). Verletzung der Haut und der Hornwand. Darunter möglicherweise eine Verletzung der Saum- und Kronlederhaut.

Kapitel Huferkrankungen besprochen werden, weil sie Gewebsstrukturen betreffen wie z.B. die Saum-, Kron- und Ballenlederhaut.

Kronentritte können schlimme Ausmaße annehmen und außer dem Horn auch die darunterliegende Huflederhaut beschädigen. Es entstehen Wunden mit Quetschungen und starken Gewebeschädigungen, darüber hinaus sind sie immer infiziert. Gewebeflüssigkeit tritt verstärkt aus. Solche Wunden heilen nur langsam. Ist die Kronlederhaut verletzt, stagniert die Hornproduktion der Hornwand in diesem Bereich, so daß eine durchdringende, infizierte Hornwandspalte entstehen kann.

Bei diesen Kronrandverletzungen geht es immer primär um die Wundbehandlung durch einen Tierarzt (bei infizierten Wunden ist stets die Gefahr von Tetanus gegeben). Es ist meist nötig, die Wand rund um die Verletzung dünn zu raspeln, um den Druck, der auf die Wunde ausgeübt wird, zu vermindern. Dem Herausquellen der Kronlederhaut muß man mit einem Hufverband (Druckverband) zuvorkommen.

Das nachwachsende Horn muß bisweilen etwas beigeraspelt werden. In einem späteren Stadium kann der Huf meist beschlagen werden, wobei der betreffende Teil der Hornwand frei schweben muß. Bei einer

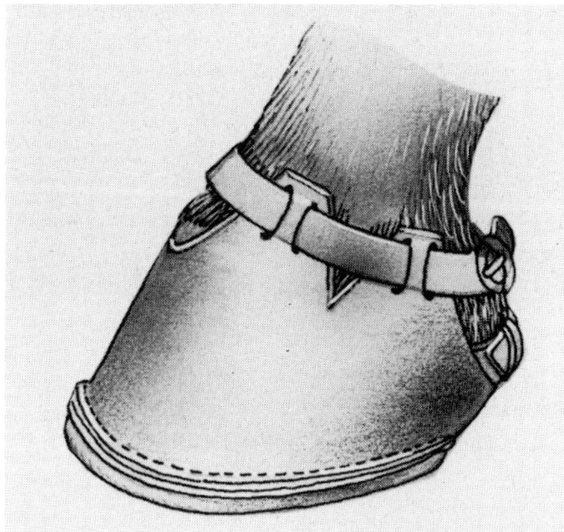

Abb. 254. Huf mit Hufverband.

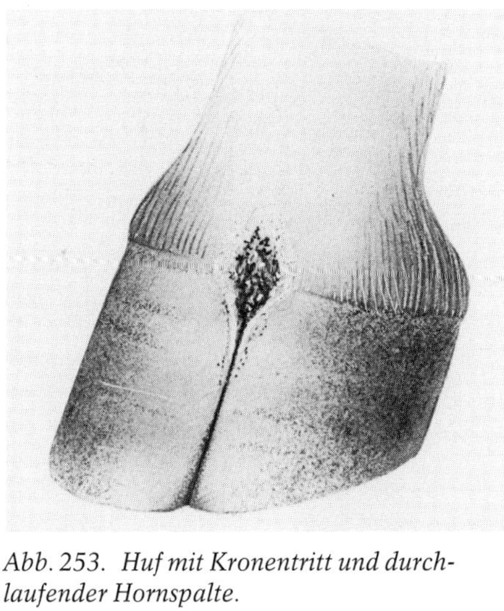

Abb. 253. Huf mit Kronentritt und durchlaufender Hornspalte.

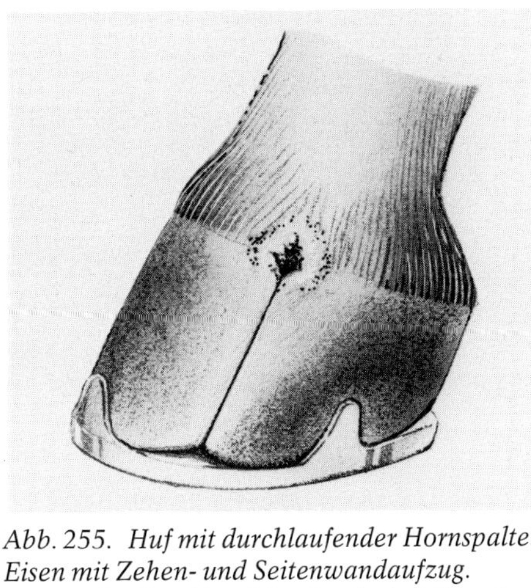

Abb. 255. Huf mit durchlaufender Hornspalte. Eisen mit Zehen- und Seitenwandaufzug. Der geschädigte Bereich schwebt frei über dem Eisen.

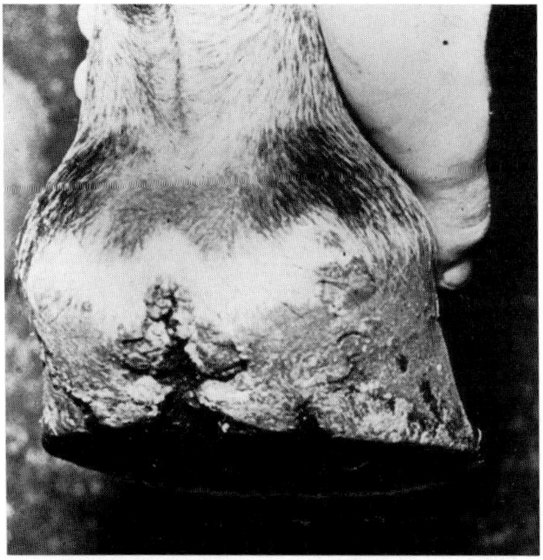

a

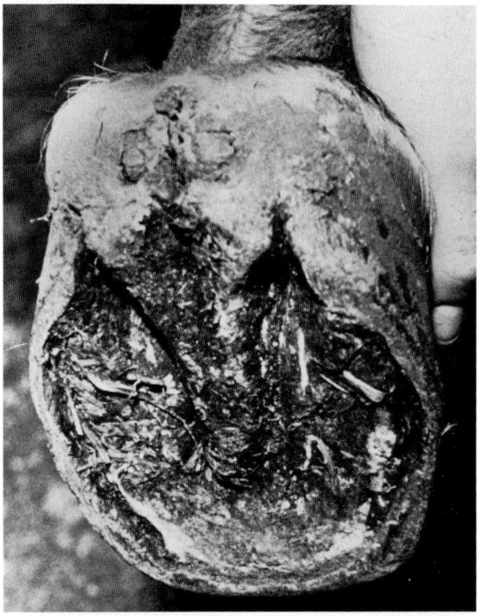

b

Abb. 256. Strahlfäule.
a = Von hinten gesehen deutet die tiefe mittlere Strahlfurche häufig schon auf die Erkrankung hin.
b = Das unterminierte Gewebe der mittleren Strahlfurche ist an der Sohlenfläche deutlich erkennbar.

Verletzung, bei der sich eine Hornspalte entwickelt hat, wird es mühsamer. Bisweilen muß mit einem operativen Eingriff (unter Narkose) jegliche Unterminierung entfernt werden. Hat sich der Kronrand so weit wieder erholt, wächst neues Horn nach. Bleibt die Hornspalte bestehen, das Pferd lahmt aber nicht, kann man durch Beraspeln der Hornspaltenränder und das Anschlagen eines Eisens mit Seitenaufzug hinter der Spalte, wobei die verletzte Stelle frei schwebt, dafür sorgen, daß das Pferd in beschränktem Maße brauchbar bleibt.

11.1.12 Strahlfäule

Hierbei handelt es sich um einen Zerfallsprozeß des Hornstrahles, der von der mittleren, aber auch von den beiden seitlichen Strahlfurchen ausgehen kann. Strahlfäule tritt häufiger an den Hinter- als an den Vorderhufen auf. Betroffen sind vor allem Hufe mit schmalem, wenig entwickeltem Strahl und tiefer, schlitzförmiger mittlerer Strahlfurche. Das Übel tritt in Verbindung mit mangelnder Stallhygiene und vernachlässigter Hufpflege auf. Das Horn der mittleren Strahlfurche ist stark untergraben, das Ganze erscheint dunkel und feucht. Meist verursacht Strahlfäule keine Lahmheit, es sei denn, sie geht bereits sehr tief, und die mittlere Strahlfurche ist bis zur Strahllederhaut in Mitleidenschaft gezogen.

Die Ursache ist unbekannt. Es wurden Keime nachgewiesen, die denen gleichen, die die Moderhinke beim Schaf verursachen. So gesehen ist mangelnde Stallhygiene ein wesentlicher Faktor. Das betrifft vor allem ungenügendes Ausmisten, so daß die Pferde in Mist und Urin stehen. Und es betrifft mangelhafte Hufpflege, d.h. die Hufe werden nicht sorgfältig mit dem Hufräumer ausgekratzt, und man wartet zu lange mit dem Nachschneiden der Hufe. Schließlich ist zu wenig Bewegung als Ursache mit einzubeziehen. Stehen die Pferde zu lange im Stall und sind sie vor allem in einem Ständer angebunden, funktioniert der Hufmechanismus nicht. Die oben genannten Punkte (schmaler, tiefer Strahl, mangelhafte Hygiene, unzureichende Bewegung) sind die Voraussetzungen, die das Auftreten von Strahlfäule begünstigen. Zur Vermeidung von Strahlfäule dient

- saubere, trockene Stroheinstreu
- regelmäßiges Auskratzen der Hufe
- ausreichende Bewegung
- regelmäßige Hufpflege durch den Schmied.

Hat sich aber einmal Strahlfäule entwickelt, so muß man vom Hufschmied das zerfallene Horn entfernen sowie die mittleren und die seitlichen Strahlfurchen so gut wie möglich freilegen lassen und mit austrocknenden Mitteln arbeiten. Am besten geeignet sind Ägyptische Salbe und Holzteer.

Ägyptische Salbe (ein Gemisch aus Kupferacetat, Essigsäure und rohem Honig) sollte mit einem flachen, stumpfen Gegenstand, der mit Jute umwickelt ist, in die Vertiefung gebracht werden. Im weiteren Behandlungsverlauf empfiehlt sich Holzteer, der täglich mit einem flachen Pinsel aufgetragen wird. Später, wenn der Prozeß abgetrocknet ist, genügt es, ein- bis zweimal in der Woche Holzteer aufzutragen.

11.1.13 Hufkrebs

Hufkrebs ist eine Huflederhautentzündung mit sehr speziellem Charakter in Verbindung mit einer starken Wucherung der entzündeten Huflederhaut. Die Erkrankung tritt meist an der Strahllederhaut auf (daher auch der Name *Strahlkrebs*), sie kann sich aber auch auf die Ballen- und Eckstrebenlederhaut ausbreiten, bisweilen auch auf die anschließenden Bereiche von Sohlen- und

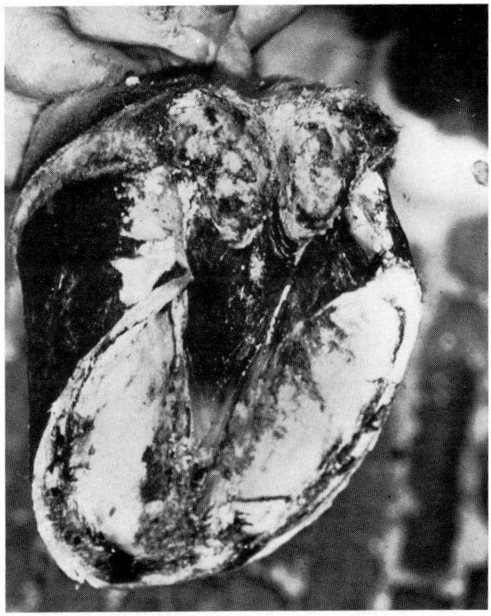
a

b

257. *Strahlkrebs.*
a = Betroffen sind die hinteren Bereiche von Strahl und Hufballen.
b = Der ganze Strahl ist befallen.

Wandlederhaut. Es ist daher korrekter, von einem Hufkrebs zu sprechen (Abb. 257a und b).

Ebenso wie bei der Strahlfäule ist die Ursache dieses Krankheitsprozesses nicht bekannt. Obwohl wesentliche Unterschiede zwischen Strahlfäule (primär ein Zerfallsprozeß) und Hufkrebs (primär ein Wucherungsprozeß) bestehen, ist es bisweilen nicht so einfach, die beiden voneinander zu unterscheiden. Hufkrebs ist ein Entzündungsprozeß der Strahllederhaut (und eventuell des anschließenden Bereichs der Huflederhaut) mit einer Wucherung der Keimschicht (stratum germinativum), die übermäßig viel abnormal weiches, käsiges Horn produziert, in dem sich leicht Zerfallsprozesse abspielen, aus denen sich durch Bakterien später (sekundär) Entzündungen entwickeln mit einer Anhäufung von Zerfallsprodukten. Das Ganze erscheint immer überwuchert bzw. geschwollen. Die Erkrankung kann an einem Huf auftreten, meist kommt sie aber an mehreren Gliedmaßen gleichzeitig vor, eventuell sogar an allen vier. Es handelt sich um einen sehr hartnäckigen Prozeß, der äußerst schwierig zu stoppen ist und den man vor allem auch nur sehr mühsam auskurieren kann. Die Pferde gehen aber selten deswegen lahm. Hat sich der Hufkrebs sehr stark ausgeweitet und sind große Bereiche unterhöhlt, können so schlimme Schmerzen auftreten, daß das Pferd doch lahmt.

Die Behandlung besteht aus dem rigorosen Entfernen allen wuchernden bzw. unterminierten und zerfallenen Horns bis zur entzündeten Strahllederhaut. Früher glaubte man, auch die entzündete Keimschicht wegnehmen zu müssen. Davon ist aber abzuraten, denn eine derart radikale Maßnahme bringt Beschwerden mit sich und führt zu einer noch weiteren Verletzung der Strahllederhaut. Man setzt deshalb Medikamente ein.

Sobald Hufkrebs auftritt, kann man zunächst ein das Gewebe erweichendes Mittel (Salicylpuder) auftragen; in der Regel verwendet man mehr austrocknende und desinfizierende Mittel wie Jodtinktur oder Betadine (eine organische Jodverbindung). Dann folgt eine Behandlung unter dem Druckverband, der oft gewechselt werden muß. Häufig muß auch später noch zum wiederholten Male viel loses Zerfallshorn entfernt werden. Ist der Prozeß einmal trocken, kann man Jodoformpuder verwenden. Die ganze Behandlung gehört in die Hände eines Tierarztes. Hufkrebs hat die hartnäckige Neigung, immer wieder aufzutreten. Die Behandlung kann in Abhängigkeit von der Anzahl betroffener Hufe und der Ausbreitung des Prozesses viele Monate in Anspruch nehmen. Es ist deshalb ratsam, den Eigentümer auf die schlechten Heilungschancen sowie den langwierigen Gesundungsprozeß hinzuweisen, bevor man mit einer Behandlung beginnt.

11.1.14 Hornsäule

Hierbei handelt es sich um eine zylindrische Verdickung aus Horn, die in Längsrichtung an der Innenseite der Hornwand verläuft. Das Horn wird, wie bekannt, aus der Keimschicht gebildet, die überall die Huflederhaut bedeckt. Die Hornwand entsteht aus der Keimschicht der Kronlederhaut. Eine Hornsäule erstreckt sich meist über die gesamte Länge (an der Innenseite) der Wand. Man nimmt deshalb auch an, daß dieses zylindrische Horngebilde von der Keimschicht der Kronlederhaut gebildet wird, die, aus welchem Grund auch immer, zu dieser abnormalen Hornbildung veranlaßt wird.

Eine Hornsäule kann ihren Ausgang auch weiter unten an der Hornwand nehmen. In diesem Fall hat sie ihren Ursprung nicht in der Kronlederhaut, sondern man muß annehmen, daß das interlaminare Horn, das von der Blättchenschicht der Wandleder-

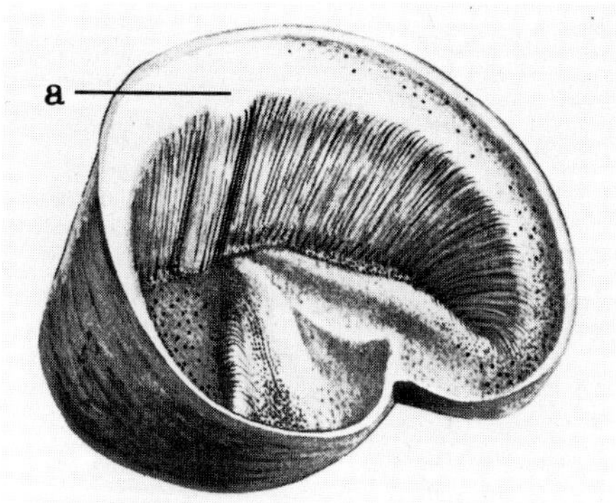

Abb. 258. Innenansicht einer Hornspalte mit einer Hornsäule.

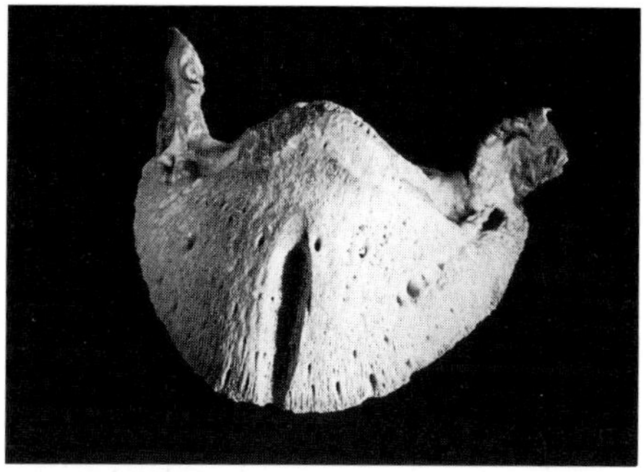

Abb. 260. Hufbein mit einer Rille, die durch den langanhaltenden Druck einer Hornsäule entstanden ist.

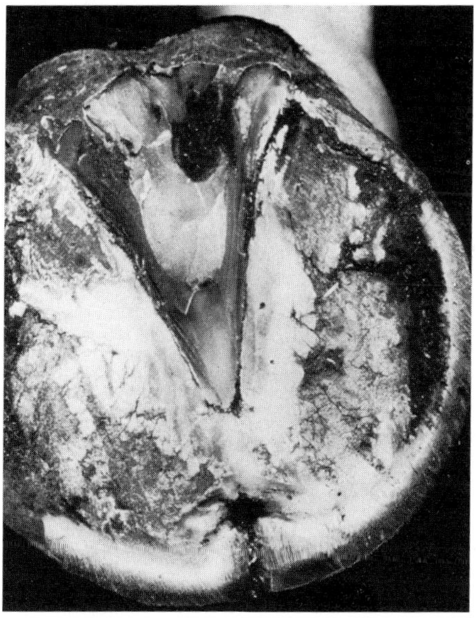

Abb. 259. Sohlenfläche mit Hornsäule.

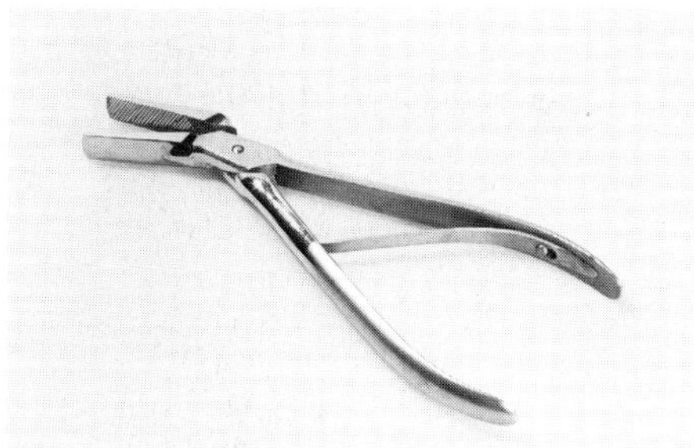

Abb. 261. Schnabelzange.

haut produziert wird, aus irgendeinem Grund plötzlich diese Hornsäule bildet.

Man sieht eine Hornsäule manchmal als Komplikation bei einer durchlaufenden und durchdringenden Hornspalte der · Hornwand. Letzteres entsteht aus einer Kronrandverletzung (Kronentritt), wobei die Kronlederhaut, wie bereits erwähnt, beschädigt wurde. Diese Kronlederhautentzündung ist die direkte Ursache einer durchdringenden Hornspalte (siehe Kap. 11.1.3 und 11.1.11). Hat sich die Kronlederhaut an dieser Stelle infiziert, so erstreckt sich dieser Prozeß auf die gesamte Hornspalte oder genauer: auf die Wandlederhaut unter der Hornspalte. In diesem Bereich findet man dann auch oftmals eine Hornsäule, die aber dann stets infiziert ist. Eine Infektion geht mit Schmerzen einher, bei einer eitrigen Hornsäule wird das Pferd deshalb lahmen. Einer nichteitrigen Hornsäule kommt man häufig nur durch Zufall auf die Spur, etwa

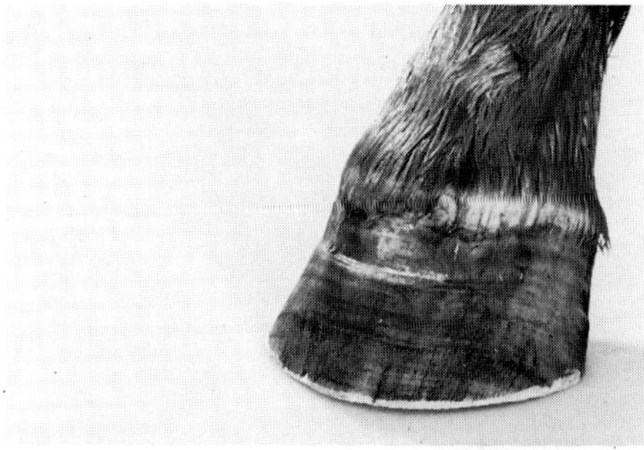

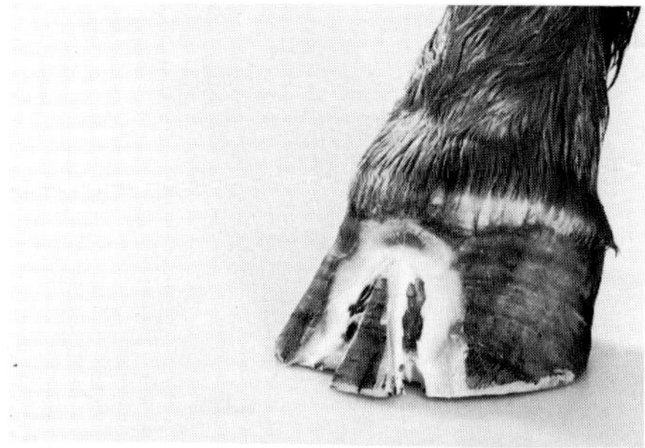

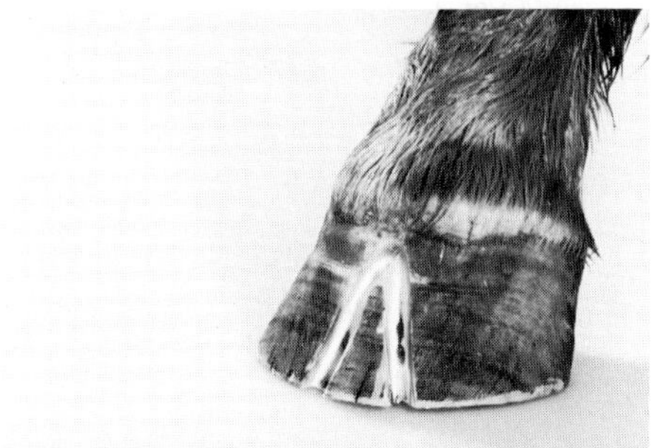

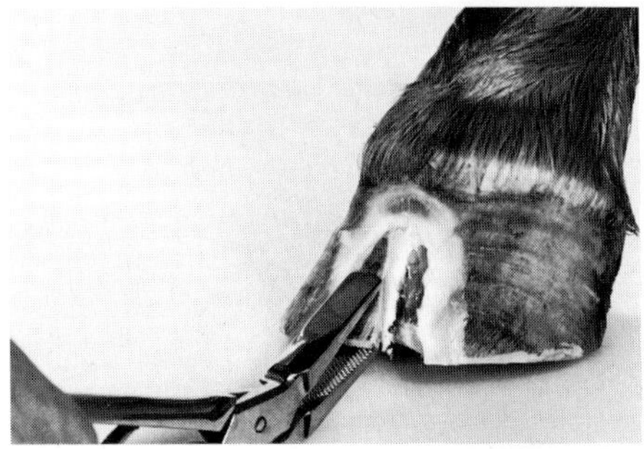

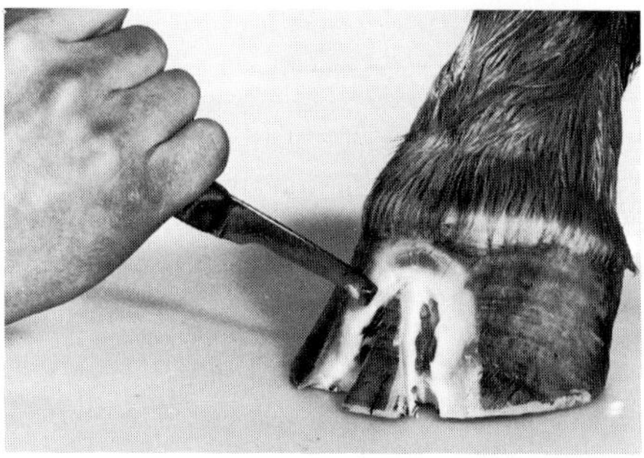

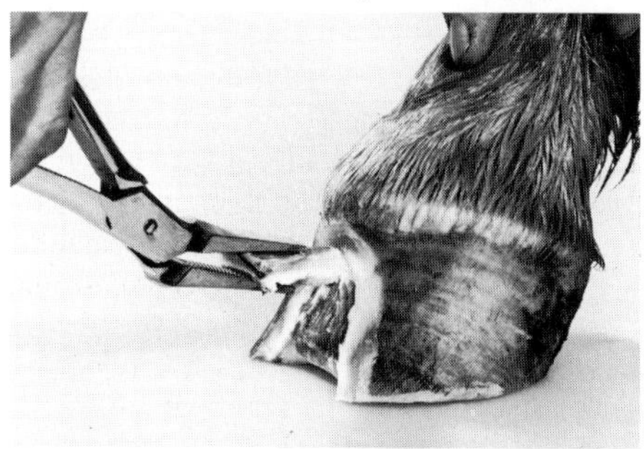

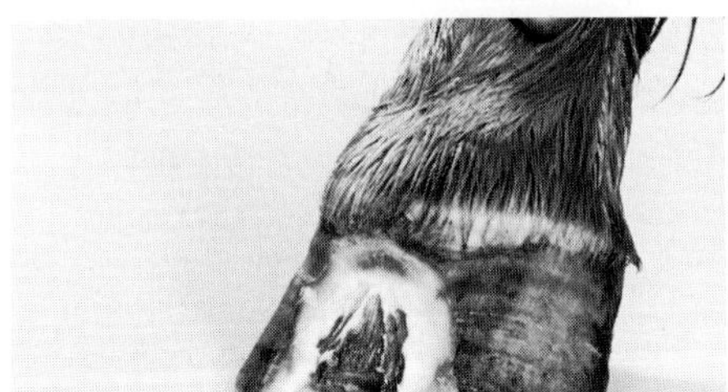

Abb. 262. Operationstechnik zur Entfernung einer Hornsäule, dargestellt an einem Präparat.

beim Beschlagwechsel, weil sich beim Kürzen die runde, untere Begrenzung der Hornsäule deutlich in der weißen Linie abzeichnet (Abb. 259).

Die Wandlederhaut grenzt direkt an die Knochenhaut des Hufbeines. Durch den fortwährenden Druck kann eine Hornsäule eine Rille im Hufbein verursachen (Abb. 260). Wenn eine Hornsäule keine Lahmheit mit sich bringt (das ist bei einer nichteitrigen Hornsäule meist der Fall), besteht kein Grund, etwas gegen sie zu unternehmen. Eine infizierte Hornsäule bzw. jede, die Schmerzen im Huf verursacht und so zu Lahmheit führt, muß entfernt werden. Das ist dann eine Hufoperation, die vom Tierarzt unter Narkose und Abbinden der Blutgefäße (mit Hilfe einer sogenannten *Esmarchse-Schlinge*, einem straff am unteren Beinende angezogenen Gummiband) ausgeführt wird. Es gibt zwei Vorgehensweisen, die sich aber nicht sehr voneinander unterscheiden:

1. Beiderseits der Hornsäule wird von oben nach unten mit dem Rinnhufmesser eine Rille (Rinne) geschnitten bis zur Wandlederhaut. An der Sohlenfläche werden diese mit einer Querrille miteinander verbunden. Mit einer Schnabelzange wird nun die ganze Hornsäule gepackt, in die Höhe gehoben und an der oberen Seite unter dem Kronrand mit einem chirurgischen Messer (Skalpel) entfernt. Eine große Wunde bleibt zurück. Es empfiehlt sich, schon vorher die Wand beiderseits der Säule dünn zu raspeln. Verläuft diese nicht bis obenhin durch (Kontrolle mit einer Sonde), kann man mit einer V-förmigen Rille auskommen (Abb. 262). Die Wunde wird mit steriler Gaze ausgefüllt und unter einem Druckverband weiter behandelt. Nach einigen Verbandswechseln ist bereits eine dünne Schicht laminaren Horns entstanden. Dann kann man auf einen weiteren Verband verzichten. Es dauert seine Zeit, bis die Hornwand von oben her nachgewachsen ist bis zum Tragerand (die Hornwand wächst ungefähr 1 cm in 5 Wochen). Darüber kann bis zu einem halben Jahr vergehen. Nötigenfalls kann das Pferd mit einem Eisen mit Seitenaufzügen (die Wunde liegt schon von sich aus frei von Druck auf dem Eisen) beschlagen werden, so daß es Schrittarbeit verrichten kann.
2. Man kann auch im Bereich der Hornsäule die Wand so dünn abraspeln, daß sie sich deutlich abzeichnet. Häufig kommt man aber nicht umhin, doch noch beiderseits eine flache Rille anzubringen, bevor man mit der Schnabelzange die Hornsäule entfernen kann. Das Ergebnis ist das gleiche wie unter 1. beschrieben, die Nachbehandlung ebenfalls.

Wenn nicht durch eine Infektion die Heilung verzögert wird, regeneriert sich der Huf nach der Entfernung einer Hornsäule wieder sehr gut, so daß nach der Gesundung keinerlei Spur mehr davon zu finden ist. Der Eigentümer muß aber auf den langwierigen Heilungsprozeß hingeweisen werden. Rückfälle können vorkommen, sind aber selten.

11.1.15 Hufrehe (Hufverschlag)

Hufrehe geht auf eine Huflederhautentzündung zurück, die vor allem in der Wandlederhaut auftritt und nicht durch schädliche Keime (Bakterien oder Mikroorganismen im allgemeinen) verursacht wurde, sondern durch Giftstoffe, die im Blut zirkulieren. Diese wiederum gelangen aufgrund sehr plötzlicher Krankheitserscheinungen beim Pferd ins Blut. Das gilt vor allem für akute Magen-Darm-Störungen und Gebärmutterentzündungen (oft für das verspätete Ablösen der Nachgeburt beim Abfohlen). Aber auch andere Gesundheitsstörungen sowie ungünstige Umstände, die das Allgemeinbefinden des Pferdes ernstlich gefährden, können das Auftreten einer Hufrehe begünstigen. Diese kommt an den Vorderhufen häufiger vor als an den Hinterhufen, relativ häufig an allen vier Hufen gleichzeitig, selten nur an den Hinterhufen. Manche Rassen sind anfälliger für diese Erkrankung. So tritt Hufrehe bei Ponys (alle Rassen) deutlich häufiger auf als bei Großpferden. Punktweise können als Urasche genannt werden

- Störungen des Magen-Darm-Traktes, vor allem wenn diese die Folge einer überreichen Kohlehydratversorgung sind (losgerissenes Pferd im Stall, das sich nachts an der Haferkiste gütlich getan hat).
- Gebärmutterentzündung (vor allem im Anschluß an eine verhaltene Nachgeburt).
- Alle ernsthaften Erkrankungen der Pferde, die mit hohem Fieber, Mattigkeit sowie stark beeinträchtigtem Wohlbefinden verbunden sind. Meist gelangen dabei giftige Stoffe in die Blutbahn, die dann eine Hufrehe auslösen.
- Haltungsweise. Dies betrifft vor allem Pferde und Ponys, die viel zu schwer sind und nichts tun. Häufig betroffen davon sind Ponys, die als Streicheltiere gehalten werden, die so gut wie nicht geritten oder gefahren werden und die auf viel zu fetten Weiden laufen.
- Überanstrengung vor allem der Vorderhufe. Das kann bei einem Pferd geschehen, das Schmerzen in dem einen Bein hat und lahmt und daher versucht, es so weit wie möglich zu entlasten. Damit überlastet es das andere Bein. Aber auch bei langen Reisen (per Zug oder Schiff), bei denen die Tiere sich nicht legen können, kann es zu Überlastungen der Vorderhufe und infolge davon zu einer Hufrehe kommen. Schließlich kann sie nach sehr langen Tagesmärschen, wie sie in der Vergangenheit vor allem beim Heer bei kriegerischen Auseinandersetzungen der Fall waren, auftreten. Dieses Risiko sollte man auch heute noch bei der zunehmenden Bedeutung des Distanz- und Wanderreitens nicht aus den Augen verlieren.
- Bestimmte Arzneimittel haben bisweilen schädliche Nebeneffekte, die die Empfänglichkeit des Pferdes für eine Hufrehe vergrößern.
- Bestimmte und sehr spezielle Erkrankungen einiger Organe (u.a. der Leber) können bisweilen in ihrem Verlauf Hufrehe mit sich bringen.
- Es gibt noch eine Reihe seltener Faktoren, die nicht alle namentlich aufgeführt werden können, die unter Umständen eine Hufrehe auslösen können.

Hufrehe tritt entweder akut auf (plötzliches Auftreten der Symptome, von Anfang an meist sehr heftig), oder sie verläuft chronisch bzw. schleichend.

Wird eine akute Hufrehe nicht oder nicht rechtzeitig behandelt, geht sie in eine chronische oder schleichende Hufrehe über. Bei Shetlandponys kann sich Hufrehe häufig zur schleichenden Form entwickeln, so daß man, hat man die Krankheit erst einmal als solche erkannt, gleich von chronischer Hufrehe sprechen kann. Ist ein Pferd einmal chronisch an Hufrehe erkrankt, kommt es immer wieder vor, daß sich dieser Prozeß wieder akut verschlimmert, so daß das Tier nun vollends das Erscheinungsbild einer akuten Hufrehe bietet.

Die Symptome einer *akuten Hufrehe* sind folgende: Das Pferd zeigt heftiges Schmerzempfinden in beiden Vorderhufen (bisweilen in allen vier Hufen), das es zu mindern sucht, indem es die beiden Vorderbeine entlastet. Die Vordergliedmaße werden vor die Vertikale gesetzt, die Hinterbeine weit nach vorne gestellt, womit das stehende Pferd erreichen möchte, daß das Körpergewicht

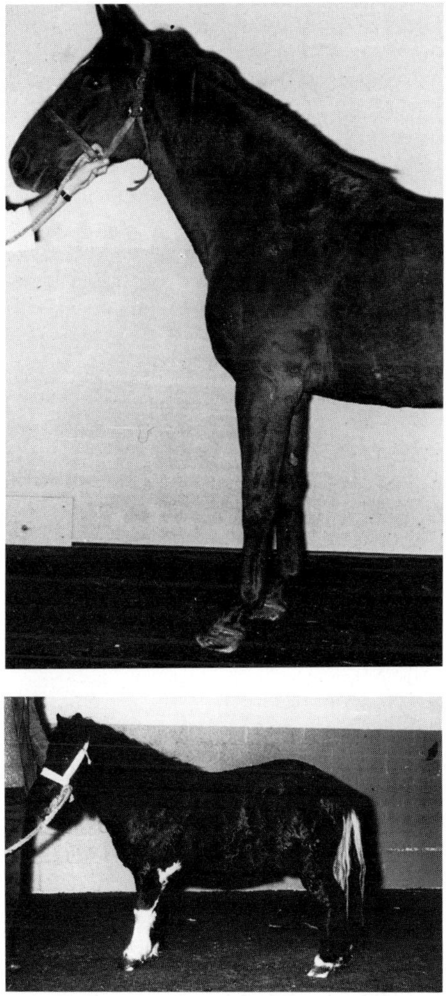

a

b

Abb. 263. Die Vorderbeine fußen vor der Vertikalen auf.
a = Pferd.
b = Pony.

hauptsächlich von den Hinterbeinen getragen wird (Abb. 263). In der Bewegung, die das Pferd nur äußerst widerwillig ausführt, zeigt es einen klammen Gang, wobei die Vorderbeine stets vor der Vertikalen auffußen. Oftmals kann man es nur unter Zwang dazu bewegen, einige Schritte zu tun. Sind alle vier Hufe betroffen, steht das Pferd nur äußerst mühsam, doch auch hierbei werden meist die Vorderbeine mehr entlastet als die Hinterbeine. Das Pferd zeigt seine Not und Pein aber auch durch eine gespannte, steife Körperhaltung, schnellere Atmung und Herzfrequenz sowie erhöhte Körpertemperatur. Dies aber sind Begleiterscheinungen vieler meist ernsthafter Erkrankungen. Es sind vor allem die starken Schmerzen in den Hufen, die sehr deutlich im ganzen Verhalten des Pferdes zum Ausdruck kommen.

Wenn man nun die Hufe selbst untersucht, stellt man mit der Hand fest, daß sie viel zu warm sind. Die Entzündung spielt sich vor allem in der Wandlederhaut ab, häufig aber auch in der Sohlenlederhaut. Das Pferd zeigt heftige Schmerzen, wenn man vorsichtig auf die Wand klopft. Oftmals ist es nicht möglich, ein Bein aufzunehmen, um die Sohle zu untersuchen, da sich das Pferd weigert, die gesamte Körperlast von der einen Vorhand auf die andere Gliedmaße zu übertragen.

Die Arterie, die im Bereich des Fesselkopfes an Innen- und Außenseite verläuft, fühlt man deutlich pulsieren (bei einem gesunden Tier ist dies kaum wahrnehmbar).

In Abhängigkeit vom ursächlichen Leiden zeigt das Pferd auch dementsprechende andere Symptome. Bei Magen-Darm-Störungen (vor allem Überfütterung) sind es häufig Kolik oder Durchfall, bei einer Gebärmutterentzündung oftmals übelriechender Ausfluß aus der Scheide.

Die Ursache für die heftigen Schmerzen der Hufwand rührt aus der Tatsache, daß die entzündete Wandlederhaut anschwillt (eines der Merkmale einer Entzündung) und so zwischen Hufbein- und Hornwand eingequetscht wird, die sich beide nicht ausdehnen können, so daß die Nerven, die ja nun in hohem Maße im Pferdefuß vorhanden sind,

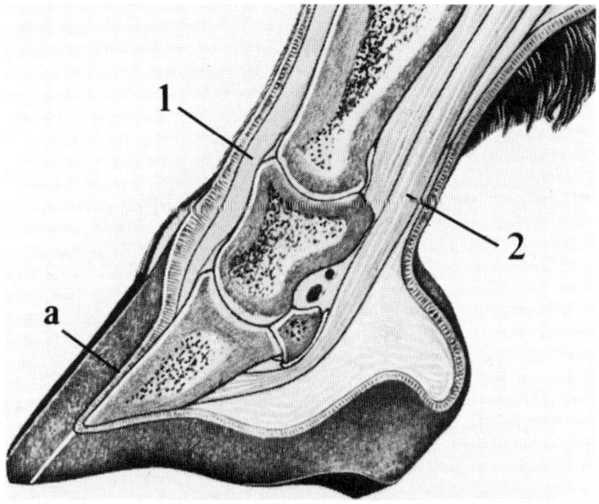

Abb. 264. Querschnitt durch einen Pferdefuß (siehe Text).

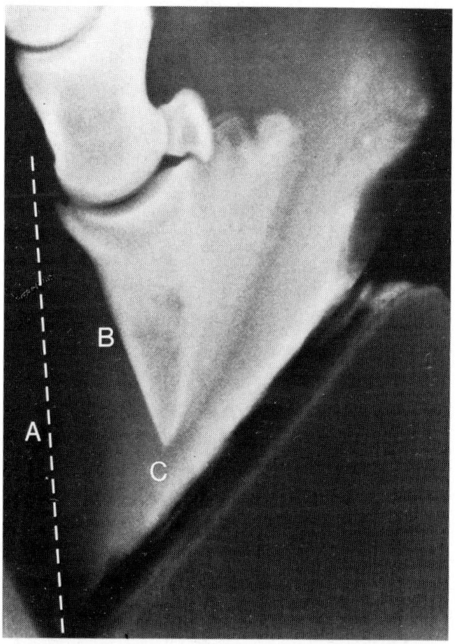

Abb. 265. Röntgenaufnahme eines Hufes mit Hufbeinabsenkung.
A = Begrenzung der Hornwand. B = Vordere Begrenzung des Hufbeins, A und B beginnen, auseinander zu weichen. C = Die Hufbeinspitze zeigt nach unten

eingeklemmt werden. Das ist die direkte Ursache der heftigen bzw. unerträglichen Schmerzen. Wird in dieser Situation nicht schnellstens gehandelt, kommt es zu einer Ablösung der Wandlederhaut und Hornwandblättchen. Das hat Folgen für die Lage des Hufbeins innerhalb der Hornkapsel.

Normalerweise wird das Hufbein innerhalb der Hornkapsel an seinem Platz gehalten (Abb. 264):

1. durch die Sehne, d.h. an der Vorderseite durch die Strecksehne (1). Diese greift an der Vorderseite des Hufbeines an. An der Rückseite ist es die Hufbeinbeugesehne (2), deren Angriffspunkt an deren unteren Ende liegt.
2. durch die innige Verbindung von Hornwand und Wandlederhaut (a) über die Blättchen. Die Wandlederhaut grenzt direkt an die Hufbeinwand und ist damit starr verbunden.

Bei einer Hufrehe wird diese solide Verbindung zwischen Hornwand einerseits, Wandlederhaut-Hufbein andererseits unterbrochen. Nun soll das Hufbein allein durch das Gleichgewicht zwischen Strecksehne (1) und Hufbeinbeugesehne (2) an seinem Platz gehalten werden. Diese sind jedoch nicht miteinander im Gleichgewicht. Die Hufbeinbeugesehne verfügt über eine Zugkraft, die die der Strecksehne übertrifft. Als Folge davon sinkt das Hufbein ab. Dieses Absinken des Hufbeins, das beim lebenden Tier nur mit Hilfe einer Röntgenaufnahme mit Sicherheit diagnostiziert werden kann, ist von durchschlagender Bedeutung für den weiteren Verlauf der Hufrehe sowie deren Heilungschancen (Abb. 265).

Diese Hufbeinabsenkung kann bereits in einem sehr frühen Stadium geschehen (nach 24 bis 48 Stunden, manchmal sogar innerhalb 24 Stunden). Sie ist als solche und vor allem in ihrem Ausmaß ausschlaggebend für die Ernsthaftigkeit der Hufrehe. Ist einmal eine Hufbeinabsenkung eingetreten, ist *die* Voraussetzung geschaffen für die chronische Form. Gleichzeitig kann nach einer Hufbeinabsenkung von einer vollkommenen Heilung der Hufrehe keine Rede mehr sein. Dies alles mag verdeutlichen, daß die Behandlung einer akuten Hufrehe äußerst schnell erfolgen muß (siehe unten). Geschieht das nicht, geht diese Erkrankung sehr rasch in die chronische Form über.

Die Symptome der *chronischen Hufrehe* sind folgende: Die Krankheitserscheinungen der akuten Hufrehe, die bereits beschrieben wurden, bleiben bestehen. Das Pferd (Pony) ist weiterhin äußerst empfindlich in beiden Vorderhufen und lahmt schwer. Das weite Auffußen der Vorderbeine nach vorne sowie der klamme Gang bleiben erhalten. Hinzu kommt eine sehr charakteristische Bewegung, nämlich das Aufwippen des Fußes während der Bewegung. Kurz bevor der Fuß aufgesetzt wird, wird dieser ein wenig umgeklappt, so daß man die Sohle sehen kann. Vor allem bei an chronischer Rehe erkrankten Ponys kann man dies gut beobachten, vor allem, wenn man die Tiere traben läßt.

Der Austritt von Feuchtigkeit in der Wandlederhaut drückt Hornwand und Wandlederhaut auseinander. Dies kann man an der Sohlenfläche an einer Verbreiterung der weißen Linie erkennen (Abb. 266, 267). Bisweilen tritt auch am Kronrand Feuchtigkeit mehr oder weniger aus, wobei die Fellhaare hier dann abstehen. In vereinzelten Fällen kann es zu einem „Ausschuhen" kommen, dem Abstoßen der gesamten Hornkapsel.

Es war bereits die Sprache vom Absenken des Hufbeins. Dieses hat Folgen, die Punkt für Punkt aufgezählt werden sollen, und die man, wenn man das oben genannte Schema betrachtet, leicht daraus ableiten kann (Abb. 268).

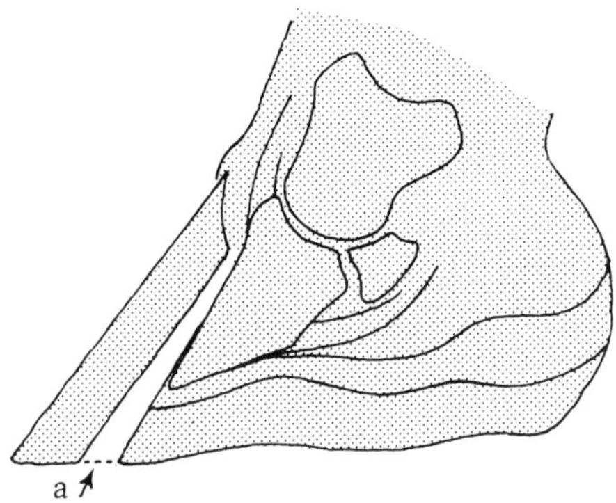

Abb. 266. Verbreiterung der weißen Linie (a).

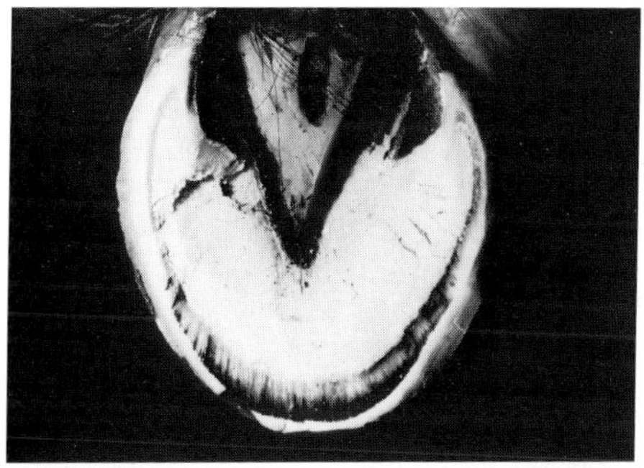

Abb. 267. Verbreiterung der weißen Linie. Sohlenfläche.

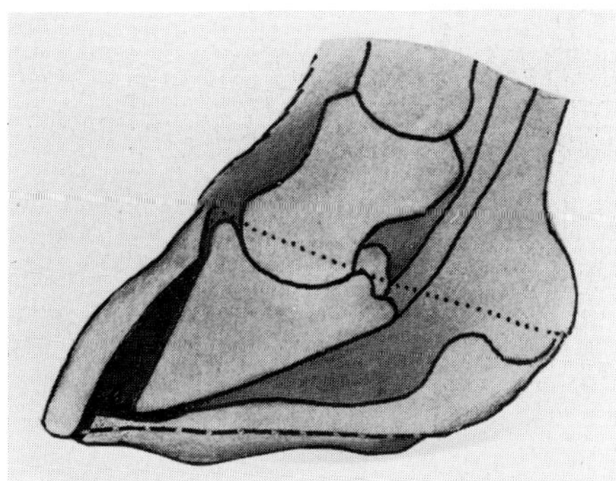

Abb. 268. Querschnitt durch einen Huf mit chronischer Hufrehe.

Abb. 269. Ungleichmäßige (Divergierende) Hufringe.

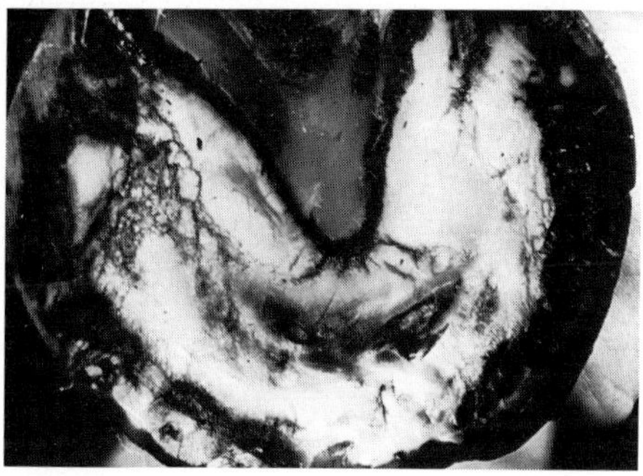

Abb. 270. Sohlendurchbruch.

Abb. 271. Querschnitt durch einen Huf mit perforierendem Hufbein (Sohlendurchbruch).

1. Verbreiterung der weißen Linie.
2. Erscheinung einer losen Wand, bisweilen lokal begrenzt, bisweilen über die ganze Linie, mehr oder minder stark ausgeprägt und eventuell Anlaß für eine Entzündung in diesem Bereich.
3. Die nach unten gerichtete Spitze (eigentlich der vordere Rand) des Hufbeins drückt auf die Sohle herunter, so daß diese flacher wird (Flachhuf) oder sich auswölbt (Vollhuf). Dann ragt die Sohle unter dem Tragerand heraus.
4. Der Huf erfährt oftmals eine gänzliche Formveränderung, die von den unter 1. und 2. genannten Punkten ausgeht. Man hat es dann mit einem sogenannten Knollhuf mit langem, pantoffelförmigem Zehenbereich zu tun. Auflösungserscheinungen im Bereich der weißen Linie, einem abgesackten Sohlenkörper, oftmals hohen Trachtenwänden und deutlich erkennbaren Hufringen, die nach hinten zu auseinanderlaufen (divergieren).
5. Auch bei einer leichteren Reheerkrankung treten diese Ringe deutlich auf (Abb. 269). Sie laufen im Gegensatz zu den normalen Wachstumsringen, die man bei Tieren mit wechselnder Kondition sieht, nach hinten zu stets auseinander. Wachstumsringe verlaufen parallel zueinander.
6. Durch die Zug- und Druckkräfte kommt es häufig zu bisweilen stark ausgedehnten Quetschungen in der Wand- und Sohlenlederhaut mit Blutergüssen, die das umgebende Horngewebe rot färben (nur bei unpigmentiertem Horn erkennbar).
7. In sehr schlimmen Fällen durchstößt die Spitze des Hufbeins die Hornsohle (Sohlendurchbruch, Abb. 270, 271).

Auf Röntgenfotos ist die Absenkung des Hufbeins deutlich zu sehen und auch, daß sich der vordere untere Rand häufig hutkrempenartig verformt (Abb. 272).

Aus all dem wird deutlich, daß das Ausmaß der Hufbeinabsenkung ausschlaggebend ist für Art und Ernst der Veränderungen und daß hiervon auch abhängt, inwieweit bei einem Pferd mit chronischer Hufrehe überhaupt noch Aussicht auf einen Heilungserfolg besteht. Bisweilen kommt zur Hufrehe noch eine Infektion hinzu, so daß sich eine eitrige Huflederhautentzündung entwickelt.

Die Behandlung der akuten Hufrehe ist Sache des Tierarztes. Deshalb braucht an dieser Stelle darauf nicht eingegangen zu werden. Allerdings soll nochmals betont werden, daß eine sofortige Behandlung Gebot der ersten Stunde ist. Je schneller mit einer zielgerichteten Behandlung begonnen wird, desto größer ist die Chance, daß man das Pferd mit großer Wahrscheinlichkeit heilen kann und daß Veränderungen im Huf, die eine vollständige Genesung unmöglich machen, gar nicht erst auftreten.

Bei der chronischen Hufrehe spielt die Mitarbeit des Hufschmiedes eine große Rolle, nicht nur einmal, wenn das Pferd vorgeführt wird, sondern auch im weiteren Verlauf der Behandlung, um die Brauchbarkeit des Pferdes so weit wie möglich zu erhalten. Primär muß die Arbeit des Hufschmiedes darauf ausgerichtet sein, die normale Hufform, so gut es eben geht, wieder herzustellen. Das ist hauptsächlich eine Frage eines Korrekturschnittes. Vor allem, wenn der Huf des rehekranken Pferdes sehr stark verformt ist, wird es notwendig sein, diese Korrekturen schrittweise auszuführen. Die entsprechende Vorgehensweise muß deshalb von Fall zu Fall entschieden werden. Aber es gibt einige allgemeingültige Regeln. Auch die Hufbeinabsenkung wird nun wieder mitbestimmend sein bei dem, was man zur Heilung unternimmt, und bei dem, was man erreichen kann.

In Abb. 273 ist schematisch grob dargestellt, wie ein Korrekturschnitt ausgeführt

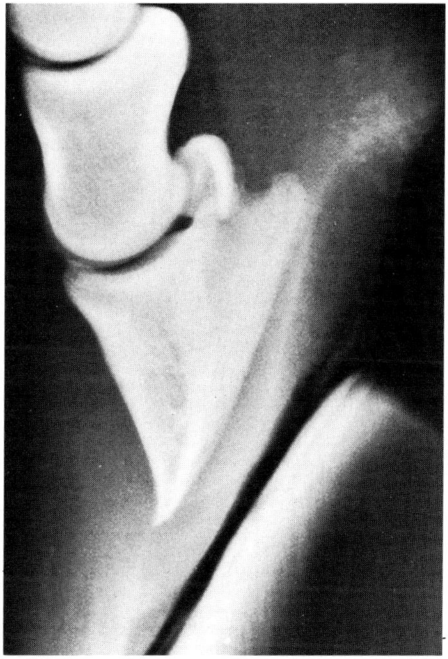

Abb. 272. Röntgenfoto eines Hufes mit Hufbeinabsenkung und Hutkrempeneffekt.

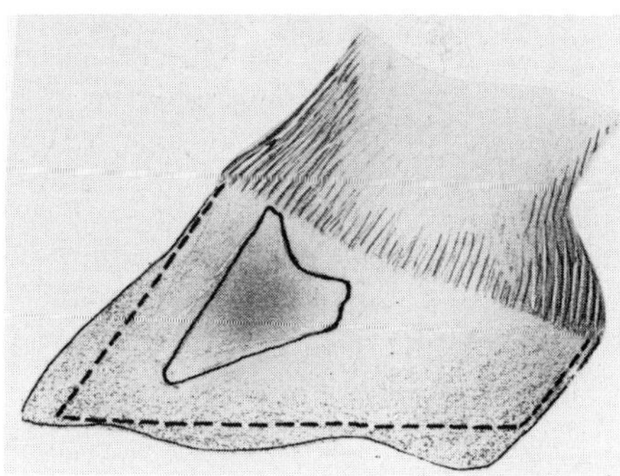

Abb. 273. Schema, nach dem gekürzt werden sollte.

werden muß. Häufig muß die Zehenwand abgeraspelt werden, bisweilen sogar ein ganzes Stück von ihr entfernt werden, zumal wenn sie lose ist. Die Trachtenwände, die oftmals zu hoch und steil geworden sind, müssen auf ihre normale Höhe gekürzt werden (gestrichelte Linie in der Abbildung). Damit wird eine normale Hufform erreicht. Die Hufbeinabsenkung wird zwar nicht aufgehoben, aber die Abgrenzung Hornwand-Hornsohle und Hufbein verläuft wieder mehr parallel zueinander.

Die Sohle muß weitgehend geschont werden, denn häufig ist sie sehr dünn, vor allem bei einer tiefen Absenkung des Hufbeins. Es ist nur von Vorteil, wenn sie noch ihre ursprüngliche Stärke aufweist. Das Ausschneiden des Strahls geschieht nach Bedarf.

Ist es im Verlauf der Hufrehe zu einem Flach- oder Vollhuf gekommen, muß man Maßnahmen ergreifen, die eine Sohlenquetschung verhindern. Ist der Tragerand noch vollkommen in Takt, kann man einen Schutzbeschlag anbringen. Bei einem Vollhuf wird man auf die Eisen von STARK-GUTHER oder die von BOLDER zurückgreifen. Beide sind schwer anzufertigen (siehe Kap. 13.4 und 13.5).

Oft reicht es auch aus, wenn die flache Sohle frei schwebend auffußt. Das kann man mit einem Eisen, das einen Lederrand aufweist, erreichen. Hat man es mit einer bereits gequetschten Sohle zu tun und will man diese besser schützen, kann man Eisen mit Ledersohle verwenden, eventuell mit zusätzlichem Lederrand, um den Tragerand zu erhöhen, damit die Hufsohle frei von Druck auf der Ledersohle ruht. Man kann den Tragerand auch mit Kunsthorn erhöhen, aber eine Ledersohle ist einfacher und – vorausgesetzt, sie ist gut angebracht – genau so wirkungsvoll. Der Zwischenraum zwischen Ledersohle und Hufsohle wird mit in Teer getränktem Werg ausgefüllt.

Es ist nun besonders wichtig, regelmäßig die Hufe zu versorgen, die Korrektureisen nicht zu lange am Tier zu belassen und immer wieder zu überlegen, welche Maßnahme im Moment die angemessenste ist.

Abb. 274. Mißgebildeter Huf.

Bei schwer mißgebildeten Hufen darf man von einer Korrektur nicht allzu viel erwarten (Abb. 274). Es kommt vor, daß ein derartiges Pferd (ein wertvoller Deckhengst oder eine wertvolle Zuchtstute) so lang es geht am Leben gehalten werden soll. Neben sorgfältigster Hufpflege muß sich dann auch die Allgemeinversorgung an den höchsten Ansprüchen orientieren, das Pferd eine gut ausbalancierte Diät erhalten und eventuell vom Tierarzt langfristig schmerzstillende Medikamente verabreicht bekommen. Ist das Hufbein allerdings durch die Sohle gebrochen, muß das Tier von seinen Schmerzen erlöst werden (Abb. 270, 271).

Wenn aber die Mißbildungen der Hufform weniger gravierend sind, kann durch eine sehr aufmerksame Hufversorgung und -pflege, regelmäßigen Korrekturschnitt und falls nötig, einen Korrekturbeschlag, durchaus erreicht werden, daß mit dem Pferd auf weichem Boden noch lange Zeit gearbeitet werden kann.

Bisweilen kann es sinnvoll sein, ein Steghufeisen in Betracht zu ziehen, vor allem dann, wenn bei einer losen Wand der betreffende Teil des Tragerandes frei schweben soll und man doch eine möglichst große Tragefläche haben möchte. Ein längerer Aufenthalt auf einer feuchten Weide, wo der Huf durchfeuert wird, kann auch dazu beitragen, die Schmerzen zu lindern. Aber auch dann muß große Sorgfalt hinsichtlich eines Korrekturschnittes aufgewendet werden.

11.1.16 Ausschuhen

Darunter versteht man das teilweise oder vollständige Ablösen der Hornkapsel. Das kann bei einem gesunden Huf infolge eines Unfalls (rohe Gewalt) vorkommen, bei dem die Hornkapsel ganz oder teilweise abgerissen wird. Das Ausschuhen kann sich aber auch infolge einer gestörten Blutzufuhr allmählich vollziehen. Diese kann durch eine Verletzung oder Quetschung unterbrochen sein oder aber auch nach einem sogenannten Nervenschnitt nicht mehr richtig funktionieren.

Auf das Durchtrennen eines Nervs greift man nur bei chronischen Huferkrankungen zurück, für die es keine eigentliche Therapie gibt. Durch dieses Kappen der Nerven im unteren Bereich des Pferdebeines wird dieser gefühllos. Das Pferd verspürt keine Schmerzen mehr und lahmt dann auch nicht mehr. So gesehen kann dieser Eingriff ein Pferdeleben um einige Jahre verlängern. Die Operation wird vor allem bei einer Erkrankung ausgeführt, die als chronische Hufrollenentzündung bekannt ist und für die es noch bis heute keine gezielte Behandlung gibt (siehe Kap. 11.2.4). Das Durchtrennen der Nerven kann auf zweierlei Arten erfolgen:

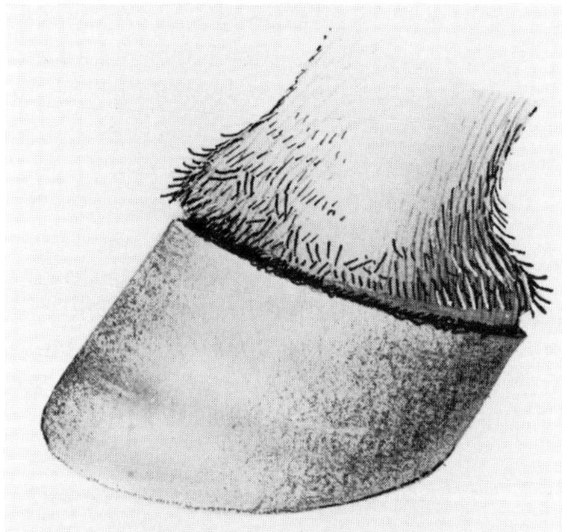

Abb. 275. Pathologisches Ausschuhen bei Nervenschnitt.

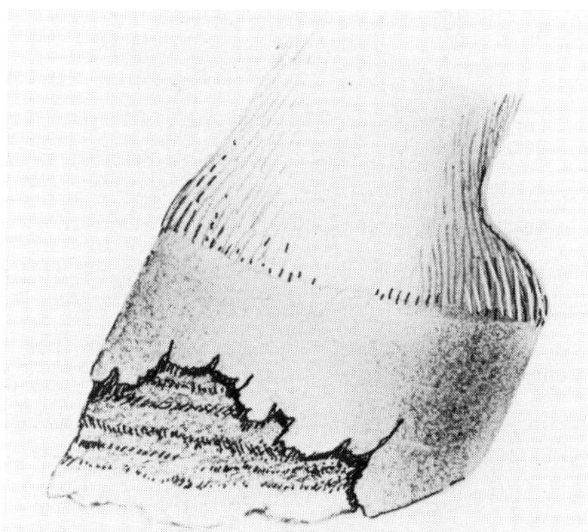

Abb. 276. Ausschuhen, das an einem gesunden Huf durch einen Unfall verursacht wurde.

1. Der sogenannte untere Nervenschnitt. Hierbei wird der hintere Fesselnerv nach einem kleinen operativen Eingriff in der Fesselbeuge gekappt und ein Stück davon entfernt. Die hintere Hufhälte ist nun gefühllos. Bei chronischer Hufrollentzündung zielt dieser Nervenschnitt meist darauf ab, das Pferd wieder „schneller zu machen".
2. Bisweilen muß der Nervenschnitt kurz über dem Fesselgelenk ausgeführt werden (sogenannter hoher Nervenschnitt). Dann ist der gesamte Huf gefühllos. Hierbei muß man allerdings damit rechnen, daß die Blutversorgung des Hufes

nicht mehr funktioniert, die Blutgefäße erweitern sich, es tritt Feuchtigkeit aus. Das kann dazu führen, daß sich Huflederhaut und Hornkapsel allmählich ablösen bis hin zu einem totalen Ausschuhen. Das geht nicht in fünf Minuten, sondern vollzieht sich in einer Reihe von Tagen. Man erkennt diesen Prozeß daran, daß Feuchtigkeit am Kronrand austritt, doch ist es dann meist schon zu spät. Der hohe Nervenschnitt wird deshalb kaum noch ausgeführt.

Bei der Besprechung der Hufrehe wurde bereits auf die geschwollene Huflederhaut (vor allem Wandlederhaut) infolge der Entzündung hingewiesen, wobei ebenfalls Feuchtigkeit aus den Blutgefäßen austritt. Das führt dazu, daß auf die gleiche, schon erwähnte Art, sich diese Feuchtigkeit zwischen Hornwand und Huflederhaut preßt und beide auseinanderdrückt. Obwohl selten beobachtet, kann daher auch bei Hufrehe Ausschuhen vorkommen.

Ausschuhen aufgrund eines Unfalles (bei normalem Huf) kann beispielsweise dann geschehen, wenn ein beschlagenes Pferd einen Bahnübergang überquert, dabei durch einen unglücklichen Zufall in der Rille einer Schiene einklemmt und dann durch heftige Befreiungsversuche das Eisen mit einem Teil der Hornkapsel abreißt (bisweilen die ganze Hornkapsel). Naturgemäß ist Ausschuhen eine ausgesprochen ernste Angelegenheit, die mit starken Schmerzen verbunden ist (man denke bloß an einen abgerissenen Fingernagel!).

Für den weiteren Verlauf aber und für die Heilungschancen spielt es eine wesentliche Rolle, ob man es zu tun hat mit dem Ausschuhen an einem gesunden Huf (Unfall) oder dem Ausschuhen an einem kranken Huf, das durch unterbrochene oder gestörte Blutzufuhr verursacht wurde (pathologisches Ausschuhen).

Im ersten Fall ist nämlich eine *gesunde* Huflederhaut vorhanden, die zwar mehr oder weniger verletzt sein kann, im Grunde aber nicht beeinträchtigt ist. Im zweiten Fall hat man es mit einer kränklichen, minderwertigen (Huf-)Lederhaut zu tun, die nicht ausreichend mit Nährstoffen versorgt wurde. Und darum genau geht es. Die gesunde (offenliegende) Huflederhaut verfügt über ein enormes Wachstumsvermögen (das haben viele gesunde Gewebe nach einer Verwundung oder Beschädigung), die ungenügend ernährte, minderwertige Huflederhaut dagegen nicht.

Die gesunde Huflederhaut ist, nachdem sie selbst wieder hergestellt ist, über ihre Keimschicht bald wieder in der Lage, Horn zu bilden und somit auch wieder eine neue Hornkapsel, die kranke Huflederhaut regeneriert selbst nicht, folglich wird auch die Keimschicht nicht aktiv, und keine neue Hornkapsel kann sich bilden. Bei allen Ausschuhungsprozessen, die auf einer kranken Huflederhaut beruhen, sind die Genesungsaussichten hoffnungslos, und man sollte das Pferd so schnell es geht von seinem Leiden erlösen (Abb. 277).

Bei einem Ausschuhen aufgrund eines Unfalls muß man zuerst einmal sehen, wie schlimm die Zerstörung ist. Es kann sein, daß auch die Huflederhaut sehr stark beschädigt ist. In diesem Fall ist es auch besser, das Pferd zu töten. Ist jedoch unter dem teilweisen oder ganzen Ausschuhungsprozeß eine weitgehend intakte Huflederhaut zu erkennen, kann es in Abhängigkeit vom Wert des Pferdes sinnvoll sein, unter ständiger tierärztlicher Begleitung den Stumpf, der vollkommen geschützt werden muß, zum Abheilen zu bringen und anschließend die Neubildung einer Hornkapsel abzuwarten. Bevor man sich aber hierzu entschließt, müssen zahlreiche Faktoren erwogen werden (die Heilung kann ein dreiviertel bis ganzes Jahr dauern), aber vor allem bei

Abb. 277. Pathologisches Ausschuhen.

einer nur teilweisen abgelösten Wand sollte man den Wert der Behandlung berücksichtigen, denn man ist überrascht über das rasche Nachwachsen einer neuen Wand, so daß später von der so gravierenden anfänglichen Verletzung nichts mehr zu sehen ist.

11.2 Erkrankungen des tieferliegenden Gewebes

Im folgenden sollen nun die Erkrankungen der tieferen Hufgewebe, die von der Huflederhaut umhüllt werden, besprochen werden.

11.2.1 Entzündung des Hufbeins

Obwohl es auch bei einer Entzündung des Hufbeins die Möglichkeit eines akuten oder chronischen bzw. infizierten oder nicht infizierten Prozesses gibt, geht es im folgenden um die chronische, nicht infizierte Entzündung des Hufbeins (Eine infizierte Entzündung des Hufbeins kann infolge eines Nageltritts auftreten, siehe Kap. 11.1.10.).

Das Hufbein hat mehrere Oberflächen: Die Wandoberfläche (a), die Sohlenoberfläche (f), die an ihrer Rückseite durch die halbmondförmige Zone begrenzt wird, an der die Hufbeinbeugesehne angreift, und die Gelenkoberfläche (d) des Gelenks zwischen Kron- und Hufbein mit der anschließenden kleineren Gelenkfläche zwischen Huf- und Strahlbein (e). Am oberen Ende der Vorderseite befindet sich die Hufbeinkappe (Strecksehnenfortsatz), an der die Strecksehne angreift (b). Nach hinten zu läuft das Hufbein in zwei Ästen aus (c), den Hufbeinästen, an die sich die Hufknorpel anschließen und mit Hilfe von Bändern (Ligamenten) eine innige Verbindung eingehen.

Eine Hufbeinentzündung kommt sporadisch an der Wandoberfläche vor, wobei sich dann eine rauhe Oberfläche entwickelt. Häufiger kann man im Anschluß an eine Verknöcherung der Hufknorpel eine Entzündung der Hufbeinäste beobachten. Verknöcherte Hufknorpel führen oft zu Problemen, sobald auch die Ligamente zwischen Hufbeinast und Hufknorpel infolge Kalkablagerung versteifen. In diesem Fall wird der Hufbeinast in diesen Prozeß miteinbezogen, was zu einer schleichenden, nicht infizierten Entzündung der Hufbeinäste führt. Allerdings kann es dazu auch ohne vorherige Verknöcherung der Hufknorpel kommen.

Die Entzündung tritt an den Vorderbeinen, oft an beiden gleichzeitig auf und kann einen oder beide Hufbeinäste betreffen. Die Folge ist ein steifer, klammer Gang. Diese

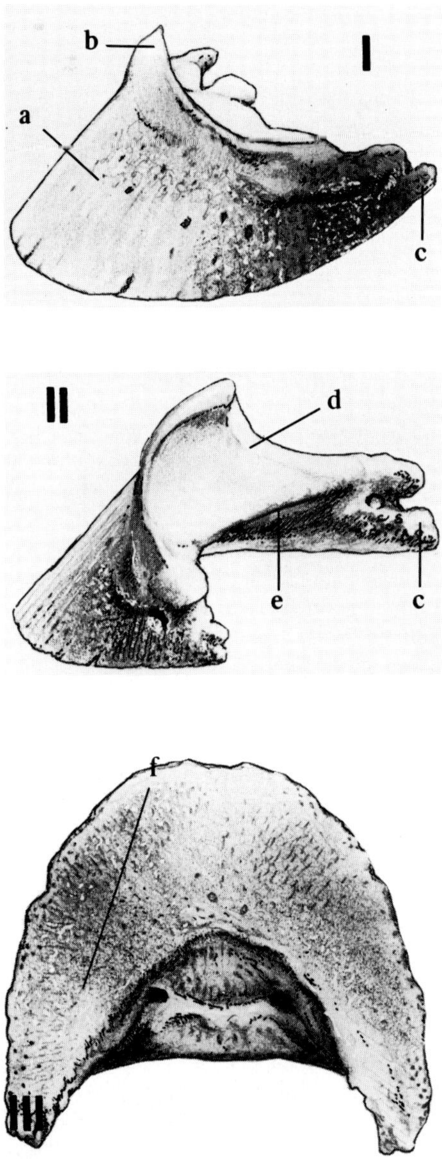

Abb. 278. Das Hufbein.
I. Seitenansicht; II. Rückansicht;
III. Unteransicht (die Buchstaben sind im Text erklärt)

Symptome ähneln stark der chronischen Hufrollenentzündung (siehe Kap. 11.2.4), mit der die chronische Hufbeinentzündung nicht verwechselt werden darf. Eine effektive Behandlung gibt es nicht. Man kann auch hier auf die Maßnahmen zurückgreifen, die bei der Verknöcherung der Hufknorpel angezeigt sind (siehe unten).

Ein tiefer Nervenschnitt vermag in manchen Fällen eine Verbesserung bringen, aber nicht, wenn bereits eine Verknöcherung der Hufknorpel eingetreten ist.

11.2.2 Verknöcherung der Hufknorpel

Die Hufknorpel sind zwei knorpelige Scheiben, die beiderseits des Hufbeins im Anschluß an die Hufbeinäste angeordnet sind. Zur Hälfte liegen sie innerhalb der Hornkapsel, die obere Hälfte ragt über den Kronrand heraus, liegt im Ballenbereich unter der Haut und gibt Struktur sowie Form des Hufballens an.

Diese obere Hälfte kann man beim gesunden Tier gut abtasten. Die Verbindung zum Hufbein (sowie Kron- und Strahlbein) besteht aus Bindegewebe. Diese Verbindung ist beweglich. Die Hufknorpel selbst bestehen aus elastischem, steifem, aber beweglichem Knorpel. In einem gesunden Knorpel findet sich kein Kalk.

Die Beweglichkeit der Hufknorpel ist von ausschlaggebender Bedeutung für einen gut funktionierenden Hufmechanismus und damit für eine gute Durchblutung des Hufes. Aus den unterschiedlichsten Gründen treten unter Umständen bei Pferden Kalkablagerungen in den Hufknorpeln auf. Meist beginnt diese Kalkablagerung im vorderen Bereich, dicht bei den Hufbeinästen. Bei bestimmten Rassen ist dies häufiger zu beobachten als bei anderen, so auch beim (klassischen) niederländischen Warmblut oder niederländischen Kaltblut. Bei Vollblütern

(Arabisches und/oder englisches Vollblut und anverwandte Rassen) sieht man es dagegen selten. Verknöcherung der Hufknorpel ist zum Teil eine Alterserscheinung, so daß man bei bestimmten Rassen oberhalb eines bestimmten Alters (ungefähr 12 Jahre) oftmals mit einer mehr oder weniger starken Verknöcherung rechnen muß. Viele Hufprobleme bzw. -krankheiten kommen bei intensivem Gebrauch auf hartem Boden ungleich häufiger vor als bei Arbeit auf weichem Gelände. Früher trat dieser Unterschied bei Stadt- und Landpferden deutlich zu Tage. Die Stadtpferde mußten viel Trabarbeit auf harten Wegen verrichten, die Landbaupferde arbeiteten in Schritt und Trab auf weichen Böden. Nach ein paar Jahren traten bei den Stadtpferden zahlreiche Hufprobleme auf, so auch verknöcherte Hufknorpel.

Bisweilen sieht man auch schon junge Pferde mit einer deutlichen Verknöcherung der Hufknorpel. Der Eindruck besteht, daß dafür manche Familien anfälliger sind als andere. Verknöcherung (Verkalkung) der Hufknorpel ist aber stets ein allmählich fortschreitender Prozeß. Neben der Kalkablagerung im Knorpel tritt häufig über kurz oder lang auch eine Verkalkung der Bindegewebsverbindung zwischen Hufbeinast und Hufknorpel auf. Vor allem letzteres vermindert die Beweglichkeit der Hufknorpel in starkem Maße, so daß bei vollständiger Verkalkung der Ligamente die Beweglichkeit gleich Null ist. In gleichem Maße nimmt dann auch der Hufmechanismus ab, um auf Dauer dann ganz zu erliegen. Das ist die schwerwiegendste Konsequenz aus einer Verkalkung der Hufknorpel. Mit dem Erliegen des Hufmechanismus vermindert sich die Durchblutung vor allem der hinteren Hufhälfte, so daß diese beginnt, sich zu verengen (oft gleichzeitig mit einer Erhöhung), der Strahl wird schmaler, die Sohle wölbt sich. Das Resultat ist ein hoher, schmaler Huf mit gewölbter Sohle und schmalem

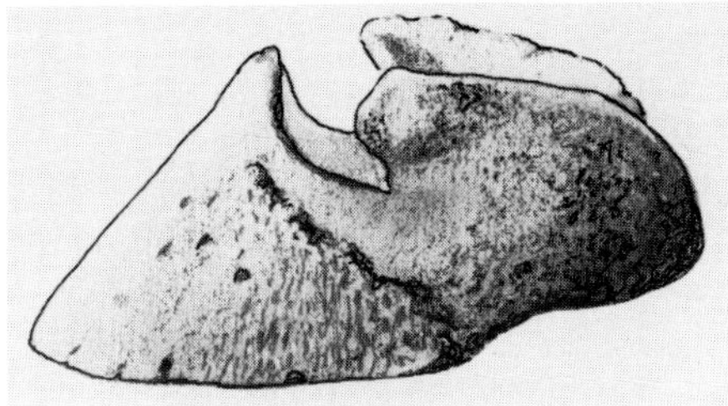

Abb. 279. Hufbein mit Hufknorpeln.

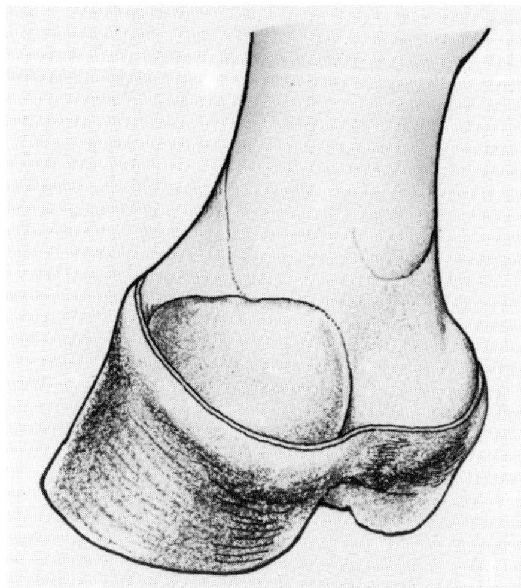

Abb. 280. Pferdefuß mit Hufknorpel.

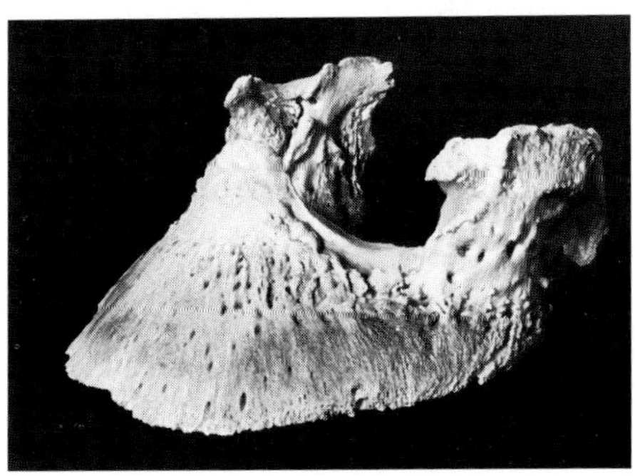

Abb. 281. Hufbein mit verknöcherten Hufknorpeln.

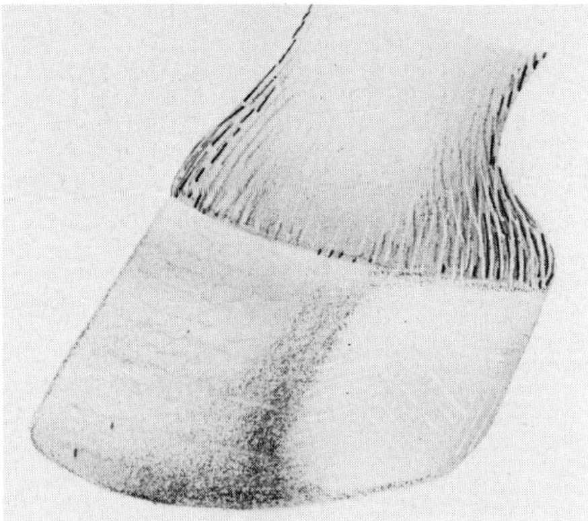

Abb. 282. Ausdünnen mit der Raspel.

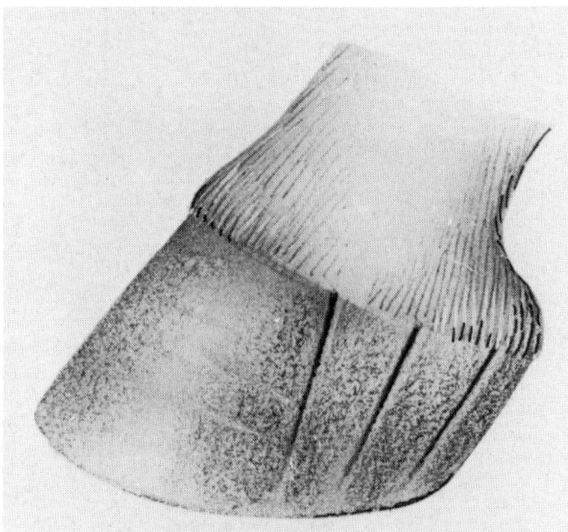

Abb. 283. Die Rillen dürfen nicht parallel zueinander verlaufen, da man sonst das Auftreten von Hornspalten riskiert. Die hintere Rille verläuft in Richtung der Hornröhrchen, die vordere senkrecht, die mittlere dazwischen.

Strahl, aus dem schließlich ein Zwanghuf wird. Das Horn ist häufig sehr hart und steif. Dies führt zu einer kurzen, klammen Bewegung der Vorhand.

Die Wandlederhaut (vor allem die Trachtenlederhaut) wird zwischen Hornwand und dem versteiften Hufknorpel eingeklemmt. Dies bringt Schmerzen mit sich, und es treten Quetschungen mit Blutergüssen auf. Bisweilen kommt es zu ausgeprägtem Lahmen. Den Verknöcherungsprozeß der Hufknorpel kann man nicht aufhalten, ebensowenig gibt es eine Behandlung dafür.

Eisen mit verbreiterten Schenkeln (häufig nur der äußere Schenkel, da der innere Probleme mit sich bringt infolge Einhauens) bringen kaum eine Verbesserung mit sich, zumal die Ursache eines verminderten Hufmechanismus von innen heraus kommt. Um die eingeklemmte Wandlederhaut zu befreien, kann man die Wand in der Trachtengegend dünn raspeln oder einige tiefere Rillen anbringen) Abb. 282, 283). Das hilft genau so viel. Allerdings kann man diese Maßnahme nicht ununterbrochen anwenden, weil man damit die Trachtenwand zu stark schwächt und leicht Hornspalten auftreten können. Manchmal verbessert ein Eisen mit Lederrand ein wenig die Gänge. Auch Steghufeisen mit Lederrand können sinnvoll sein. Trotz allem aber nehmen Geräumigkeit und Geschmeidigkeit der Gänge des Pferdes ungeachtet eventuell Korrekturbeschläge ab. Sicherlich kann man die Pferde noch weiterhin halten und auch noch reiten, aber man muß sich mit kurzen, steifen Bewegungsabläufen begnügen.

Häufig kann aus einer Verknöcherung der Hufknorpel durch eine Reizung auch eine Entzündung der Hufbeinäste werden, die mit Lahmheit einher geht. Darauf wurde bereits im vorigen Abschnitt hingewiesen. Bei einer ausgeprägten Verknöcherung der Hufknorpel mit anschließender Entzündung der Hufbeinäste kann man auch von einem Nervenschnitt kein positives Ergebnis mehr erwarten. Der kurze, steife Gang bleibt. Auch dann kann man nur über Korrekturbschläge erreichen, daß das Pferd kürzere oder längere Zeit beschränkt eingesetzt werden kann.

11.2.3 Überbeine (Schale)

Bevor auf die Erscheinung des Überbeins eingegangen wird, soll zuerst kurz die Anatomie des Pferdefußes kurz wiederholt werden, um danach den Leser in die Problematik einzuführen, die sich aus einer schleichenden Knochenhautentzündung (Periostitis) und schleichender Gelenksentzündung ergibt.

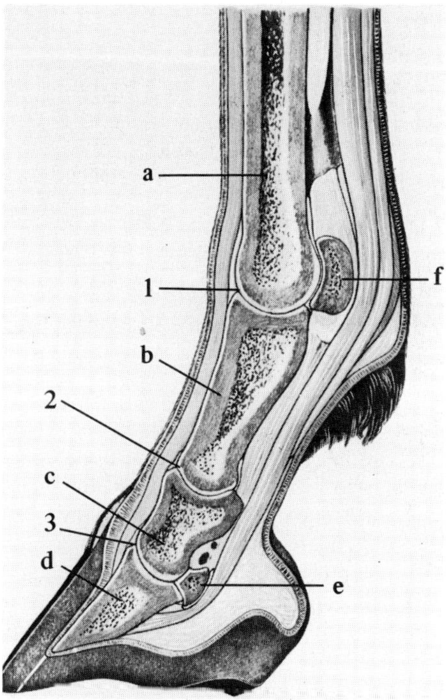

Abb. 284. Querschnitt durch den Pferdefuß.
a = Röhrbein
b = Fesselbein
c = Kronbein
d = Hufbein
e = Strahlbein
f = Gleichbein
1 = Fesselgelenk
2 = Krongelenk
3 = Hufgelenk

In Abb. 284 sind die Knochen und Gelenke des unteren Bereichs des Pferdefußes dargestellt. Das Überbein geht auf einen Entzündungsprozeß in Verbindung mit einer Knochenwucherung zurück, der sich im Kron- und/oder Hufgelenk abspielt, bisweilen auch in den unmittelbar an diese beiden Gelenke angesiedelten Knochen. Ein Gelenk ist die bewegliche Verbindung zweier Knochenenden. Bei Betrachtung der Grafik (Abb. 285) erkennt man, daß a und a die Enden der beiden Knochen sind, die zusammen das Gelenk bilden. An der Stelle, wo sie aufeinandertreffen, werden sie von Knorpel bedeckt (b). Aus der Anatomie ist bereits bekannt, daß Knochenendigungen miteinander durch eine Hülle aus Bindegewebe verbunden sind. Diese Hülle nennt man Gelenkkapsel (c). Sie setzt sich aus mehreren Schichten zusammen. Im umschlossenen Bereich (d), der aus Knochenenden und dieser Gelenkkapsel gebildet wird, findet sich eine zähflüssige Flüssigkeit, die

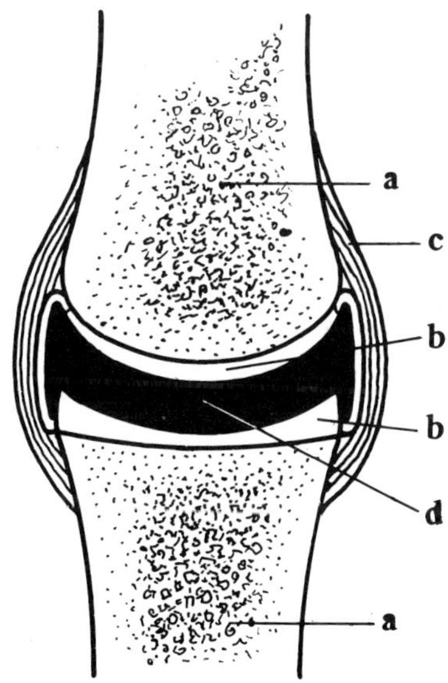

Abb. 285. Schema eines Gelenks.

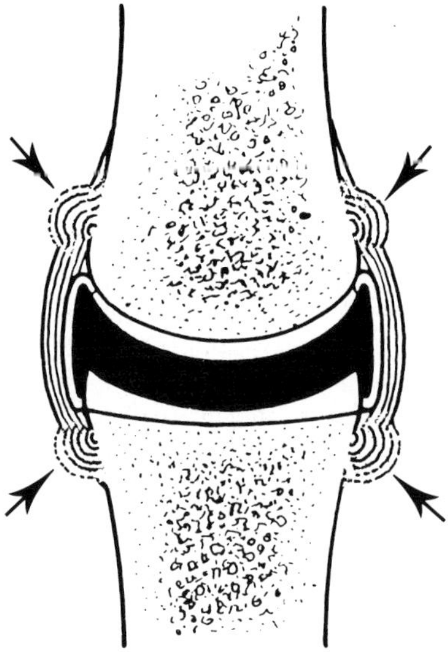

Abb. 286. Schema einer Periarthritis (Gelenkentzündung).

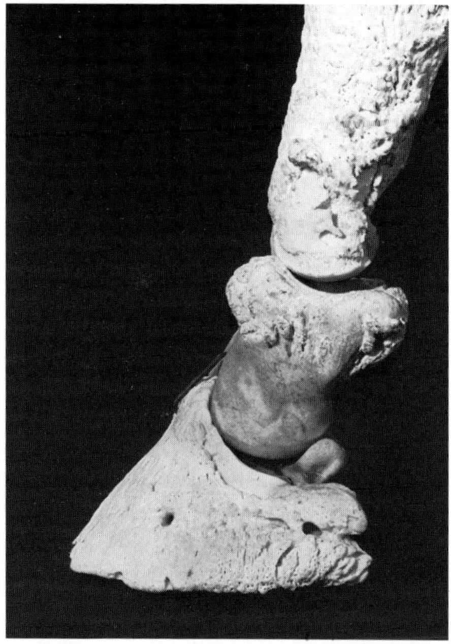

Abb. 287. Krongelenkschale (präpariert).

dafür sorgt, daß die beiden Knochenenden geschmeidig übereinander gleiten (Gelenkschmiere oder Synovia). Soviel zur Anatomie.

Schleichende Gelenksentzündungen können auf das Gelenk selbst beschränkt sein (Knochenendigungen und Gelenkkapsel), sie können aber auch auf die anschließenden Gewebe übergreifen oder aber sich selbst nur in diesem letztgenannten Bereich abspielen. Das ist bei Überbeinen meist der Fall.

Obwohl eine strikte Unterscheidung zwischen Gelenksentzündung (Arthritis) und einer Entzündung direkt angrenzender Gewebe (Periarthritis) in Wirklichkeit kaum zu treffen ist, geht es beim Überbein häufig mehr um letzteres. Bei dieser schleichenden Entzündung kommt es auf Dauer zu einer Knochenwucherung, die von der Verbindung der Gelenkkapsel an die Knochenhaut (Periost) ausgeht (Abb. 286. Im Bereich der Pfeile ist schematisch der Beginn einer Knochenwucherung dargestellt). Es wurde bereits angedeutet, daß diese chronische Entzündung im Hufgelenk oder Krongelenk angesiedelt sein kann.

In Verbindung damit spricht man entweder von einem unteren Überbein. Dabei handelt es sich um die schleichende Entzündung des Hufgelenks und direkt angrenzender Gewebe, die mit einer Knochenwucherung einhergeht. Oder es entsteht ein hohes Überbein. Darunter versteht man die schleichende Entzündung von Krongelenk und Umgebung (Abb. 287).

Es gibt auch eine derartige Entzündung mit Knochenwucherung im Bereich des Fesselgelenks. Dann spricht man aber nicht mehr von Überbein. Ein Überbein kann auch zwischen Huf- und Krongelenk auftreten, in oder auf dem Kronbein. Genaugenommen ist auch das kein Überbein mehr, obwohl es häufig so genannt wird (Abb. 288).

Die Ursache für die Entstehung von Überbeinen ist nicht bekannt, es sei denn, es ist etwas in der Art eines Unfalls geschehen, bei dem Huf- oder Krongelenk in Mitleidenschaft gezogen wurden (Verstauchung). Ebenso wie alle anderen Entzündungen bringt auch ein Überbein Schmerzen und damit Lahmheit mit sich. Die Entzündung entwickelt sich schleichend, es gibt Perioden, in denen die Schmerzen geringer, und solche, in denen sie heftiger sind. Dementsprechend ist auch die Lahmheit mehr oder weniger stark ausgeprägt. Starke Arbeit verschlimmert offensichtlich häufig die Lahmheit.

Selten kommt dieser Prozeß zum Stillstand. Bisweilen kommt es dazu, daß sich das ganze Gelenk vergrößert. Es kann dann sein, daß sich die Schmerzen so weit verringern, daß das Tier kaum noch lahmt. Ist aber das ganze Gelenk verwachsen und wird es dadurch steif, ergibt sich doch eine Bewegungsstörung, die sich als Lahmheit äußert, nur ist sie nicht durch Schmerzen, sondern durch mechanische Unbeweglichkeit gekennzeichnet.

Ein einmal bestehendes Überbein heilt nicht mehr. Manchmal versucht man, den Prozeß bedingt durch Punktbrand zu aktivieren, in der Hoffnung, daß danach die Entzündung wieder zur Ruhe kommt, die Schmerzen aufhören und das Pferd wieder beweglicher wird. Heutzutage wird in einem solchen Fall vielfach operativ eingegriffen mit dem Ziel, die Verwucherung zu entfernen. Mit Hilfe von Stiften, die eingetrieben werden, wird das Gelenk gänzlich immobilisiert. Das Ergebnis ist die vollständige Versteifung dieses Gelenks. Bisweilen kann dadurch die Lahmheit tatsächlich verschwinden. Aller-

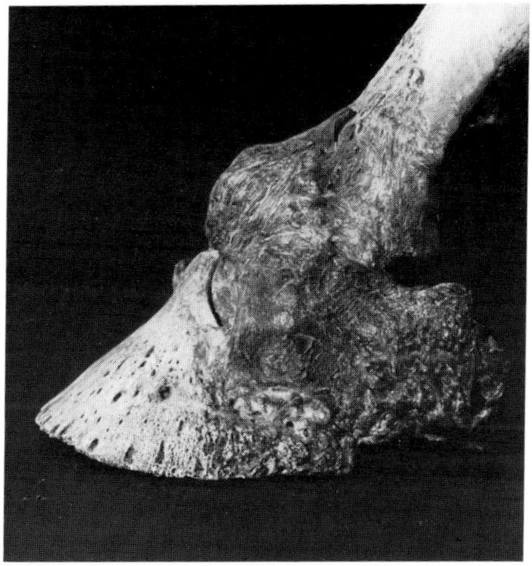

Abb. 288. Krongelenkschale.

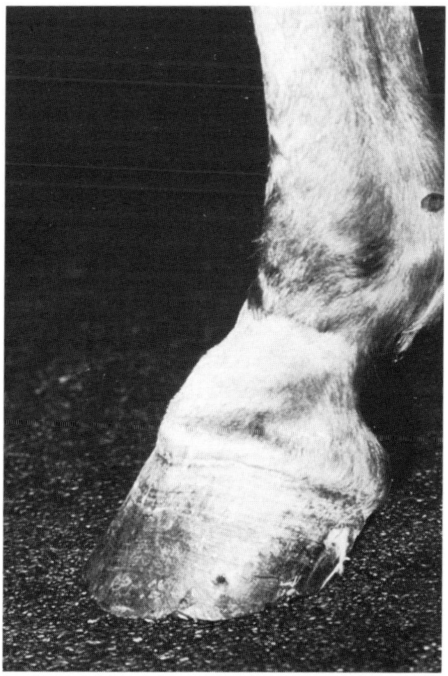

Abb. 289. Überbein am lebenden Tier.

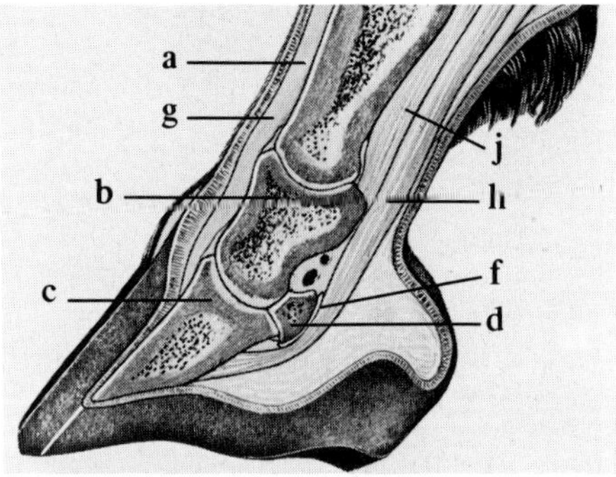

Abb. 290. Querschnitt durch den Fuß.
a = Fesselbein
b = Kronbein
c = Hufbein
d = Strahlbein
f = Schleimbeutel der Hufrolle
g = Strecksehne
h = Hufbeinbeugesehne
j = Kronbeinbeugesehne

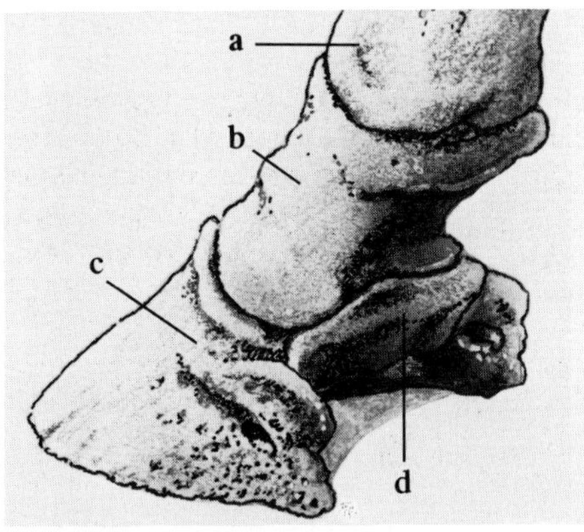

Abb. 291. Die Knochen des Fußes (schräg von hinten gesehen).
a = Fesselbein
b = Kronbein
c = Hufbein
d = Strahlbein

dings kann man auf diese Maßnahme nur bei einem hohen Überbein zurückgreifen.

Als Beschlag kommt ein normales Eisen mit Lederrand oder -sohle infrage, das stoßdämpfend wirken soll. Eine Zehenrichtung, die das Abrollen über den Zeh erleichtert, ist ebenfalls zu empfehlen. Weitere Möglichkeiten gibt es allerdings kaum, um das Lahmen des Pferdes zu verbessern. Man muß sich damit abfinden, daß die weiteren Aussichten bei einem Überbein nicht günstig sind.

11.2.4 Chronische Hufrollenentzündung

Auch in diesem Fall ist es sinnvoll, noch einmal kurz auf die anatomischen Zusammenhänge zurückzukommen (Abb. 290, 291, 292).

Mittelpunkt der Hufrolle ist das Strahlbein. Die tiefe Beugesehne gleitet über das Strahlbein hinweg, und zwar an der Rückseite. Diese Fläche ist mit einer Schicht glatten Knorpels überzogen. Dieses Herauf- und Heruntergleiten der tiefen Beugesehne über die Fläche an der Rückseite des Strahlbeins (beim Beugen und Strecken des Fußes) hat zu der Bezeichnung Hufrolle geführt, da dieser Vorgang dem eines Seiles gleicht, das über eine Rolle läuft. Das Auf- und Abgleiten wird dadurch noch erleichtert, daß sich zwischen hinterer Fläche des Strahlbeins und Hufbeinbeugesehne ein Schleimbeutel befindet, der mit Synovia gefüllt ist, der „Gelenkschmiere". Strahlbein, Schleimbeutel und Hufbeinbeugesehne nennt man zusammen Hufrolle. (Die Hufrolle ist somit ein normaler Bestandteil des inneren Hufes. Manche Pferdeliebhaber nennen eine Erkrankung dieses Bereichs kurz Hufrolle. Das ist unrichtig, weil dadurch für den Laien der Eindruck entsteht, daß die Hufrolle als solche bereits eine Abweichung darstellt.) Eine chronische (schleichende) Entzündung dieses Bereichs wird als chronische Hufrollenentzündung (Podotrochleititis chronica) bezeichnet.

Diese Erkrankung war bereits im letzten Jahrhundert bekannt. In den letzten 30 Jahren hat man ihr allerdings mehr Aufmerksamkeit geschenkt, da es durch die Entwicklung der Röntgendiagnostik möglich wurde, auch am lebenden Tier Abweichungen am Strahlbein sichtbar zu machen. Obwohl sich gleichzeitig mit der Röntgendiagnostik auch andere Untersuchungsmethoden in der Tiermedizin etablierten, so daß sich das Wissen um die Vorgänge bei einer Hufrollenentzündung wesentlich verbessert hat, ist das letzte Wort darüber noch längst nicht gesprochen. Was die Ursache anbelangt, gibt es noch viele unbeantwortete Fragen. Es ist aber sicher, daß diese Abweichung nicht auf einer einzelnen Ursache beruht, sondern auf einer Reihe von Faktoren, die in ihrem Zusammenspiel dazu führen, daß sich allmählich diese ernsthafte Erkrankung entwickelt. Stichpunktartig kann eine Reihe von Faktoren aufgezählt werden, die für das Entstehen und die weitere Entwicklung einer chronischen Hufrollenentzündung von Belang sein können:

- Vererbung
- alle Umstände, die eine Rolle spielen vom neugeborenen Fohlen an bis zum erwachsenen Pferd
- Fütterung
- Ausbildung
- Gebrauch des Tieres
- Beschlag
- Körperbau
- Bau und Form der Hufe
- Kondition des Tieres (in Zusammenhang mit einzelnen der oben genannten Punkte).

Erbliche Faktoren spielen mit Sicherheit eine Rolle, auch wenn sie nicht die einzige Ursache sind, wie in jüngster Vergangenheit verbreitet wurde. Untersuchungen haben

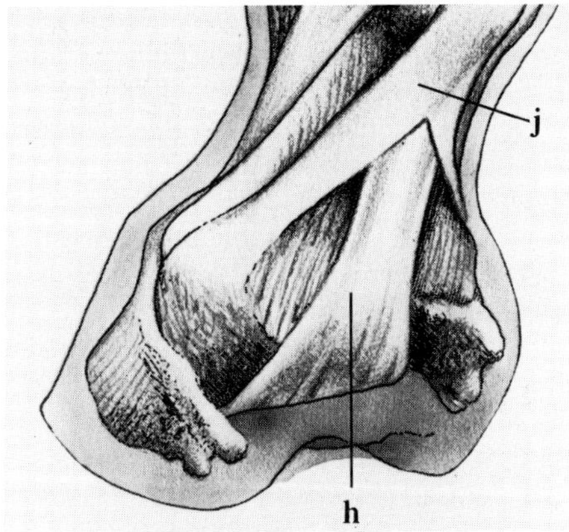

Abb. 292. Der Pferdefuß mit seinen Beugesehnen (schräg von hinten betrachtet).
1 = Die Kronbeinbeugesehne (j) spaltet sich in zwei Äste auf, die im oberen hinteren Bereich des Kronbeins angreifen.
2 = Die Hufbeinbeugesehne (h) kommt zwischen diesen beiden Ästen zum Vorschein. Sie verläuft über das Strahlbein und greift am Hufbein an.

ergeben, daß wohl die Blutversorgung dieses Gebietes ausschlaggebend für das Auftreten dieser Erkrankung ist. Alles weist darauf hin, daß Störungen der Blutversorgung als Folge einer Gefäßverengung als Ursache infrage kommen. Normalerweise spricht man von einer chronischen Hufrollenentzündung. Obwohl die Symptome einer Entzündung zu erkennen sind und obwohl diese bei Lahmheit möglicherweise die Hauptrolle spielen (Entzündung verursacht Schmerzen, Schmerzen führen zu Lahmheit), ist nicht erwiesen, daß dieser Prozeß in seinem Ursprung eine Entzündung ist. Es wäre denkbar, daß es im Prinzip mehr um einen Gewebezerfall (Gewebedegeneration) geht. Wenn man aber annimmt, daß eine gestörte Blutversorgung eine wichtige Rolle spielt, ist es begreiflich, wenn in diesem Zusammenhang eine mangelhafte Versorgung der Gewebe mit Energie bzw. Aufbaustoffen für Funktion bzw. Wachstum angeführt wird. Gewebezerfall ist davon die Folge. Alle Gewebe werden während der gesamten Lebensdauer ständig erneuert. Auch geschädigtes Gewebe wird durch neues ersetzt. Bisweilen ist das Erneuerungswachstum aber unzureichend, so daß der Gewebezerfall Oberhand gewinnt. Auf dem Röntgenfoto kann man die Knochen, also auch das Strahlbein sehen. Es ist aber nicht so, daß die Schwere der Abweichung, die auf dem Röntgenbild erkennbar ist, gleich dem Ausmaß der Lahmheit ist, denn die Erkrankung ist nicht nur auf das Strahlbein beschränkt. Der Prozeß beginnt meist ganz allmählich, oft schon in jungen Lebensjahren.

Er kommt vor allem an den Vorderbeinen vor, selten an den Hinterbeinen, relativ häufig an beiden Vorderbeinen, dann aber oft in unterschiedlicher Ausprägung und auch unterschiedlich in Verlauf und Entwicklung. In Kapitel 4.2.2 wurde darauf hingewiesen, daß die Vordergliedmaßen etwa drei Fünftel des Körpergewichts tragen, die Hintergliedmaßen zwei Fünftel. Es wurden auch die unterschiedlichen Funktionen von Vorder- und Hintergliedmaßen erwähnt. Der Vorhand kommen primär stützende Aufgaben zu. Der Stoß, der beim Auffußen auf die Vorderbeine ausgeübt wird, ist stärker als der auf die Hintergliedmaßen. Dieser Stoß wird durch die Hufe aufgefangen. Deshalb äußern sich Huferkrankungen an den vorderen Gliedmaßen eher als an den hinteren.

Lahmheit kündigt sich auf vielerlei Weise an. Einige Punkte springen dabei besonders ins Auge.

1. Lahmheit beginnt meist allmählich. Am Anfang steht oft der Zweifel, wobei man sich fragt, ob denn das Pferd noch gesund ist oder nicht. Geht das Pferd dann deutlich lahm, bestätigt der Besitzer in vielen Fällen, daß er bereits seit 6 bis 7 Wochen (manchmal sind es sogar Monate) Verdachtsmomente hegte.
2. Lahmheit ist häufig wechselhaft, d.h. abwechselnd am linken oder rechten Vorderbein, einmal schwerwiegender, dann wieder weniger am gleichen Bein. Diese Schwankungen in der Intensität können sich auch über längere Zeiträume hinweg festigen. Perioden, in denen das Tier frei von Beschwerden zu sein scheint, und solche fortwährenden Lahmens wechseln einander ab.
3. Pferde, die im Stall stehen, entlasten häufig das betroffene Bein, indem sie es weiter vorne absetzen. Sind beide Beine betroffen, wechselt das Pferd.
4. Die Pferde beginnen, kürzer zu treten. Tiere, die vorher schöne, ausgreifende Bewegungsabläufe zeigten, gehen nun kurz, steif und klamm. Dies kann beim Reiter den Eindruck erwecken, daß die Bewegungsfreiheit der Schulter eingeschränkt ist und die Ursache der Lahmheit dort zu suchen ist.
   In diesem Zusammenhang sieht man bisweilen auch, daß die Pferde den Zehenbereich mehr als die hintere, schmerzende Hufhälfte belasten. Beim Traben erscheint es dann so, als ob die Pferde den Zehenbereich „in den Boden bohren“. Im allgemeinen zeigt sich Lahmheit deutlicher auf hartem, denn auf weichem Boden. Wendungen bereiten den Tieren vor allem auf schwerem Boden mehr Mühe. Auch straucheln sie zunehmend.
5. Wenn auch nicht immer, so sieht man bisweilen doch, daß ein Pferd bei Arbeitsbeginn stärker lahmt (wenn es gerade aus dem Stall kommt) und daß dieses Lahmen dann schwächer wird. Der umgekehrte Fall kommt aber genauso vor.
6. Die Hufform verändert sich auf Dauer ziemlich. Bei Pferden, die bereits längere Zeit an einer chronischen Hufrollenentzündung erkrankt sind, entwickelt sich

allmählich ein enger Huf, der einen größeren Winkel im Zehenbereich aufweist, höhere Trachten sowie eine stark ausgehöhlte Sohle mit schmalem Strahl.

7. Springpferde verweigern in zunehmendem Maße.
8. Eine ausgesprochene Empfänglichkeit bestimmter Rassen für diese Erkrankung ist nicht erwiesen. Vielmehr festigt sich der Eindruck, daß bestimmte Gebrauchsformen der Krankheit Vorschub leisten. Man sieht das deutlich bei der stark zugenommen Gruppe der Reitpferde und -ponys, vor allem im Wettkampfsport. Beim Niederländischen Kaltblut (rasch sinkender Anteil; als diese Tiere noch im Einsatz waren, verrichteten sie ihre Arbeit vielfach im Schritt und auf weichem Boden) und auch bei Shetlandponys (großer Anteil, doch werden sie meist nicht gearbeitet) hört man selten oder nie davon. Bei allen anderen Rassen kommt chronische Podotrochleitits ohne Unterschied gleich vor.
9. Obgleich chronische Hufrollenentzündung bisweilen auch schon bei jungen Pferden (Ein- und Zweijährigen) auftritt, gibt es eine deutliche Spitze bei den Sechs- bis Siebenjährigen. Pferde dieser Altersgruppe stehen kurz vor dem Höhepunkt ihres Könnens und werden damit auch am stärksten gefordert (vor allem Turnierpferde), so daß häufig Erkrankungen zum Ausbruch kommen, die in ihrer Anlage wahrscheinlich schon viel früher vorhanden waren.

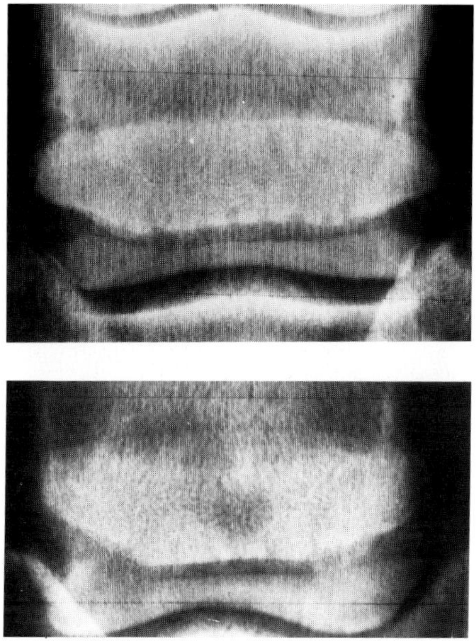

a

b

Abb. 293. Röntgenfotos vom Strahlbein.
a = Erweiterte Versorgungskanäle.
b = Zentrale Knochenauflösung. Erweiterte Versorgungskanäle.

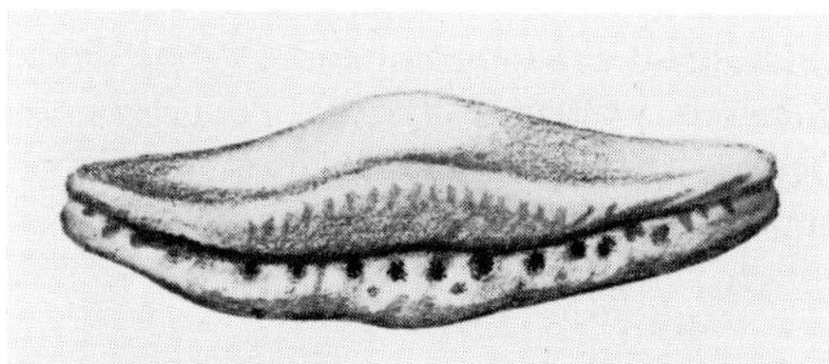

Abb. 294. Der untere Rand des Strahlbeins mit Versorgungskanälen.

Soweit zu den äußeren Symptomen und vor allem zur Lahmheit. Was aber geschieht nun im inneren Bereich des Hufes?

Dazu noch einmal der Hinweis auf die grafischen Darstellungen zu Beginn dieses Kapitels. Der Krankheitsprozeß beginnt mit einem Gewebezerfall im Bereich der Versorgungskanäle am unteren Rand des Strahlbeins. Über diese Kanäle dringen die Blutgefäße in das Innere. An der Vorderseite grenzt das Strahlbein an Kron- und Hufbein, es ist Bestandteil des Hufgelenks. An der Rückseite liegt die Hufbeinbeugesehne am Strahlbein an, dazwischen der Schleimbeutel der Hufrolle. Das Strahlbein selbst wird angegriffen, desgleichen das umliegende Ge-

Abb. 295. Hufeisen mit Zehenrichtung und Lederkeilen.

Abb. 296. Hufeisen mit Zehenrichtung und Plastikteilen sowie Steg.

webe. Von den Schleimbeuteln bleibt über kurz oder lang nichts mehr übrig. Die Hufbeinbeugesehne kann in fortgeschrittenem Stadium mit der Rückseite des Strahlbeins verwachsen.

Als Reaktion auf diesen Zerfallsprozeß tritt bisweilen eine Knochenwucherung auf, gewissermaßen, um das geschwächte Strahlbein wieder zu verstärken. Dies alles folgt der Annahme, daß bei dieser Erkrankung eine gestörte Blutversorgung die Hauptrolle spielt, denn es ist auch eine Erklärung dafür, warum im gesamten Bereich der Hufrolle Gewebezerfall auftritt mit dem zum Scheitern verurteilten Versuch, neues Gewebe zu bilden, das aber die Sache eher verschlimmert denn verbessert.

Die Lahmheit hat ihre Ursache in den Schmerzen im betroffenen Gebiet. Daß Schmerzen auch tatsächlich als Verursacher infrage kommen, zeigt sich daran, daß die Pferde meist besser gehen, wenn der Fuß betäubt wurde. Häufig müssen dann aber beide Vorderfüße betäubt werden. Die weiteren Aussichten sind bei einer chronischen Hufrollenentzündung auf lange Sicht stets ungünstig. Das Ziel einer Behandlung besteht darin, die Schmerzen so weit zu mindern, daß das Pferd in beschränktem Maße kürzere oder längere Zeit eingesetzt werden kann. Eine ausgedehnte Ruhephase mit Weidegang (!) gehört zu den besten Empfehlungen.

Mit Beschlagmaßnahmen kann man auch etwas erreichen. Dabei muß das Abrollen über die Zehe gefördert und die hintere Hufhälfte entlastet werden. Gut geeignet sind dafür Eisen mit Zehenrichtung und etwas verdickten Schenkeln. Letzteres erreicht man durch die Verwendung von Leder- oder Plastikkeilen auf den Schenkeln. Plastikkeile mit Steg sind im Handel erhältlich. Keile aus Metall, die unter den Schenkeln angeschweißt werden oder feste Stollen an den Schenkelenden sind weniger empfehlenswert. Auf weichem Boden sinken sie ein, so daß der Effekt als Schenkelerhöher verloren geht. Auch sollten keine zu dicken Keile verwendet werden, denn sie führen zu einem Abknicken der Fessellinie nach vorne und möglicherweise auch zu einer stärkeren Belastung von Fesselgelenk und Sesambeinen (Abb. 297).

Verfügt das Pferd aber über gut geformte Hufe, ist es meist nicht nötig, Keile anzubringen. Bei Pferden, die beidseitig schmerzempfindlich sind in den Hufen, sollten folgende Punkte beachtet werden:

- für eine gerade Fessellinie sorgen,
- einen leichten Beschlag anbringen,
- meist ist eine verstärkte Zehenrichtung nötig.

Weitere Ergänzungen können bisweilen sinnvoll sein, erweisen sich aber oft auch als überflüssig. Eine gute Therapie für die chronische Hufrollenentzündung gibt es noch nicht. Nervenschnitte, die die hintere Hufhälfte gefühllos machen, führen oftmals für kurze oder längere Zeit zu ganz guten Ergebnissen. Aber es gibt auch damit verbundene Komplikationen, deren weitere Beschreibung würde aber den Umfang dieses Buches sprengen. Bei Turnierpferden sollte man von einem Nervenschnitt absehen, denn meist bekommen diese Tiere ihre alte Form nicht zurück, und das Resultat ist gewöhnlich enttäuschend.

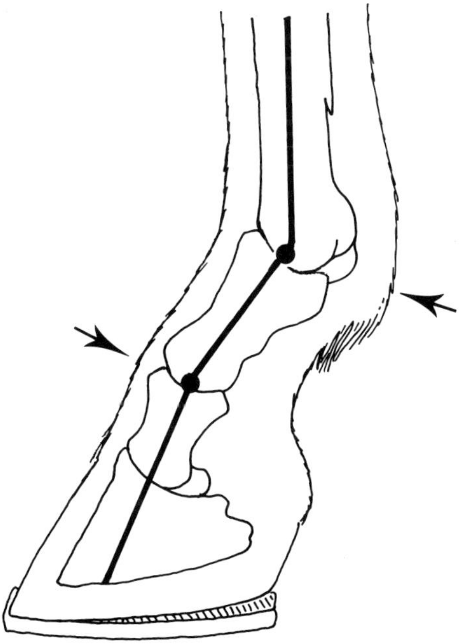

Abb. 297. Querschnitt durch den Fuß. Die Fessellinie ist nach vorne gebrochen.

11.2.5 Entzündung der Hufbeinbeugesehne

Vollständigkeitshalber muß neben der chronischen Hufrollenentzündung auch diese Ursache für Lahmheiten genannt werden. Es handelt sich um die halbmondförmige Fläche im hinteren Bereich der Bodenfläche des Hufbeins, die als Anheftungsstelle für die Hufbeinbeugesehne dient (Abb. 298, 299).

Aus den beiden Zeichnungen ist ersichtlich, daß man es hier mit einem Gebiet zu tun hat, das direkt an das der Hufrolle angrenzt. Daraus ergibt sich, daß in der Praxis eine Entzündung der Anheftungsstelle der Hufbeinbeugesehne nicht von einer Entzündung der Hufrolle unerschieden werden kann. Es ist nicht notwendig, auf diese Erkrankung ausführlich einzugehen.

Diese Entzündung kommt vor allem bei Spring- und Military-Pferden vor, die beim Landen nach einem großen Sprung enorme Stöße, die gerade auf diesen Bereich ausgeübt werden, auffangen müssen, was dann auf Dauer zu kleinen Rissen und Blutergüssen dort führt. Diese Risse können zu einer

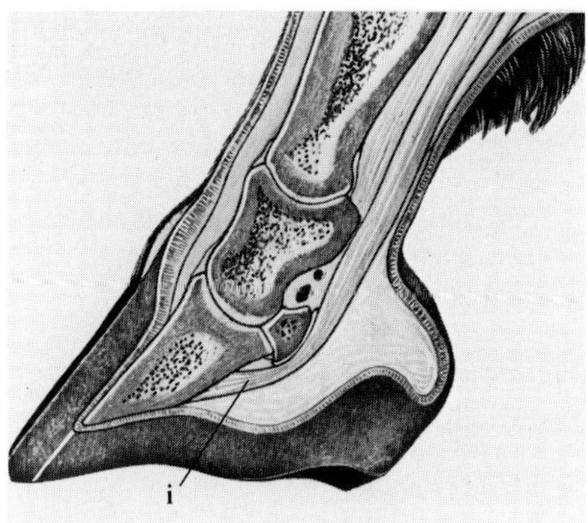

Abb. 298. Querschnitt durch den Fuß. i ist die Anheftungsstelle der Hufbeinbeugesehne am Hufbein.

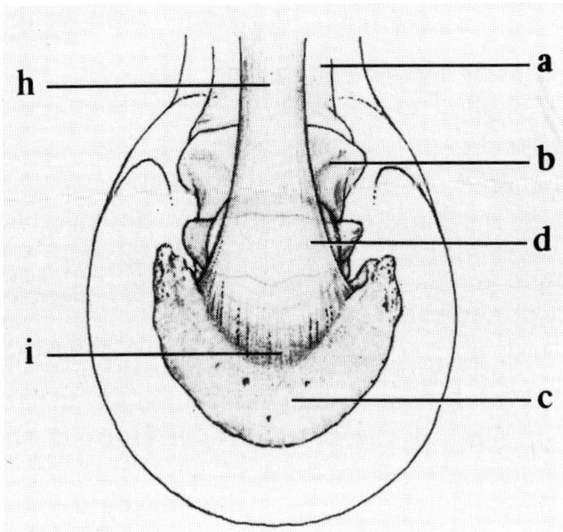

Abb. 299. Fuß des Pferdes. Von der Sohle her betrachtet.
a = Fesselbein
b = Kronbein
c = Hufbein
d = Strahlbein
h = Hufbeinbeugesehne
i = Anheftungsstelle der Hufbeinbeugesehne am Hufbein

chronischen Entzündung führen. Diese wiederum ist schmerzhaft und hat Lahmen zur Folge. Was die weitere Behandlung betrifft, wird auf das vorangegangene Kapitel verwiesen (chronische Hufrollenentzündung). Auch bei diesen Pferden sind eine ausgedehnte Ruhephase angebracht sowie Beschlagmaßnahmen, bei denen die hintere Hufhälfte entlastet und das Abrollen über die Zehe erleichtert werden.

11.2.6 Hufknorpelfistel

In den einleitenden Kapiteln über die Anatomie des Pferdes wurde der Sitz der Hufknorpel beschrieben, und auch im Kapitel über die Verknöcherung der Hufknorpel wurde nochmals darauf verwiesen.

Bei Verletzungen im Bereich der Hufknorpel geht es meist um Ballentritte auf den inneren Ballen des Hufes durch Einhauen des anderen Hufes desselben Pferdes. Als Verletzungsursache kommen aber auch externe Einflüsse, so z.B. eine Weidehecke, in Frage. Bei leichten Verwundungen wird oft lediglich die Haut in Mitleidenschaft gezogen, bisweilen auch der Kronrand am Ballengebiet. Wenn die Verletzungen tiefer gehen, sind natürlich auch tieferliegende Gewebe betroffen.

Alle diese Verletzungen gehen auf spitze Gegenstände zurück (das Eisen des anderen Hufes, die spitzen Triebe einer Weidehecke) und entzünden sich stets. Zuweilen wird bei tiefen Wunden auch ein Hufknorpel verletzt, der sich dann gleichfalls entzündet. Die Folge ist häufig ein lokal auftretendes Gangrän (Wundbrand) im Hufknorpel, aus dem stinkende Wundflüssigkeit austritt. Beginnt die Wunde sich zu schließen, bleibt doch noch ein Fistelkanal übrig, aus dem diese übelriechende Flüssigkeit weiter sikkert. Eine derartige Wunde schließt sich nicht. Die damit verbundene Lahmheit kann gering sein.

Um eine Heilung zu erzielen, muß man häufig den ganzen Hufknorpel, auf dem die Fistel sitzt, entfernen. Dabei handelt es sich um einen schwerwiegenden Eingriff, der freilich ein gewisses Risiko mit sich bringt, besteht hierbei doch die Gefahr, daß das Hufgelenk geschädigt wird. Man kann sich auch anderweitig behelfen, indem die Fistel großräumig ausgeschnitten und der entzündete Hufknorpel mit einer Kürette anschließend sauber ausgekratzt wird. Wird hierbei sorgfältig vorgegangen, so daß alles brandige Gewebe entfernt ist, schließt sich die Wunde danach wieder. Häufig jedoch ist eine Hufknorpelfistel ein Problem, das nicht leicht zu lösen ist und dessen Aussichten auf eine Gesundung eher ungünstig zu beurteilen sind.

11.2.7 Hufrollenentzündung (Septische Podotrochlose)

Im Kapitel über die chronische Hufrollenentzündung wurde ausführlich auf das Gebiet im Innern des Hufes eingegangen, das Hufrolle bzw. lateinisch Podotrochlea genannt wird. Bei der schleichenden (chronischen) Hufrollenentzündung handelt es sich um einen nichtinfizierten Prozeß. Darüber hinaus besteht aber die Möglichkeit einer bakteriellen Entzündung in diesem Bereich. Bei einem tiefen Nageltritt dringt der Nagel nacheinander zunächst durch das Strahlhorn, die Strahllederhaut, das Strahlpolster, die tiefe Beugesehne und erreicht bei noch tieferem Eindringen schließlich den Schleimbeutel der Hufrolle (sogenannte Bursa podotrochlearis).

Dies führt zu einer schmalen, infizierten Stichwunde, verbunden mit einer bakteriellen Entzündung aller durchdrungenen Gewebe einschließlich des Schleimbeutels. In diesem Fall spricht man dann von einer „septischen Podotrochlose“ (Sepsis = Infektion des Gewebes mit Krankheitskeimen). Dieser Prozeß ist nicht zu unterschätzen, zumal der Stichkanal nach Entfernen des Fremdkörpers sehr eng ist, so daß das entzündete Gewebe gewissermaßen eingeschlossen ist.

Es soll nochmals darauf hingewiesen werden, daß bei einem tiefen Nageltritt der spitze Gegenstand immer vorsichtig herausgezogen werden muß, so daß er nicht abbricht. Ist der Fremdkörper sehr tief eingedrungen, muß häufig mit einer umfassenden Operation gerechnet werden, bei der die Entzündung offengelegt wird, damit das abgestorbene Gewebe abgestoßen werden kann, so daß sich im Anschluß daran unter ständiger Aufsicht der tiefe Krater unter dem Verband wieder schließen und heilen kann (siehe Abb. 301, Seite 220). Nach einer gravierenden Schädigung oder einem Eingriff am Strahlbein, aber auch wenn das Hufgelenk mitentzündet ist, kann von einer vollständigen Genesung keine Rede mehr sein. Es wird unter anderem eine bleibende Lahmheit auftreten.

Es ist aber immer wieder erstaunlich, wie doch diese schlimmen Verletzungen des Hufes und der inneren Gewebe wieder heilen können. Oftmals kann das Pferd wieder wie zuvor eingesetzt werden. Allerdings soll im Zusammenhang mit diesen tiefen Stichverletzungen wieder auf die Schutzimpfung gegen Tetanus (Serum oder Vakzine) hingewiesen werden.

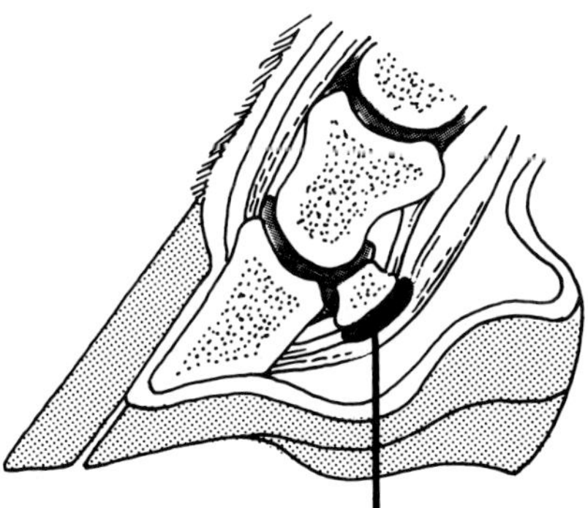

Abb. 300. Nageltritt bis in die Hufrolle.

11.2.8 Fraktur des Hufbeins und/oder des Strahlbeins

Eine Fraktur ist ein Bruch des Knochens in zwei oder mehrere Stücke. Außer der Fraktur kennt man auch die Fissur, einen Knochenriß. Bei einer Fissur bzw. einem Knochenriß handelt es sich um einen unvollständigen Bruch, also kein richtiges Auseinanderbrechen des Knochens in zwei Stücke. Beim Hufbein treten sowohl die Fissur als auch die Fraktur auf.

Auch das Strahlbein kann von Frakturen betroffen sein. Eine Fissur ist beim Strahl-

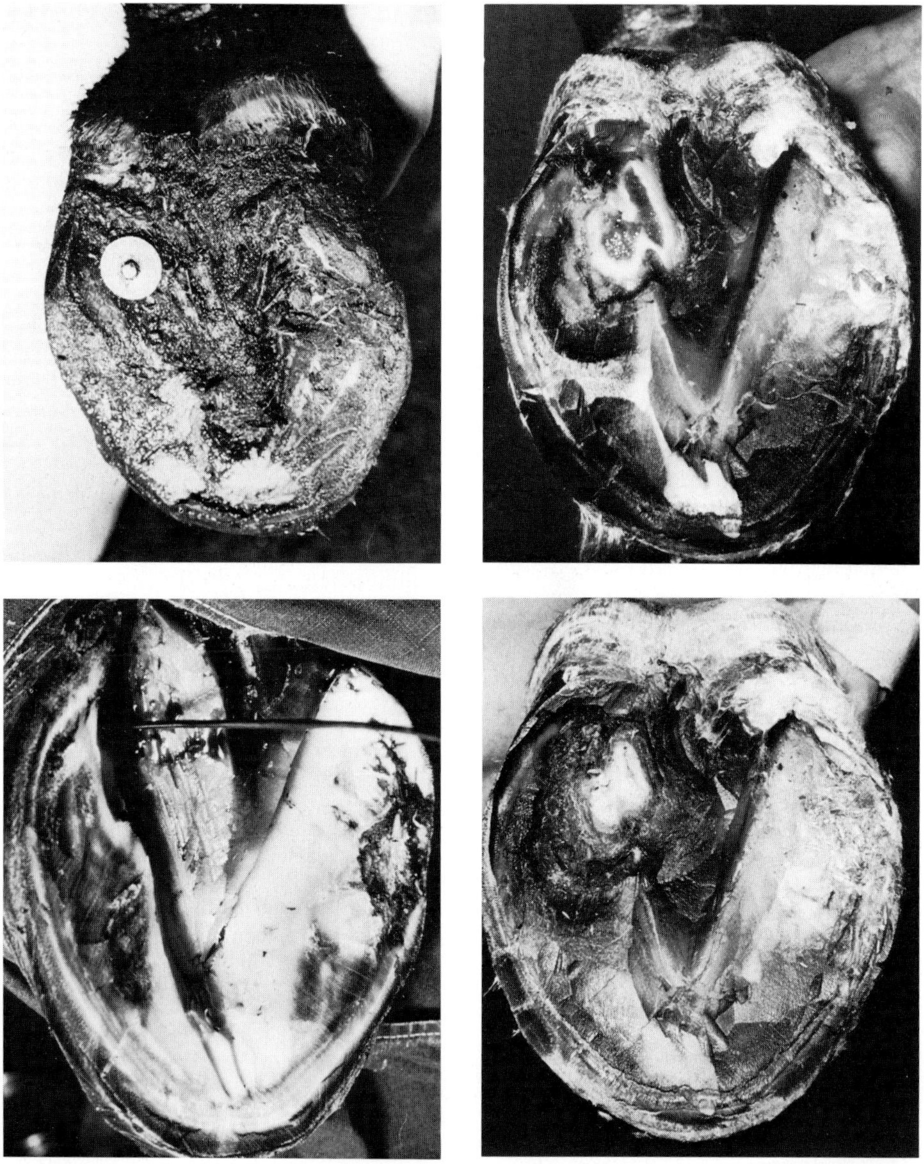

1 3

2 4

Abb. 301. Tiefer Nageltritt (1). Der Fremdkörper wurde entfernt, der Huf ausgeschnitten (2). Nach dem operativen Eingriff (3). Sechs Wochen später (4).

bein nicht gut vorstellbar. Das Strahlbein ist ein schiffchenförmiger, ziemlich kleiner, sehr flacher Knochen. Ein derartiger Knochen kann schlecht nur angebrochen sein, bricht er, dann handelt es sich immer um regelrechte Durchbrüche.

Das Hufbein kann in mehreren Bereichen brechen. In Abb. 305 sind verschiedene Möglichkeiten dargestellt:

a) Die Hufbeinkappe ist die Stelle, an der die Strecksehne angreift. Wird die Strecksehne aus irgendwelchen Gründen plötzlich sehr heftig angespannt (z.B. Fehltritt im Gelände), kann es passieren, daß die Strecksehne die Hufbeinkappe sozusagen vom Hufbein losreißt.
b) Der Hufbeinast. Hierbei handelt es sich um einen relativ empfindlichen Teil des Hufbeins, bei dem bisweilen auch ein Bruch auftreten kann.
c) Manchmal – allerdings nur selten – bricht ein Hufbein auch genau mitten durch.

Frakturen von Huf- und Strahlbein werden ausschließlich durch Unfälle verursacht, hier

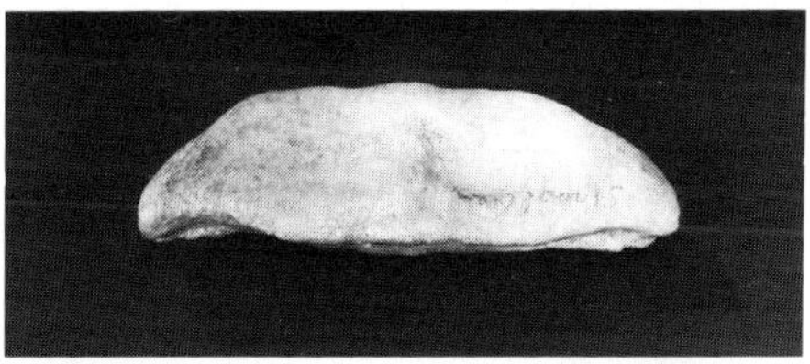

Abb. 302. Sehnenfläche des Strahlbeins.

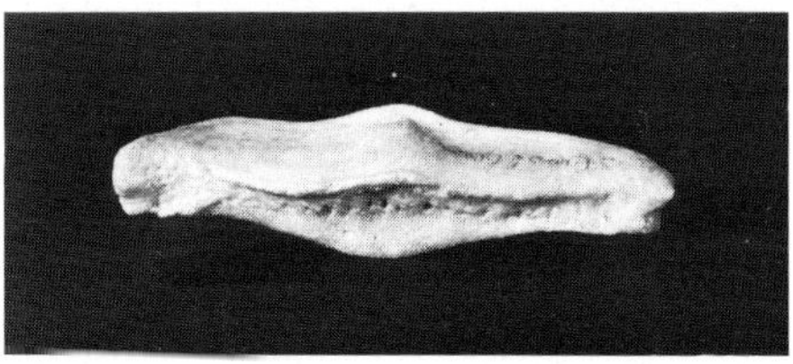

Abb. 303. Unterer Rand des Strahlbeins.

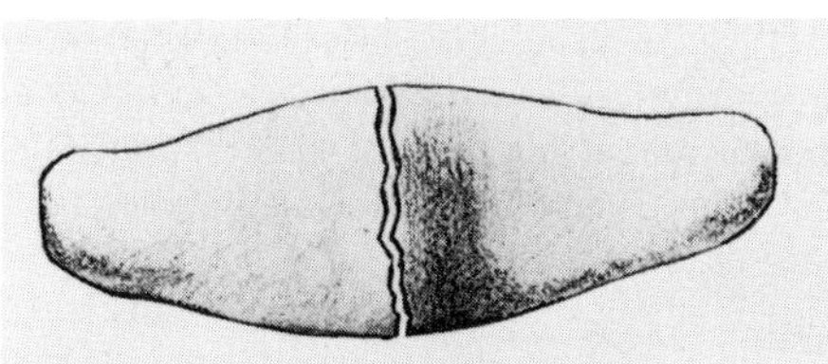

Abb. 304. Fraktur des Strahlbeins

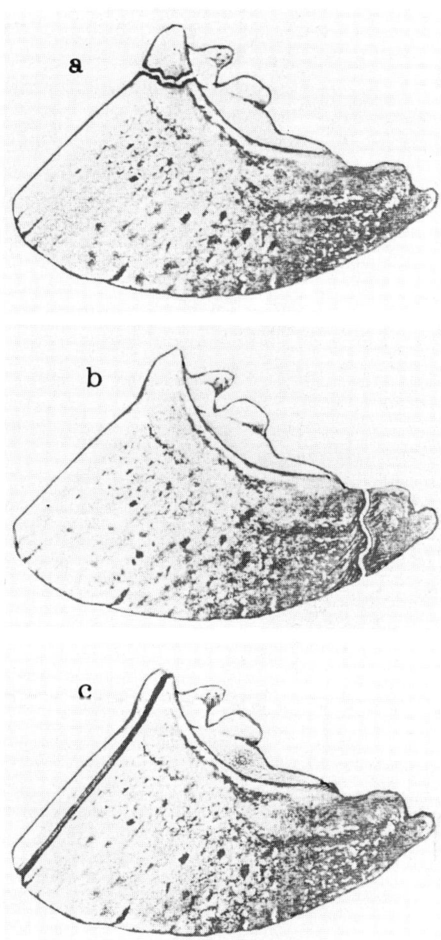

Abb. 305. Fraktur des Hufbeins (a, b, c).

vor allem unglückliches Auffußen im Gelände (hauptsächlich, wenn in schnellem Tempo geritten wird). Geschieht etwas derartiges und das Pferd kann sofort danach das Bein nicht mehr belasten, muß man die Möglichkeit eines gebrochenen Huf- oder Strahlbeins in Erwägung ziehen. Ein Bruch kann aber auch durch einen kleinen Bocksprung an der Longe verursacht werden. Bisweilen sieht man ein Pferd auf der Weide, das plötzlich stark lahmt. Bei allen plötzlich auftretenden, heftigen Lahmheiten (starke Schmerzäußerung beim Beklopfen mit dem Hammer und/oder der Hufuntersuchungszange) muß man zuerst an einen Eiterherd denken. Ist dieser Verdacht unbegründet, kommt die Hufbeinfissur oder -fraktur bzw. Strahlbeinfraktur als zweithäufigste Ursache für derartige Schmerzen in Betracht. Sicherheit darüber, ob das Huf- oder das Strahlbein betroffen ist, kann man nur durch Röntgen erhalten. Der Bruch eines Hufbeinastes kann auch infolge einer völligen Verknöcherung (Verkalkung) der Hufknorpel auftreten (Abb. 306). Der ziemlich schmale Hals zwischen Hufbein über Hufbeinast zum verknöcherten Hufknorpel ist eine äußerst empfindliche Stelle, die leicht durchbrechen kann.

Der nächsthäufig vorkommende Bruch ist der der Hufbeinkappe. Sobald diese wieder mehr oder weniger am Hufbein anwächst,

Abb. 306. Fraktur des Hufbeinastes bei verknöchertem Hufknorpel.

entsteht an dieser Stelle eine Art Überbein. Eine Hufbeinfissur ist oft sehr schwierig zu erkennen (auch röntgenologisch), da der Riß sehr dünn sein kann und somit auch auf Röntgenfotos nur schwer auszumachen ist.

Hufbeinbrüche und -risse sowie Strahlbeinfrakturen führen sofort zu starkem Lahmen. Der weitere Verlauf ist sehr wechselhaft. Bisweilen gehen die Pferde sehr lange, ja manchmal für immer, lahm. Bei anderen Tieren wiederum bessert sich das Befinden schon nach eineinhalb bis drei, vier Monaten. Dies hängt auch von der Bruchstelle ab.

Eine Behandlung von Knochenbrüchen (im allgemeinen, nicht nur der von Huf- und Strahlbein) besteht primär darin, das Gebiet, in dem sich der Bruch befindet, zu immobilisieren (vollständig unbeweglich zu machen). In den höheren Beinregionen geschieht dies meist mit immobilisierenden Verbänden (unter anderem Gips, jedoch gibt es heutzutage auch andere Materialien, die den gleichen Zweck erfüllen). Der Huf, d.h. die Hornkapsel selbst, ist an sich bei Hufbeinbrüchen schon ein wirkungsvoller „immobilisierender Verband", so daß man sich auf den Versuch beschränken kann, den Hufmechanismus weitgehend einzuschränken (Hufeisen mit Seitenaufzügen). Darüber hinaus ist ein Bruch nur durch langfristige Ruhe zu heilen. Das Heilen von Hufbeinbrüchen ist ein langwieriger Prozeß, der bis zu einem Jahr dauern kann (!), und auch dann kommt es oft vor, daß das Pferd nicht richtig gesundet. Bisweilen wird auch operativ eingegriffen, allerdings mit schwankendem Erfolg. Strahlbeinbrüche heilen in der Regel nicht, zumal sie häufig die Folge einer gravierenden Schwächung des Strahlbeins sind, die wiederum durch eine heftige Hufrollenentzündung verursacht wurde. Im allgemeinen muß man davon ausgehen, daß die Aussichten auf eine Heilung dieser Frakturen wie auch die auf die Wiedereinsetzbarkeit des Pferdes sehr zweifelhaft, ja ungünstig sind.

12 Defekte an den Gliedmaßen

Defekte an den Gliedmaßen des Pferdes werden in „harte“ und in „weiche“ Mängel eingeteilt. Erstere beruhen in der Regel auf Knochenverwachsungen bzw. Formveränderungen eines Gelenks, letzteres ist Folge von Schwellungen in den weichen Geweben. Diese Schwellungen können sich im Unterhautbindegewebe, aber auch in tieferliegenden Regionen befinden. Im folgenden geht es vor allem um die tieferliegenden Gewebe, und zwar um Schwellungen an Sehnen, Schleimbeuteln, Sehnenscheiden und Gelenkkapseln.

Verdickte Sehnen sind in der Regel die Folge von Sehnenentzündungen. Übervolle Schleimbeutel, Sehnenscheiden und Gelenkkapseln nennt man *Gallen*. Ausführliche Beschreibungen aller „harten“ und „weichen“ Beindefekte finden sich in allgemeinen Pferdehandbüchern. An dieser Stelle soll nur auf einige dieser Mängel eingegangen werden, bei denen außer verschiedenen anderen Maßnahmen auch Korrektur- bzw. orthopädische Beschläge Anwendung finden.

In Kapitel 11 wurden bereits die Verknöcherung der Hufknorpel und die Überbeine beschrieben. Diese Defekte können sowohl an den Vorder- als auch an den Hintergliedmaßen auftreten, häufiger aber an den Vorderbeinen. In diesem Kapitel werden nur zwei Abweichungen an den Hintergliedmaßen besprochen, und zwar der Spat und die Versteifung der Kniescheibe. Ersteres zählt zu den „harten“ Beindefekten, das zweite ist eine Funktionsstörung, die nicht unter „harte“ oder „weiche“ Mängel eingeordnet werden kann.

12.1 Spat

Von Spat betroffen ist das Sprunggelenk (Abb. 307). Das Sprunggelenk ist ein zusammengesetztes Gelenk. Beuge- und Streckvorgänge finden allerdings im oberen Gelenkteil statt, zwischen Schienbein (a) und Rollbein (b). Die tieferen Gelenkbereiche sind durch Bänder derart fest miteinander verbunden, daß sie mehr oder weniger unbeweglich sind.

Spat ist eine chronische Entzündung der unteren Bereiche des Sprunggelenks, vor allem in und um das Gelenk zwischen den Reihen der Tarsalknochen (d, e und f). Sie spielt sich meist im vorderen Bereich der Innenseite ab.

Diese chronische Entzündung geht einher mit einer Beeinträchtigung der Gelenkknorpel und Veränderung oben genannter Knochen. Häufig treten Knochenwucherungen am Rand des Gelenkes auf, die man gut unter der Haut erkennen kann, und zwar an der vorderen Innenseite, einige Fingerbreit unterhalb der Kastanie (Abb. 308, 309).

Spat ist eine ernstzunehmende Erkrankung der Gliedmaßen und führt zu Lahmheit. Diese Lahmheit kann stark schwanken. Es handelt sich um einen fortschreitenden Prozeß, in dessen Verlauf sich das Ausmaß der Lahmheit gewöhnlich verschlimmert. Bisweilen kann es vorkommen, daß bei einer vollständigen Verwachsung des Gelenkes das Pferd aufhört zu lahmen. Bei Spat finden verschiedene chirurgische Eingriffe Anwendung, allerdings mit wechselhaftem Erfolg.

Daneben verwendet man modifizierte

Beschläge, deren Ziel eine Entspannung des betreffenden Gebietes ist. Man versucht, dieses dadurch zu erreichen, indem man die Stellung des Hinterbeines durch Kürzen des Hufes und einen Beschlag so abändert, daß es etwas mehr nach hinten und außen zu stehen kommt. Das heißt, man strebt eine etwas gestreckte, bodenweite Stellung an.

Beim Beschneiden des Hufes wird der Zehenbereich stärker gekürzt als der Trachten-

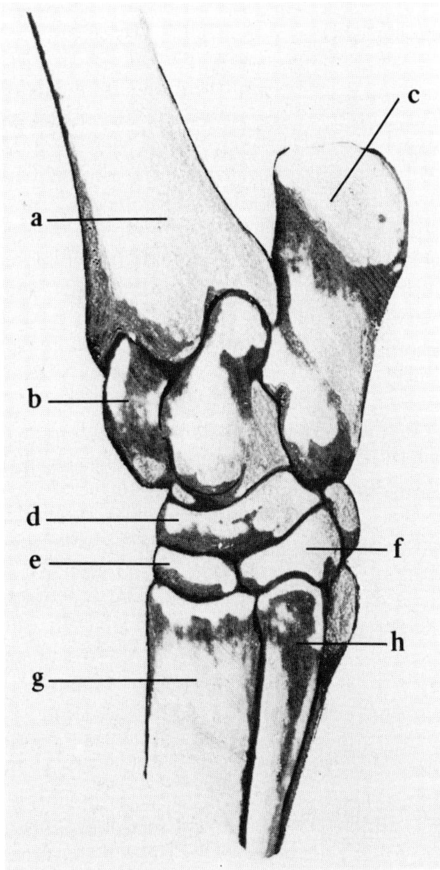

Abb. 307. Sprunggelenk.
a = Schienbein
b = Rollbein
c = Fersenbeinhöcker
d = Mittlere Reihe der Tarsalknochen
e, f = Untere Reihe der Tarsalknochen
g = Röhrbein
h = Griffelbein

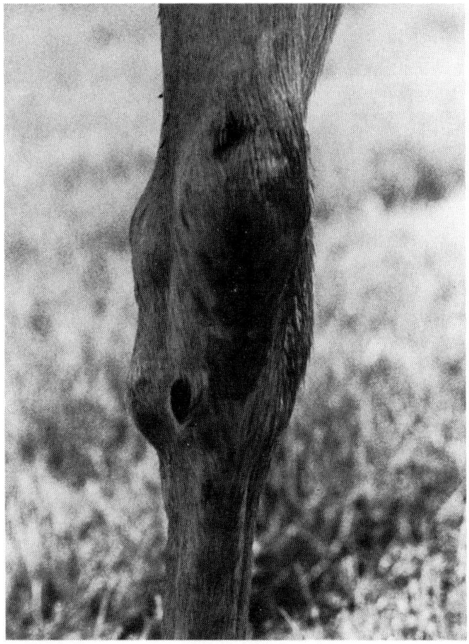

Abb. 308. Spat.

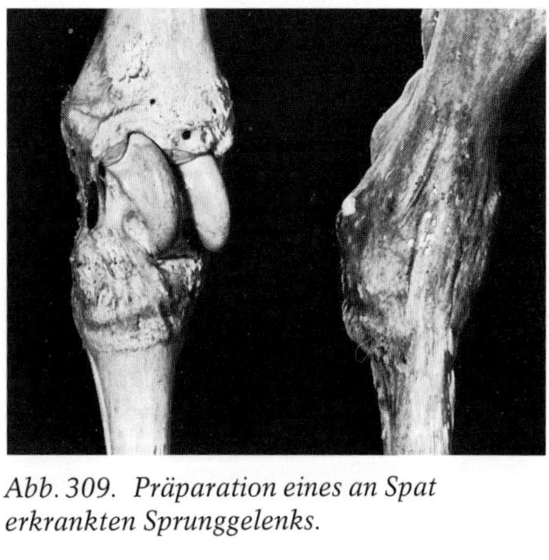

Abb. 309. Präparation eines an Spat erkrankten Sprunggelenks.

bereich. Demzufolge wird ein Eisen verwendet mit einer leichten Zehenrichtung und einem Lederkeil auf dem äußeren Schenkel. Obwohl die Auswirkung dieser Maßnahmen auf das Sprunggelenk nur schwer abzuschätzen ist, lehrt doch die Erfahrung, daß vor allem in leichteren Fällen die Lahmheit deutlich abnimmt, bisweilen sogar gänzlich verschwindet.

12.2 Fixierung der Kniescheibe

Auch das Kniegelenk (Abb. 310) ist ein zusammengesetztes Gelenk, das vom unteren Ende des Oberschenkelbeins (a), dem oberen Ende des Schienbeins (b) und an der Vorderseite durch die Kniescheibe (c) gebildet wird. Die Kniescheibe gleitet in sogenannten „Rollkämmen“ auf und ab, wobei starke Seitenbänder ein seitliches Abgleiten verhüten. Am oberen Ende der Kniescheibe greift der vierköpfige Kniegelenkstrecker an. Am unteren Ende befinden sich drei Bänder, die drei geraden Kniescheibenbänder (d). Diese sind nach unten zu fest mit einer rauhen Erhebung an der Vorderseite des Schienbeins verbunden.

Anhand der Abb. 310 ist zu erkennen, daß das an der Innenseite lokalisierte, gerade Band (d') etwas anders verläuft als die beiden anderen geraden Kniescheibenbänder. Von der Kniescheibe an erkennt man einen Haken, der zunächst horizontal verläuft, anschließend gerade nach unten sich fortsetzt und schließlich in dieses gerade Band übergeht. Mit Hilfe dieses Hakens (Nase) kann die Kniescheibe vollständig auf dem Rollkamm festgehalten werden, und zwar durch die durch das mittlere und innere gerade Band gebildete Schleife. Geschieht dies, ist die Kniescheibe vollständig festgestellt. Beugen und Strecken sind dann nicht mehr möglich. Gleichzeitig ist auch das Sprunggelenk gänzlich fixiert, und zwar

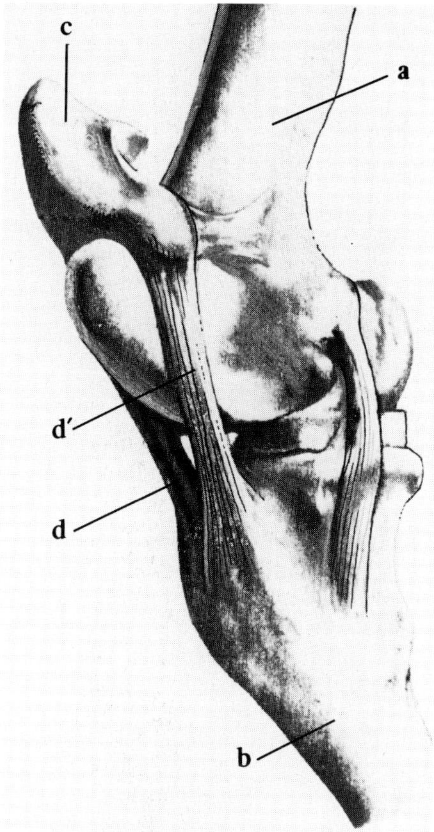

Abb. 310. Kniegelenk.
a = Oberschenkelbein
b = Schienbein
c = Kniescheibe
d = Die drei geraden Kniescheibenbänder
d' = Das gerade Band an der Innenseite

durch Bänder, die sowohl an der Vorder- als auch an der Rückseite vom Schienbein Knie- und Sprunggelenk miteinander verbinden.

Das ganze Bein ist somit in einer gestreckten Haltung fixiert. Bisweilen kommt es vor, daß sich die Kniescheibe wieder löst (das nennt man habituelle Fixierung), bisweilen hängt sie über längere Zeit fest (stationäre

Abb. 311. Gestrecktes Bein infolge einer fixierten Kniescheibe.

Fixierung). Diese Erscheinung kommt sowohl beim Pferd als auch beim Rind vor. Beim Pferd sind vor allem junge Tiere bis zu zwei Jahren und schlechter Kondition davon betroffen. Sobald man das innere gerade Kniescheibenband kappt, ist das Problem sofort gelöst. Obwohl bei Pferd und Rind nach dem Kappen kaum nachteilige Folgen zu erwarten sind, muß man doch davon ausgehen, daß dieser Eingriff doch eine Störung der Stabilität des Kniegelenks mit sich bringt.

Man sollte deshalb versuchen, Pferde, die ein sporadisches Feststellen des Kniegelenks zeigen, mit orthopädischen Maßnahmen zu helfen. Beschneiden der Hufe und eventuell ein Beschlag können bisweilen ganz gute Ergebnisse bringen. Dazu wird der Zehenbereich etwas mehr als sonst gekürzt, der Trachtenbereich wird geschont, wobei man allerdings den äußeren Trachtenbereich etwas höher läßt als den inneren. Diesen Effekt kann man durch ein Eisen mit Lederkeil auf dem äußeren Schenkel noch verstärken. Die Stellung des Pferdes ist nun etwas gestreckt und bodenweit. Dem aufmerksamen Leser wird nicht entgangen sein, daß die orthopädischen Maßnahmen bei Spat und fixierter Kniescheibe die gleichen sind, allerdings aus verschiedenen Gründen. Eine schlüssige Argumentation, die den Erfolg dieser und anderer orthopädischer Maßnahmen beim Hufbeschlag erklären würde, gibt es eigentlich nicht.

13 Therapeutischer Beschlag

Unter Therapie versteht man ein ärztliches Heilverfahren. In den vorangegangenen Kapiteln über abweichende Hufformen, Gliedmaßenstellungen und Fessellinie (dies alles ist häufig gepaart mit Abweichungen in den Gängen) sowie über Huferkrankungen und einige Erkrankungen der Beine war wiederholt die Rede von Beschlagmaßnahmen, die man durchaus zum Teil als medizinische Heilbehandlung ansehen kann.

In Kapitel 10 wurden Korrekturbeschläge besprochen. Man kann keine eindeutige Grenze zwischen korrigierenden, orthopädischen und therapeutischen Beschlägen ziehen. Verschiedene Formen modifzierter Beschläge aus Kapitel 10 werden häufig auch in der Therapie verwendet. Darunter fallen Zehenrichtung, Aufzüge und das Steghufeisen. Es wurde unter anderem auf die Verwendung von Lederkeilen auf den Schenkeln sowie Ränder und Sohlen aus Leder hingewiesen.

In diesem Kapitel über den therapeutischen Beschlag sollen nun einige Formen modifizierter Beschläge sowie einige Beschlagmaßnahmen beschrieben werden, die man als therapeutische Maßnahmen ansehen kann. Es gibt keine schlüssige Argumentation dafür, warum verschiedene Hufbeschlagmaßnahmen angewendet werden mit der Folge, daß im Ausland bisweilen anders beschlagen wird, weil man dort anderer Ansicht darüber ist.

Wissenschaftlich gesehen ist dieses Gebiet nur schwach erforscht. Der Wissenschaftsbereich, der sich hiermit beschäftigt, ist die Biomechanik, die Lehre von Gleichgewicht (Statik) und Bewegung (Dynamik) der Lebewesen.

13.1 Verdickte Schenkelenden

Viele Formen chronischer Lahmheit haben ihre Ursache in schmerzhaften Prozessen, die sich in den tieferen Gewebebereichen der hinteren Hufhälfte abspielen. Auf die chronische Hufrollenentzündung, die Entzündung der Hufbeinbeugesehne an der Anheftungsstelle am Hufbein und die chronische Entzündung der Hufbeinäste wurde bereits verwiesen (siehe Kap. 10). In all diesen Fällen empfiehlt sich eine Entlastung der hinteren Hufhälfte.

Das Anfertigen eines guten Eisens mit verdickten Schenkeln ist mühsam, zeitraubend und kann aus praktischen Gründen gegenwärtig nicht mehr ausgeführt werden. Darüber hinaus sind Eisen mit verdickten Schenkeln schwerer, was mitunter Probleme mit sich bringen kann. Von Eisen mit untergeschmiedeten Metallkeilen ist abzuraten. Sie führen zu instabilen Standflächen.

13.2 Keile

Anstelle der Eisen mit verdickten Schenkeln nimmt man heute vielfach Eisen mit Keilen auf den Schenkeln, die aus Leder oder Kunststoff gefertigt sind. Aus Kunststoff sind es die sogenannten Plastikkeile, die sehr viel verwendet werden (Abb. 314).

Das Anbringen und Befestigen von Lederkeilen auf den Schenkeln geht folgendermaßen vonstatten:

Lederkeile werden aus starkem Leder gefertigt. Sie werden entsprechend den betreffenden Hufeisenschenkeln zugeschnitten.

Abb. 312. Eisen mit verdickten Schenkeln.

Abb. 313. Eisen mit Lederkeilen.

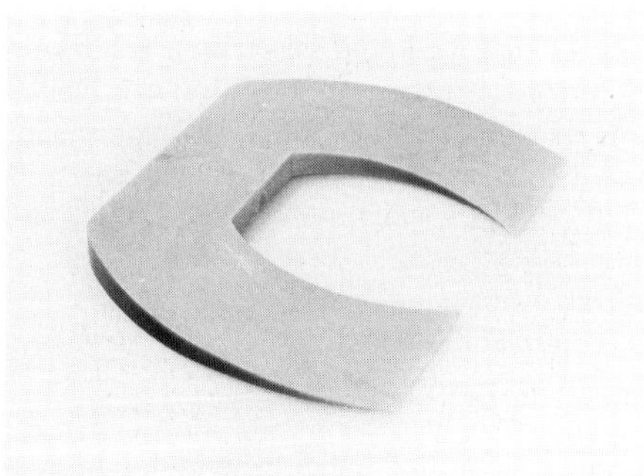

Abb. 314. Plastikkeil.

Die Stärke an der dicksten Stelle beträgt etwa 1,5 cm. Anschließend werden die Keile auf den Eisen befestigt. Mit dem Hufeisenstempel wird ein Loch in den Hufeisenschenkel geschlagen, so daß man den Keil mit einem Hufnagel auf dem Eisen vernieten kann, und zwar von unten nach oben durch Eisen und Keil. Die Nagelspitze wird abgekniffen und das Ende umgebogen.

Plastikkeile sind durch einen Steg verbunden. Häufig trägt hierbei der Strahl mit. Bei schmerzhaften Prozessen in der hinteren Hufhälfte nutzen sie höchstwahrscheinlich wenig. Entfernt man, sobald der Keil angebracht ist, den Steg, so sind die verbleibenden Reste zu wenig fixiert und gehen dann schnell verloren. Das Anfertigen und Aufpassen von Lederkeilen ist zeitraubend. Leder ist aber ein elastisches Material (es stammt ja von lebendem Gewebe) und schmiegt sich besser auf den Schenkeln an. Möglicherweise wird darum Lederkeilen der Vorzug gegenüber Plastikkeilen gegeben. Meist ist es in den Fällen, in denen die hintere Hufhälfte geschont werden soll, nötig, das Abrollen über den Zeh zu erleichtern. Dazu wird dann eine Zehenrichtung im Zehenbereich angebracht.

Zehenrichtung und Lederkeil gehen daher oft miteinander einher. Hat das Pferd ohnehin schon hohe Trachtenwände, ist es wenig sinnvoll, diesen Bereich noch weiter mit Lederkeilen zu erhöhen. Dann begnügt man sich mit einer starken Zehenrichtung. Stollen (feste oder austauschbare) an den Schenkelenden verlieren auf weichem Boden einen Teil ihres erhöhenden Effekts. Sie sacken tief ein und erschweren zusätzlich das Abrollen.

Bisweilen wird eine gerade Fessellinie bewußt geknickt, um eine einseitige Entlastung zu erhalten. In diesem Fall verwendet man Eisen mit unterschiedlich starken Schenkeln. Die Verdickung wird in den meisten Fällen auch mit Hilfe eines Lederkeils erzielt, der allerdings nur auf einem Schenkel angebracht ist. In Abhängigkeit von den Gründen kann der Keil auf dem äußeren oder dem inneren Schenkel aufgepaßt sein. Allerdings kann die Begründung für derlei Maßnahmen kaum befriedigen. Das zeigt sich schon daran, daß bei der gleichen Abweichung das eine Handbuch oder der eine praktische Hufschmied die Erhöhung des inneren Schenkels empfehlen, ein anderes Handbuch oder ein anderer Praktiker dagegen die Erhöhung des äußeren. Man kann nämlich denselben Effekt auch dadurch erreichen, indem man die Wand im inneren Trachtenbereich verstärkt kürzt (oder umgekehrt). Dann kann man manchmal sogar ein normales Eisen verwenden. Schließlich muß man sich im klaren sein, daß für Fuß bzw. das gesamte Bein in Ruhestellung und Bewegung Gleichgewicht bzw. eine gerade Fesselinie das Beste sind und daß man sorgfältig die Vor- und Nachteile miteinander abwägen sollte, die eine absichtliche Störung der Balance mit sich bringen würde.

13.3 Verbreiterte Schenkel

Ein verbreiterter Schenkel dient dazu, die Stützfläche des Tragerandes (meist im Trachtenbereich) zu vergrößern. Allerdings ist es fraglich, ob die Stützfläche des Tragerandes im Bereich des verbreiterten Schenkels wirklich vergrößert wird. Denn der Tragerand des Hufes selbst wird ja nicht verbreitert, auch nicht dadurch, daß man ein breiteres Eisen anbringt. Die Tragefläche des Eisens wird vergrößert. Häufig ist diese Maßnahme ein Experiment, womit bisweilen ganz günstige Resultate erzielt werden, ohne daß man genau begründen könnte, warum das so ist.

Verbreiterte Schenkel werden auch zur Verbesserung des Hufmechanismus verwendet. In den Fällen, in denen der Hufmecha-

Abb. 315. Eisen mit einem Plastikkeil.

Abb. 316. Eisen mit Lederkeil auf einem Schenkel.

Abb. 317. Eisen mit verbreitertem Schenkel.

Abb. 318. Eisen nach STARK-GUTHER.

Abb. 319. Kesselhufeisen.

nismus durch veränderte Gewebsstrukturen (z.B. verknöcherte Hufknorpel) gestört ist, kann man von dieser Maßnahme allerdings keine Verbesserung erwarten. Der Hufmechanismus wird dann nicht von außen, sondern von innen blockiert.

In der Traberwelt dienen verbreiterte Schenkel (ein- oder beidseitig) als Gewichte, die vornehmlich die hintere Hufhälfte vermehrt belasten sollen. In ein Kapitel über therapeutischen Hufbeschlag gehört dies eigentlich nicht, aber Korrekturen werden nicht immer nur zum Nutzen des Pferdes durchgeführt, sondern auch, um bestimmte Effekte zu erreichen, die wir für wünschenswert erachten und die für das Pferd möglicherweise nachteilig sein können.

13.4 Eisen nach Stark-Guther

Hierbei handelt es sich um ein Eisen mit Sohle, das den Strahl ausspart. Es wurde bei Vollhufen verwendet und ist mit Stempelnagellöchern versehen. Das Eisen besteht aus einem Stück und wird aus einer dicken Stahlplatte geschmiedet. Bei diesem Eisen wird die Tragefläche des Eisens so lange und derart überschmiedet, bis die gesamte Sohlenfläche des Vollhufes gleichmäßig von ihr getragen wird. Das erfordert natürlich eine enorme Geschicklichkeit. Später ging man dazu über, die Tragefläche eines Platteneisens flach zu schlagen und die Tragefläche des Hufes mit Kunsthorn so lange aufzufüllen, bis eine flache Oberfläche entstand. Auch wurde ein derartiges Eisen aus einem gewöhnlichen offenen Eisen hergestellt, in das die Sohle eingeschoben wurde. In unserer Zeit werden Eisen nach STARK-GUTHER nicht mehr verwendet.

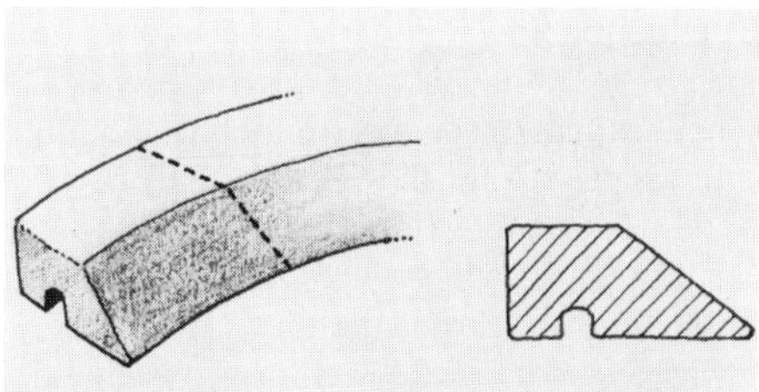

Abb. 320. Querschnitt durch ein Kesselhufeisen.

13.5 Kesselhufeisen

Kesselhufeisen sind Eisen mit einer starken Neigung an der Tragefläche, die nach innen verläuft. Es wurde bei Vollhufen aufgeschlagen. Heutzutage wird es kaum mehr gebraucht.

Abb. 321. Eisen nach BOLDER.

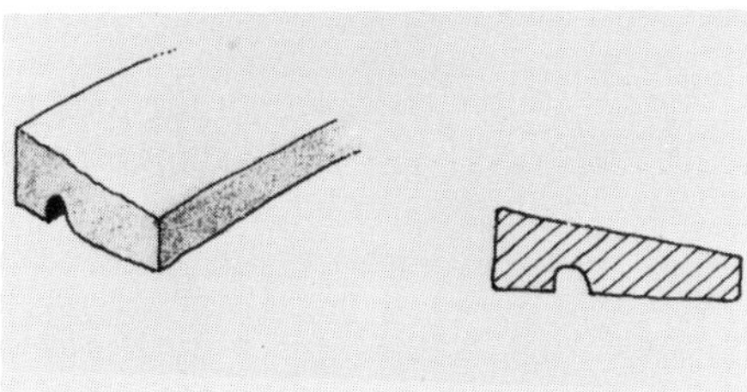

Abb. 322. Querschnitt durch ein Bolder-Hufeisen.

Für Flachhufe wurde ein Eisen von BOLDER entworfen, bei dem die Tragefläche leicht nach innen zu abnimmt. Es hat allerdings kaum Verbreitung gefunden.

13.6 Pantoffeleisen

Pantoffeleisen sind für Zwanghufe gedacht. Es sind offene Eisen mit einer Abschrägung der Schenkel nach außen vom letzten Hufnagelkopfgesenk an. Die Neigung beträgt höchstens einige Millimeter.

Dieses Eisen besteht immer aus *einem* Teil, auch wenn im Zehenbereich und den beiden Seitenteilen Einschnitte (zwei Drittel der Eisenbreite mit einer Eisensäge) angebracht wurden. Eisen mit Scharnieren oder verstellbaren Federn zwischen den Schenkelenden werden nicht mehr verwendet. Wohl wird ein Eisen mit V-förmigem Steg in der ausländischen Literatur beschrieben, das bei Zwanghufen Abhilfe schaffen soll. Hierzulande ist es nicht im Einsatz.

Abb. 323. Pantoffelhufeisen.

13.7 Schnabelhufeisen

Es handelt sich hierbei um ein Eisen, an dessen Vorderteil ein schnabelförmiges Verlängerungsstück angebracht ist. Man verwendet es, um Pferde, die kötenschüssig gehen, zu veranlassen, besser durchzutreten. Bei ausgewachsenen Pferden gebraucht man es wenig. Hauptanwendungsbereich liegt bei Fohlen mit einer sehr steilen Fesselung. Diese steile Stellung in den Fesselgelenken sieht man häufiger an den Vorder- als an den Hinterbeinen, sie kann aber auch an allen vier Gliedmaßen auftreten. Der Sehnenstelzfuß ist eine verstärkte Form der steilen Fesselung, eine angeborene Abweichung, bei der die Beugesehnen zu kurz sind, um den Fuß nach hinten zu ziehen.

Schnabelhufeisen für Fohlen sind in der Form sehr einfach. Der „Schnabel" ist schlichtweg eine Ausstülpung im Zehenbereich. Man kann allmählich, z.B. beim Auswechseln des Eisens, die Trachten etwas mehr kürzen und so nach und nach das tiefe-

Abb. 324. Schnabelhufeisen.

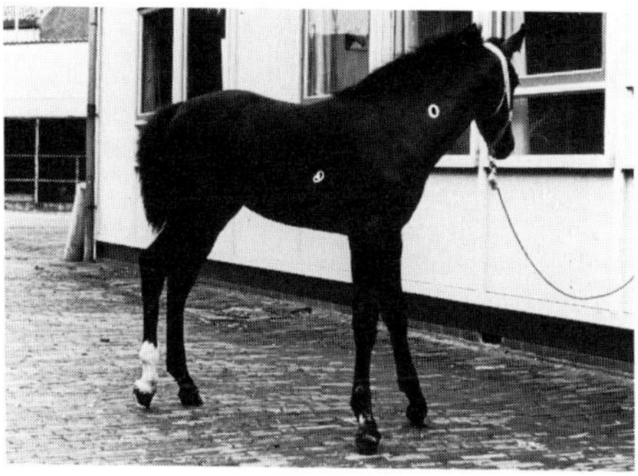

Abb. 325. Fohlen mit Stelzfüßen.

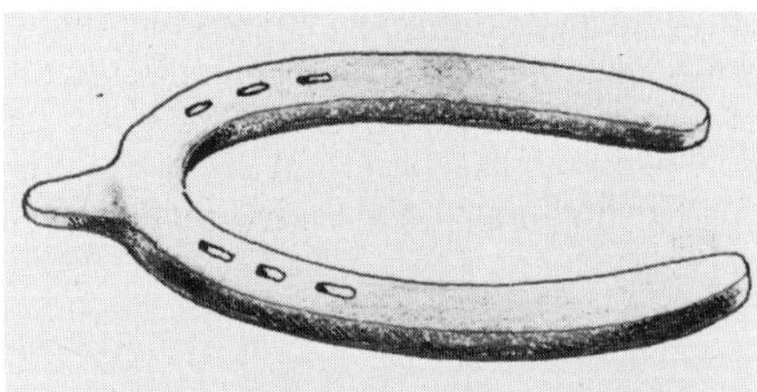

Abb. 326. Schnabelhufeisen für Fohlen.

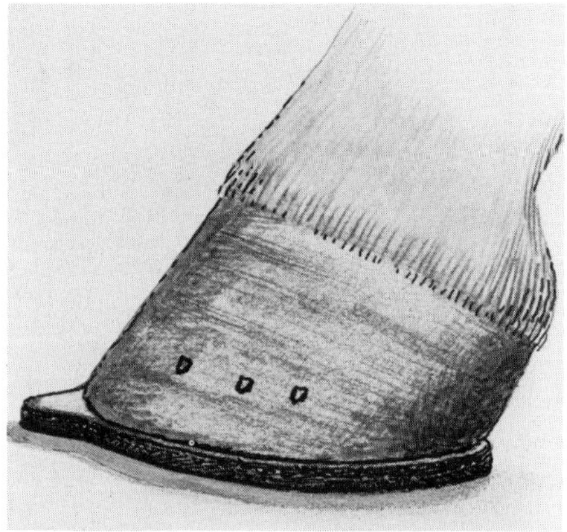

Abb. 327. Fohlenhuf mit Schnabelhufeisen beschlagen.

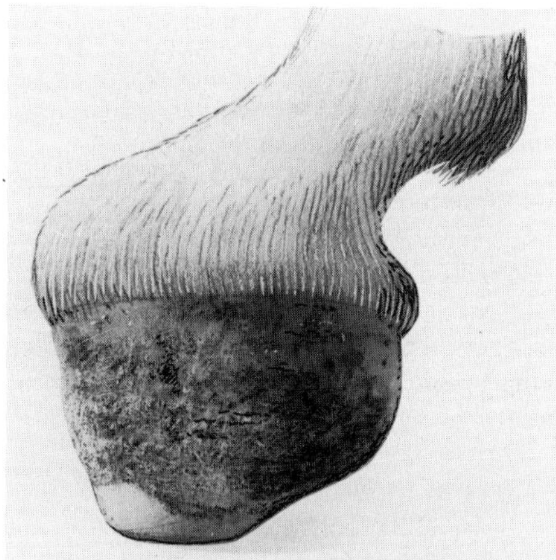

Abb. 328. Fohlenhuf mit Stelzfuß, auf der Zehe ruhend.

re Durchtreten fördern. Häufig erzielt man damit ganz passable Ergebnisse.

Beim Stelzfuß, bei dem das Fohlen gänzlich überkötet, steht häufig nur der Zehenbereich auf dem Boden, der Trachtenbereich berührt den Boden nicht. In diesem Fall empfiehlt sich ein Eisen mit festen Stollen, so daß das Tier mit der gesamten Tragefläche auffußen kann (vgl. Kap. 13.8). Natürlich verbessern derlei Maßnahmen nicht das eigentliche Überköten, aber sie erleichtern dem Pferd die Fortbewegung (die be-

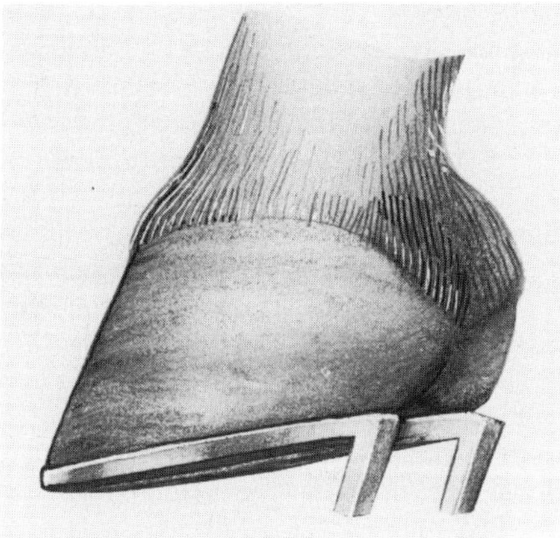

Abb. 329. Fohlenhuf auf einem Eisen mit hohen Stollen.

troffenen Fohlen sollten in Boxen gehalten werden, die mit kurz gehäckseltem Stroh eingestreut sind).

In Zusammenhang mit chirurgischen Eingriffen (Durchtrennen der Beugesehnen plus immobilisierender Verband) kann man allmählich kleinere Bereiche der Trachten entfernen, so daß das Tier besser durchtritt. Obwohl die Aussichten auf Erfolg bei stark abweichenden Gliedmaßenstellungen zweifelhaft sind, kann man mitunter ganz zufriedenstellende Ergebnisse erzielen.

13.8 Bügelhufeisen

Bügelhufeisen werden gern bei stark überkötenden Pferden gebraucht. Es sind Hufeisen mit Stollen, die so hoch sein müssen, daß der Huf, von dem meist nur der Zehenbereich auffußt, nun gänzlich auf dem Eisen ruht. Im Zehenbereich läuft das Eisen in einem Bügel aus, an dessen Ende sich eine mit Leder unterlegte Verbreiterung befindet, die die vordere Fläche des überkötenden Fußes stützen soll. Das Leder dient dazu, Hautverletzungen, die der Bügel verursachen könnte, zu verhindern.

Abb. 330. Bügelhufeisen.

13.9 Bouley-Eisen

Diese Art Hufeisen wird dann aufgeschlagen, wenn die Pferde sehr tief im Fesselgelenk durchtreten, was meist die Folge einer Verletzung ist, bei der eine oder mehrere Beugesehnen gerissen sind. Die Schenkel dieses Hufeisens sind bogenförmig verlängert und sollen das tiefe Durchtreten verhindern. Die beiden letztgenannten Hufeisenformen werden nur bei ausgesprochen schweren abweichenden Gliedmaßenstellungen verwendet. Sie bringen keine Ver-

Abb. 331. BOULEY-Eisen.

besserung der Abweichung an sich, stützen den Fuß aber soweit, daß das Pferd das Bein belasten kann. Derartige Beschläge sieht man allerdings gegenwärtig kaum.

13.10 Ein- und Unterlagen

Es gibt viele verschiedene Sohlen bzw. Einlagen. In Kapitel 1 wurde beschrieben, daß die älteste Art eines Hufschutzes im Anbringen von Sohlen (Hipposandalen) bestand. Auch heute noch gibt es eine Art Hufbeschlag, die den gesamten Huf bedeckt (arabischer Hufbeschlag, siehe Kap. 14). Es gibt vielerlei Gründe für die Verwendung von Sohlen. Dementsprechend ist auch das vielfältige Angebot.

Als Hauptgründe kann man anführen:

- Schutz des Hufes, d.h. von Sohle und Strahl
- Stoßdämpfung beim Auffußen
- Schutz vor Ausgleiten
- Fördern des Hufmechanismus
- (teilweises) Entlasten des Tragerandes
- Halt für Sohle, Strahl und eventuell Trachten
- Abschirmen von schmerzhaften Prozessen in Sohle und Strahl
- Einballen von Schnee verhindern
- Fördern eines gleichmäßigen, schnellen Trabes in Verbindung mit anderen Maßnahmen.

Was den Schutz vor Ausgleiten anbelangt, geht es um „Anti-Rutsch-Sohlen“. Das spielte in einer Periode von etwa Ende des 19. Jahrhunderts bis ungefähr 1945 eine große Rolle. Trotz zunehmender Mechanisierung und Motorisierung in Verkehrswesen, Landwirtschaft und Militär, nahm der Gebrauch der Pferde in dieser Zeit stark zu. Ja, man spricht sogar von einer Rekordzahl Pferde, die es jemals weltweit gab. Gleichzeitig wurden die Straßen und Wege mit immer glatteren Belägen versehen (so z.B. Asphalt), wodurch die durchweg beschlagenen Pferde ernsthaft Schwierigkeiten hatten. Die Entwicklung vieler, durchaus erfolgreicher „Anti-Rutsch-Sohlen“, die unabhängig von den herrschenden Witterungsbedingungen ihren Zweck erfüllten, fällt in diese Zeit. Es ging damals weniger um das Ausgleiten auf vereisten oder schneebedeckten Straßen als vielmehr um glatte Wege als solche. In diesem Fall waren Eisnägel und scharfe Stollen nicht nur wenig effektiv, sie schädigten auch die Straßenbeläge. Heutzutage steht das Vermeiden von Ausrutschen auf nassem Boden (Geländeritte, Jagden) im Vordergrund. In diesem Zusammenhang sind die „Anti-Rutsch-Sohlen“ aus der Zeit von 1880 bis 1950 aber wenig wirkungsvoll. Man sieht sie daher, von Ausnahmen einmal abgesehen, auch kaum noch.

Hauptgrund für die Verwendung einer Sohle ist der Schutz von Sohle und Strahl. In allen anderen, oben genannten Fällen ist es zweifelhaft, ob das Anbringen einer Sohle richtig bzw. sinnvoll ist. Das gilt unter anderem für die Förderung des Hufmechanismus, das Entlasten des Tragerandes (dadurch, daß man Sohle und Strahl mittragen läßt), das Stützen einer (ausgezackten) Sohle. Dem Einballen von Schnee kann man mit verschiedenen Sohlen effektiv begegnen. In unserer Zeit, in der die Pferde hauptsächlich in Sport und Freizeit eingesetzt werden, kommt es selten vor, daß die Tiere bei frisch gefallenem Schnee gehen müssen. Bei einzelnen Ritten unter solchen Witterungsverhältnissen ist es ausreichend, wenn die Sohle mit Huffett eingeschmiert wird.

Der Einsatz von Sohlen beim Traberbeschlag ist mühsam zu begründen. Er gehört zu den vielen Möglichkeiten, die Trainer und Traberhufschmied zur Verfügung haben, Regelmäßigkeit und Tempo des Trabes zu verbessern.

Der am häufigsten angeführte Grund ist

somit der Schutz vor allem des Strahls und der Sohle. Meist geht es um eine sehr empfindliche Sohle bzw. Gewebe innerhalb der Sohle oder um Genesungsprozesse der Sohlenlederhaut. Man teilt die gebräuchlichen Sohlen ein in austauschbare und nicht austauschbare Sohlen.

Austauschbare Sohlen
Austauschbare Sohlen sind dann angebracht, wenn Sohle, Strahl oder Eckstreben verletzt sind oder bei offengelegten Eiterherden, die regelmäßig behandelt, dazwischen aber auch wiederum geschützt werden müssen. Man kann damit Medikamente und Verbände an der betreffenden Stelle fixieren, so daß der Prozeß abheilen kann.

Hufeisen für Einlagen (Abb. 332) bieten die beste Möglichkeit, austauschbare Sohlen zu verwenden. Es handelt sich um ein offenes Hufeisen, dessen Schenkelenden mit Schraubstollenlöchern versehen sind. Die dazugehörige Platte ist aus Schmiedeeisen gefertigt und dem inneren Rand des Eisens angepaßt. An ihrer Vorderseite ist ein Dorn angebracht, der in eine entsprechende Vertiefung am inneren Rand des Zehenstücks paßt. An der hinteren Seite ist die Platte breiter und mit zwei Löchern versehen. Dieser breite Teil wird an der Unterseite gegen die Bodenfläche der Schenkel und mit zwei stumpfen Schraubstollen mit Vierkantkopf am Eisen befestigt. Die Vierkantstollen werden mit einem entsprechenden Schlüssel angezogen. Häufig sieht man an der Rückseite dieser Platte ein hochstehendes Teil. Dieses dient dazu, Verbandsmaterial zwischen Hufsohle und der Platte festzuhalten. Nachteil eines solchen Teils ist der, daß durch gelegentliches Greifen die Platte verformt wird.

Die Platte liegt ungefähr auf gleicher Höhe mit der Bodenfläche des Eisens. Diese beschriebene Form eines Verbandeisens stellt ein gutes Beispiel für ein Hufeisen mit

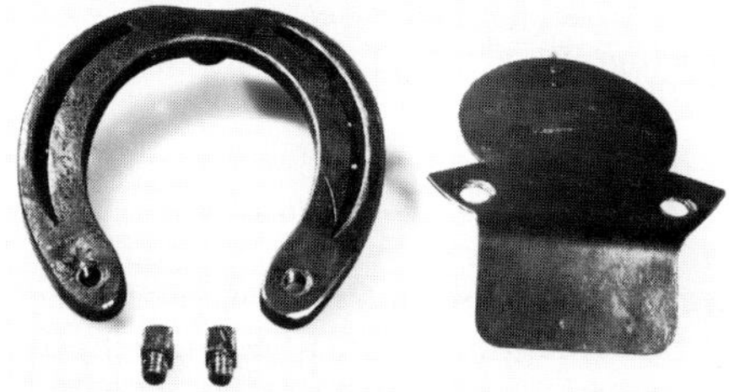

Abb. 332. Verbandhufeisen (Deckelhufeisen), zerlegt in seine Bestandteile.

Abb. 333. Verbandhufeisen, zusammengesetzt.

Abb. 334. Splintverband.

austauschbarer Sohle dar. Es wird aber heutzutage nur noch selten verwendet, da die Pferde hauptsächlich zum Vergnügen gehalten werden und es somit kaum einen Grund dafür gibt, ein Pferd während der Behandlung eines Krankheitsprozesses einsatzfähig zu machen. Dergleichen Verletzungen oder Erkrankungen werden unter einem Verband behandelt, der durch einen ledernen Hufschuh oder einen doppelt gefalteten Jutesack geschützt ist. Die Pferde werden meist erst wieder nach vollständiger Gesundung eingesetzt. Somit ist die Verwendung eines Hufeisens mit austauschbarer Sohle nicht mehr so notwendig.

Eine andere Form einer austauschbaren Sohle ist der Splintverband. Hierbei verwendet man ein normales Eisen, in das die Platten in zweierlei Richtungen eingeschoben werden: Längs und darüber wieder quer, so daß sie sich gegenseitig auf ihrem Platz halten. Das Zuschneiden der Platten auf Maß geschieht problemlos, desgleichen das Anbringen beim ersten Mal. Bei wiederholtem Entfernen und Wiederanbringen verbiegen diese Platten aber schnell, so daß dann Schwierigkeiten auftauchen. Diese Art Verband wird daher kaum noch verwendet. Andere Formen austauschbarer Sohlen, wie sie Ende des 19. und Anfang des 20. Jahrhunderts sicherlich sinnvoll waren, haben heute nur noch historische Bedeutung und werden nicht mehr eingesetzt.

Nicht austauschbare Sohlen

Ledersohlen. Bei den nicht austauschbaren Sohlen spielen diejenigen aus Leder die Hauptrolle. Sie werden aus Schuhsohlenleder von 4 bis 6 mm Dicke (aus der Industrie) zurechtgeschnitten. Die Ledersohle darf nicht zu dünn sein und sollte aus starkem Leder gefertigt sein. Man kann sie sowohl bei offenen als auch beim geschlossenen (Steghufeisen oder geschlossenes Trabereisen) verwenden. Da die Sohle mit all

a

b

Abb. 335. Hufeisen mit Ledersohle.
a = Tragefläche
b = Bodenfläche

denjenigen Nägeln gehalten wird, mit denen auch das Eisen selbst am Huf befestigt ist, ist ein Steghufeisen keine unbedingte Notwendigkeit. Ledersohlen dienen primär dem Schutz von Sohle, Strahl und eventuell den Eckstreben, wenn diese aufgrund einer empfindlichen oder entzündeten Sohlen- bzw. Strahllederhaut dies notwendig machen; sie erfüllen ihren Zweck aber auch bei schmerzhaften, chronischen Prozessen, die sich in tiefer liegenden Hufgeweben abspielen. Wenn darüber die Meinungen vor allem auch in der Literatur auseinandergehen, ha-

Abb. 336a. Das Anbringen einer Ledersohle auf dem Hufeisen.

1 = Einschlagen der Nagelkopfgesenke in die Hufeisenschenkel, bevor die Ledersohle mit zwei Hufnägeln auf dem Eisen befestigt wird.

2 = Nagellöcher werden mit dem Lochdorn durchgeschlagen.

3 = Abzeichnen der Ledersohle.

4 = Die Sohle wird mit zwei Hufnägeln auf dem Eisen befestigt.

5 = Die Nagelspitzen werden bis auf die halbe Länge abgekniffen.

6 = Die abgekniffenen Nägel werden umgeschlagen.

7 = Das Eisen mit Ledersohle ist fertiggestellt.

Abb. 336b. Das Anbringen eines Hufeisens mit Ledersohle auf einem Huf.
1 = Die Nagellöcher werden mit einer glühenden Ahle durch die Ledersohle gebrannt.

ben Ledersohlen doch mit Sicherheit auch eine stoßdämpfende Wirkung.

Die Sohle wird auf das Maß des betreffenden Hufes zugeschnitten. Dabei muß berücksichtigt werden, daß das Eisen etwas großzügiger aufgepaßt wird, da der Huf durch die Sohle seinen Umfang ein wenig vergrößert. Dann wird sie zunächst auf dem Eisen mit zwei Nägeln an den Schenkelenden befestigt, wobei die Nagelspitzen nach innen zeigen. Im Anschluß daran wird der Raum zwischen der Bodenfläche des Hufes und der Ledersohle mit Werg und Teer ausgepolstert. Erst dann wird das Eisen mit der Ledersohle angebracht, festgenagelt und eventuell herausstehende Kanten der Ledersohle weggeraspelt.

Die Ledersohle macht es natürlich unmöglich, Sohle und Strahl zu erreichen. Die Verwendung von braunem Teer in Verbindung mit der Wergunterlage empfiehlt sich daher als besonders wichtige hygienische Maßnahme, um Sohle und Strahl gesund und vor allem trocken zu halten. Als Schutz für empfindliche Hufe, bei Heilungsprozessen von Eiterherden im Huf sowie chronischen Erkrankungen der inneren Gewebe stellt ein Hufeisen mit Ledersohle eine vielfach angewendete, sehr effektive Maßnahme dar.

2 = Der Huf ist vorbereitet.

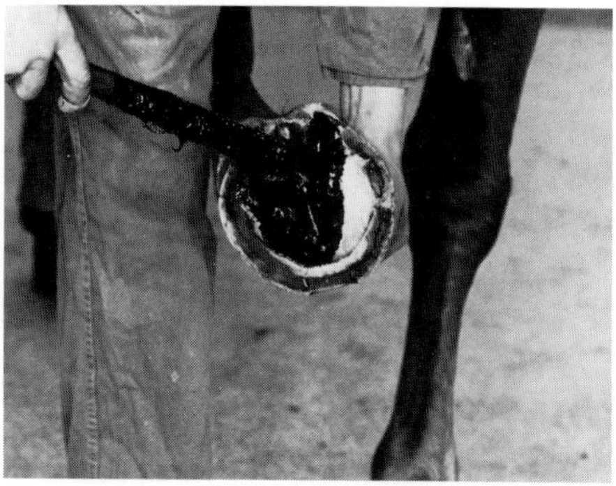

3 = Hufteer wird auf Sohle und Strahl aufgetragen.

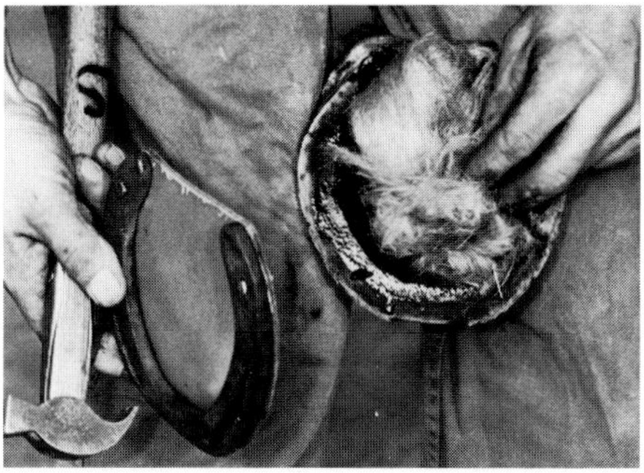

4 = Das Ganze wird mit Werg aufgefüllt.

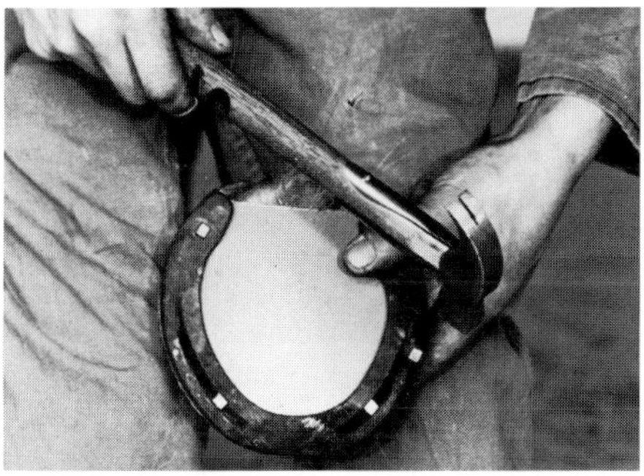

5 = Nun kann das Eisen aufgeschlagen werden.

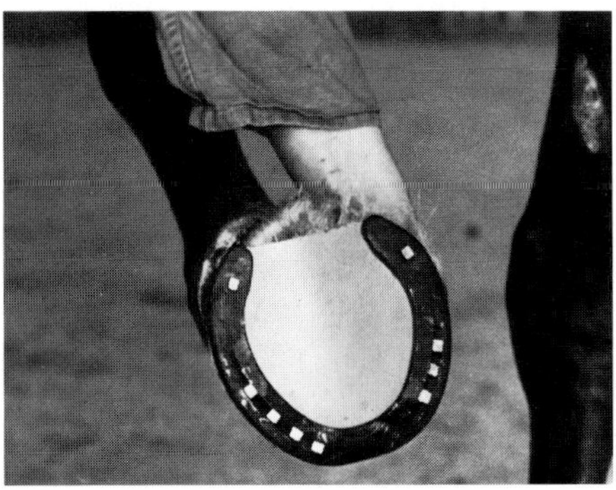

6 = Das Eisen ist aufgeschlagen.

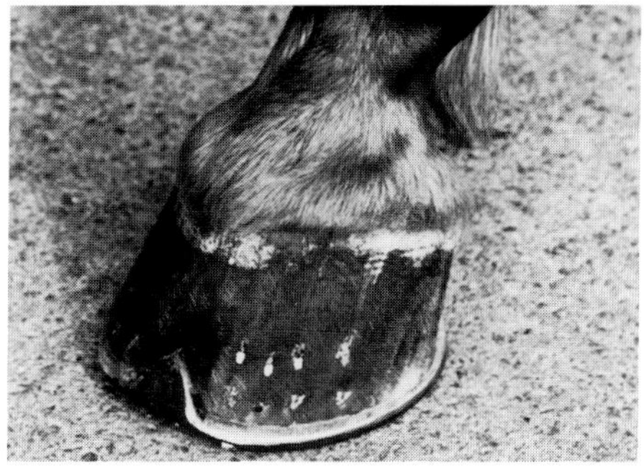

7 = Der Huf ist mit einem Eisen mit Ledersohle beschlagen.

Kunststoffsohlen. Anstelle von Leder kann man auch Kunststoff verwenden. Dieser ist meist härter und hat den Vorteil, daß er nicht gegen die empfindliche Sohle drückt. Andererseits ist Kunststoff weniger elastisch, so daß ein möglicher stoßbrechender Effekt nicht erreicht wird. Vielfach werden alte Autoreifen benutzt, um hieraus Schutzsohlen zu fertigen. Dies ist eine zeitraubende Angelegenheit. Doch kann man in Verbindung mit einem Gewebe sehr starke Sohlen mit Kunststoff anfertigen. Der Bereich zwischen Tragerand und Eisen muß dann ausschließlich aus Kanevas bestehen, das sehr gut befestigt werden kann.

Es werden auch Sohlen angeboten, die einen gewichtsverteilenden und stoßdämpfenden Effekt haben sollen. Es würde den Rahmen dieses Buches sprengen, wollte man alle diese Variationen beschreiben. Sie erscheinen und verschwinden wieder. Prinzipiell neue Gesichtspunkte gibt es nicht.

Hufpolster. Ein Verfahren, das seit einiger Zeit Anwendung findet, ist die Verwendung von Eisen mit einer Sohlenfläche aus Kunststoff, wobei der Bereich zwischen Hufsohle und Strahl einerseits und der Plastiksohlenfläche des Eisens andererseits mit einer Masse aus flüssigem Silikongummi aufgefüllt wird, dem kurz vor Anwendung ein Härter zugefügt wurde. Der Huf wird zunächst vorbereitet und gut gereinigt. Dann wird die zähflüssige Masse bei aufgehaltenem Huf in die Sohlenfläche des Hufes gegossen, anschließend das Eisen mit der Plastiksohle angebracht. Die Silikongummimasse wird zu einem elastischen Polster, das einen gleichmäßigen Druck gegen Sohle und Strahl des Hufes ausübt. Überflüssiges Material, das herausgequollen ist, kann man leicht mit einem Hufmesser entfernen. Die heilsame Wirkung, die derartigen Sohlen in übertriebenem Maße zugeschrieben wurde, hat deren guten Namen mehr geschadet als genutzt. Denn in bestimmten Fällen erfüllen sie durchaus ihren Zweck.

Wann immer es angestrebt wird, Sohle und Strahl mitzubelasten, sei es, um das Gewicht besser auf die gesamte untere Fläche des Hufes zu verteilen, sei es, um den Hufmechanismus zu fördern, sei es aus beiden Gründen gleichzeitig, reicht eine Ledersohle nicht aus. Sie hat lediglich Schutzfunktion. Hufpolster (oder Sohlen in ähnlichen Verfahren gefertigt) ermöglichen zwar den direkten Kontakt mit der gesamten Bodenfläche des Hufes, sind aber zu schwach, um deren tatsächliches Mittragen zu erreichen. Man muß dann auf Sohlen aus starkem, elastischem Material zurückgreifen, wobei die Oberfläche sich der Bodenfläche des Hufes genau anpaßt und somit die Wölbung von Sohle und daraus hervorstehendem Strahl ausfüllt. Derartige Sohlen wurden (und werden) aus verschiedenen Materialien angefertigt, wie z.B. Kork, Guttapercha, Gummi.

Korksohlen. In der Regel verwendet man in den Niederlanden Kork. Die benötigte Platte wird ausgeschnitten, nachdem der Kork genügend lange in kochendem Wasser (Topf auf dem Herd) aufgeweicht wurde. Mit einem feuchten Messer kann man ihn dann schneiden. Das Hufeisen, das nun verwendet wird, ist offen, wobei seine Schenkel stark einander zugebogen sind, um den Kork besser halten zu können. Die Korksohle wird auf Maß zubereitet, wobei an der oberen Fläche eine Rille eingeschnitten wird, in die der Strahl paßt, die Bodenfläche ist gewölbt, so daß sie später aus dem Eisen heraussteht.

Abb. 337. Hufeisen mit Korksohle.

Zuerst wird das Eisen angelegt, dann die feuchte Korksohle eingedrückt. Ist diese abgetrocknet, sitzt sie steif und fest zwischen Eisen und Sohle. Ein starker, elastischer Gegendruck gegen Sohle und Strahl ist nun gewährleistet. Ein derartiger Beschlag wird bei chronischer Rehe und bei Zwanghufen angebracht aus den beiden oben genannten Gründen, nämlich um das Gewicht gleichmäßig auf Sohle und Strahl sowie Tragerand zu verteilen und um den Hufmechanismus zu fördern.

Häufig ist die Hufsohle vor allem bei chronischer Rehe sehr empfindlich (vor allem bei einer Hufbeinabsenkung). Dann verursacht der Druck der Korksohle Schmerzen, so daß in diesem Fall von einem derartigen Beschlag abzuraten ist. Wenn viel auf weichem ungleichmäßigem (oftmals auch noch sehr nassem) Gelände geritten wird, aber auch bei Weidegang auf nassen Böden, geht die Korksohle aufgrund des ständigen Wechsels zwischen Ausdehnung und Schrumpfung schnell verloren. In der Vergangenheit, in der viele Pferde ganztägig ihren Dienst auf harten Wegen verrichten mußten, wurden Eisen mit Korksohle häufig verwendet. Heutzutage sind sie fast verschwunden.

Hohlraumsohlen. Kapitel 13.10 soll mit einer Beschreibung sogenannter Hohlraumsohlen abgeschlossen werden. Sie dienen als Stoßdämpfer und auch dazu, den Hufmechanismus zu fördern. Es gibt offene und geschlossene Hohlraumsohlen. Der Bereich zwischen Hufsohle und dieser Hohlraumsohle wird nicht mit Werg und Teer aufgefüllt. Beim Auffußen wird die Luft aus dem Hohlraum gepreßt, beim Aufnehmen strömt sie wieder ein und wird so regelmäßig ausgewechselt. Meist sind diese Sohlen aus Gummi gefertigt. Man sieht sie weniger bei Reit- oder Zugpferden, sondern mehr bei Trabern. Wie bei vielen anderen Beschlagsmaßnahmen, so wird auch hiervon Gebrauch gemacht, indem man die Sache einfach ausprobiert, ohne daß man hierfür eine spezifische Begründung geben könnte.

Abb. 338. Hohlraumsohle.

Abb. 339. Eisen mit Lederauflage.

13.11 Kunsthorn und Lederauflagen

Es gibt mehrere Materialien (ältere und neuere), die man unter Umständen als Kunsthorn verwenden kann. Hierbei geht es darum, bei größeren Verlusten der Hornkapsel bzw. der Hornwand, eine Möglichkeit zu schaffen, diese Hohlräume wieder aufzufüllen, damit man ein Eisen anbringen kann. Das Material muß sich daher gut mit der Hornkapsel vereinigen lassen.

Ebenso wie die Ledersohle weist auch eine Lederauflage einen stoßbrechenden Effekt auf. Bei Pferden mit empfindlichen Hufen (meist beiderseits vorne) kann man zwischen Ledersohle und Ledereinlage wählen. Die Ledersohle schirmt Hufsohle und Strahl vollständig ab. Das muß man bei Pferden, die zu Strahlfäule neigen, unbedingt berücksichtigen. In diesem Fall ist es nämlich besser, Sohle und Strahl frei zu lassen, um sie regelmäßig säubern zu können. Ledersohlen haben aber den Vorteil, daß sie weniger stark verrutschen als Lederauflagen.

13.12 Schweben

Bei den Korrekturbeschlägen tauchte dieser Begriff immer wieder auf. Es kann unter vielerlei Umständen ausgesprochen wichtig sein, einen Bereich des Tragerandes nicht auf dem Eisen ruhen und damit mittragen zu lassen. In der älteren Literatur liest man dazu, daß man dann den betreffenden Bereich des Tragerandes (der Wand) nicht kürzen, sondern statt dessen auf der Tragefläche des Hufeisens eine entsprechende Vertiefung anbringen sollte. Denn durch das Kürzen des Tragerandes bzw. der Wand würde man den Bereich, der schon durch Quetschung oder Hornspalten in Mitleidenschaft gezogen wurde, noch mehr schädigen. Diese Theorie mag richtig sein, in der Praxis folgt man ihr jedoch nicht. Das Anbringen einer Vertiefung auf dem Eisen ist eine zeitraubende und mühsame Angelegenheit. Man zieht es daher vor, den Tragerand der Hufwand an dieser Stelle freizuschneiden. Dadurch, daß dieser Bereich dann nicht mehr belastet wird, erhält er die Ruhe, die er für das Abheilen von Krankheitsprozessen oder Quetschungen (bzw. Huflederhautentzündungen) benötigt. Auch für das Auswachsen von Tragerandhornspalten haben sich Schweben sehr bewährt.

14 Hufbeschlag in anderen Ländern

Hinsichtlich des Hufbeschlags besteht weltweit im wesentlichen Übereinstimmung. Immer handelt es sich um einen Metallrahmen (meist aus Eisen), der mit Hilfe von Nägeln an der Hornkapsel befestigt wird. Die einzige Art des Hufbeschlags, die hiervon abweicht, ist der arabische Beschlag, wie er in den arabischen Ländern (im räumlichen Sinn) noch sehr häufig zu sehen ist (Türkei, Naher und Mittlerer Osten, Nord Afrika und bisweilen auch noch im Balkan). Hierbei geht es nicht um einen Metallrahmen, sondern um eine Platte aus Metall, die an der Hornkapsel festgenagelt wird.

In den Ländern, die diese Art Hufbeschlag favorisieren, gehen die Pferde viel auf sehr trockenen, steinigen und harten Böden, die zudem häufig von lockerem und spitzem Kies und größeren Steinen bedeckt sind. Eine Metallplatte erfüllt daher in diesen Ländern mit Sicherheit am ehesten die Notwendigkeit eines ausreichenden Schutzes von Sohle und Strahl.

Die Metallplatte ist immer mit einem Loch versehen, damit man es beim Abnehmen besser greifen kann, jedoch haben die dortigen Hufschmiede mittlerweile erkannt, daß damit ein entscheidender Nachteil verbunden ist, nämlich das mögliche Eindringen von kleinen Steinchen, die dann zwischen Hufsohle und Metallplatte scheuern.

Überall sonst werden die Pferde weitgehend auf die gleiche Art und Weise beschlagen. Wenn es Unterschiede gibt, so liegen diese im Detail. In Großbritannien z.B. werden alle Sportpferde (Reit-, Jagd-, Westernreitpferde) weitgehend mit einem Beschlag versehen, den wir als Jagdeisen kennen. Diese Tendenz hat sich auch auf den Kontinent ausgeweitet, so daß man diesen Beschlag auch immer häufiger bei deutschen Reitpferden beobachten kann. In Osteuropa, wo die Pferde noch in starkem Maße als Gebrauchstiere in der Landwirtschaft eingesetzt werden, greift man in Zusammenhang auch mit den schlechten Wegen (die vor allem in den Wintermonaten häufig sehr mühsam zu bewältigen sind) zu Eisen mit Griffen und festen Stollen (die mehr Rutsch-

Abb. 340. Arabischer Hufbeschlag. Man beachte die rundköpfigen Nägel beim zweiten Eisen.

Abb. 341. Hufeisen mit Griff und angebogenen Stollen.

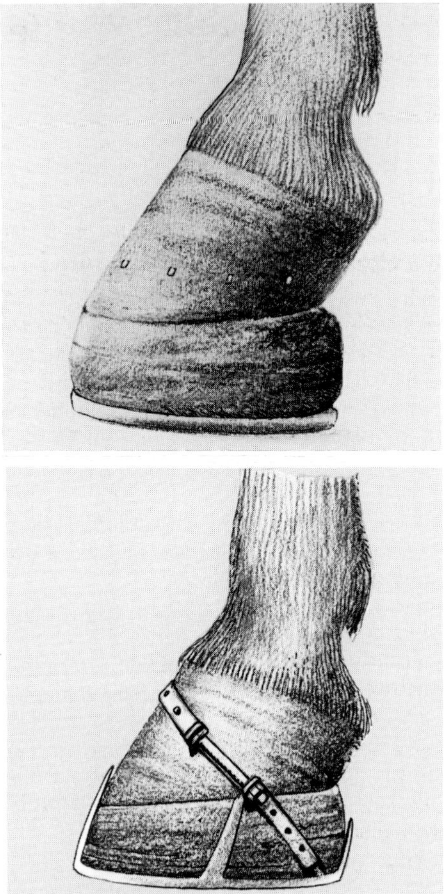

Abb. 342. Zwei Beispiele für den Beschlag eines Tennessee Walking Horses.

sicherheit auf modderigen Wegen geben sollen). Diese werden weit nach hinten aufgenagelt, um die Verluste an diesen Eisen gering zu halten. Der Hufmechanismus wird dadurch aber ungünstig beeinflußt, so daß man in diesen Ländern bei vielen Pferden aller Rassen enge Hufe mit hohen Trachten und bisweilen der Neigung zu Zwanghufen sieht.

Sowohl Nord- als auch Südamerika sind ausgesprochene Pferdeländer. Vor allem in den Vereinigten Staaten liegt der Schwerpunkt auf Sport-, Show- und Freizeitpferden. Bei den enormen Unterschieden, wie der Pferdesport in den USA betrieben wird, gibt es naturgemäß eine unwahrscheinliche Vielfalt in den Beschlagformen (Galopprennen, Trabrennen, American Saddlehorse, Tennessee Walkinghorse, viele Zugpferd- und -ponyrassen, Cowboyarbeit als Sport usw.). Es verschlägt einem oftmals die Sprache vor den abenteuerlichen Beschlagformen, die in diesem Zusammenhang angewendet werden. Jedoch stehen seriöse Hufschmiede (und Schulen) dem genauso skeptisch gegenüber wie die Schmiede auf dieser Seite des Ozeans.

In Südamerika mit seinen großen Viehhaltungsbetrieben namentlich in Argentinien und Brasilien werden sehr viele auch der spezielleren Pflegemaßnahmen (wie tierärztliche Behandlungen und Eingriffe, aber auch Hufversorgung und -beschlag) von den Tierpflegern auf diesen Farmen selber ausgeführt (oftmals notgedrungen, da Tierärzte und Schmiede nicht immer erreichbar sind). Im Prinzip aber trifft man auch hier keine größeren Abweichungen in der Hufversorgung bzw. dem Hufbeschlag an als in den anderen Teilen der Welt.

15 Die Haftpflicht des Hufbeschlagschmiedes

(M. GANN nach RUTHE)

Bei der Ausübung seines Berufes muß der Beschlagschmied nicht nur die für den Huf- und Klauenbeschlag allgemein gültigen Regeln und allseits anerkannten fachlichen Grundsätze sorgfältig und gewissenhaft einhalten, sondern zugleich auch eine Reihe gesetzlicher Bestimmungen beachten, die im Bürgerlichen Gesetzbuch (BGB) niedergelegt sind.

Mit der Annahme eines Tieres zur Ausführung eines Beschlages geht der Schmied als Unternehmer mit dem Tierbesitzer als Auftraggeber stillschweigend einen sogenannten *Werkvertrag* ein (§ 631 BGB). Wesentlich ist hierbei, daß der Vertrag auch ohne schriftliche Abfassung und Niederlegung uneingeschränkte juristische Gültigkeit hat. Der **§ 631** BGB lautet in seinem 1. Absatz: „Durch den Werkvertrag wird der Unternehmer zur Herstellung des versprochenen Werkes, der Besteller zur Entrichtung der vereinbarten Vergütung verpflichtet." Weiterhin bestimmt das Gesetz auch, wie das Werk beschaffen sein soll. Der betreffende **§ 633** BGB lautet: „(1) Der Unternehmer ist verpflichtet, das Werk so herzustellen, daß es die zugesicherten Eigenschaften hat und nicht mit Fehlern behaftet ist, die den Wert oder die Tauglichkeit zu dem gewöhnlichen oder dem nach dem Vertrage vorausgesetzten Gebrauch aufheben oder mindern. (2) Ist das Werk nicht von dieser Beschaffenheit, so kann der Besteller die Beseitigung des Mangels verlangen. Der Unternehmer ist berechtigt, die Beseitigung zu verweigern, wenn sie einen unverhältnismäßigen Aufwand erfordert."

Mit dem Abschluß des Werkvertrages verpflichtet sich demnach der Schmied, den Beschlag so auszuführen, daß er nicht mit Fehlern behaftet ist, die den Wert und die Gebrauchsfähigkeit des beschlagenen Tieres erheblich herabsetzen oder gar aufheben. In der Regel bedeutet diese Verpflichtung für den Beschlagschmied, den Beschlag so auszuführen, daß die aufgenagelten Hufeisen die für die Hufe und den Gebrauchszweck des betreffenden Tieres erforderlichen Eigenschaften besitzen müssen und das beschlagene Tier keine Beeinträchtigung seiner Dienstbrauchbarkeit und Leistungsfähigkeit erleidet. Weist das Werk, in diesem Falle also der Beschlag, solche erheblichen Mängel auf, so kann der Tierbesitzer die *kostenlose* Beseitigung verlangen.

Schließlich ist auch noch **§ 635** BGB von Bedeutung: „Beruht der Mangel des Werkes auf einem Umstande, den der Unternehmer zu vertreten hat, so kann der Besteller statt Wandlung oder Minderung Schadenersatz wegen Nichterfüllung verlangen." Für den Fall des Beschlages bedeutet dies folgendes: Wenn der dem Beschlag anhaftende Mangel oder Fehler auf einen Umstand zurückzuführen ist, den der Unternehmer, nämlich der Beschlagschmied, vertreten muß, das heißt, wenn der Fehler durch ein Verschulden des Schmiedes entstanden ist, so kann u. U. auch Ersatz für die *Nichterfüllung* des Werkvertrages und für den dadurch entstandenen Schaden (Schadenersatz) verlangt werden. Dabei ist außer dem direkten Schaden (z. B. Kosten für Pflegeaufwand, tierärztliche Behandlung u. a. m.) auch der indirekte, der durch Arbeitsausfall (Leihgebühr für ein Ersatzpferd u.a.) entstandene Schaden oder der durch Minderung des beschädigten Tieres entgangene Gewinn zu ersetzen (§ 252 BGB). Der zu leistende Schadenersatz kann deshalb u. U. eine beträchtliche Höhe erreichen. Der Schmied übernimmt somit die gesetzliche Verpflichtung, für den Schaden aufzukommen, den er einem anderen widerrechtlich oder schuldhafterweise zufügt. Zum Geltendmachen von Haftpflichtansprüchen kann dann auch der **§ 823** des BGB herangezogen werden:

„Wer vorsätzlich oder fahrlässig das Leben, den Körper, die Gesundheit, die Freiheit, das Eigentum oder ein sonstiges Recht eines anderen widerrechtlich verletzt, ist dem anderen zum Ersatz des daraus entstandenen Schadens verpflichtet." In der Regel wird es sich bei der Ausübung des Beschlages nicht um vorsätzliche, sondern um *fahrlässige Verletzungen des Eigentums* eines anderen (des Tierbesitzers) handeln. **§ 276** BGB sagt dazu: „Der Schuldner hat, sofern nicht ein anderes bestimmt ist, Vorsatz und Fahrlässigkeit zu vertreten. Fahrlässig handelt, wer die im Verkehr erforderliche Sorgfalt außer acht läßt." Auf den juristischen Begriff „Vorsatz" bzw. „vorsätzlich", der soviel wie „absichtlich" bedeutet, soll hier nicht weiter eingegangen werden.

Der Beschlagschmied als Unternehmer und Lehrherr haftet auch für seine Angestellten und Lehrlinge, sofern diese den Fehler begehen (§§ 278, 831, 832 BGB).

Dagegen ist der Beschlagschmied von der Verpflichtung, Schadenersatz zu leisten, *befreit*, wenn der Schaden infolge eines unglücklichen Zufalls oder infolge Einwirkens einer höheren Gewalt entstanden ist, die der Schmied weder voraussehen noch abwenden konnte, für die ihn also kein Verschulden trifft. Der Schaden ist dann ein *unverschuldeter*, weil er auch bei Anwendung der geforderten Sorgfalt entstanden sein würde.

Die Haftpflicht setzt aber nicht nur unmittelbar bei der Beschlagshandlung ein, sondern ist bereits mit der Übernahme des zu beschlagenden Tieres durch den Beschlagschmied oder seinen Beauftragten gültig und wirksam. Die Haftpflicht umfaßt deshalb auch alle Mängel, die vielleicht dem Schmiedegrundstück oder seinen Baulichkeiten und Einrichtungen anhaften und von denen Beschädigungen des zu beschlagenden Tieres ausgehen können. Im Hinblick auf die unter Umständen sehr beträchtlichen Schadenersatzforderungen empfehlen sich die Beachtung und Einhaltung bestimmter und seit langem bewährter Richtlinien und Schutzmaßnahmen.

Haftpflichtig ist der Schmied für Beschädigungen, die sich Tiere, deren Beschlag er übernommen hat, beim Vorführen und während des Hufbeschlages zuziehen.

Dahin gehören Beschädigungen, die entstehen

1. durch fehlerhafte Beschaffenheit der *Vorführbahn* oder der *Beschlagbrücke* (unebene, abschüssige, glatte, vereiste Vorführbahnen oder Beschlagbrücken), herumliegende Werkzeuge, Nägel, vorstehende Haken an den Wänden, zu niedrige, nicht durch Gitter geschützte Fenster, ungeschützte Maschinen usw. Die Vorführbahn soll frei von Geräten, Werkzeugen und herumliegenden Altstoffen, wie Nägeln oder dergleichen sein, darf keine Unebenheiten aufweisen und muß im Winter ausreichend gestreut werden.
   Die Beschlagbrücke soll möglichst vom Werkstattraum getrennt sein, weil die Pferde durch das Feuer und den Lärm beunruhigt oder durch abspringende Werkstoffstücke verletzt werden können. Sie ist nach Möglichkeit mit Holzklötzen zu pflastern, weil durch diesen Bodenbelag eine gleichmäßige ebene

Abnutzung am besten gewährleistet ist. Die Beschlagbrücke soll möglichst hell sein, jedoch dürfen die Fenster nicht in Reichweite der Pferde liegen, anderenfalls müssen sie durch Drahtgitter oder dergleichen geschützt werden. Elektrische Einrichtungen müssen ebenfalls für die Tiere unerreichbar verlegt sein. Weiterhin ist das Herumliegen oder -stehen von Gegenständen, an denen sich die Tiere verletzen können, im Umkreis von 3 m um den Standort des Tieres unzulässig.
Die Anbindevorrichtung besteht am besten aus einem kräftigen und intakten Stallhalfter, das den Pferden aufgesetzt wird; an ihm befindet sich eine feste Kette oder ein dickes Seil, in einem Ring endend, der in die Wand eingelassen und eingemauert ist. Der Ring kann auch durch eine durchgehende Schraube mit Unterlegscheibe und Mutter befestigt werden. Wichtig ist, daß gegebenenfalls die Anbindevorrichtung schnell gelöst werden kann. Beim Anbinden mit einer Kette ist es ratsam, in der Nähe des Beschlagplatzes einen Bolzenschneider gut sichtbar aufzuhängen. Die Wände sind von vorstehenden Nägeln, Haken usw. frei zu halten.

2. Beschädigungen, die entstehen durch Anwendung unerlaubter *Zwangsmittel* (schwere Züchtigungen mit unzulässigen Mitteln, Anlegen der polnischen und eisernen Nasenbremsen, Anbinden der Zunge, Benutzung von Feuerzangen als Bremsen an Lippen und Ohren, Hochziehen eines Hinterbeines mittels Seiles durch an den Wänden oder Decken befestigte Ringe usw. ohne Benutzung eines Schwebegurtes, Niederlegen des Tieres mittels Wurfzeuges ohne tierärztliche Aufsicht).
Über die richtige und zulässige Anwendung bestimmter Zwangsmittel siehe Kapitel 5.

3. Beschädigungen, die durch *Kunstfehler* entstehen.
a) Beim Abnehmen der Hufeisen:
gewaltsames Abreißen der Hufeisen; falsches Anwenden der Hufbeschlagzange dabei (Nietvorrichtung nach innen). Beim Abnehmen der Hufeisen sind alle Niete vorsichtig zu öffnen; eine Quetschung der Sohle durch die zum Abnehmen verwendete Zange ist zu vermeiden.
b) Beim Zubereiten der Hufe:
zu starkes Kürzen des Huftragerandes, der Sohle, des Strahles oder der Eckstreben, besonders bei Flach- und Vollhufen; das Nachschneiden von Steingallen; Verletzungen der Gliedmaßen durch unvorsichtigen Gebrauch der Hauklinge.
Der Gebrauch der Hauklinge an Sohle, Strahl und Eckstreben bei Flach- oder Vollhufen ist möglichst zu vermeiden. Das Nachschneiden von Steingallen ist zu unterlassen; entsteht dadurch Lahmheit, tritt die Versicherung für den Schaden nicht ein. Alte Nagelstümpfe sind aus dem Huf zu entfernen.
c) Beim Aufpassen der Hufeisen:
zu starkes Auf-(Durch-)brennen des Hufeisens am Tragerand; schlecht verpaßte, schief aufgelegte, falsch abgedachte Hufeisen.
Das Hufeisen darf nicht verlocht oder schief gerichtet bzw. mit falscher Abdachung versehen sein, es muß passen. Die Nagelkanäle haben in ihrer Richtung der Hornwand zu entsprechen. Zu starkes Aufbrennen ist zu vermeiden.
d) Beim Befestigen der Hufeisen:
Vernageln durch zu tief gelochte oder zu enge Hufeisen, falsch gestellte Nagellöcher, fehlerhaft angesetzte, unganze, verbogene, verrostete, zu starke Hufnä-

gel; Einschlagen eines Hufnagels an einer Stelle, an der ein Nagelstich oder ein Nagelbrennen erfolgt war; Unterlassen der Desinfektion beim Beschlagen verursachter Verletzungen oder Verschweigen solcher dem Tierbesitzer gegenüber.

Das Hufeisen ist genauso aufzunageln, wie es aufgepaßt wurde. Die einwandfreien Hufnägel müssen die passende Größe haben, sie müssen richtig angesetzt werden und sollen namentlich bei dünnen oder steil stehenden Wänden nicht zu hoch eingeschlagen werden. Ein Nagel, der nicht aus der Hornwand herauskommt, ist sofort zu entfernen, desgleichen ein Nagel, bei dem eine Vernagelung vermutet werden muß. Unmittelbar danach hat eine Desinfektion durch Eingießen einer Jodtinktur in den Nagelkanal zu erfolgen. Das Verschweigen einer derartigen Verletzung gegenüber dem Tierbesitzer ist *fahrlässig* (siehe auch Vernagelung).

Keine Haftpflicht betrifft den Beschlagschmied in folgenden unverschuldeten Fällen von Beschädigungen, die verursacht werden durch:

Mangelhafte Beschaffenheit des Hufhornes (sprödes, mürbes, bröckeliges Horn), ausgebrochenen Tragerand, lose und hohle Wand in großer Ausdehnung, sehr dünne, steilstehende Hornwand; alte, in der Hornwand sitzende Nagelstümpfe, deren Vorhandensein nicht erkennbar war; unsichtbare Fehler am Hufnagel, die ein Spalten der Spitze während des Einschlagens verursacht haben; Unruhe, Widersetzlichkeit der Tiere beim Beschlagen, nicht „schmiedefromme", junge, erstmalig zu beschlagende Pferde; Erschrecken der Tiere während des Beschlagens durch nicht vorherzusehende Ursachen (Straßengeräusche, Donner usw.).

Unter besonderen Verhältnissen ist es möglich, daß der Beschlagschmied noch aufgrund eines weiteren Paragraphenkomplexes des BGB haftpflichtig werden kann. Es handelt sich hierbei um den sogenannten Tierhalterparagraphen. Es können dann die Verpflichtungen des *Tierhalters* auf den Beschlagschmied übergehen, die in den §§ 833 und 834 des BGB niedergelegt sind. Diese heißen:

„**§ 833.** Wird durch ein Tier ein Mensch getötet oder der Körper oder die Gesundheit eines Menschen verletzt oder eine Sache beschädigt, so ist derjenige, welcher das Tier hält, verpflichtet, dem Verletzten den daraus entstehenden Schaden zu ersetzen. Die Ersatzpflicht tritt nicht ein, wenn der Schaden durch ein Haustier verursacht wird, das dem Berufe, der Erwerbstätigkeit oder dem Unterhalte des Tierhalters zu dienen bestimmt ist, und entweder der Tierhalter bei der Beaufsichtigung des Tieres die im Verkehr erforderliche Sorgfalt beachtet oder der Schaden auch bei Anwendung dieser Sorgfalt eingetreten sein würde.

§ 834. Wer für denjenigen, welcher ein Tier hält, die Führung der Aufsicht über das Tier durch Vertrag übernimmt, ist für den Schaden verantwortlich, den das Tier einem Dritten in der im **§ 833** bezeichneten Weise zufügt. Die Verantwortlichkeit tritt nicht ein, wenn er bei der Führung der Aufsicht die im Verkehr erforderliche Sorgfalt beachtet oder wenn der Schaden auch bei Anwendung dieser Sorgfalt entstanden sein würde."

Zum Unterschied von bisher dargestellten Haftpflichtbestimmungen wird in **§ 833**, Absatz 1 die Haftung des Tierhalters geregelt, wenn der Schaden *durch das Tier* gegenüber einem Dritten erzeugt worden ist. Für den Beschlagschmied trifft diese gesetzliche Regelung insofern zu, als gemäß **§ 834** auch derjenige haftpflichtig wird, der vorübergehend durch Vertrag die Aufsicht über ein Tier übernimmt und ausübt. Der Beschlagschmied übernimmt aber *nicht* mit dem Abschluß des Werkvertrages ohne weiteres stillschweigend auch die mit dem Beschlagen verbundene Tiergefahr. Es müssen vielmehr ganz besondere Umstände dafür sprechen, daß der Beschlagschmied das zu beschlagende Tier vollständig in seine Obhut genommen hat. In allen übrigen Fällen bleibt die Tiergefahr beim Eigentümer des Tieres bzw. beim Tierhalter.

Der Beschlagschmied tritt in die Verpflichtungen des Tierhalters ein, wenn er (sein Angestellter, Geselle, Lehrling) ein Pferd vom Stalle des Tierbesitzers zur Schmiede abholt oder zurückbringt. Auch fällt ihm die Haftung für das Tier gemäß **§ 833** zu, wenn er für den Pferdebesitzer oder dessen Vertreter (Angestellter, Bereiter, Pferdepfleger oder anderer Beauftragter) die Aufsicht über dieses während des Aufenthaltes in seiner Schmiede übernimmt. Hiernach dürfte es sich für den Beschlagschmied empfehlen, in keinem Falle die Beaufsichtigung der zum Beschlag zugeführten Tiere zu übernehmen. Man gestatte daher auch nicht den Überbringern von Tieren, wegzugehen und sage ihnen, wenn sie es trotzdem tun sollten, daß keine Verantwortung übernommen wird. Es ist daher ratsam, ein gut sichtbares Warnschild anzubringen, aus dem zu ersehen ist, daß er (der Schmied) für die vom Besitzer unbeaufsichtigt in der Schmiede gelassenen Tiere die Verantwortung nach **§ 833** BGB nicht übernimmt. Ebenso ist es ratsam, auf bösartige Tiere, bei denen der Beschlag ausgeführt wird, durch Anbringen einer Warnungstafel „Achtung! Beißer, Schläger!“ aufmerksam zu machen und sie von anderen Tieren abgesondert und abseits zu stellen, um jegliche Vorsicht walten zu lassen und sich vor unberechtigten Schadenersatzforderungen zu schützen.

Schließlich muß der Beschlagschmied auch die Vorschriften des *Tierschutzgesetzes* beachten, zumal nach **§ 20** (2) der Hufbeschlagverordnung vom 14.2.1965 die Anerkennung als geprüfter Hufbeschlagschmied von der zuständigen Behörde wegen schwerer Verstöße gegen das Tierschutzgesetz zurückgezogen werden kann.

Aus den Darlegungen über die vielseitigen, gesetzlich geregelten Haftpflichtbestimmungen ergibt sich für den Beschlagschmied, daß er für die gewerbliche Ausübung des Huf- und Klauenbeschlages nicht nur gründliche theoretische Kenntnisse dieses Berufszweiges und auf reichlicher Erfahrung beruhende handwerkliche Fertigkeit besitzen muß, sondern daß sein Gewerbe auch sehr verantwortungs- und risikoreich ist. Es ist ihm deshalb, besonders auch in Anbetracht der beträchtlichen Schadenersatzforderungen, die an ihn gestellt werden können, und wegen der u. U. komplizierten gesetzlichen Bestimmungen im Einzelfall dringend zu empfehlen, eine ausreichende *Haftpflichtversicherung* abzuschließen. Beim Abschluß einer Haftpflichtversicherung für den Hufbeschlagschmied sollte folgendes beachtet werden:

1. Der Versicherungsschutz muß bei den immer wertvoller und teureren Pferden ausreichend sein, auch sind vom Unternehmer verursachte Schäden, die eine Tötung des Pferdes erforderlich machen, mitzuversichern.
2. Die Selbstbeteiligung im Schadensfall sollte einen angemessenen Betrag nicht überschreiten.
3. Die versicherten Risiken dürfen nicht auf das Betriebsgelände des Unternehmers beschränkt sein, sondern müssen auch auf fremdem Gelände Gültigkeit haben.
4. Sonstige Berufsrisiken, wie z. B. Schäden durch Funkenflug, durchgehende Pferde usw., müssen mitversichert sein.

Nachfolgend ist ein Auszug aus den gesetzlichen Bestimmungen des BGB zusammengestellt, die sich auf die Haftpflicht des Hufbeschlagschmiedes beziehen:

§ 631. Durch den Werkvertrag wird der Unternehmer (Schmied) zur Herstellung des versprochenen Werkes, der Besteller (Pferdebesitzer) zur Entrichtung der vereinbarten Vergütung verpflichtet.

Gegenstand des Werkvertrages kann sowohl die Herstellung oder Veränderung einer Sache, als ein anderer durch Arbeit oder Dienstleistung herbeizuführender Erfolg sein.

§ 151. Der Vertrag (Werkvertrag) kommt durch die Annahme des Antrages zustande, ohne daß die Annahme erklärt zu werden braucht, wenn eine solche Erklärung nach der Verkehrssitte nicht zu erwarten ist.

§ 633. Der Unternehmer (Schmied) ist verpflichtet, das Werk so herzustellen, daß es die zugesicherten Eigenschaften hat und nicht mit Fehlern behaftet ist, die den Wert oder die Tauglichkeit zu dem gewöhnlichen oder dem nach dem Vertrage vorausgesetzten Gebrauch aufheben oder mindern.

Ist das Werk nicht von dieser Beschaffenheit, so kann der Besteller (Besitzer) die Beseitigung des Mangels verlangen. Ist der Unternehmer (Schmied) mit der Beseitigung des Mangels im Verzuge, so kann der Besteller den Mangel selbst beseitigen und Ersatz der erforderlichen Aufwendungen verlangen.

§ 635. Beruht der Mangel des Werkes auf einem Umstande, den der Unternehmer (Schmied) zu vertreten hat, so kann der Besteller (Pferdebesitzer) statt der Wandlung (Rückgängigmachung des Vertrages) oder der Minderung (Herabsetzung der Vergütung) Schadenersatz wegen Nichterfüllung verlangen.

§ 644. Der Unternehmer (Schmied) trägt die Gefahr bis zur Abnahme des Werkes. Kommt der Besteller in Verzug der Annahme, so geht die Gefahr auf ihn über. Für den zufälligen Untergang und eine zufällige Verschlechterung des von dem Besteller gelieferten Stoffes ist der Unternehmer nicht verantwortlich.

§ 249. Wer zum Schadenersatz verpflichtet ist, hat den Zustand herzustellen, der bestehen würde, wenn der zum Ersatz verpflichtende Umstand nicht eingetreten wäre. Ist wegen Verletzung einer Person oder wegen Beschädigung einer Sache Schadenersatz zu leisten, so kann der Gläubiger statt der Herstellung den dazu erforderlichen Geldbetrag verlangen.

§ 252. Der zu ersetzende Schaden umfaßt auch den entgangenen Gewinn. Als entgangen gilt der Gewinn, welcher nach dem gewöhnlichen Lauf der Dinge oder nach den besonderen Umständen, insbesondere nach den getroffenen Anstalten und Vorkehrungen, mit Wahrscheinlichkeit erwartet werden konnte.

§ 276. Der Schuldner (Schmied) hat, sofern nichts anderes bestimmt ist, Vorsatz und Fahrlässigkeit zu vertreten. Fahrlässig handelt, wer die im Verkehr erforderliche Sorgfalt außer acht läßt.

§ 278. Der Schuldner (Schmied) hat ein Verschulden seines gesetzlichen Vertreters und der Person, deren er sich zur Erfüllung seiner Verbindlichkeit bedient, in gleichem Umfange zu vertreten wie eigenes Verschulden.

§ 823. Wer vorsätzlich oder fahrlässig das Leben, den Körper, die Gesundheit, die Freiheit, das Eigentum oder ein sonstiges Recht eines anderen widerrechtlich verletzt, ist dem anderen zum Ersatz des daraus entstandenen Schadens verpflichtet.

§ 831. Wer einen anderen zu einer Verrichtung bestellt, ist zum Ersatz des Schadens verpflichtet, den der andere in Ausführung der Verrichtung einem Dritten widerrechtlich zufügt. Die Ersatzpflicht tritt nicht ein, wenn der Geschäftsherr bei der Auswahl der bestellten Person und, sofern er Vorrichtungen oder Gerätschaften zu beschaffen oder die Ausführung der Verrichtungen zu leiten hat, bei der Beschaffung oder der Leitung die im Verkehr erforderliche Sorgfalt beachtet und wenn der Schaden auch bei der Anwendung dieser Sorgfalt entstanden sein würde.

§ 832. Wer kraft des Gesetzes zur Führung der Aufsicht über eine Person verpflichtet ist, die wegen Minderjährigkeit oder wegen ihres geistigen und körperlichen Zustandes der Beaufsichtigung bedarf, ist zum Ersatz des Schadens verpflichtet, den diese Person einem dritten widerrechtlich zufügt.

Die Ersatzpflicht tritt nicht ein, wenn er seiner Aufsichtspflicht genügt oder wenn der Schaden auch bei gehöriger Aufsichtsführung entstanden sein würde.

§ 833. Wird durch ein Tier ein Mensch getötet oder der Körper oder die Gesundheit eines Menschen verletzt oder eine Sache beschädigt, so ist derjenige, welcher das Tier hält, verpflichtet, dem Verletzten den daraus entstehenden Schaden zu ersetzen. Die Ersatzpflicht tritt nicht ein, wenn der Schaden durch ein Haustier verursacht wird, das dem Berufe, der Erwerbstätigkeit oder dem Unterhalt des Tierhalters zu dienen bestimmt ist, und entweder der Tierhalter bei der Beaufsichtigung des Tieres die im Verkehr erforderliche Sorgfalt beachtet oder der Schaden auch bei der Anwendung dieser Sorgfalt entstanden sein würde.

§ 834. Wer für denjenigen, welcher ein Tier hält, die Führung der Aufsicht über das Tier durch Vertrag übernimmt, ist für den Schaden verantwortlich, den das Tier einem dritten in der im **§ 833** bezeichneten Weise zufügt.

Die Verantwortlichkeit tritt nicht ein, wenn er bei der Führung der Aufsicht die im Verkehr erforderliche Sorgfalt beachtet, oder wenn der Schaden auch bei der Anwendung dieser Sorgfalt entstanden sein würde.

§ 254. Hat bei der Entstehung des Schadens ein Verschulden des Beschädigten mitgewirkt, so hängt die Verpflichtung zum Ersatz sowie der Umfang des zu leistenden Ersatzes von den Umständen, insbesondere davon ab, inwieweit der Schaden vorwiegend von dem einen oder dem anderen Teil verursacht worden ist.

§ 638. Der Anspruch des Bestellers (Pferdebesitzers) auf Beseitigung eines Mangels des Werkes (Beschlages) sowie die wegen des Mangels dem Besteller zustehenden Ansprüche auf Wandlung, Minderung oder Schadenersatz verjähren, sofern nicht der Unternehmer (Schmied) den Mangel arglistig verschwiegen hat, in sechs Monaten. Die Verjährung beginnt mit der Abnahme des Werkes.

§ 852. Der Anspruch auf Ersatz des aus einer unerlaubten Handlung (§ 823, 833 u.f.) entstandenen Schadens verjährt in drei Jahren von dem Zeitpunkt an, in welchem der Verletzte von dem Schaden und der Person des Ersatzpflichtigen (Schmied, eventuell Pferdebesitzer) Kenntnis erlangt, ohne Rücksicht auf diese Kenntnis in dreißig Jahren von der Begehung der Handlung an.

16 Gesetzliche Bestimmungen über die gewerbliche Ausübung des Huf- und Klauenbeschlages

(M. Gann nach Ruthe)

Die gesetzlichen Bestimmungen für den Betrieb eines Gewerbes sind in der *Gewerbeordnung* vom 21. Juni 1869 enthalten. Besondere Bestimmungen für den Betrieb des Hufbeschlaggewerbes enthielt die erste Fassung der Gewerbeordnung nicht. In Anbetracht der großen volkswirtschaftlichen Bedeutung dieses Zweiges des Schmiedehandwerks wurde die Gewerbeordnung durch das Gesetz vom 1. Juli 1883 durch Einführung des **§ 30a** ergänzt. Dieser hat folgenden Wortlaut:

„**§ 30a.** Der Betrieb des Hufbeschlaggewerbes kann durch die Landesgsetzgebung von der Beibringung eines Prüfungszeugnisses abhängig gemacht werden. Das erteilte Prüfungszeugnis gilt für den ganzen Umfang des Reiches."

Durch diese Änderung und Ergänzung der Gewerbeordnung war mithin der Landesgesetzgebung die Befugnis eingeräumt, den Betrieb des Hufbeschlaggewerbes von der Beibringung eines Prüfungszeugnisses abhängig zu machen. Fast alle Länder des ehemaligen Deutschen Reiches haben auch von diesem Recht Gebrauch gemacht, so daß zum Betrieb des Hufbeschlaggewerbes fast überall die Ablegung der Hufbeschlagprüfung notwendig war.

Als *Betrieb des Hufbeschlaggewerbes* war nach **§ 45** der Gewerbeordnung nur der selbständige Betrieb des Gewerbes bzw. der Betrieb durch den Stellvertreter eines selbständigen Gewerbetreibenden zu verstehen. Das bedeutete, daß Hufbeschlagschmiede, die innerhalb eines Angestellten- oder Arbeitsverhältnisses bei einem größeren Betrieb nur für ihren Dienstherrn (Gutsbetrieb, Brauerei, Fuhrgeschäft, Konsumgenossenschaft oder dergleichen) den Hufbeschlag ausübten, nicht im Besitz eines Prüfungszeugnisses zu sein brauchten. Diese Ausnahme gilt jetzt nicht mehr (siehe S. 2).

Bezüglich der Stellvertretung in dem Betrieb des Hufbeschlaggewerbes gelten die **§§ 45** und **46** der Gewerbeordnung. Nach diesen „darf nach dem Tode eines Gewerbetreibenden (Schmied) das Gewerbe für Rechnung der Witwe während des Witwenstandes oder, wenn minderjährige Erben vorhanden sind, für deren Rechnung durch einen qualifizierten (geprüften) Stellvertreter betrieben werden. Dasselbe gilt während der Dauer einer Kuratel oder Nachlaßregulierung." Mit der Wiederverheiratung erlischt das Recht der Witwe zur Fortführung des Gewerbes.

Eine allgemein gültige und einheitliche gesetzliche Regelung über die Ausübung des Huf- und Klauenbeschlages wurde erst in neuerer Zeit mit dem Gesetz über den Hufbeschlag verwirklicht. Unter dem 20. 12. 1940 wurde das *Gesetz über den Hufbeschlag* erlassen (Reichsgesetzblatt 1941, Teil I vom 3. 1. 1941). Dieses Gesetz regelt bundeseinheitlich die *materiellen* und *formellen Bestimmungen* über die Erteilung des Hufbeschlagprüfungszeugnisses sowie der Vorbedingungen für die Zulassung zur Prüfung, der Prüfungsgegenstände, der Zuständigkeit zur Erteilung der Zeugnisse und des hierbei erforderlichen Verfahrens. Der Unterschied zu den vorherigen Regelungen und Anordnungen liegt darin, daß jeder, der den Huf- und Klaubenbeschlag ausübt, die diesbezügliche Prüfung abgelegt haben muß. Dieses Gesetz fällt nicht unter die Bestimmungen des alliierten Kontrollrates, durch die viele frühere Reichsgesetze aufgehoben wurden. Es ist also noch heute in Kraft und hat folgende Fassung:

Gesetz über den Hufbeschlag (Vom 20. Dezember 1940)
(Verkündet im Reichsgesetzblatt 1941, Teil I vom 3. 1. 41)

Die Reichsregierung hat das folgende Gesetz beschlossen, das hiermit verkündet wird:

§ 1. (1) Zur Ausübung des Huf- und Klauenbeschlags ist die Anerkennung als geprüfter Hufbeschlagschmied erforderlich.
(2) Die bis zum 1. April 1941 nach bisherigem Recht erworbenen Prüfungszeugnisse und Konzessionen für Hufschmiede gelten als Anerkennung.

§ 2. (1) Auf die unter Aufsicht eines anerkannten geprüften Hufbeschlagschmiedes tätigen Gesellen und Lehrlinge findet § 1 Abs. 1 keine Anwendung.
(2) Der Reichsminister des Innern kann für eine Übergangszeit allgemeine Ausnahmen von der Bestimmung des § 1 Abs. 1 zulassen.

§ 3. Der Reichsminister des Innern wird ermächtigt, Vorschriften über den Hufbeschlag von Pferden zu erlassen. Wird hierbei der Geschäftsbereich des Reichsministers für Ernährung und Landwirtschaft berührt, so ist sein Einverständnis erforderlich.

§ 4. Der Reichsminister des Innern erläßt die zur Durchführung dieses Gesetzes erforderlichen Rechts- und Verwaltungsvorschriften, insbesondere über die Ausbildung und Prüfung der Hufbeschlagschmiede und über die Ausbildungsstätten. Er bestimmt die für die Anerkennung zuständigen Behörden und regelt das Verfahren. Wird hierbei der Geschäftsbereich des Reichswirtschaftsministers berührt, so ist sein Einverständnis erforderlich.

§ 5. Zuwiderhandlungen gegen die Vorschriften dieses Gesetzes und die zu seiner Durchführung getroffenen Anordnungen werden mit Geldstrafe bis zu 150 Reichsmark oder mit Haft bestraft.

§ 6. (1) Dieses Gesetz tritt am 1. Januar 1941 in Kraft.
(2) Gleichzeitig treten außer Kraft: § 30 a der Reichsgewerbeordnung und die aufgrund dieser Gesetzesbestimmung erlassenen Vorschriften.

Die ersten Ausführungsbestimmungen, die aufgrund der §§ 2 und 4 des Gesetzes über den Hufbeschlag vom Reichsminister des Innern erlassen wurden und unter der Bezeichnung „Verordnung über den Hufbeschlag“ (Hufbeschlagverordnung) vom 31. 12. 1940 an das Hufbeschlagswesen für das frühere Reichsgebiet gesetzlich regelten, sind inzwischen für das Gebiet der Bundesrepublik Deutschland nicht mehr in Kraft und durch eine neue Verordnung vom 14. 12. 1965 ersetzt worden, die am 1. 1. 1966 in Kraft getreten ist. Diese ist durch eine spätere, am 12. 7. 1974 in Kraft getretene Verordnung in einigen Punkten ergänzt worden. Beide Verordnungen bilden die *bundeseinheitlichen gesetzlichen Grundlagen* für die Ausübung des Huf- und Klauenbeschlages innerhalb des ganzen Gebietes der Bundesrepublik Deutschland. Sie haben folgende Fassung:

Verordnung über den Hufbeschlag (Hufbeschlagverordung) vom 14. Dezember 1965
(Bundesgesetzblatt, Jahrgang 1965, Teil I, S. 2095)
Aufgrund des § 4 des Gesetzes über den Hufbeschlag vom 20. Dezember 1940 (Reichsgesetzbl. 1941 I S. 3) in Verbindung mit Artikel 129 Abs. 1 des Grundgesetzes wird mit Zustimmung des Bundesrates verordnet:

I. Geltungsbereich

§ 1. Diese Verordnung gilt für die Ausübung des Huf- und Klauenbeschlags im Rahmen wirtschaftlicher Unternehmen einschließlich der Betriebe der Landwirtschaft sowie der Bundeswehr und dem Bundesgrenzschutz.

II. Prüfung

§ 2. Als geprüfter Hufbeschlagschmied darf nur anerkannt werden, wer die Hufbeschlagprüfung bestanden hat.

§ 3. (1) Durch die Hufbeschlagprüfung ist festzustellen, ob der Prüfling befähigt ist, den Huf- und Klauenbeschlag ordnungsgemäß auszuführen.
(2) Die Prüfung besteht aus einem praktischen und einem theoretischen Teil; sie ist nicht öffentlich.

§ 4. Der praktische Teil der Prüfung erstreckt sich auf folgende Fächer:
1. die Abnahme der Hufeisen und die vollständige Ausführung eines neuen Beschlages an einem Vorder- und einem Hinterhuf mit selbstgefertigten Hufeisen,
2. das Anfertigen eines Hufeisens nach Angabe des Prüfungsausschusses für einen kranken oder unregelmäßigen Huf oder für ein Pferd mit unregelmäßiger Gliedmaßenführung und -stellung, für besondere Gebrauchszwecke oder für den Winterbeschlag; ist das vorgeführte Pferd ein Warmblutpferd, so soll das anzufertigende Hufeisen für ein Kaltblutpferd geschmiedet werden und umgekehrt,
3. die Herstellung von Sonderhufeisen nach der Methode der neuzeitlichen Schweißtechnik,
4. das Zubereiten von Fohlenhufen,
5. das Herstellen eines Klaueneisens.

§ 5. Der theoretische Teil der Prüfung wird mündlich abgenommen. Er erstreckt sich auf folgende Fächer:
1. den allgemeinen Bau des Tierkörpers, insbesondere der Gliedmaßen in ihrer Beziehung zum Hufbeschlag (spezielle Anatomie),
2. die Bewegungsmechanik der Gliedmaßen, insbesondere der Zehen, des Hufes und der Klauen (spezielle Physiologie),
3. die Huf- und Klauenkrankheiten und Bewegungsstörungen, soweit der Beschlag ihre Entstehung und Heilung beeinflußt (spezielle Pathologie),
4. die Grundsätze und Regeln für die Ausführung des Beschlages regelmäßiger, unregelmäßiger fehlerhafter und krankhafter Hufformen, Gliedmaßenstellungen und -führungen,
5. den Gleitschutzbeschlag,
6. den Beschlag zu besonderen Gebrauchszwecken,
7. die Pflege des beschlagenen und unbeschlagenen Hufes,
8. den Klauenbeschlag und die Klauenpflege,
9. die Einrichtung der Schmiede, die Hufbeschlaggeräte, die zu bearbeitenden Roh- und Werkstoffe und Fertigerzeugnisse,

10. den Tierschutz,
11. die Haftung des Hufbeschlagschmiedes.

§ 6. Das Ausmaß der Prüfungsanforderungen ist auf diejenigen Kenntnisse und Fertigkeiten zu beschränken, die zur ordnungsgemäßen Ausführung des Huf- und Klauenbeschlages erforderlich sind.

III. Zulassung zur Prüfung

§ 7. (1) Zur Hufbeschlagprüfung ist zugelassen, wer

1. die Gesellenprüfung im Schmiedehandwerk bestanden hat, (geändert durch Verordnung vom 12. Juli 1974).
2. als Lehrling oder Geselle mindestens zwei Jahre bei anerkannten Hufbeschlagschmieden tätig gewesen ist, (geändert durch Verordnung vom 12. Juli 1974)
3. an einem anerkannten Vorbereitungslehrgang für die Prüfung des Hufbeschlagschmiedes (§ 8) teilgenommen hat.

(2) Die Zulassung ist zu versagen, wenn Tatsachen vorliegen, aus denen sich ergibt, daß der Antragsteller die für die Ausübung des Huf- und Klauenbeschlags erforderliche Zuverlässigkeit nicht besitzt, insbesondere wenn er sich schwererer Verstöße gegen Vorschriften des Tierschutzes schuldig gemacht hat.

(3) Die nach Landesrecht zuständige Behörde kann im Einzelfall Ausnahmen von den Vorschriften des Absatzes 1 zulassen.

§ 8. Der Vorbereitungslehrgang für die Prüfung des Hufbeschlagschmiedes wird von der nach Landesrecht zuständigen Behörde anerkannt. Die Anerkennung darf nur ausgesprochen werden, wenn der Lehrgang

1. mindestens zwei Monate dauert (geändert durch Verordnung vom 12. Juli 1974) und
2. an einer Ausbildungsstätte durchgeführt wird, deren fachliche Leitung und Einrichtung die für die ordnungsgemäße Ausübung des Huf- und Klauenbeschlages erforderliche Ausbildung gewährleisten.

§ 9. (1) Der Antrag auf Zulassung zur Prüfung ist schriftlich an die Geschäftsstelle des Prüfungsausschusses zu richten.

(2) Dem Antrag sind beizufügen:

1. Nachweise über die Erfüllung der Voraussetzungen nach § 7 Abs. 1, soweit die zuständige Behörde nicht Ausnahmen nach § 7 Abs. 3 zugelassen hat,
2. ein amtliches Führungszeugnis,
3. eine Erklärung darüber, ob und wo sich der Antragsteller bereits einer Hufbeschlagprüfung unterzogen oder zur Ablegung der Hufbeschlagprüfung gemeldet hat,
4. der Nachweis über die Einzahlung der Prüfungsgebühr.

§ 10. Die Zulassung wird durch den Vorsitzenden des Prüfungsausschusses ausgesprochen. Hält der Vorsitzende die Zulassungsvoraussetzungen nicht für gegeben, so entscheidet der Prüfungsausschuß.

IV. Prüfungsausschuß

§ 11. (1) Die Hufbeschlagprüfung wird vor einem Prüfungsausschuß als Prüfungsbehörde abgelegt.

(2) Die nach Landesrecht zuständige Behörde errichtet den Prüfungsaus-

schuß und bestimmt seinen Sitz. Sie beruft den Vorsitzenden und die Beisitzer auf die Dauer von drei Jahren. Für jedes Mitglied ist mindestens ein Vertreter zu bestimmen. Die für den Sitz des Prüfungsausschusses zuständige Handwerkskammer kann im Benehmen mit dem zuständigen Landesinnungsverband des Schmiedehandwerks Vorschläge für die Berufung der Beisitzer machen, die Schmiedemeister sein müssen (§ 12 Abs. 1 Satz 3).

(3) Die nach Landesrecht zuständige Behörde führt die Aufsicht über den Prüfungsausschuß. Sie ist berechtigt, Beauftragte zur Prüfung zu entsenden. Sie kann Mitglieder des Prüfungsausschusses, die sich als Prüfer einer erheblichen Pflichtverletzung schuldig gemacht haben, ihres Amtes entheben.

(4) Die nach Landesrecht zuständige Behörde kann bei Prüfungen, bei denen erhebliche Verstöße gegen die Prüfungsbestimmungen festgestellt werden, für ungültig erklären. Wird die Prüfung für ungültig erklärt, so ist das Prüfungszeugnis einzuziehen.

§ 12. (1) Der Prüfungsausschuß besteht aus dem Vorsitzenden und drei Beisitzern. Der Vorsitzende muß ein beamteter Tierarzt sein. Zwei Beisitzer müssen Schmiedemeister sein, die als geprüfte Hufbeschlagschmiede anerkannt sind und den Huf- und Klauenbeschlag seit mindestens zwei Jahren ausüben. Ein Beisitzer muß ein mit Fragen des Hufbeschlages vertrauter Tierarzt sein.

(2) Bei den Entscheidungen des Prüfungsausschusses müssen alle Ausschußmitglieder mitwirken. Die Beschlüsse des Prüfungsausschusses werden mit Stimmenmehrheit gefaßt. Bei Stimmengleichheit entscheidet die Stimme des Vorsitzenden. Stimmenenthaltung ist nicht statthaft.

(3) Die Mitglieder des Prüfungsausschusses haben über die ihnen bei ihrer Tätigkeit bekanntgewordenen Tatsachen Verschwiegenheit zu bewahren. Sie sind auf gewissenhafte Erfüllung ihrer Obliegenheiten durch Handschlag zu verpflichten, soweit sie nicht Beamte sind.

(4) Die Mitglieder des Prüfungsausschusses erhalten Reisekosten nach Stufe II der für Landesbeamte geltenden Bestimmungen des Reisekostenrechts und für Zeitversäumnis die von der Handwerkskammer für Beisitzer in Meisterprüfungsausschüssen festgesetzte Entschädigung.

§ 13. Die Geschäftsführung des Prüfungsausschusses liegt bei der von der Landesregierung bestimmten Stelle; diese erhält die Prüfungsgebühren und trägt die durch das Prüfungsverfahren entstandenen Kosten.

V. *Prüfungsverfahren*

§ 14 (1) Der Vorsitzende leitet die Prüfung. Er hat den Prüfungstermin festzusetzen und die Prüfungsfächer unter die Beisitzer zu verteilen.

(2) Die Prüflinge sind zur Prüfung mit einer Frist von mindestens zwei Wochen zu laden.

§ 15. (1) Bei ordnungswidrigem Verhalten während der Prüfung, insbesondere bei Täuschungsversuchen, kann der Vorsitzende des Prüfungsausschusses den Prüfling von der weiteren Teilnahme der Prüfung ausschließen. Die Prüfung gilt in diesem Fall als nicht bestanden.

(2) Versäumt der Prüfling ohne genügende Entschuldigung einen der beiden Prüfungsteile ganz oder teilweise, so gilt die gesamte Prüfung als nicht bestanden.

§ 16. (1) Über die Prüfung eines jeden Prüflings ist eine Niederschrift aufzunehmen, in der die Namen der Prüfer, die Prüfungsfächer, die Prüfungstage, die Noten in den einzelnen Fächern und in den einzelnen Tieren sowie das Ergebnis der Prüfung anzugeben sind.
(2) Die Niederschrift ist von allen Mitgliedern des Prüfungsausschusses zu unterzeichnen.

§ 17. (1) Der Prüfungsausschuß setzt für jedes Fach eine Note fest und bildet aus diesen Noten für jeden Teil der Prüfung eine Gesamtnote.
(2) Bei der Bewertung der Prüfungsleistungen sind folgende Noten zu verwenden:
1 = sehr gut
2 = gut
3 = befriedigend
4 = ausreichend
5 = ungenügend.
(3) Die Prüfung ist bestanden, wenn die Prüfungsleistungen in beiden Teilen der Prüfung mindestens mit „ausreichend" bewertet worden sind.

§ 18. (1) Ist die Prüfung nicht bestanden, so beschließt der Prüfungsausschuß, zu welchem Zeitpunkt der Prüfling frühestens die Zulassung zur Wiederholungsprüfung beantragen kann; die Frist darf nicht weniger als drei und nicht mehr als zwölf Monate betragen.
(2) Sind die Prüfungsleistungen in einem Teil der Prüfung mindestens mit „ausreichend" bewertet worden, so ist der Prüfling insoweit von der Wiederholungsprüfung befreit.
(3) Die Prüfung darf zweimal wiederholt werden. Die Wiederholungsprüfung wird vor demselben Prüfungsausschuß abgelegt. Der Vorsitzende kann in besonderen Fällen Ausnahmen zulassen.

§ 19. (1) Über das Ergebnis der bestandenen Prüfung ist dem Prüfling ein *Prüfungszeugnis* nach dem in der Anlage 1 enthaltenen Muster auszustellen.
(2) Ist die Prüfung nicht bestanden, so teilt der Vorsitzende dem Prüfling schriftlich das Prüfungsergebnis sowie den Zeitpunkt mit, zu dem die Zulassung zur Wiederholungsprüfung beantragt werden kann.

VI. Anerkennung als geprüfter Hufbeschlagschmied

§ 20. (1) Wer die Prüfung bestanden hat, wird von der nach Landesrecht zuständigen Behörde als geprüfter Hufbeschlagschmied anerkannt. Über die Anerkennung ist eine *Urkunde* nach dem Muster der Anlage 2 auszustellen.
(2) Die Anerkennung ist durch die nach Landesrecht zuständige Behörde zurückzunehmen, wenn

1. Tatsachen vorliegen, aus denen sich ergibt, daß der Hufbeschlagschmied die für die Ausübung seines Berufs erforderliche Zuverlässigkeit nicht besitzt, insbesondere wenn er sich schwerer Verstöße gegen Vorschriften des Tierschutzes schuldig gemacht hat oder
2. der Hufbeschlagschmied den Huf- und Klauenbeschlag ausübt, obwohl er wegen eines körperlichen Gebrechens oder wegen Schwäche seiner geistigen oder körperlichen

Kräfte die für die Ausübung seines Berufs erforderliche Eignung nicht besitzt.

(3) Die Anerkennung kann durch die Behorde, die die Zurücknahme verfügt, wieder erteilt werden, wenn die Wiedererteilung unbedenklich ist.

VII. Schlußbestimmungen

§ 21. (1) Die Verordnung über den Hufbeschlag vom 31. Dezember 1940 (Reichsgesetzbl. 1941 I S. 4) ist für den in § 1 bezeichneten Bereich nicht mehr anzuwenden.

(2) Hufbeschlagschmiede, die bei Inkrafttreten dieser Verordnung berechtigt sind, den Huf- und Klauenbeschlag auszuüben, gelten als anerkannte Hufbeschlagschmiede im Sinne dieser Verordnung.

§ 22. Diese Verordung gilt auch im Land Berlin, sofern sie im Land Berlin in Kraft gesetzt wird.

§ 21. Diese Verordnung tritt am 1. Januar 1966 in Kraft.

Bonn, den 14. Dezember 1965

Der Bundesminister für Wirtschaft

Verordnung zur Änderung der Verordnung über den Hufbeschlag (Hufbeschlagverordnung) vom 12. Juli 1974

(Bundesgesetzblatt, Jahrgang 1974, Teil I, S. 1477)

Aufgrund des § 4 des Gesetzes über den Hufbeschlag vom 20. Dezember 1940 (Reichsgesetzblatt 1941 I S. 3), geändert durch das Einführungsgesetz zum Strafgesetzbuch vom 2. März 1974 (Bundesgesetzbl. I S. 469), in Verbindung mit Artikel 129 Abs. 1 des Grundgesetzes wird mit Zustimmung des Bundesrates verordnet:

Artikel 1. Die Verordnung über den Hufbeschlag (Hufbeschlagverordnung) vom 14. Dezember 1965 (Bundesgesetzbl. I S. 2095) wird wie folgt geändert:

a) § 7 Abs. 1 Nr. 1 und 2 erhält folgende Fassung:

„1. die Gesellenprüfung im Schmiedehandwerk oder einem mit dem Schmiedehandwerk verwandten Handwerk bestanden hat,

2. als Lehrling oder Geselle mindestens ein Jahr bei anerkannten Hufbeschlagschmieden im Hufbeschlag tätig gewesen ist“,

b) § 8 Nr. 1 wird wie folgt gefaßt:

„1. mindestens vier Monate dauert und“,

Artikel 2. Diese Verordnung gilt nach § 14 des Dritten Überleitungsgesetzes vom 4. Januar 1952 (Bundesgesetzbl. I S. 1) in Verbindung mit Artikel 325 Satz 2 des Einführungsgesetzes zum Strafgesetzbuch auch im Land Berlin.

Artikel 3. Die Verordnung tritt am Tage nach der Verkündung in Kraft.

Bonn, den 12. Juli 1974

Der Bundesminister für Wirtschaft

Da die Bundesrepublik Deutschland als föderalistischer Staat in Bundesländer gegliedert ist, fällt die Ausführung der Hufbeschlagverordnung in die Zuständigkeit der einzelnen Bundesländer. Die Landesregierungen haben aufgrund der in der Hufbeschlagverordnung festgelegten Bestimmungen entsprechende Anordnungen erlassen, in denen die für die Durchführung der Hufbeschlagverordnung zuständigen Landesbehörden bestimmt werden sowie das Ausführungsverfahren in seinen Einzelheiten geregelt wird. Die in den Bundesländern erworbenen Prüfungszeugnisse und Anerkennungsurkunden haben jedoch Gültigkeit für das ganze Gebiet der Bundesrepublik Deutschland und das Land Berlin.

Im Jahre 1989 fand in der alten Bundesrepublik Deutschland eine grundlegende Berufsreform statt. In ihr wurde der Beruf Schmied ersatzlos verbannt. Dadurch ist auch zwangsläufig das Einzugsgebiet der Berufe für den Hufbeschlagslehrgang mit anschließender Prüfung größer geworden. Leider fehlen aber in den meisten Berufsgruppen die Kenntnisse des Schmiedens sowie das Gefühl für den Umgang mit dem Pferd, die aber für den „Hufbeschlagschmied" von größter Wichtigkeit sind.

Der Interessent sollte eine gewisse Begabung sowie für die Härte des Berufs entsprechend eine gesunde und kräftige Natur besitzen. Ferner sind auch die Ausbildungsplätze und Praktikumsplätze durch die allzu oft leichtfertig erhaltenen Sondergenehmigungen und Wandergewerbescheine sehr verringert worden.

Aus diesen Gründen, da aber auch die zu beschlagenden Pferde (einschließlich Besitzer) zum Teil sehr kompliziert sind, wäre es von großem Vorteil, den Hufbeschlagschmied als selbständigen Lehrberuf zu nennen.

Für diesen Lehrberuf müßten ein entsprechendes Ausbildungsprogramm erarbeitet und zugleich die Hufbeschlagverordnung geändert und wesentlich verbessert werden.

Anlage 1 (zu § 19, Abs. 1 Hufbeschlagverordnung)

Prüfungszeugnis

Herr ______________________________

geboren am ______________ in ______________________

wohnhaft in ______________________________

hat vor dem Prüfungsausschuß in ______________________
die durch die Verordnung über den Hufbeschlag vom 14. Dezember 1965 (Bundesgesetzbl. I S. 2095) vorgeschriebene Prüfung zur Erlangung der Anerkennung als geprüfter

Hufbeschlagschmied

im praktischen Teil mit der Note ______________________

im theoretischen Teil mit der Note ______________________
bestanden.

______________, den __________ 19 ____

Der Vorsitzende des Prüfungsausschusses

(Siegel)

____
(Unterschrift)

Anlage 2 (zu § 20, Abs. 1 Hufbeschlagverordnung)

Anerkennungsurkunde

Herr ____

geboren am ____________________ in ____________________

wohnhaft in ____

wird aufgrund der vor dem Prüfungsausschuß in ____________________

am ____________________ bestandenen Prüfung für Hufbeschlagschmiede gemäß § 20 Abs. 1 der Hufbeschlagverordnung vom 14. Dezember 1965 (Bundesgesetzbl. I S. 2095) die

Anerkennung als geprüfter Hufbeschlagschmied

erteilt.

____________________, den ____________ 19 ______

(Die nach Landesrecht zuständige Behörde)

(Siegel)

____

(Unterschrift)

Weiterführende Literatur

Hickman, J.: Der richtige Hufbeschlag. BLV-Verlagsgesellschaft, München

Körber, H. D.: Huf – Hufbeschlag – Hufkrankheiten. Franckh's Reiterbibliothek. Franckh-Kosmos, Stuttgart 1989, 3. Aufl.

Prietz, G.: Huf- und Klauenkunde mit Hufbeschlaglehre. Karger Verlag, Basel 1985.

Rödder, F.: Gesunder Huf – gesundes Pferd. A. Müller Verlag, Rüschlikon 1982.

Rödder, F.: Ohne Huf kein Pferd. A. Müller Verlag, Rüschlikon 1984, 4. Aufl.

Ruthe, H.: Der Huf. Lehrbuch des Hufbeschlags. Gustav Fischer Verlag, Stuttgart 1988.

Sachregister

Weitere Literatur für den Pferdefreund.

Pferdehaltung. Verhalten, Arbeitswirtschaft, Ställe, Fütterung, Krankheiten. Hrsg. Heinrich Pirkelmann. 2., neubearb. u. erw. Auflage 1991. 446 Seiten, 249 s/w-Fotos und Zeichnungen, 43 Tabellen. ISBN 3-8001-4357-7. Ein umfassender Ratgeber und Überblick zu allen Fragen der Pferdehaltung. Er bietet die notwendigen Hinweise für eine rationelle, aber dennoch artgerechte Pferdehaltung nach den jüngsten Erkenntnissen.

Reiten lernen. Wolfgang Kresse. 1988. 284 Seiten, 33 Farb- und 29 s/w-Fotos, 73 Zeichnungen. ISBN 3-8001-7173-2. Das Buch ist eine leichtverständliche Hilfe für den Anfänger, aber auch als Anregung für den Reitlehrer gedacht. Es macht mit allen wichtigen Fragen des Reitens vertraut und vermittelt das notwendige Grundwissen.

Pferde halten und pflegen. Wolfgang Kresse. 3. Auflage 1989. 213 Seiten, 24 Farbtafeln, 120 Zeichnungen. ISBN 3-8001-7211-9. Reich an Erfahrungen und praktischen Ratschlägen, ist dieses Buch genau das richtige für den angehenden, aber auch für den schon glücklichen Pferdebesitzer, der sein Pferd so gut und sachverständig wie möglich halten und pflegen will.

Pferde und Ponys. Wolfgang Kresse. 1992. 144 Seiten, 107 Farbfotos, 31 Zeichnungen, 5 Tabellen. ISBN 3-8001-7261-5. 100 Pferde- und Ponyrassen. Alles über Herkunft, Eigenschaften und Einsatzmöglichkeiten.

E.U.
VERLAG
EUGEN
ULMER

Jagdreiten. Zu den Hunden. Wilhelm König. 1990. 196 Seiten, 21 Farb- und 25 s/w-Fotos. ISBN 3-8001-7209-7. In diesem Buch findet der Anfänger ebenso das notwendige theoretische Grundwissen, wie der »alte Hase« seine Kenntnisse erweitern kann und zum Nachdenken angeregt wird. Nachdenken nicht zuletzt deshalb, weil manche unorthodoxe Ansicht vertreten wird und sicher zur Diskussion Anlaß gibt.

Pferdezucht. Hans Löwe, Walter Hartwig, Erich Bruns. 6., neubearbeitete Auflage 1988. 387 Seiten, 6 Farb- und 157 s/w-Fotos, 62 Tabellen. ISBN 3-8001-4360-7. Erforderliches Wissen und praxisbezogene Grundlagen über den Gesamtbereich der Pferdezucht nach den jüngsten Erkenntnissen.

E.U.
VERLAG
EUGEN
ULMER

Krankheiten der Reitpferde. Peter Launer, Jürgen Mill, Wilfried Richter. 1990. 368 Seiten, 185 Farb- und 6 s/w-Fotos, 140 Zeichnungen. ISBN 3-8001-7223-2. Das Buch ist eine umfassende praktische Hilfe beim Erkennen und Beurteilen von Erkrankungen der Reitpferde. Es soll die Möglichkeiten des Laien bei der Behandlung und bei der Prophylaxe von Krankheiten voll ausschöpfen helfen und darüber hinaus die Zusammenarbeit mit dem Tierarzt verbessern.

Rechtskunde für Pferdehalter und Reiter. Eberhard Fellmer. 2., überarbeitete Auflage 1984. 290 Seiten. ISBN 3-8001-3062-9. Notwendiges Wissen über alle Rechtsfragen, die mit der Pferdehaltung und Reiterei in Verbindung stehen.

Praktische Pferdezucht. Sportpferde und Ponys. Dieter Schön. 1983. 320 Seiten, 16 Farb- u. 58 s/w-Fotos, 104 Zeichn. ISBN 3-8001-7079-5. Eine Beratung, wie sie sich in der Berufspraxis des Autors als erwünscht und notwendig erwiesen hat.